国家出版基金项目
NATIONAL PUBLICATION FOUNDATION

拉卜楞寺建筑考古研究（第一卷）

拉卜楞寺建筑工程技术研究

甘肃省文物考古研究所 编
唐晓军 著

甘肃教育出版社
甘肃·兰州

图书在版编目（CIP）数据

拉卜楞寺建筑工程技术研究 / 甘肃省文物考古研究所编 ; 唐晓军著. -- 兰州 : 甘肃教育出版社, 2023.12
(2025.4重印)
ISBN 978-7-5423-5764-9

Ⅰ. ①拉… Ⅱ. ①甘… ②唐… Ⅲ. ①拉卜楞寺－宗教建筑－建筑施工－研究 Ⅳ. ①TU252

中国国家版本馆CIP数据核字(2023)第230555号

拉卜楞寺建筑工程技术研究
甘肃省文物考古研究所　编　唐晓军　著

责任编辑　祁　莲　杨增贵
装帧设计　石　璞

出　版　甘肃教育出版社
社　址　兰州市读者大道 568 号　730030
电　话　0931-8436489（编辑部）　0931-8773056（发行部）
传　真　0931-8435009

发　行　甘肃教育出版社　印　刷　兰州新华印刷厂
开　本　787 毫米×1092 毫米　1/16　插　页　8　印　张　34.5　字　数　540 千
版　次　2023 年 12 月第 1 版
印　次　2025 年 4 月第 2 次印刷
书　号　ISBN 978-7-5423-5764-9　定　价　180.00 元

图书若有破损、缺页可随时致电：0931-8439931

前言

甘肃是一个多民族文化汇合区，各民族均创造了具有鲜明地域特色、民族风格的建筑，继承、延续着中华民族建筑文化传统。

藏族传统建筑艺术的形成和发展历史非常悠久。唐代，吐蕃王朝在今甘南藏族自治州境内全面推动吐蕃与其他民族文化的交流与融合，中原地区汉式建筑开始与吐蕃建筑接触、交流。公元 9 世纪中叶，吐蕃王朝崩溃后，部分西藏僧人进入甘、青等地修建佛寺，进一步推动了汉式建筑与吐蕃建筑文化的交流融合进程。藏传佛教后弘期，藏传佛教文化空前活跃，各派僧人相继来到今甘肃省河西走廊、甘南藏族自治州等地，创建了大量寺院。1247 年，西藏正式纳入中国版图，西藏各教派僧人继续到甘南弘法传教、修塔建寺，为拉卜楞寺的诞生和创建打下了深厚的藏传佛教信仰、藏式建筑文化基础。

拉卜楞寺是在蒙古贵族的支持下创建的一座大型格鲁派寺院，是中华民族集体智慧的伟大结晶。它充分继承本地区传统藏式建筑艺术风格，大量借鉴藏族、汉族、回族等多民族传统建筑工艺技术，是一座大型宗教建筑博物馆，凝结着不同时代、不同人等的辛劳与智慧，珍藏无数的文物和文献典籍，培养了数以千计的高僧学者，是一座佛教艺术博物馆，融藏式传统建筑艺术、雕塑、绘画、装饰为一体。2009 年甘肃省人民政府公布《甘肃省拉卜楞寺文物保护总体规划》，认定拉卜楞寺的文化遗产包括物质文化遗产、非物质文化遗产、寺院其他资产三大类，其中物质文化遗产有寺院历史环境和格局、各建筑组群及附属文物，建筑组群包括 6 座学院及其附属建筑（构筑）物、15 座佛殿建筑、28 座活佛住宅、9 座其他宗教建筑（藏经楼、转经廊、印经院、白塔等）；非物质文化遗产包括寺院宗教知识传承体系、宗教法会和节庆活动、传统手工艺和技艺；寺院其他资产包括寺院管理的土地、图书资料、文物等。

拉卜楞寺是甘肃藏族传统建筑的代表作，在继承藏族传统建筑结构、法式、风格的基础上，大量吸收了中原地区汉族、古印度建筑文化元素和风格特征，文化内涵丰富，具有兼容并蓄的品格，体现了藏族传统建筑技艺、雕塑绘画艺术、传统风俗及区域社会的人文情怀，民族性、地域性特征非常鲜明。它深受西藏著名寺院建筑范式的影响，既保留了藏族传统建筑核心元素及格鲁派寺院建筑文化的本质特征，又与甘南地区特殊的气候、环境、物质材料相适应，是藏式传统建筑文化的宝贵财富。

拉卜楞寺是一座藏式建筑博物馆，建筑历史悠久，文化内涵丰富。其建筑文化主要包括寺院选址、空间布局、建筑艺术、构件雕饰工艺技术等。它又是一种凝固的文化形态，展示出浓郁的场所精神，以建筑为物质载体，凝聚了大量的民族传统文化元素，借用复杂的营造技术手段和艺术表现形式，为我们展示了特殊的审美情趣，别具民族、地域性特征，在藏族传统文化共性中凸显了自己的个性特征。

本书以建筑考古、文献资料为基础，重点研究拉卜楞寺的空间形态发展演变、建筑营造工艺特征、装饰文化艺术等，以期对藏族传统建筑文化艺术研究、保护和展示利用领域有所贡献。

因作者研究水平有限，有些考古资料、藏文文献未能涉及，难免有很多错讹疏漏之处，敬希读者批评指正。

唐晓军

二〇二三年四月

目　录

下　篇　拉卜楞寺建筑装饰文化与艺术

插图目录

绪　论

拉卜楞寺的创建及保护

拉卜楞寺位于甘肃省甘南藏族自治州夏河县。夏河县地处青藏高原东部边缘，这里属青藏高原与黄土高原的过渡带，区域以土门关为界，北部为黄土高原，南部为青藏高原边缘区，大部分地区海拔 3000~4200 米。地势由西北向东南倾斜，其中最高点为甘加乡境内的达力加山主峰，海拔 4636 米，最低点在土门关一带，海拔 2200 米左右。区域内地形地貌复杂多变，有高山雪峰、河流山谷，也有高原湖泊、草原牧场。主要河流为大夏河，发源于西南部甘青交界处的大不勒赫卡山中，是夏河县境内最长的河流，《水经注》称“漓水”。夏河县属寒冷湿润气候区，高原大陆性气候特征明显，降水较多，日照时间长，光能丰富，平均无霜期 56 天。

拉卜楞寺修建于夏河县政府驻地拉卜楞镇。此处位于大夏河中游的冲积扇上，地势地貌独具特色，年平均气温 2.6℃，年平均降雨量 444.4 毫米，年蒸发量 1333.5 毫米，年平均相对湿度达 58%。本区天然林较为丰富，主要分布于大夏河南岸山坡及其沟谷。

夏河县属半农半牧区，在历史文化区域上，属古代安多地区。“安多”一词仅是对这一区域的习惯性称谓，指讲藏语安多方言的藏族文化区。

第一章　拉卜楞寺的初创

拉卜楞寺是生活在甘青地区的藏族、蒙古族等各族人民共同创建的，体现了中华文明多元一体格局下的伟大创造力。

15世纪以来，一些蒙古部落迁徙至青海湖及河湟地区。清初，蒙古和硕特部在元太祖之弟哈布图哈撒尔第十代孙固始汗的率领下再次进入青海。固始汗是一位颇有作为的首领，他将自己管辖的青海及甘肃地区的牧地、草场分给八个儿子分别统领，称“八台吉”①，拉卜楞地区即属和硕特部的领地。

17世纪末，清政府在平定新疆准噶尔部叛乱之后，全力支持藏传佛教格鲁派的发展。固始汗第五子伊勒都齐之第二子达尔吉·博硕克图济囊，先前率部驻牧于青海湖北部及泽曲河、黄河交界处，后又迁徙到周围更广阔的地区，与当地藏族部落交错杂居。达尔吉与其子察罕丹津在西藏格鲁派寺院中寻求高僧，希望某位高僧能在自己的驻牧区创建寺院，为本部落谋求更大的社会地位和经济利益。最后，他们选中了正在西藏修习的高僧俄昂宗哲（即一世嘉木样，今夏河县人）。

达尔吉父子二人先后三次派人到西藏恭请俄昂宗哲返乡建寺。安多地区的卓尼德塘堪布、合作寺拜仓活佛、扎油·彭措等人也都先后邀请他返乡建寺弘法。1709年，俄昂宗哲率弟子、僧侣等121人返回家乡。此后，和硕特蒙古前首旗首领察罕丹津全力支持俄昂宗哲创建拉卜楞寺，成为拉卜楞寺的根本施主。

一、藏传佛教寺院选址、建设的基本程序

根据藏传佛教教义，创建寺院必须遵循一定的程序和仪轨，“赋予周围山水

① “台吉”，清政府赐封给蒙古贵族的爵名，一般只有黄金家族血统的蒙古首领才称“台吉”。

以圣迹、神灵传说，营造具有宗教象征、寓意的环境”[①]，最理想之地为“环山抱水、朝阳避风”，远离世俗村落。藏文图书《地相术汇编》记载，选择一处理想的寺院基址，主要考虑的因素包括：地处水草丰茂的谷地中央，背靠大山，周连小丘，两河从左右流过；四极（东西南北）之东面为宽阔的栖坝，南面为垒起的丘陵，西面为一处高地，北面为高耸的群山[②]（图 1）。这与风水观念中所讲的“背山面水、负阴抱阳”如出一辙。

图 1 《地相术汇编》中理想的寺院选址模式

优越的建筑场地，被称为“十善之地”，有远处、近处的草场，有建房和耕田所需的土地，有饮用和灌溉之水，有盖房、烧柴所需的木材，有建房所需的石材、石料等。建筑活动从选址、开工、竣工、装藏、开光到投入使用，有一套成体系的仪轨和程序，是藏族传统文化的重要组成部分，蕴涵丰富的自然知识、佛教哲理、建筑美学、伦理观念等。

建筑场地确定后，便举行开工仪式。开工吉日的确定，主要根据《大腹地

① 陈耀东：《中国藏族建筑》，中国建筑工业出版社，2007 年，第 218 页。
② 索南旺丹：《地相术汇编》（藏文），甘肃民族出版社，2007 年，第 213 页、第 335 页。

图 2　大腹地祇神图

祇神图》(图 2)推算[①]。建设工程进行期间，还要举行相关宗教仪式。最重要的是立柱仪式(藏语称“嘎强”)、上梁仪式[②]及封顶仪式等。举行上梁仪式时，工程负责人要宣读一篇《建宅文》。这一习俗历史悠久，敦煌遗书 P.3865 就是一篇当时占领敦煌地区的吐蕃部落头领康再荣修建住宅使用的《建宅文》[③]。工程竣工后，还要举行“装藏”和“开光”仪式。

二、拉卜楞寺选址过程

拉卜楞寺的寺址是一世嘉木样亲自主持选定的，经历了较长的过程，蕴含着丰富的藏族传统建筑文化内涵。

1709 年 8 月，一世嘉木样俄昂宗哲一行到达察汗丹津亲王属地，当时即有人提出，阿热拉加是一个好地方，可建寺院。一世嘉木样派人到那里探取土样，发现土样含沙过高，否决了[④]。不久，他们又前往代茂滩一带考察地形、观测风水，认为此地虽良好，但仍不理想[⑤]。1709 年 9 月 25 日，是宗喀巴 1409 年倡建

① 格桑本、汤惠生、张文华:《藏传佛教寺院艺术》,《中国藏学》，1993 年第 2 期，第 37 页。

② 龙珠多杰:《藏传佛教寺院建筑文化研究》，社会科学文献出版社，2016 年，第 124 页。

③ 史仲文、胡晓林:《中国全史》第 46 卷《隋唐五代习俗——住宅的建筑风俗与建筑仪式》，人民出版社，1994 年。

④(清)阿莽班智达著，玛钦·诺悟更志、道周译注:《拉卜楞寺志》，甘肃人民出版社，1997 年，第 139 页。

⑤(清)阿莽班智达著，玛钦·诺悟更志、道周译注:《拉卜楞寺志》，甘肃人民出版社，1997 年，第 140 页。

西藏甘丹寺300年纪念日，一世嘉木样与亲王察罕丹津依据教义、信仰、吉祥纪年等方面的条件确定这年为新寺院创建之年。1710年藏历三月十五日是释迦牟尼传赐《时轮根本经》等经典的吉日，一世嘉木样到达夏沃如则多草滩上，在这里搭建了一座临时帐篷式显宗经堂，并自任法台，开展经典讲习活动，是为闻思学院的前身。期间察罕丹津王府选送了15名新僧，加上原本追随一世嘉木样而来的僧侣，共100多名僧侣，在这里举行了第一次聚会及长净仪轨[①]等。《拉卜楞寺志》记载：一世嘉木样称"此地名有高祥之义，见河水右旋而流，勘地可谓适宜。初十五日乃释迦佛宣讲《时轮根本经》《般若波罗蜜多总论》之纪念良辰，因缘极好，即使简易也罢，举行个建寺仪式"[②]，随即按正规寺院的规程讲授各种经典，同时指定了记诵考试的科目，并规定本寺的一切佛事活动按哲蚌寺郭莽扎仓的仪轨进行。这次法会是拉卜楞寺尚未创建时举行的第一期法会，名载史册。

1710年藏历四月，一世嘉木样一行继续考察、寻找寺址，先后到达安曲、博拉、黑措、卡加、咱油等地。所到之处，部落头人、寺院寺主、地方土官等纷纷推荐各自辖区内合适修建寺院的地方，还有部分僧俗官员提议将江卡尔寺[③]、卡加寺献给一世嘉木样[④]，均未获允。至此，一世嘉木样考虑了三个地方作为备选寺址：尕巴娄芒、西姆莱周、卡尔陇赖，但均美中不足，没有特别引人瞩目的征象[⑤]。他们继续前行，刚擦部落头人推荐扎西奇地方，甘加部落首领推荐白石崖寺，考察队伍继续沿大夏河顺流东行，其间，刚擦·嘎居和众僧俗人员请一世嘉木样去看白石崖寺。一世嘉木样问道："此处离扎西奇还有多远？"众人回答说：

---

① "长"，"善福增长"之意；"净"，"罪恶消净"之意。

②（清）阿莽班智达著，玛钦·诺悟更志、道周译注：《拉卜楞寺志》，甘肃人民出版社，1997年，第149页。

③ 位于临潭县西北约15千米的江卡尔寺，系清初一世江卡尔活佛罗桑丹曲创建，设有显宗学院。

④（清）阿莽班智达著，玛钦·诺悟更志、道周译注：《拉卜楞寺志》，甘肃人民出版社，1997年，第150页。

⑤（清）阿莽班智达著，玛钦·诺悟更志、道周译注：《拉卜楞寺志》，甘肃人民出版社，1997年，第151页。

“距离扎西奇很近，由扎西奇可通往白石岩(崖)。”[①] 到扎西奇后，一世嘉木样发现此地风水绝佳，有预示吉祥的右旋如海螺般的泉水，具备“十吉祥”种种征象，山形犹如巨象伏卧，前后有山，皆成屏障，十分壮观，还掘得一枚白色右旋海螺。他认为，此地“依山傍水，扎西奇之南林木葱郁，桑科之桑曲(大夏河)从前面绕流而过，具有天呈八辐金轮、地显八瓣莲花之瑞祥”[②]。此外，“西北山形似银灰色卧象，南山‘八阜’形如八瓣祥莲，两山间盆地似一龙舟，大夏河水自西东流，犹如右旋法螺，瑞祥皆具”[③]。一世嘉木样决定在此建寺，“是为拉卜楞寺建立之始”[④]。

一世嘉木样仔细勘察了周边地形地貌和水土，确认“在此建寺，想必资财富饶，法业兴旺发达，然观其背山，如站立之象，有站而不稳之嫌，相比起来，扎西奇之山脉，状若卧象，‘大象倨傲而卧，象征终成禅法’，仲敦之言，诚所愿也”[⑤]。一世嘉木样考虑将扎西奇滩大夏河南岸的大山作为寺院的前山(朝山)(图3，图4)。在用《大腹地祇神图》确定寺院中轴线时，西绕华尔旦认为“由红石岩嘴看去，从扎有网状帐篷之处可画中心线”[⑥]。腹测所得中轴线的正点位于今弥勒佛殿(大金瓦寺)处。扎西奇被选为寺址，刚擦部落民众皆大欢喜，为一世嘉木样敬献《甘珠尔》一套，选派了5名僧侣。

拉卜楞寺的选址过程历经曲折，是百里挑一而得。这里的山形地貌、水文环

---

① (清)阿莽班智达著，玛钦·诺悟更志、道周译注:《拉卜楞寺志》，甘肃人民出版社，1997年，第151页。

② 拉科·益西多杰:《藏传佛教高僧传略》，青海人民出版社，2007年，第397页。

③ 第五世嘉木样治丧委员会:《辅国阐化正觉禅师第五世嘉木样呼图克图纪念集》(藏汉文版)，1948年，第3页。

④ 第五世嘉木样治丧委员会:《辅国阐化正觉禅师第五世嘉木样呼图克图纪念集》(藏汉文版)，1948年，第4页。

⑤ (清)阿莽班智达著，玛钦·诺悟更志、道周译注:《拉卜楞寺志》，甘肃人民出版社，1997年，第152页。

⑥ (清)阿莽班智达著，玛钦·诺悟更志、道周译注:《拉卜楞寺志》，甘肃人民出版社，1997年，第152—153页。

图 3　拉卜楞寺北部卧象山全貌

图 4　拉卜楞寺南山全貌

境、林木植被等自然条件完全符合藏传佛教经典的要求，也符合传统风水理论的优选方法。民国学者李安宅先生认为：拉卜楞寺“作为寺院，此地所以被选用，因为它有八种幸运记号：南方的曼陀罗山（作者按：即曼德拉山）作为莲花，东方有茶西哥作为法螺（纹为顺时针方向），西边约为十八里陆地作为花瓶，玛沙得瓦作为伞，九家（作者按：应为‘九甲’）的红石作为底，八沟作为轮，赵湖塘

图 5 拉卜楞寺的"金盆养鱼"形态

的堂笛作为鱼，三科塘的甲夏作为幸福结。"[①] 又，民国学者张其昀认为，拉卜楞寺"峰峦环抱，前临漓水（作者按：即大夏河），云杉白杨，上下映带，谚所谓'金盆养鱼'，诚山谷之圣境也"[②]（图 5）。

三、拉卜楞寺名称的由来

寺址确定后，一世嘉木样将寺院命名为"噶丹夏珠达尔吉扎西益苏奇贝朗"，意为"具喜讲修兴旺吉祥右旋洲"，简称"扎西奇寺"，亦作"扎西琦寺""扎西旗寺""扎西溪寺"等。对于该寺名，《拉卜楞寺志》的作者二世大阿莽班智达·贡却坚赞（1764—1853 年）记述，他的经师赤钦·索南旺杰曾说，一世嘉木样俄昂宗哲"老早已将要建的寺名起为'嘎丹圣法讲修兴盛寺'，然而在言谈中，时而称'嘎丹圣法扎西奇寺'，时而又称'嘎丹讲修扎西奇寺'。据此分析，'扎西奇

① 李安宅：《藏族宗教史之实地研究》，世纪出版集团上海人民出版社，2005 年，第 119—120 页。

② 张其昀：《甘肃省夏河县志略》，原载《方志》，1939 年第 9 卷第 3、4 期合刊，见甘肃省图书馆书目参考部：《西北民族宗教史料文摘——甘肃分册》，1984 年，第 106 页。

寺’的名称也许缘于此吧”。[①]

学者扎扎先生认为：“‘拉卜楞’是藏语的汉语变音，准确发音应是‘拉章’。拉章本为寺主嘉木样活佛囊欠的专用名称，因为寺院初建时规模较小，建筑只有大经堂和拉章宫，僧俗信众朝拜嘉木样，直赴拉章，而且告诉你‘我要去拉章’。‘去拉章’就是去寺院，要去寺院就是‘去拉章’。久而久之，习惯成自然。拉章也就成了寺院的代称了，即今天所称之拉卜楞寺。寺院所在盆地四面环山，大夏河弧线东流，宛如右旋海螺，群众取名‘扎西奇’，是故，藏文部分史料当中又称寺名‘拉章扎西奇’。应该说，无论拉卜楞寺，还是拉章扎西奇，都是衍生的别名。不仅如此，对外地人而言，要去拉卜楞寺就是去拉卜楞寺所在地，要去拉卜楞寺所在地就是去拉卜楞寺，二者之间没有明确区分。如是，‘拉卜楞’的使用范围继续扩展，及至民国时期成为夏河县城所在地的名称，即今天所称之拉卜楞镇。所以，‘拉卜楞’一词包含三个名称概念，从延伸次序上讲，一指嘉木样拉章宫，二指拉卜楞寺，三指拉卜楞地区（镇）。说‘拉卜楞’究竟指何，要视语言环境而判断，或用尾缀概念名词‘宫’‘寺’‘镇’加以区分。拉卜楞寺的法名或正名则是‘噶丹夏珠达尔吉扎西益苏奇贝朗’，意译即‘格鲁派讲修兴旺吉祥右旋寺’。这一冗长的法名多见于藏文史书当中，而在僧俗群众的口语中则被‘拉卜楞寺’所代替了。”[②]

1711 年，显宗闻思学院大经堂正式动工修建[③]，从此结束了临时帐篷经堂的历史。寺院建设期间，亲王察罕丹津倾力相助，布施大量人力和物力，其他安多地区的头人，蒙古王公贵族如堪布诺门罕、额德尼台吉也各自奉献出许多牧地作为寺院供养，夏茸尕布仁博琪热情款待一世嘉木样，金噶尔王皇台吉向大师保证

---

①（清）阿莽班智达著，玛钦·诺悟更志、道周译注：《拉卜楞寺志》，甘肃人民出版社，1997 年，第 144 页。

② 扎扎：《佛教文化圣地：拉卜楞寺》，甘肃民族出版社，2010 年，第 1—2 页。

③（清）阿莽班智达著，玛钦·诺悟更志、道周译注：《拉卜楞寺志》，甘肃人民出版社，1997 年，第 156 页；扎扎：《拉卜楞寺大经堂承载的藏蒙政教关系》，《西部蒙古论坛》，2009 年第 1 期。

做好后续僧源和布施工作，保证了寺院创建之初的正常运转[①]。

拉卜楞寺创建后，由于历世寺主嘉木样的励精图治，很快超过了安多地区的其他寺院。“拉卜楞寺走了一条成功的道路。它成功的史实给人们这样的启示：国家稳定、繁荣和各民族和睦团结，才是民族宗教文化得以发扬光大的根本前提”[②]。

① (清) 阿莽班智达著，玛钦·诺悟更志、道周译注：《拉卜楞寺志》，甘肃人民出版社，1997 年，第 156—157 页。

② 扎扎：《试述拉卜楞寺与清朝中央政府的关系》，《西藏研究》，1991 年第 4 期。

第二章 拉卜楞寺的建设与发展

拉卜楞寺创建后，中央政府及历世寺主嘉木样、河南蒙古亲王家族及全国各地僧俗民众纷纷给予大力支持，不同时代的不同人等，为寺院建设发展付出了大量心血和汗水。从寺院选址、察山观水、画线定址、规划设计、筹措经费、招募工匠，到采购材料、供奉佛像、绘制壁画、改扩建及修缮宗教殿堂等，每座建筑都凝结着不同时代不同人等的辛劳与智慧。

中华人民共和国成立后，各级党和政府持续关怀支持拉卜楞寺的发展，本寺各活佛及广大僧侣坚定拥护党和国家的各项方针政策。

一、历世嘉木样的营建活动

一般情况下，藏传佛教寺院最初的创建者就是寺主，寺院资产由其转世者继承，世代延续。拉卜楞寺也不例外，初建时，所有宗教殿堂建筑都是寺主一世嘉木样统筹安排修建的，察汗丹津作为根本施主，负责出钱出力。拉卜楞寺历世寺主嘉木样为寺院的建设发展倾注了大量心血。

（一）一世嘉木样时期

1711 年，一世嘉木样正式主持修建显宗闻思学院。至 1712 年，建成 80 根柱的大经堂[①]，还修建了一座释迦牟尼佛殿（小金瓦寺），同时修建的其他建筑还有 4 处辩经院（现存两处，一为弥勒佛殿旁的冬季辩经院，又称“冬季讲经台”；一为大经堂南面的夏季辩经院，又称“夏季讲经台”），用于四季讲辩活动。

① 拉科·益西多杰：《藏传佛教高僧传略》，青海人民出版社，2007 年，第 397 页。

1713—1715 年，修建了闻思学院后殿（护法殿）、嘉木样住所（系一排排简陋的藏式平顶房，今仍保存）、寺院政教管理机构图丹颇章殿，还修建了一定数量的僧舍。1716 年，建成下续部学院，该学院最早位于大经堂南面一带，二世嘉木样继位前（1732 年）迁建至今位置。在此期间，部分跟随一世嘉木样来此创建寺院的高僧修建了自己的居所，多数僧侣借居于闻思学院大经堂内。

（二）二世嘉木样时期

二世嘉木样主持修建、改扩建了大量宗教殿堂及附属设施。1761 年，将原察汗丹津亲王府的行宫王府及其家庙分别改建为寺院印经院和千手千眼观音菩萨殿。1763 年仿效西藏扎什伦布寺丁科尔扎仓的建筑规模、样式，修建了时轮学院殿堂[①]。1772 年，将闻思学院大经堂由原来的 80 柱规模翻修为 140 柱[②]。1775 年建成藏经楼，寺院藏书量飞速增长，门类齐全，自成体系，为安多地区佛教及民族传统文化的传承发展做出了贡献。1782—1784 年修建了医药学院。1788 年修建了弥勒佛殿。随着拉卜楞寺社会地位逐渐提升，许多高级僧侣在本寺修建了自己的囊欠，普通僧舍建筑数量猛增，寺院总体规模迅速扩大。

（三）三世嘉木样时期

三世嘉木样时期，寺院建设工程稳步推进。1807 年修建了寺院总护法殿，也称“乃强护法殿”[③]；修建了附属建筑行政堂、汉地堂、晒佛台（位于寺院北面夏卜丹殿背面山坡上）。这一时期，拉卜楞寺培养的高僧数量不断增多，且多建立了自己的转世系统，修建了自己的囊欠；普通僧舍的建设仍保持持续增长的

① （清）阿莽班智达著，玛钦·诺悟更志、道周译注：《拉卜楞寺志》，甘肃人民出版社，1997 年，第 586 页《附表》。

② 第五世嘉木样治丧委员会：《辅国阐化正觉禅师第五世嘉木样呼图克图纪念集》（藏汉文版），1948 年，第 7 页。

③ 苗滋庶、李耕、曲又新、罗发西：《拉卜楞寺概况》，甘肃民族出版社，1987 年，第 144 页。

势头。

（四）四世嘉木样时期

四世嘉木样时期，拉卜楞寺继续平稳发展，属寺数量不断增多，寺院建筑规模继续扩大，修建了许多大型宗教殿堂，活佛囊欠、普通僧舍建筑数量有增无减。对寺主嘉木样居所进行大规模改扩建，在寺院西部修建了别墅闹曾胞章宫、扎西绕丹宫等；1879年仿照布达拉宫南杰扎仓的规模和样式修建了喜金刚学院。四世嘉木样本人出资修建了拉卜楞九甲林静修寺、曼德拉山静修寺等。此时，许多活佛积极参与宗教殿堂建设，先后修建了白伞盖佛殿、塔哇区释迦牟尼佛殿等；为弥勒佛殿（大金瓦寺）、释迦牟尼佛殿（小金瓦寺）加建了镏金铜瓦金顶，同时修建了自己的囊欠及附属佛殿。

（五）五世嘉木样时期

五世嘉木样时期寺院建设的规模和数量远远超过之前任何一世。1921—1940年改扩建藏经楼[①]。1922—1943年，资助岗喀（岗卡）活佛建成马头明王殿。1928—1942建成上续部学院。1936—1938年，委派四世大阿莽仓·晋美慈臣南嘉（1918—1957年）在其囊欠内修建了一座文殊菩萨殿。1939年，对印经院进行改扩建。1940年，委派本寺活佛二世拉科仓·晋美称勒嘉措等人筹资重建遭军阀毁坏的宗喀巴佛殿，重塑佛像[②]，同年又委派六世霍尔藏仓·罗藏华丹嘉措修建了白度母佛殿。1946年，资助宁玛派僧人修建红教寺经堂[③]。1946—1947年，主持闻思学院改扩建工程，先后完成的主要工程包括：重建前殿楼，改建大经堂后殿金顶，重建前庭院围墙及诵经廊。

---

① 扎扎：《嘉木样呼图克图世系》，甘肃民族出版社，1998年，第356页。
② 扎扎：《嘉木样呼图克图世系》，甘肃民族出版社，1998年，第356页。
③ 扎扎：《嘉木样呼图克图世系》，甘肃民族出版社，1998年，第354—355页。

二、赛赤级活佛的营建活动

赛赤[①]在拉卜楞寺活佛序列中位居第二，先后形成六个转世系统，最早的是“三大赛赤”（贡唐仓、萨木察仓、霍尔藏仓），1887年前后形成“四大赛赤”[②]，后又产生两个赛赤级活佛系统（大阿莽仓世系与喇嘛噶绕仓世系）。每个赛赤级活佛世系传承世数不同，或多或少，都为拉卜楞寺的建设和发展做出过贡献。他们的主要建设活动包括为寺院修建宗教殿堂、为自己修建居所（囊欠）。

贡唐仓世系中为寺院殿堂建设做出重大贡献的是三世贡唐仓·贡曲乎丹贝（1762—1823年），他一生致力于弘法传教、修建殿堂佛塔、供奉佛像等，曾担任本寺第21任总法台。1801年为闻思学院大经堂加建一座嘉木样本生殿。1802年在其囊欠内修建一座铜质镏金贡唐塔，嘉庆皇帝为佛塔题写牌匾一面[③]。

德哇仓世系中为寺院殿堂建设做出重大贡献的是三世德哇仓·嘉央图丹尼玛（1779—1862年），他曾任本寺第30任总法台。1814—1822年，修建了自己的囊欠及一座附属佛殿千佛殿，嘉庆皇帝为佛殿题写汉、藏、满、蒙古四种文字匾额一面，汉文称“普祥寺”[④]。

萨木察仓世系中为寺院殿堂建设发展做出重大贡献的是二世萨木察仓，他于1809—1812年修建了狮子吼佛殿，嘉庆皇帝为佛殿题写了汉、藏、满、蒙古四种文字牌匾，汉文名“寿安寺”。

霍尔藏仓世系中，为拉卜楞寺殿堂建设发展做出重要贡献的有三世霍尔藏

---

①“赛赤”，藏语音译，直译为“金座”。宗喀巴于1409年在西藏拉萨主持创建格鲁派第一座寺院噶丹寺，亲任赤巴（法台）。此后，凡担任噶丹寺赤巴教职者，均被视为宗喀巴的化身，享有崇高地位，被尊称为“赛赤”。

②《嘉木样四世自传》（藏文）记载：1887年2月中旬，嘉木样给“四大赛赤”、其他活佛、著名学者等500多人传授其完成的《至尊喜绕嘉措大师传》，这是拉卜楞寺保存文献中所见“四大赛赤”之名最早者。此前，德哇仓世系未获赛赤名位，故称“三大赛赤”。

③ 扎扎：《拉卜楞寺活佛世系》，甘肃民族出版社，2000年，第15—21页。

④ 扎扎：《拉卜楞寺活佛世系》，甘肃民族出版社，2000年，第128—129页。

仓·晋美柔贵桑盖和六世霍尔藏仓·罗藏华丹嘉措[①]。前者于1806年修建了夏卜丹殿；后者在1940年筹资修建了白度母佛殿。

大阿莽仓世系中，为拉卜楞寺建设发展做出重大贡献的是二世大阿莽仓班智达·贡却坚赞[②]，他编著了著名史学巨著《拉卜楞寺志》，参与多项建设工程，包括：修建下续部学院，为时轮学院艾温法轮洲（即本学院经堂里的一间小殿堂）增设“时轮护摩法会”，主持医药学院经堂修建、嘉木样寝宫改扩建、寺院露天砖石佛塔修建，为多座经堂、佛殿供奉大量佛像、供品供物等。此外，四世大阿莽仓在1936年修建了文殊菩萨殿。

喇嘛噶绕仓世系中，为寺院殿堂建设发展做出重大贡献的是一世喇嘛噶绕仓·贤巴图道根噶坚赞，1882年为弥勒佛殿增建镏金铜瓦金顶;1879年请愿为释迦牟尼佛殿（小金瓦寺）、闻思学院大经堂后殿、千手千眼观音菩萨殿增建镏金铜瓦金顶，1895年承诺要在寺院西部塔哇区修建一座释迦牟尼佛殿，后由三世索智仓承担，1915年完成建设工程[③]。

三、其他著名活佛的营建活动

（一）华锐仓世系

一世华锐仓·俄昂华丹于1722年任下续部学院法台，参与主持下续部学院经堂维修、梁柱油饰彩画与壁画绘制等工程，后又修建了下续部学院外部护法殿。二世华锐仓·贡曲乎德钦曾任寺院第19任总法台等职，捐资维修了下续部学院经堂和外部护法殿，修建了本学院厨房。

① 扎扎:《拉卜楞寺活佛世系》，甘肃民族出版社，2000年，第72—74页。
② 扎扎:《拉卜楞寺活佛世系》，甘肃民族出版社，2000年，第175—186页。
③ 扎扎:《拉卜楞寺活佛世系》，甘肃民族出版社，2000年，第354—356页。

（二）嘉纳华仓世系

二世嘉纳华仓·嘉央丹贝尼玛1812年建成悟真寺（也称“宗喀巴五照见身像殿”“绿瓦寺”）。

（三）念智仓世系

四世念智仓·罗藏隆道嘉措1907年完成为释迦牟尼佛殿加建镏金铜瓦金顶工程[①]。

（四）索智仓世系

三世索智仓·晋美索南嘉措1897年任寺院第67任总法台，将一生积累的资金全部用于寺院各项工程建设上，是拉卜楞寺修建佛殿最多、供奉佛像最多的活佛。1913—1916年，承担白伞盖佛殿建设工程，奉立铜像、绘制壁画。1915—1916年，承担寺院西部塔哇区释迦牟尼佛殿建设工程。为拉卜楞寺多座殿堂供奉大量佛像和供物，包括:1896年为弥勒佛殿奉建铜质镏金八大菩萨像，1916年为四世嘉木样别墅扎西绕丹宫敬献大型铜质镏金胜幢一对、“班坚”一对、铜镏金瓦金顶一座，1921年为五世嘉木样敬献一批佛像，为寺院迎请一尊高7.3米的铜质镏金文殊菩萨像、一尊高5.4米的铜质镏金白度母佛像。

（五）闹日仓世系

二世闹日仓·晋美称勒嘉措1876年至1879年间任寺院第57任总法台，修建了宗喀巴佛殿及闹日仓活佛囊欠[②]。

① 扎扎:《拉卜楞寺活佛世系》，甘肃民族出版社，2000年，第345—346页。
② 扎扎:《拉卜楞寺活佛世系》，甘肃民族出版社，2000年，第386—387页。

（六）雍增仓世系

二世雍增仓·噶藏华党桑布曾任寺院第83任总法台，1937—1942年，参与上续部学院经堂修建工程[①]，同时改扩建了自己的囊欠。原囊欠位置不详，这次改建后，位于寺院南部德哇仓囊欠西北角。

（七）拉科仓世系

二世拉科仓·晋美称勒嘉措是民国时期安多地区著名佛学大师之一，通达显密，弟子遍布西北地区，其中包括九世班禅、十世班禅等。他将全部财物用于供养僧团、修建殿堂、供奉佛像、弘法传教。1940年，捐资修复遭毁坏的宗喀巴佛殿主供像，迎请供奉新的佛像和唐卡。1947年，捐资重新彩绘了闻思学院大经堂后殿。

（八）郭达仓世系

二世郭达仓·晋美凯荞曾任下续部学院第19任法台，1814年，受三世嘉木样的委托，全权负责德哇仓囊欠属殿千佛殿工程建设等。

（九）俄项格拉仓世系

二世俄项格拉仓曾任第33、34任总法台[②]。1826—1829年建成无量光佛殿（也称"吉祥仁慈寺"等），道光皇帝为佛殿题写汉、藏、满、蒙古四种文字匾额[③]。三世俄项格拉仓·俄昂图丹嘉措曾任第51任总法台，1882年修建了一座忏罪佛殿[④]；1889年，与四世嘉木样共同主持在寺院南山上修建了一座静修寺[⑤]。

---

① 扎扎：《拉卜楞寺活佛世系》，甘肃民族出版社，2000年，第429—431页。

② 扎扎：《拉卜楞寺活佛世系》，甘肃民族出版社，2000年，第274—275页。

③ 扎扎：《拉卜楞寺活佛世系》，甘肃民族出版社，2000年，第278—279页。

④ 佛殿内主供忏罪三十五佛像，故有此名，又名三聚殿、三聚佛殿。原佛殿今已毁，仅存遗址。

⑤ 扎扎：《拉卜楞寺活佛世系》，甘肃民族出版社，2000年，第282页。

（十）智观巴仓世系

二世智观巴仓·贡曲乎丹巴绕吉编著了史学巨著《安多政教史》。三世智观巴仓·嘉央丹巴嘉措在1937年受五世嘉木样的委托，负责上续部学院经堂建设工程。

（十一）襄佐仓世系

三世襄佐仓于1925年在自己的囊欠内修建了一座文殊菩萨殿[①]。

拉卜楞寺自1711年正式开始工程建设，至20世纪40年代末，建设工程基本完成。在这240多年里，先后修建经堂6座、大小佛殿48座、较大的囊欠18座[②]。

---

① 扎扎：《拉卜楞寺活佛世系》，甘肃民族出版社，2000年，第310—314页。

②（清）阿莽班智达著，玛钦·诺悟更志、道周译注：《拉卜楞寺志》，甘肃人民出版社，1997年，第4页。

上　篇

拉卜楞寺空间格局的形成、发展与演变

藏传佛教寺院主要用于僧侣和广大信众开展研习经典、讲经说法、供奉佛像、朝佛拜佛、考取宗教学位等活动，以学院经堂、佛殿建筑为主体。寺院总体布局、空间形态、建筑结构和装饰，都在刻意营造一种强大的政教统治力和信仰感召力。拉卜楞寺是格鲁派发展鼎盛时期的产物，总体布局承袭格鲁派寺院自由发展的模式，没有统一的轴线，闻思学院是寺院的中心，统领着其他各类建筑单元。

藏传佛教寺院布局形态多样，既有实用和安全的模式，如“城堡式”“自由发展式”，又有附会了某些宗教寓意和象征意义的模式，如“曼陀罗图式”等。建造者动用一切技术、艺术手段来实现这种布局和构图思想。构成寺院空间的物质要素包括各种建筑形成的实体空间及界面、交通与出入口、重要节点等。寺院特别讲究外部空间形态的营造艺术，追求“形”之完美无缺与“势”之雄壮震撼，通过严格挑选山形、地势、气候、河流等，预防自然灾害及人为破坏，保证寺院的长久生存和发展。

拉卜楞寺自1710年正式创建迄今已300多年，既经历了平稳健康的发展阶段，也遭遇过艰难与挫折。

自1979年开始，在党中央及甘肃省各级政府和寺院的共同努力下，拉卜楞寺先后实施了3轮较大规模的文物保护维修及基础设施改造提升工程，寺院核心区内主要宗教殿堂、活佛囊欠、转经廊等得到全面修复或重建，空间布局逐渐完整，基本接近寺院早期的面貌。

第三章　藏传佛教寺院建筑空间布局特征

一、宗教经典的规定

藏传佛教寺院建设在漫长的历史进程中，逐渐形成了一套较为完整的建筑规划、设计理论，但与中原建筑理论不同，它没有形成系统化的规范条文或图籍典册，而是散存于众多的宗教典籍之中。建筑匠师们在工程实践中，结合寺主、高僧大德的构思和设想，引用这种宗教信条，完成工程建设。如成书于公元11世纪左右的苯教文献《雍仲之清净之续》，专门讲述了“辛绕的宫殿”建筑布局方法，大体包括两个步骤：第一，以射箭产生的距离长短确定建筑规模和大小；第二，在箭落之处打桩作出标记，以此确定建筑场地范围。这一做法后演变为藏式传统建筑（包括寺院）选址和开工建设的重要仪式。此前，吐蕃赤松德赞修建桑耶寺时即用这种选址法，从场地中心向四周射箭，在箭落之处分别修建4座佛塔[①]。龙珠多杰《藏传佛教寺院建筑文化研究》一书对该文献中的附图和藏文予以释读[②]，全文如下：

图一释文：在一个名副其实的吉祥之地。虔诚的辛绕的祖师。在一个吉祥的日子，用力将箭射出，以箭落地处为依据，定建筑的一面［长度］。准确无误地在四角钉四桩，画一个具四慈悲之圆圈［建筑外围］。

图二释文：从外围的四点组成四画，从四面之角向内画线。

① 龙珠多杰：《藏传佛教寺院建筑文化研究》，社会科学文献出版社，2016年，第130页。

② 龙珠多杰：《藏传佛教寺院建筑文化研究》，社会科学文献出版社，2016年，第129—133页。

图三释文：准确地再定四个桩，是辛绕宫殿的平面尺度，如此来制定，从四角画四条线。

图四释文：然后，四面各分成三块，纵横交叉，将平面分成九块。

图五释文：东、东北、西南三方保持原状不画线。北和西北的一半处画线。西和东面处画线。在正北连墙处设为存放金属、木料、磨石的仓库。仓库门朝南。[仓库]将福德资粮转变为圆满。在西北的北侧，用作辛绕的粮仓。粮仓之门朝向南或东南。地母、仙女会给予谷之精华。西北朝西的一半之处，用作辛绕的厨房。厨房之门从西向东开。清晨的阳光将迎神降福。西面一半，朝南的正面，用作放置辛绕的宝贝的仓库。门从南向北开。瞻婆拉（一财神）之女朵桑，会赠予宝藏之精华[成就]。在西南之角，因罗刹之门紧闭，建精致的雍仲赛康[苯教神殿]。神之尊容朝东。神子日月赋予光辉。在殿堂的周围，三分之一划入东面，三分之二留在西面，用作梵天的做善业之处。辛绕宫殿的门朝南。东南面的三分之二处，南面的布局，帮助无家可归者的招待处。房门朝西。因慈悲之力获好地方，从东面至东南的三分合并，成辛绕宫殿的外院，内有辛绕苯教的财物。外院门的方向，从西南向西开，可看见雍仲大勇之路。东北处是家人聚集的地方。两门分别向南向北开。中部和北面的一半处，用作马等牲畜之院子。

这种建筑选址、空间布局方法，与后来形成的《大腹地祇神图》推算理论有异曲同工之妙，只是后者经历代完善，内容更加具体、细密，且易于操作。一世嘉木样在为拉卜楞寺选址、画线时也使用这种“腹测”方法和仪轨。如今，在广大藏族农牧区，在建设工程选址和画线时仍遵循这套方法和仪轨，一般由苯教大师“薄应”或藏传佛教寺院专职喇嘛主持，他们均持有《大腹地祇神图》。

二、寺院空间布局中的“形”与“势”

建筑空间的“形”与“势”非常重要，它们代表着人类在建筑活动中的特殊精神寄托和追求。为获得良好的生存和发展环境，人们将美好的愿望和设计思想付诸建筑实践。藏传佛教寺院的根本功能是开展宗教修习、佛菩萨膜拜、僧侣教育活动，理想化的环境景观是实现这些功能的重要途径。

建筑融时间、空间、自然、社会及相关艺术手法于一体，是环境艺术的主角①。自然环境是寺院空间、建筑形式赋存的基础，在很大程度上决定着寺院的空间格局和发展方向，决定着一座寺院的兴衰成败。从历史上看，藏传佛教寺院多选择自然环境优良、地势险要、依山傍水之处，自然与人工改造的山水环境造就了寺院连绵起伏、层楼叠阁、巍峨耸立的“形”与“势”。

藏传佛教寺院一般选择有古代圣贤足迹或司仪遗址等有“圣迹”的地方，并赋予周围山水种种有关圣迹、神灵或圣贤大德们的传说故事，以此营造一种特殊的宗教象征意义、人文情怀或教理寓意。理想之地应背靠大山、襟连小丘，两条河流分别从左右两边流过，场地周边水草丰美。四极（东、西、南、北四方）也有特殊的要求：东面有宽阔的场地，南面为层叠的丘陵，西面为高地，北为连绵的群山②。寺院场地必须为“十善之地”，即建筑所在地必须具备十个基本自然条件（包括草场、土地、水源、木料、石材等），还必须充分考虑天、石、地、水、木五个方面的禁忌：避免天地相接之处地貌环境犬牙交错，不开阔；避免通道曲折交错、地面横亘深涧断谷、阳光早晚从水面折射到地面上、有弯曲的孤木等。同时，还要对每个方位赋予特殊的象征意义。这种选址和建设活动多带有神秘主义色彩，通过暗示、偈语、诗化的语言来表现和寄托对拟建寺院的美好希冀。

1709 年，一世嘉木样师徒初到安多地区创建寺院时，经多方考察，最终选定扎西奇滩为寺址，重点考察了场地的风水、“形”和“势”，认为此处具有“佛门胜地之十善功德，四方有佛化之异，依山面水，风光明媚，国政七宝、吉祥八徽，毕现眼前”③。他们结合古代经典《噶当书》对寺院选址环境的描述，将拉卜楞寺本身的环境条件附会于其中。成书于 1865 年的《安多政教史》及成书于

① 曾坚、蔡良娃：《建筑美学》，中国建筑工业出版社，2009 年，第 35 页。

② 索南旺丹：《地相术汇编》（藏文），甘肃民族出版社，2007 年，第 242 页。

③（清）阿莽班智达著，玛钦·诺悟更志、道周译注：《拉卜楞寺志》，甘肃人民出版社，1997 年，第 121 页。

1800年的《拉卜楞寺志》对此多有记载，其中不乏过分夸大、局部失真的话语，从中可窥见古人对这座寺院的崇敬、敬畏和大爱之心，若去除这些语言，以辩证唯物主义史观分析，有一定的合理性和科学性。如《噶当书》记载："有高山如擎天柱，有深湖似玉曼荼，有宝塔像冰雪晶，有黄塬若金曼荼。"此句话后又有一诗曰："千般妙相莲花山，春临花艳夏碧绿，秋色金黄冬银白，峰峦锦绣自神奇。"《拉卜楞寺志》认为，这两段文字所描述的正是拉卜楞寺附近的高山、湖泊、白雪、河流等，诗中所指的莲花山是位于拉卜楞寺东面的曼德拉山①。由此证明，拉卜楞寺的选址完全符合藏族传统风水理论中"形""势"的理念。

（一）山形

藏传佛教寺院在认定某处寺址时，往往将山、水等自然景观赋予种种特殊的宗教寓意，因为"山是昭示藏传佛教教威的舞台"②，依山而建是所有藏传佛教寺院的共同特点。首先，青藏高原及其周边地区多山，寺院必须充分依赖和适应这种特殊的自然环境。凭借山形地势，建筑与山体相互映衬，高低相配，层层递进，衬托出佛教的威严。其次，藏传佛教特别是密宗有一套非常复杂的修习次第和仪轨，需要僻静的场所，不能受尘世的任何干扰。"依山而建的佛教寺院不仅是藏传佛教追求理想的佛土净地，同时又是积极参与世俗事务的最好选择"③。拉卜楞寺背靠卧象山，这只具有特别宗教寓意的巨型"卧象"，头西尾东，前半部青草茂密，后半部草木稀疏。"象"者，取其吉祥、稳固之意，史料称拉卜楞寺的"后山若身负如意宝贝之卧象，左右纵贯南北，呈威严之势"④。此处又被誉为"金盆养鱼"之胜地，寺院修建于"卧象"的怀抱内，天、山、水、寺浑然一体，呈现北面

①（清）阿莽班智达著，玛钦·诺悟更志、道周译注：《拉卜楞寺志》，甘肃人民出版社，1997年，第125—127页。

② 朱普选：《山与藏传佛教寺院建筑》，《青海民族研究》，1997年第4期。

③ 朱普选：《山与藏传佛教寺院建筑》，《青海民族研究》，1997年第4期。

④（清）阿莽班智达著，玛钦·诺悟更志、道周译注：《拉卜楞寺志》，甘肃人民出版社，1997年，第121页。

有枕山、南面有环水、对面有屏障的态势。需要指出的是，拉卜楞寺在其建设过程中，大量借鉴西藏著名寺院的创建模式和经验，又结合安多地区的自然环境、人文风俗加以创新和改进。寺院总体布局、空间形态及宗教殿堂的平面形制、内部空间处理等手法，都参照西藏著名的四大寺而来。寺院建设期间，尽可能地利用场地原貌加以自由灵活处理，不刻意削山或填沟。在地势较高处布置大型建筑，以控制全局，借助山势，层叠上升，形成雄伟壮观之势；在低处布置低矮、次要及附属建筑，既突出重点，又相互统一。所有的建筑依形就势，沿等高线方向平行布置，呈放射状，完整地保留了山体原有之“形”与特定的“势”，尽可能减少挖、填土方量，节省人财物力，保护自然环境。

（二）水流

水源是一座城镇、一座寺院的生存之本。《拉卜楞寺志》援引《噶当书》之“境有八泽沟通外，八辐巨轮若撑开。断诸邪门出世间，尊者有兆人自在”及“河流不大不成海，溪水不小不断流，无声无变为常法，大小适度人长乐”[①]两首赞美寺址周围优美环境的诗句，寓意扎西奇滩作为拉卜楞寺寺址的独特之处，认为“‘泽央’这个地方，像八瓣莲花和八辐天轮的形状。‘泽央’之水，右旋而流，富有独特的吉祥缘起之相，其为佛地自然不乏其例。于是，在‘八泽’之一的夏普茹泽的山脚下，终于兴建了寺院，怙主金刚持（一世嘉木样）反复说：‘无论走到哪里，要说选址准确、水草丰盛、人们安居乐业、风水尽美者，唯独泽央最佳’”[②]。

拉卜楞寺地处大夏河中游，是一处水流较缓的河滩。大夏河水质清澈，水量充足，取水方便。这里完全符合藏传佛教寺院环境选择的指征。《拉卜楞寺志》赞誉拉卜楞寺的选址“独具佛门胜地之十善功德，四方有佛化之异，依山面水，风光

---

①（清）阿莽班智达著，玛钦·诺悟更志、道周译注：《拉卜楞寺志》，甘肃人民出版社，1997年，第127—128页。

②（清）阿莽班智达著，玛钦·诺悟更志、道周译注：《拉卜楞寺志》，甘肃人民出版社，1997年，第127页。

明媚，国政七宝、吉祥八徽，毕现眼前”[①]。这是对寺址整体环境及其特有之“形”与“势”的理想化、象征性表达。拉卜楞寺所有的建筑物均集中修建于河流北岸高处坡，依山傍水，地势西高东低，北高南低，有利于排水，又与自然环境融为一体，视野开阔。东北方向的山脉有状如海螺样的小山丘，符合金鱼特征，东侧的尕寺沟为排洪沟；河流南岸为大、小林棵山，山形如“吉祥八徽”之莲花，树木葱葱，环境优美；寺院西面有杰姆山，山崖呈三角之势，如同宝幢；东、西两侧的山河相接处为寺院入口；大夏河与北面卧象山构成寺院天际轮廓线。《拉卜楞寺志》对大夏河河水的描述最为形象生动，寄托了古人对这条河流的崇拜热爱之情，作者反复称赞大夏河“若河水特大，就会成为海洋，若河水特小，则会受到严酷干旱的威胁，唯有适度、诸般相应，方可安居乐业”，并称一世嘉木样曾赞誉大夏河“乃八功德水，饮之不生疾，助长寿，故功德无量”，“八功德水，即一甘二凉三柔软，四轻五净六不臭，七饮不损口和喉，八饮不伤胃与腹”[②]。李安宅先生认为扎西奇滩的山形地势“有八种幸运记号：南方的曼陀罗山作为莲花，东方有茶西哥作为法螺，西边约为十八里陆地作为花瓶，玛沙得瓦作为伞，儿家的红石作为底，八沟作为轮，赵湖塘的堂笛作为鱼，三科塘的甲夏作为幸福结”[③]。

（三）日照

青藏高原及其边缘地区多山地，寒冷潮湿，获得充足的日照是寺院选址重点考虑的因素之一。《拉卜楞寺志》援引《噶当书》“东山顶上出太阳，南北西方好断识”[④]一诗，对寺址日出、日落时间与方位朝向间的关系提出独到见解，论证了拉卜楞寺

---

①（清）阿莽班智达著，玛钦·诺悟更志、道周译注：《拉卜楞寺志》，甘肃人民出版社，1997年，第121页。

②（清）阿莽班智达著，玛钦·诺悟更志、道周译注：《拉卜楞寺志》，甘肃人民出版社，1997年，第126页。

③ 李安宅：《藏族宗教史之实地研究》，世纪出版集团上海人民出版社，2005年，第119—120页。

④（清）阿莽班智达著，玛钦·诺悟更志、道周译注：《拉卜楞寺志》，甘肃人民出版社，1997年，第129页。

选址的合理性。如闻思学院正对着大夏河南岸的3座小山包，其他重要殿堂大多朝向东南方向，这种朝向，在寒冷的冬日可得到更多阳光，在炎热的夏季则可保证室内凉爽。

（四）气候

拉卜楞寺位于夏河县城西北角，这里属高原大陆性气候，日照时间长，光能丰富，但热量不足，春、秋两季相连，无夏季，昼夜温差大，蒸发量小，山地多、平地少。建筑必须充分适应本区的自然条件和气候，要尽可能获得更多的日照和采光，必须有效保温，抵御风沙。因此，庭院式布局形式成为该地区建筑的主流，多采用三面或四面围合方式，以最小的表面积获得最大的空间。此外，建筑材料选择也非常重要，外墙多用夯土构筑，利用夯土的蓄热性能，白天吸收大量辐射热，晚间释放出来，达到最佳保温效果；建筑外墙上尽可能不开窗或开小窗，以减少热量损失；墙体必须达到一定厚度，以抵御寒风吹袭；屋顶均采用覆土平顶结构，以利用砂石土的保温蓄热功能；以多层建筑为主，可获得更多的室内空间。

三、空间布局的特征

藏传佛教寺院整体布局形态经历了漫长的演变过程，在不断继承、发展本民族传统建筑文化艺术的同时，又大量借鉴古印度石窟寺院的规划和布局方法，在不同时期形成了不同的寺院布局模式。寺院的“主要功能是祭神、讲经、说法、修行。支持这些功能的建筑类型有佛殿（包括灵塔殿、护法神殿）、大经堂、转经道、塔、辩经院及晒佛台、印经院、译经院等。藏传佛教寺院建筑群大都不似汉式寺院那样规整有序，但其中还是有一定规律的”[①]。藏传佛教寺院空间布局形态有“宗教象征式”“城堡式”“自由发展式”三种。拉卜楞寺兼具“宗教象征式”和“自由发展式”两种特征。

① 龙珠多杰：《藏传佛教寺院建筑文化研究》，社会科学文献出版社，2016年，第60页。

（一）宗教象征式

“宗教象征式”是通过宗教象征性图式设计寺院内外空间形态的营造方式，是藏传佛教寺院发展早期营造寺院微观空间形态常用的手法之一，表现的核心思想主要有曼陀罗图式、三界宇宙观或三界空间观、神圣中心观等。许多早期的藏传佛教寺院取象于这些图式，或直接模拟，或通过象征手法来表现。“象征”作为一种艺术表现手法，包含两个因素，“第一是‘意义’，其次是这‘意义’的‘表现’。‘意义’就是一种观念或对象，不管它的内容是什么。‘表现’是一种感性存在或一种形象”[①]。“象征”作为一种寺院总体规划和单个宗教殿堂营造方法，必然要有“取象”的目标和对象，如此形成三种空间构图特征：

1. 曼陀罗图式

曼陀罗，汉译作“坛城”“坛场”，意为“圆满具足”“聚集”等，本为古印度《吠陀经》中一个抽象的场所概念，佛教在发展过程中吸收了这一概念，认为世界的中心是须弥山，这一中心的四周构成宇宙的四大洲和八小洲，这就是曼陀罗的主体结构形态和展示的内容[②]。它也是圣贤集会、万德交归之处，“故其贤圣之身形，或言语，或持物，或誓愿等，亦悉为曼荼罗（作者按：即曼陀罗）”[③]。曼陀罗的造型特征和用途是“筑方圆之土坛，安置诸尊于此，以祭供者，是为曼荼罗之本体，而此坛中聚集具足诸尊诸德成一大法门，如毂辋辐具足而成圆满之车轮，是曼荼罗之义也”[④]。

藏传佛教曼陀罗图式是随大乘佛教传播而来的，或制作立体模型，或绘制壁画。壁画（包括唐卡）所见的曼陀罗图都是平面方形或圆形的建筑组群图，也称“坛城”，它所展现的内容有四类：一为“大曼陀罗”，亦称绘画曼陀罗，在画面上描绘出诸佛菩萨的完整形象；二为“三昧耶曼陀罗”，画面上不绘出诸佛菩萨

---

① [德]黑格尔著，朱光潜译：《美学》第二卷，商务印书馆，1996年，第10页。

② 宗者拉杰：《中国藏族文化艺术彩绘大观图说明镜》，民族出版社，2002年，第394页。

③《实用佛学辞典》（影印本），浙江古籍出版社，1986年，第1275页。

④《实用佛学辞典》（影印本），浙江古籍出版社，1986年，第1275页。

尊像的全貌，仅绘出诸佛菩萨所持道具、手印等；三为“法曼陀罗”，也称“种子曼陀罗”，画面上不绘诸佛菩萨形象及其法器、手印等，仅绘出诸佛菩萨梵文名的首字母（称“种子”）；四为“羯摩曼陀罗”，亦称“立体曼陀罗”，或为塑制模型，或为绘画作品，均完整地或塑或绘出诸佛菩萨的尊容及相关道场场景。藏传佛教发展早期，许多寺院布局形态直接取象于曼陀罗图，如建于公元8世纪的西藏桑耶寺总平面为圆形，围墙象征铁围山，中心建筑乌策大殿平面呈十字折角形，象征宇宙中心须弥山及曼陀罗之中院，太阳殿、月亮殿象征日、月轮，外围红、白、绿、黑四塔代表四大天王，大殿周围十二座佛殿表示十二部洲①。

同样，修建于18世纪初的拉卜楞寺，总体平面形态、各殿堂建筑构图也隐含着对曼陀罗理想世界的追求。这种空间布局和构图，充分利用“圆和方的几何对比、线和面的巧妙结合，于均衡中求变化，于静止中见流动，以夸张想象和高度的概括，将主题形象化，将内容图案化，将完全对立的事物统一浓缩为一体。……曼陀罗表现的虽是佛居住的世界，宣扬的却是人们的心理精神世界，佛教的思想、哲学、美学、工艺和一切审美的结果全汇集于这个由天圆地方构成的世界”②。受这一思想观念的影响，一座寺院建筑，既有代表佛菩萨居所的高级世界或精神性空间，也有代表世俗人等居住的低级世界或物质性空间，完美地展示了世俗普通人界和佛界共存的形态，无论总体布局还是单体殿堂内部，其空间内必须有一个明确的中心，一座寺院有一座中心建筑物，一座单体建筑内也突出一处中心位置，整体空间呈现向神圣中心聚集的态势，由此形成寺院布局的“中心聚集模式”。寺院的大经堂（措钦大殿）为全寺的中心，寓意这里是“须弥山”的轴心，如拉卜楞寺闻思学院为全寺的中轴和核心，学院前广场是整个寺院的交通中枢，四通八达，其他各建筑组群及空间形态呈辐射状向外扩张，既可将人流分散到各建筑组群及其空间内，又可将人流汇集于此。其他殿堂建筑组群也分别有一个神圣中心建筑。拉卜楞寺在其创建至今300多年的发展过程中，形成了众多

① 康·格桑益希：《藏传佛教密宗蔓荼罗艺术探秘》，《宗教学研究》，2002年第2期。
② 康·格桑益希：《藏传佛教密宗蔓荼罗艺术探秘》，《宗教学研究》，2002年第2期。

不同功能和用途的建筑组群（包括学院、佛殿等），各建筑组群的组合呈现“以大空间为中心，四周环绕小空间”[①]的态势，体量巨大者为中心，其他附属或辅助空间环绕在四周，主体空间突出、主从关系分明。为满足藏传佛教信徒们礼佛敬佛仪轨（转经）的需求，各殿堂组群间特意布置繁复如蛛网的路径，没有起点和终点，一个新的起点连接着一个新的终点，从不同方向通向大经堂这个中心。同时，全寺的六大学院皆为院落式布局，前庭院平面布局呈“回”字形，主体殿堂平面也呈“回”字形，殿堂外东、西、北三面有围墙环绕，围墙之内形成一圈转经道，围墙之外又布置一圈转经道。所有建筑空间布局的“取象”，无不喻示万物的起点和终点都是暂时的，一个轮回连着下一个轮回，无始无终，而神圣中心是永恒的。

2. 三界空间观

藏传佛教认为，须弥山是世界的轴心，在垂直系统构成方面，自下而上依次为“欲界”“色界”“无色界”三界[②]。其中“欲界”（地界）是有情存在的，按等级分为地狱、鬼、畜生、阿修罗、人、天六道；“色界”（中界）在“欲界”六道之上，是无声无色的存在形态，这里的居住者有实体形状和身体；“无色界”（天界）是最高一界，是诸佛菩萨所居之处，属解脱轮回之苦的最高界（图 6）。藏传佛教寺院主要通过建筑组群围合的空间形态、单体殿堂造型等，全方位展示这种宇宙象征意义[③]，以物质性建筑空间组合方式诠释“三界空间观”，实现宗教崇拜，宗教建筑的“任何一种结构形式都不是凭空出现的，都是为适应一定的功能要求被创造出来的，只有当它围合的空间形式适应某种特定的功能要求，它才有存在的价值”[④]。在垂直方向上，最常见者为“三十三天”（也称“忉利天”）构图样式，“三十三天”位于须弥山之巅，对这一空间形态，主要通过建筑组

① 彭一刚：《建筑空间组合论》，中国建筑工业出版社，1998 年，第 19 页。

② 于乃昌：《西藏审美文化》，西藏人民出版社，2000 年，第 135 页。

③ 王贵祥：《东西方的建筑空间：传统中国与中世纪西方建筑的文化阐释》，百花文艺出版社，2006 年，第 174 页。

④ 彭一刚：《建筑空间组合论》，中国建筑工业出版社，1998 年，第 19 页。

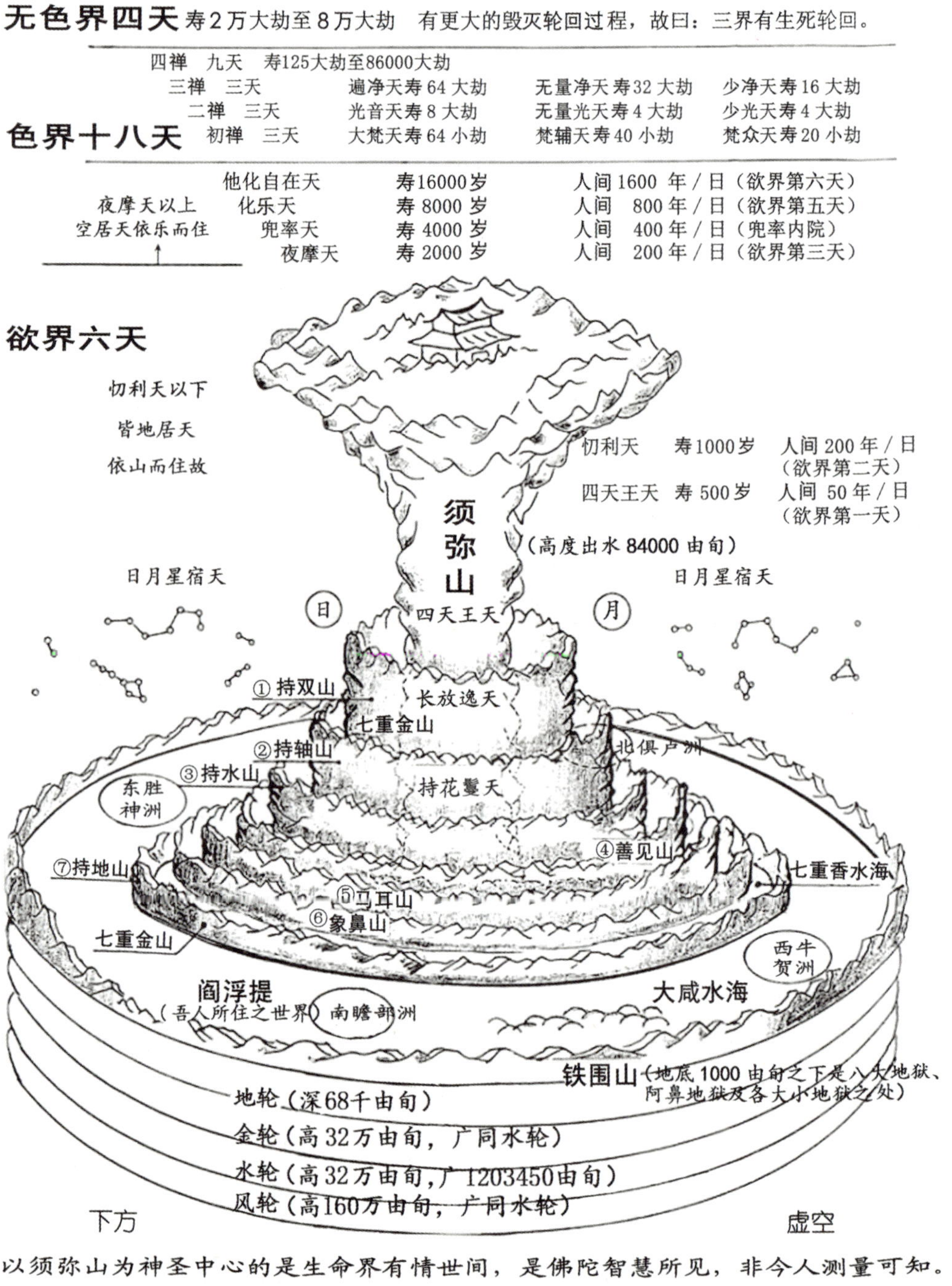

图6　藏传佛教“三界空间观”图解

群、单体殿堂的象征方式来表达，最典型的建筑是藏式佛塔，塔肩之上置一层须弥山和四大部洲，中央竖立十三天式塔刹，这种图像还大量绘制于壁画、唐卡“须弥山图”中（图 7、图 8）。“三界空间观”是藏传佛教寺院布局、殿堂构图设计理论取象之源，一切具有实体空间的建筑都是对其蕴含的神秘文化的直观解读和再现。

图 7　藏传佛教“三界空间观”壁画之一（下续部学院经堂前廊）

图 8　藏传佛教“三界空间观”壁画之二（时轮学院经堂前廊）

从宏观整体布局到微观空间形态，拉卜楞寺的“三界空间观”表现得十分明显。

第一，寺院整体空间的纵向布局特征。从南部大夏河北岸至北部卧象山脚，地势由东南到西北高差约 30 米，拉卜楞寺等级最高的殿堂建于西北部及北部地势最高处，低级建筑布置于低处。地势最低处象征“三界”之“欲界”，建筑等级较低，体量较小，主要有活佛囊欠、僧舍、转经廊等。随着地势逐渐向北、向西北抬高，此处布置等级地位较高的建筑，以象征“三界”之“色界”，包括闻思学院、上续部学院、喜金刚学院、时轮学院、文殊菩萨殿、马头明王殿、千手千眼观音菩萨殿（也称“大慈悲殿”）等，另有“十八囊欠”的大部分殿堂。继续沿山坡向北、向西北，地势再次抬高，这里属大夏河北岸第三级阶地，象征最高境界“无色界”（图 9），本场地坡度较大，局部十分陡峻，依山坡修建有弥勒佛殿（大金瓦寺）、夏卜丹殿、白度母佛殿、白伞盖佛殿、下续部学院、释迦牟尼佛殿、嘉木样护法殿等，呈现凌驾于其他建筑之上的态势。白伞盖佛殿处于地势最高处，石山、绿草、白云映衬，红墙、黄墙、白墙、金色法幢交相辉映，远远望去，一派佛国景象（图 10、图 11）。我们还可从寺院不同位置总剖（纵轴）图上明显看到这种因地势高差表现大型宗教殿堂神圣、崇高、威严

图 9　拉卜楞寺“三界空间观”表达形态

转经道
转经房
东白塔
排洪沟
耕地、林地

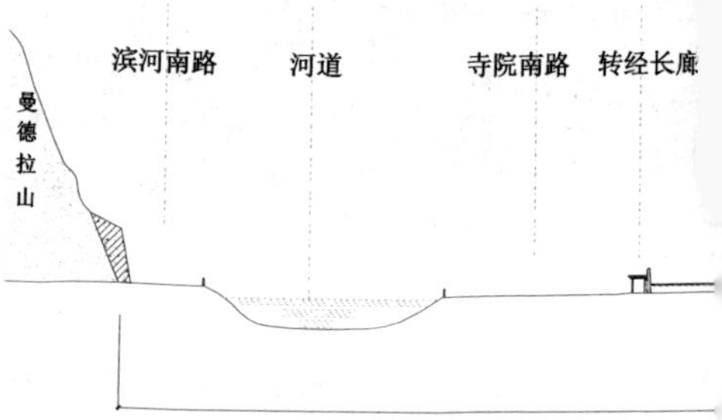

图 12　寺院总横剖图之一（大经堂轴线）

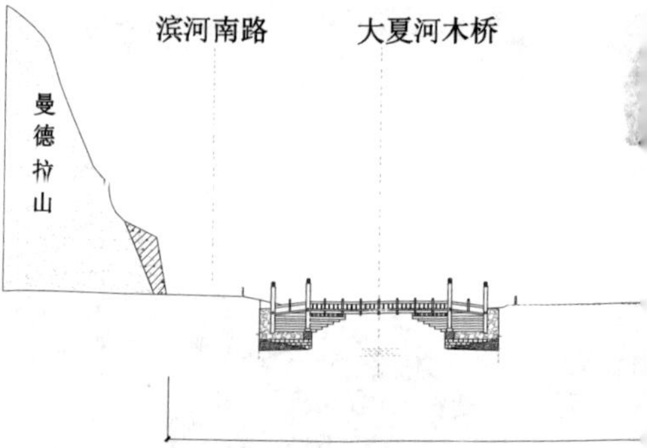

图 13　寺院总横剖图之二（嘉木样寝宫轴线）

思学院公房
祈福佛殿
佛殿遗址
俄项格拉仓囊欠遗址
悟真寺遗址
县藏医院
佛殿遗址
马头明王殿
转经长廊

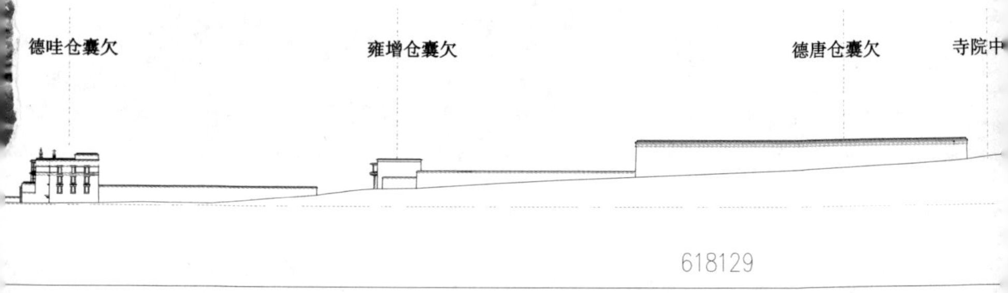
德哇仓囊欠
雍增仓囊欠
德唐仓囊欠
寺院中
618129

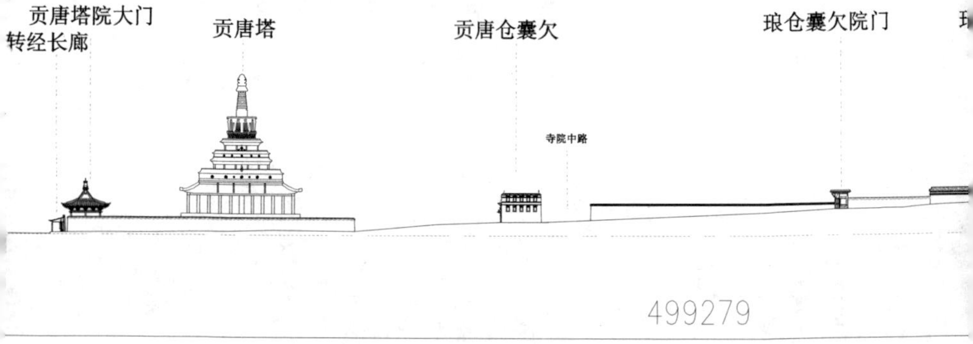
贡唐塔院大门
转经长廊
贡唐塔
贡唐仓囊欠
寺院中路
琅仓囊欠院门
499279

图 10　寺院全景（自东南向西北，2010 年）

图 11　寺院全景（自西南向东北，2020 年）

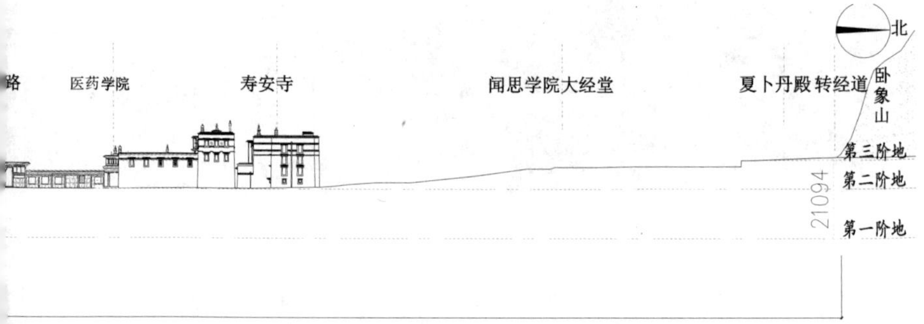

北
路
医药学院
寿安寺
闻思学院大经堂
夏卜丹殿 转经道
卧象山
第三阶地
第二阶地
21094
第一阶地

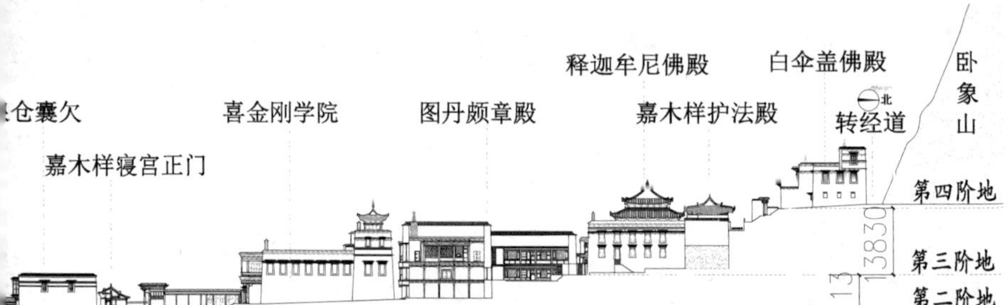

释迦牟尼佛殿
白伞盖佛殿
卧象山
仓囊欠
喜金刚学院
图丹颇章殿
嘉木样护法殿
北
转经道
嘉木样寝宫正门
第四阶地
13830
第三阶地
8113
第二阶地
7354
第一阶地

的效果，领悟到建筑背后隐藏的宗教寓意（图 12、图 13）。

第二，寺院整体平面空间形态的表现。拉卜楞寺整体坐西北朝东南，没有一条对称的轴线。闻思学院为寺院中心，周边布置众多的建筑组群（包括学院、佛殿、囊欠、僧舍等），散布于东、西、南、北四方八面，构图形态多样。从民国时期拍摄的寺院全景、局部照片看，寺院外围四面八方皆有相互对应的二、四、八组建筑群，层次分明，神秘、壮观，令人震撼。

第三，单体宗教殿堂内部空间形态的表现。单体宗教殿堂空间构图的“三界空间观”意象也非常明显。重要宗教殿堂（经堂、佛殿）在纵轴线上均由三段构成，地势从前至后逐次抬高，学院经堂包括前廊、前殿和后殿三段，佛殿包括门廊（门厅）、前厅、后殿（佛居所）三段。首先，殿堂外部空间整体呈现出明显的“三界空间观”特征，前廊地势稍低，等级较低，是一处过渡性空间，有雕饰繁缛的木柱、梁枋，外墙面涂饰白色，室内柱身以彩色布幔包裹，是“欲界”；前殿地势稍抬高，等级较高，外墙面涂饰白色，顶部加一层边玛墙带，开多个窗子，是“色界”；后殿地势最高，等级最高，外墙面涂饰红色，墙顶加两层边玛墙带，开三四层门窗，是“无色界”（图 14）。其次，殿堂内部空间构图也以“三界空间观”为根本特征，如前廊或门厅是一处敞开的过渡性空间，按中轴对称布局，兼具室内和室外空间双重功能，也具有防风挡雨的作用。以学院经堂为例，最前部、最低处为“欲界”，从前庭院登上七级、九级或十一级石台阶（仅医药学院没有石台阶）即到达前廊处，廊内墙面遍绘壁画，硕壮的廊柱雕饰繁缛、五彩缤纷，宗教气息渐浓，给观者以心灵触动，为进入殿堂获得宗教洗礼做好精神准备，芸芸众生在此磕长头礼佛敬佛。其次是“色界”空间前殿，主要用于本院僧众修习、聚会、讲经说法、参禅打坐，犹如学校教室，室内木柱密集如林，柱头雕饰繁缛、彩画五彩缤纷，梁枋纵横密布、整齐划一，从高处悬垂下来的硕大彩色布幢填满整个空间，繁而不乱。后部中央设寺主法座、供桌及琳琅满目的佛像，普通僧众的座位对称布置在供桌前部两侧。室内四周墙面不开窗户，一片昏暗，仅在供桌、法座前供置一排排酥油灯，产生微弱的光线，烘托着供桌、佛像、法座的威严和神圣。后墙面上

图 14　下续部学院经堂外部“三界空间观”表现形态

依墙设一排排佛经柜、佛龛等，并开一门，暗示着门后还有一个空间，引导信众继续前进。信徒置身于前殿观瞻佛菩萨尊像时，无不产生种种联想，神性的浪漫达到高潮。最后为“无色界”空间，即经堂后佛殿，占地面积较小（一般为前殿的 1/10），比其他独立式佛殿面积更小，但地势最高，建筑等级、地位最高，有一道分隔墙与前殿分开，前墙上开门洞（属过渡性空间，设木质或条石踏步）。室内面阔五间，西面设本学院护法殿，禁止外人进入，门上绘恐怖狰狞的护法神像，令人畏惧，东面为佛堂和灵塔殿。室内整体空间狭小，第一层四周不开窗，光线昏暗，仅有从第二层高侧窗处投射进来的一缕缕阳光，齐聚在圣坛（佛像、灵塔）处，气氛十分神秘，衬托和渲染着造像、灵塔的神圣与高大（图 15、图 16）。在上述三个空间形态中，“无色界”是修道成佛的最高理想之地，也是修行者期盼的最后归宿，根据佛教教义，凡修行达到这一阶段者，可登佛国彼岸。佛殿建筑的“三界空间观”表现方式与学院经堂大同小异，拉卜楞寺佛殿空间形态有两种，一是平面呈倒“凸”字形者，前部有独立的前廊；二是平面呈横长方形者，前部没有前廊，仅有外挑门廊或门厅。无论哪种平面形态，空间构图都完全一致。首先，前廊（门厅）是一个供信众停留的空间，是“欲界”；进入佛殿，首先经过一个灰空间（礼佛回廊的第一层，平面呈横长方形，第二层有礼佛平台和回廊），信众在这里可驻足观瞻佛菩萨尊像，是“色界”；最后部为佛菩萨居所，是“无色界”，通过特殊的营造技巧，空间

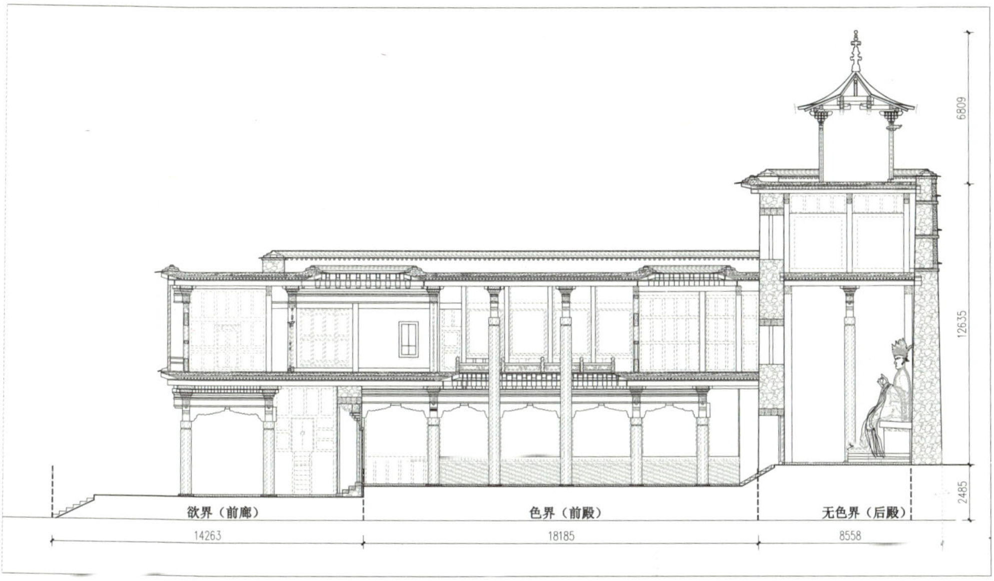

图 15　喜金刚学院经堂“三界空间观”表现形态

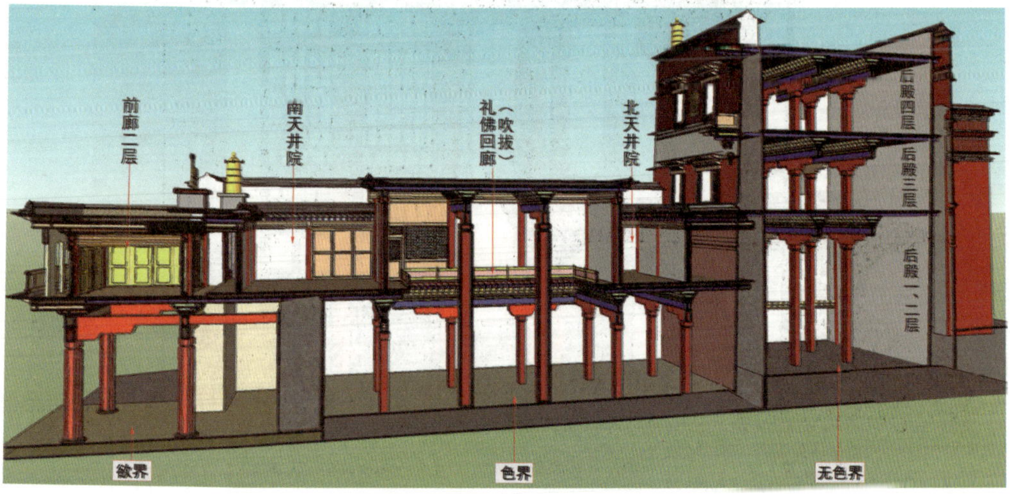

图 16　时轮学院经堂内部“三界空间观”表现形态

显得非常高远，低处四周布置的供桌、尊像、壁画、唐卡等琳琅满目，给信众以巨大的心灵震撼(图 17、图 18、图 19)。

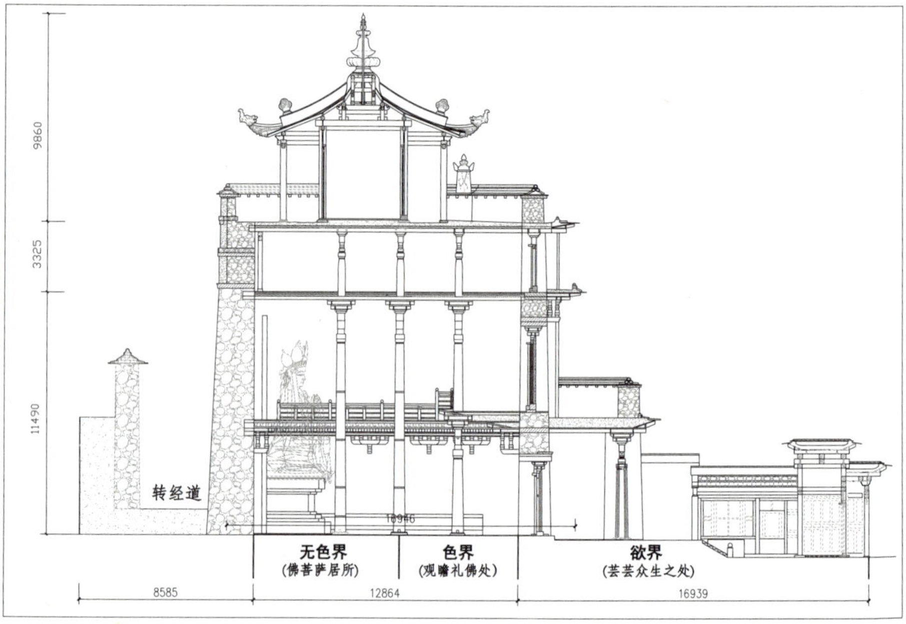

图 17　弥勒佛殿内部“三界空间观”表现形态

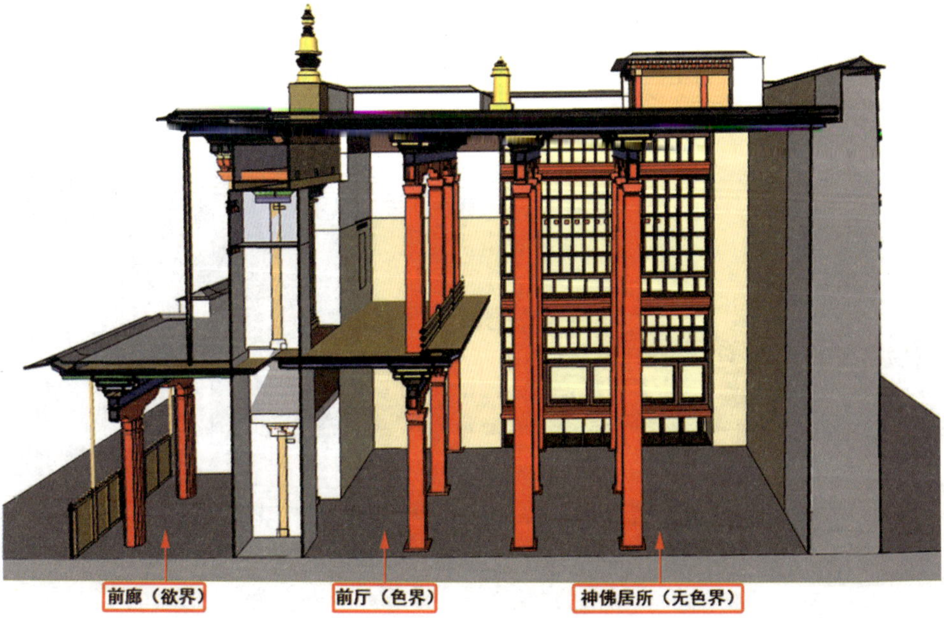

图 18　寿安寺室内“三界空间观”表现形态

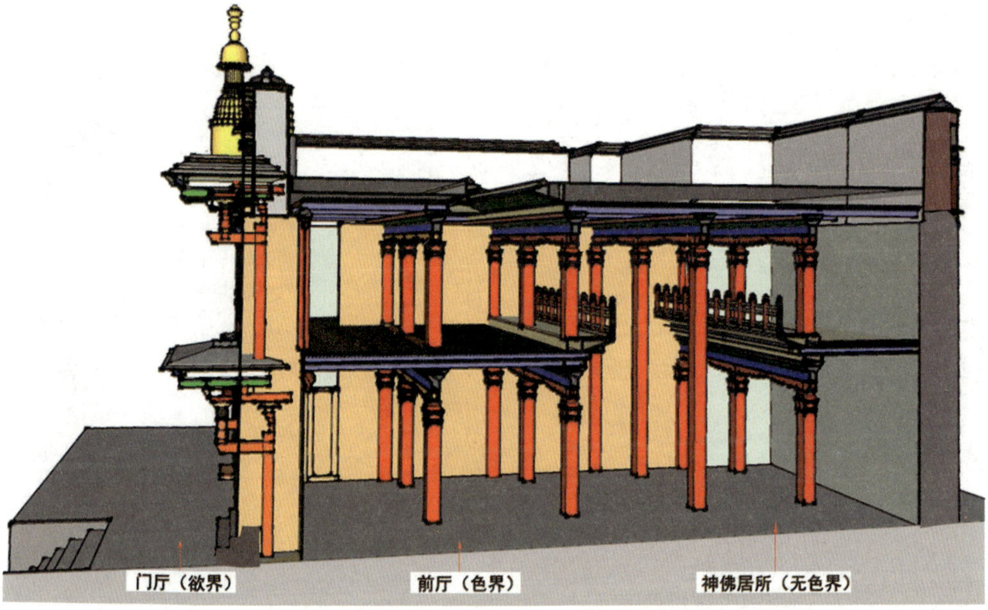

图 19　夏卜丹殿内部“三界空间观”表现形态

3. 神圣中心观

汉传佛教寺院“伽蓝七堂制”平面布局形态均以大雄宝殿为中心，周边以配殿、回廊层层环绕。同样，藏传佛教寺院也突出强调中心建筑的作用和地位，但表现方式与汉式寺院迥然不同。

藏传佛教以大乘佛教金刚乘为理论基础，金刚乘强调“顶礼膜拜”“朝圣转经”等宗教崇拜方式和仪轨，殿堂、佛塔、塑像均为佛之“身、语、意”载体和展现形式，这种信仰方式对建筑选址、外部造型、空间组织等产生了决定性影响，由此形成特殊的设计思想和方法。藏传佛教寺院是诸佛、菩萨、罗汉与金刚、力士等的聚集之所，寺院的总体布局或单体殿堂，每个空间范围内都有一个明确的中心。一座寺院有一座中心建筑物，或为佛塔，或为殿堂；建筑组群或单体建筑内也突出一处中心位置，呈向神圣中心聚集的态势。

藏传佛教寺院非常强调神圣中心，一般以大经堂为全寺的中心，在宗教意义上，为“须弥山”的轴心。如拉卜楞寺以闻思学院大经堂及其前广场为全寺的

图 20　以闻思学院大经堂为中心的空间聚集形态（2016 年）

中轴和核心（图 20），广场是整个寺院的交通中枢，四通八达，广场与各建筑组群直接连接，各建筑组群及其空间形态呈辐射状向外扩张，既可将人流分散到各建筑组群及其空间内，又可将人流汇集于此。闻思学院自身周边的通道构成第一层；环绕整个寺院的转经道构成第二层；其他殿堂建筑组群、单体殿堂内部也有各自的环形转经道，各种转经道、大小巷道相互贯通，没有遮挡，各建筑组群相互连通，且又与闻思学院广场连通，再延伸到寺院外部，无始无终。如此，寺院整体、建筑组群、单体殿堂在各自的平面形态上突出一处中心建筑物。上述几个层次的空间构成形态，充分诠释了佛陀“身、语、意”的所有内涵，它无处不在，无时不有。

在拉卜楞寺几百年的修建历史中，本区域的传统文化、宗教信仰对其产生了重大影响，规范和引领着寺院整体布局、空间形态、建筑结构设计等方方面面。拉卜楞寺各建筑组群及单体建筑内部空间组合仍表现出“以大空间为中心，四周环绕小空间”[1]的现象。首先，在一个建筑组群中，体量巨大者为中心，其他附属或辅助空间环绕在四周，主体空间突出，主从关系分明。根据藏传佛教教义，广大僧俗信众要围绕神圣中心——佛像、佛塔、殿堂右旋（顺时针方向）礼佛敬佛。为满足这一仪轨的物质需求，寺院各殿堂建筑组群间特意布置繁复如蛛网的路径，没有起点和终点；又在各院落、殿堂内布置同样的单向路径，连通着一个新的起点和一个新的终点。根据教义，世间万物的起点和终点都是暂时的，一个轮回接着下一个轮回，无始无终，寺院内的所有路径都从不同方向环绕着神圣中心位置。同样，一座殿堂内的后室或后殿就是这座建筑的中心，被看作是神圣的“精神空间”或“灵的空间”，是信众反复环绕的神圣中心。这种空间设计和布局方式的历史非常悠久，古印度教神庙建筑中即有这种空间形式，是由曼陀罗图式发展而来的。神圣中心观念历史悠久，神圣中心代表着诸佛、菩萨与金刚的聚集空间和场所，“在诸如‘种子’‘胎藏’‘聚集’这样的空间观念下，不同文化的佛教建筑找到了彼此之间的共同之点”[2]。其次，受此影响，藏传佛教殿堂平面以“回”字形布局为主，每个院落、每座殿堂内部平面构图皆呈“回”字形，既充分考虑了转经礼佛仪轨之需，也是对教义最直观的阐释。

“神圣中心”是藏传佛教信仰的重要内容，在宗教建筑工程建设、教义修习、日常生活和信仰等实践中被自觉遵循，成为一种文化自觉和行为自觉。在建筑工程实践中又充分运用物质手段（建筑材料、工艺和技术）来实现这一思想，通过建筑的类型、功能、位置、形体、尺度、比例、色彩和细部装修的处理和安排表现出来，呈现完美的等级序列。建筑与其应有的身份地位相符，地位尊贵、功能重大的建筑，必然体型巨大、气势宏伟，外墙涂饰红色、黄色，配以金顶和镏金饰件，彰显其高贵地位；低级活佛囊欠、普通僧人的居所只能

① 彭一刚：《建筑空间组合论》，中国建筑工业出版社，1998年第2版，第19页。

② 王贵祥：《东西方的建筑空间：传统中国与中世纪西方建筑的文化阐释》，天津百花文艺出版社，2006年，第259页。

修建单层，形制简单，外墙面一律刷饰白色或土色，不得饰油漆彩画。这些森严的等级制度、精致的物质材料、不同的艺术表现方式，都在不断强化神圣中心建筑的统率作用。

（二）城堡式

寺院布局形态选择坚固的城堡，是藏传佛教寺院早期发展的必然选择。随着入寺修习僧人人数增多、寺院财富日益积累，“剩余的财物则转化为金、银以及艺术品，这就使得寺庙成为反佛教势力和强盗们袭击的目标。因此，寺庙与军事堡垒合二为一显得十分必要”[①]。在古代西藏，诸部落、佛教诸派之间经常发生矛盾冲突，寺院安全防卫成为第一要务。寺院多选择高耸的山体为依靠，建筑分布在山坡上，正面朝向视野开阔的河谷或平缓山坡，寺前有河流，两侧有山峰环抱。在冷兵器时代，高山、厚墙、深沟是天然的防卫屏障，城堡式建筑在地形地势方面的优越性凸显出来，城堡式布局因此成为许多寺院的首选。藏传佛教寺院的选址标准、布局形式因此逐渐发展成一种定式，而且与当地衙署机构修建在一起。最典型者如萨迦南寺，它既是一座寺院，又是萨迦王朝的王宫。城堡分内、外两重结构，总平面呈“回”字形，建有两重城墙，外城为羊马城，有护城河，城墙四角及各边均建三四层楼高的碉楼，佛寺位于内城中心，政、教统治机关合为一体（图 21、图 22）。同样，等级制度影响着一座寺院内部建筑的布局形态，一般以主体建筑为中心，周围布置次要建筑；高等级建筑位于高处，低等级建筑位于低处；强调主体建筑的纵向突出感，以控制全寺的景观，整体表现为一种抽象的佛教宇宙图式[②]。

① 儒弥·考斯勒著，冯子松译：《喜马拉雅地区的佛教建筑》，《西藏研究》，1992 年第 1 期。

② 胡晓海、董小云：《藏传佛教寺院建筑的群体布局研究初探》，《内蒙古科技与经济》，2011 年第 21 期。

图 21　萨迦南寺全貌

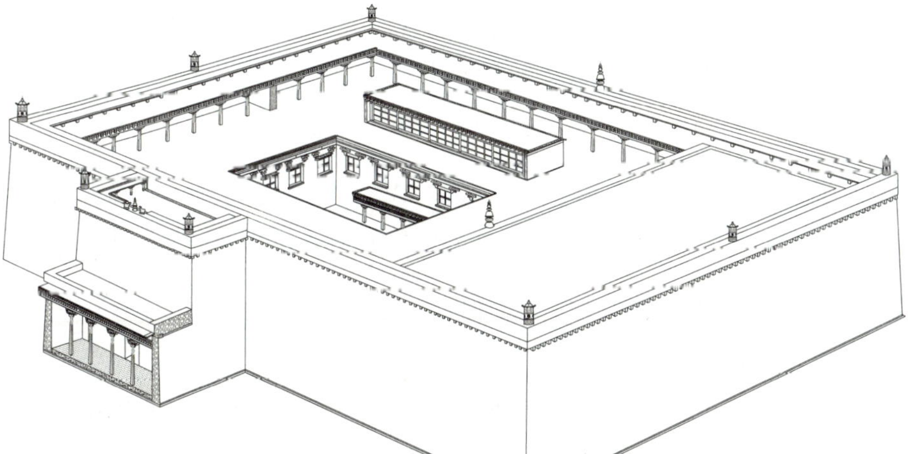

图 22　萨迦南寺佛殿鸟瞰图

（三）自由发展式

15 世纪以来，格鲁派兴起，藏传佛教文化已完全本土化，教义内容、信仰仪轨已深深根植于当地的思想文化和日常行为当中，寺院不再如早期桑耶寺那样借助种种神秘图式布置空间，而是渐趋简单化，突出实用功能。寺院集礼佛、学经、修习、生活为一体，成为一个学校、一个生活区，“建筑单位则以僧人生活和学习为核心，形成非常明白的实用价值”①。空间布局采用一种自然发展的方式，不同时期修建的建筑，每个阶段在延续上一阶段的同时，开启下一阶段。寺院由最初的小道场变为大道场，最终成为超大型道场。寺院建筑的群体性特征更加明显，除为数众多的宗教殿堂外，还有各种生活服务及辅助设施，如厨房、宿舍、仓库和卫生设施等。寺院变为一座僧人常驻、俗民流动、行者自行、诵者自诵的大型或小型城镇，这是一个以宗教殿堂为核心的、开放的实用空间。宗教思想、信仰方式及仪轨仪式等更多地用塑像、壁画、经幡、建筑等实体空间和教育体制、修习内容等来实现。供僧人居住的建筑空间和规模不断增大，在经堂内部，供僧人修习的空间也不断增大，学府特征更加明显。

18—19 世纪，格鲁派发展至鼎盛时期，自由发展模式下的寺院布局形态、建筑形制完全定型。它不再刻意约束或控制寺院外部空间的形态或样式，任其自由发展，体现了佛教之“无”即“有”、“有”即“无”的哲学思想。寺院不再修建围墙，外围空间完全开放，强化了寺院与外界的沟通和联系。西藏格鲁派著名的四大寺都是这种布局，寺院内部交通路网错综复杂，相互交接、贯通，没有死胡同，这种做法客观上也是出于安全防卫的考虑。

在一个寺院中，“神圣中心”位置确立之后，其他建筑组群便围绕这个中心自由发展，没有空间边界和范围的限定。青藏高原著名格鲁派大寺多由这种模式发展而来。

① 恰白·次旦平措、诺章·吴坚、平措次仁:《西藏通史简编》，五洲传播出版社，2000 年，第 86 页。

甘丹寺修建在西藏达孜县旺古日山南麓，1409年由宗喀巴主持创建[①]，其空间格局经历了由东向西扩展的过程。寺院创建之初，建筑主要集中在东部，17世纪进行大规模扩建，逐渐向西面发展，形成以措钦大殿为中心的格局[②]。各建筑顺山体走势呈扇形、带状分布，措钦大殿、阳拔健（羊八犍）等重要建筑处于扇面横向轴线上，各横向轴线均围绕同一圆心层层向外展开，形成强烈的向心效果（图23）。核心区建筑（措钦大殿、阳拔健、赤多康佛殿等）位于寺院偏东处，绛孜学院、夏孜学院等位于建筑群中轴线上，僧舍楼群散布于山顶及各建筑组群间。现存建筑为20世纪80年代以来原址修复重建，总占地面积约15万平方米（图24）。寺院有完整、清晰的空间界面，以自然沟壑为空间边界线，以山体为寺院的自然屏障，具有很好的防御功能，能给人以良好的稳定感、安全感。

图23　甘丹寺全貌（自南向北）

① （清）土观·罗桑却吉尼玛著，刘立千译注：《土观宗派源流》，民族出版社，2000年，第155页。

② 李晶磊：《经院教育制度下的西藏格鲁派大型寺庙研究——以甘丹寺与色拉寺为例》，南京工业大学硕士学位论文，2008年。

图 24　甘丹寺总平面图

哲蚌寺创建于 1416 年，位于拉萨市以西更培邬孜山南麓半山腰处，隐于山间，山中有两股清泉从寺旁流过，是历世达赖喇嘛的主寺和驻锡地。初建时仅为一座小殿堂，18 世纪开始不断扩建发展，现总占地面积约 20 万平方米，主要建筑有措钦大殿、甘丹颇章、四大学院和 87 个康村及米村等[①]。最早修建的阿巴学院是全寺的中心，后逐渐向东南方发展，即从山上往山下扩散。措钦大殿变成了寺院的中心（图 25、图 26），其北、东、南三面分布有 4 座学院，各学院间布置大量康村、米村。整个寺院没有外围墙，寺内道路四通八达。

色拉寺位于拉萨市北约 5 千米处的色拉乌孜山南麓，北面山腰处有宗喀巴早

① 牛婷婷：《试析哲蚌寺的选址和布局》，《华中建筑》，2010 年第 6 期。

图 25　哲蚌寺全貌

图 26　哲蚌寺总平面图

年使用过的静修室，后发展成为一座超大型寺院。早期的建筑多分布于西侧，道路东侧为新建的措钦大殿、康村等，新、旧两区对比明显（图 27）。

扎什伦布寺位于西藏日喀则市西南尼玛山的山腰上，始建于 1447 年，1472

图 27　色拉寺总平面图

年扩建。1600 年后成为历世班禅的驻锡地。扎什伦布寺依山而建，坐北朝南，靠山环水，东南面是开阔的年楚河河谷，背面是尼玛山，完全符合藏式寺院选址的环境要求。寺院初建时，以东部措钦大殿为中心，逐渐向西发展，呈东西向带状分布，西北部的群山构成寺院天际线，各建筑依山势起伏，高等级、带金顶的建筑均分布于上部，俯瞰日喀则城（图 28）。

图 28 扎什伦布寺全貌

总之，格鲁派寺院多选择“背山面水”的坡地，为寺院的持续扩建和发展留有充足的空间。任何一座寺院的空间形态都处于不断变化之中，积淀了厚重的历史文化信息。

寺院中的各建筑根据功能划分为不同的组群，每个建筑组群都有一座体量较大的建筑作为中心，其他建筑环绕四周，或组成一个院落，或点缀于高山云端。西藏格鲁派四大寺皆以措钦大殿为寺院的中心，其他学院、佛殿、僧舍等均围绕这一中心而展开，呈众星捧月之势。

拉卜楞寺创建时间比西藏四大寺晚几百年，此时，格鲁派寺院建筑艺术发展处于高度繁荣时期，总体布局、建筑形制已有固定模式。拉卜楞寺完全借鉴哲蚌寺布局模式，闻思学院大经堂为全寺的中心，其他 5 座学院均散落在大经堂周围，皆有各自独立的院落和空间形态，6 座学院相互贯通。总体来看，寺内一切具有实体性空间形态的宗教建筑、住宅建筑、附属建筑及道路、广场、绿化地（带）、其他构筑物等，相互映衬，既围合、界定着寺院的总体空间，又自然而然地控制、约束着建筑组群的局部空间。在具体营造过程中，一方面动用一切技术、艺术手段来实现和维护这种空间构图的神圣性，另一方面严格执行寺院关于建筑等级制度的规定，达到建筑艺术创作自由与制度约束的统一。

地域性民族文化传统是一个民族精神的重要载体，它永远离不开当地的自然地理与人文环境。西藏四大寺均充分适应拉萨、日喀则等地的自然环境与本地文化传统。拉卜楞寺地处安多地区，本地区的自然环境、气候、地形地貌等条件与西藏差别甚大。它充分继承西藏格鲁派四大寺主流建筑文化的核心要素，完全遵循自由发展模式，整个寺院没有明显的轴线，随山就势修建于大夏河北岸卧象山前的坡地上，以南北两山为天际线，以闻思学院大经堂为神圣中心，以白伞盖佛殿为制高点，大型宗教殿堂均修建在西北部地势较高处，借助山势突出重要建筑的重要地位，同时，又因地制宜地加以创造和变通，如西藏四大寺受地形、土地供应等条件所限，僧舍建筑均为高层楼房，占地面积小，布局紧凑，而拉卜楞寺所处地势相对平缓，空间很大，僧舍建筑均为当地传统合院式土木结构平房，大量僧舍集中连片布置于寺院东部，大部分院落占地面积两三百平方米，一排排、一行行，蔚为壮观。部分僧舍点缀于宗教殿堂、活佛囊欠周围。

一些大型、超大型格鲁派寺院如一座城镇，许多城镇因寺院而发展起来（如拉卜楞镇）。这种城镇的社会组织和管理、经济发展、文化特征、空间规模等，具有世俗城市的一般功能，又以宗教活动为主，空间形态突出宗教信仰内容、宗教信仰体系、展示方式又与城镇的空间结构形态紧密关联。

四、拉卜楞寺的整体布局特征

（一）拉卜楞寺的空间布局深受西藏著名寺院的影响

自由发展式布局是藏传佛教寺院格鲁派兴起后形成的主要建筑特色之一，拉卜楞寺是格鲁派鼎盛时期的寺院，具有典型性。拉卜楞寺的历任寺主嘉木样和众多高僧大德多在西藏修习或担任过宗教职务，如一世嘉木样长期在哲蚌寺郭莽扎仓、拉萨下密院、色居贡巴寺等地修习，并担任哲蚌寺郭莽扎仓堪布达八年之久。他们深受西藏四大寺建筑历史、文化、艺术的熏陶和影响。拉卜楞寺创建时，大量吸纳、借鉴西藏寺院的模式和经验，又结合安多地区的自然环境、人文、风俗等特征，进行了创新和改进，寺院的总体布局、空间形态及许多殿堂的平面形制、结构造型、内部空间处理手法、装饰细节等，都可在西藏四大寺中找到原型。如时轮学院仿扎什伦布寺时轮学院修建，喜金刚学院仿拉萨布达拉宫南杰扎仓修建，等等。但建筑组群的布局形态、风格又与西藏大寺迥然不同，都呈院落式，有完整的院落围墙，院内空间或大或小，完全根据地形地势而定。大体来说，靠近北面卧象山脚处的院落多小而狭，靠近南面大夏河滩处的院落宽而广。修建时代较早的下续部学院因地形限制，院落较小，其他5座学院的院落布局形态基本一致，较为宽阔，围墙内皆有廊院（僧舍和诵经廊房）。宽阔的庭院成为本学院学僧辩经、学习的场所，也为朝佛拜佛的外来僧俗信众提供了很好的休息场地。在寺院举行大型宗教活动时，宽阔的庭院可有效疏散人流。

（二）与汉式佛寺迥异其趣

主要表现在以下几个方面：

第一，两者的院落形态不同。汉式佛寺主要用于供佛、礼佛和敬佛，院落是完全封闭的，受传统“伽蓝七堂制”布局方式的影响，均按中轴线对称布局，一般设前、中、后院及东西跨院等，大型寺院的进深有三四院或六七院，有一条或多条轴线，各殿堂互不毗连，不追求全寺的中心，“神圣中心”的概念不强。凡位于轴线上的建筑皆属尊位，轴线位置即标记或显示出某建筑的等级和地位，按佛菩萨的等级从前往后排序，位置越靠后，等级地位越高。一般而言，至尊位置处于轴线后部，主要修建供奉佛祖的大雄宝殿或藏经阁等建筑。汉式佛寺特别强调和突出轴线上正门的作用，各院落不是独立存在的，也没有独立的各院落管理机构，各院落间以墙体分隔。汉式佛寺很少开展长年累月的大型宗教活动，整体空间追求形态统一，突出各院落间的连续与组合。相比之下，藏传佛教格鲁派寺院的整体布局完全遵循自由发展模式，没有任何轴线和对称关系，没有统一的围墙；特别强调和突出“神圣中心建筑”（措钦大殿）的地位；各建筑组群有独立的院落和管理机构。

第二，殿堂建筑形制及使用功能不同。汉式佛寺的主要建筑有山门、钟鼓楼、天王殿、大雄宝殿、伽蓝殿、祖师殿、法堂、藏经楼、戒堂、僧舍、茶堂等，以佛殿为主，寺院很少开展全寺僧侣集体性活动，更没有供上千人同时开展大型活动的空间。室内空间主要用于供佛像、信众礼佛拜佛等，面积不是很大，内部结构形态相对简单，且对所有人开放，不具封闭性。受汉族传统空间观念的影响，中原地区的宗教殿堂“不是用来作为神灵的居所的，也不代表精神实体的高级世界，只是一个人神交会的礼仪性空间”[①]，它既“不用于居处，也不藏蕴任何所谓‘精神’‘种子’或别的什么至圣神秘的东西。这是一个暂在的空间，一个由人预设的、使凡世的人与神灵之间可能相会之地……以四柱间为核心空间的古代中国建筑，不具备扩展自身内部空间的强有力的神秘动力”[②]。因此，汉式佛寺殿堂并不刻意追求或营造内部空间的神秘性和神圣感，只展示和表现佛菩萨尊像的伟大和庄严，殿堂内部也装扮得与世俗界皇宫建筑一样，建筑等级制度主要体现在形制和体量方面，以四周出廊式坡屋顶为尊（其中包括单檐、重檐及歇山顶、庑殿顶等样式），且以带廊的重檐结构形制为至尊，单檐（包括有廊和无廊）为次，以无廊单檐硬山顶形态为最次。相比之下，拉卜楞寺初建时，是寺主的“家寺”，“拉卜楞寺”本身的名字就有“寺主活佛寝宫”的意思。后来修建了众多建筑物，宗教殿堂建筑规模大，由许多不同用途的建筑组成一个个组群。各建筑组群相对独立，其中学院主要供僧侣修习、研读宗教经典、讲经说法；佛殿是专门供佛菩萨居住的场所，表现了佛陀的“身、语、意”的全部内涵，是完全开放的，供世间僧俗万民顶礼膜拜、参观访问；护法殿是一种特殊的佛殿，有全寺总护法殿、各学院独立的护法殿，从不对外人开放。

第三，管理机构、制度和体系不同。汉传佛教诸派在其历史发展过程中，形成了各自的组织结构和管理体系，宗教活动业务相对简单，管理机构单一，大体

① 王贵祥：《东西方的建筑空间：传统中国与中世纪西方建筑的文化阐释》，天津百花文艺出版社，2006 年，第 299 页。

② 王贵祥：《东西方的建筑空间：传统中国与中世纪西方建筑的文化阐释》，天津百花文艺出版社，2006 年，第 304 页。

分为全寺管理机构、寺主个人管理机构两种。寺院最大的首领是住持，因其住处称“方丈”，又称其为“方丈”。根据《汉传佛教寺院住持任职办法》（中国佛教协会第七届理事会2010年公布）的规定，住持每届任期三年，连任不超过三届。住持统领的寺内寺外业务部门较多，主要有：“西序”，专门管理僧众日常修持和各部门事务；“东序”，专门管理寺院行政、财务、纪律等事；各种“知事”类职位，包括都寺、监寺、维那、典座、知屋、监收等；各种“执事”类职位，包括寮元、印房、司水、化主等。为方丈本人服务的组织机构称“立班小头首”，主要负责方丈的一切日常工作。相比之下，拉卜楞寺犹如一所宗教大学，显密兼修，古代属政教合一性质的寺院，一切大权归寺主嘉木样一人掌握。有专门管理寺主事务的拉章宫，政教合一机构事务主要由嘉木样拉章宫处理。管理宗教修习内容、学僧修习纪律、日常生活的是各学院，各学院有自己相对独立的管理机构，但最终管理权归闻思学院执掌。闻思学院具有双重身份，既管理本学院宗教修习、财务等事，又管理其他5座密宗学院各事务。各学院有自己的经堂，用于本学院僧众聚集诵经、研习经典、举行佛事活动，一般情况下不对外开放。举行重大宗教活动时，现场僧俗信众有数千人，需要很大的空间，闻思学院大经堂正好承担了这一任务。

拉卜楞寺先后修建了30多座专门用于供奉佛菩萨的独立佛殿。各佛殿有不同的统属关系。公共佛殿多由本寺活佛自己筹资修建，寺院派专人管理；活佛囊欠附属佛殿也是活佛自己出资修建的，由活佛囊欠管理机构负责日常管理。

（三）寺院整体呈组群式向外扩展

拉卜楞寺自1710年搭建的两座帐篷式建筑起步，1711年修建第一座木石结构建筑，寺院空间形态不断以建筑组群连缀、拼接的形式向外扩展，最终定型。

清末至民国时期，许多国内外学者、旅行者、探险家、传教士等拍摄了大量表现寺院全景或局部，或单体建筑，或殿堂宗教活动，或寺院市场交易等方面的照片，还有一幅今保存于俄罗斯布里亚特历史博物馆的寺院全景唐卡布画（绘制于1882年前）和一幅保存于美国纽约鲁宾艺术博物馆的寺院全景唐卡布画（绘制于1930年前），分别表现了当时的寺院总体空间形态、建筑分布情况。又，今拉卜楞寺文物陈列馆保存的一幅寺院全景唐卡布画（绘制于1985年左右）也表现了民国末期的寺院建筑分布全景。这些照片、唐卡画显示，不同时期的寺院，明显形成各类建筑组群，区块划分明确，空间布局比例恰当，建筑高低、主次地位分明，色彩韵律格调突出，外部空间边界完整、稳固。从图中可见，寺院发展的清晰路线，是以闻思学院为起点和中心，不断向四周扩散。先在西北部东缘较平坦处修建核心建筑，然后向四面发展，重点向西北、西南方向扩展，再向南面、东南面扩展，最后向东面扩展。全寺没有明显的轴线，内部地势高低起伏，呈中间大、两头小的形态。东西向主要街巷与穿插其间的南北向巷道将寺院分为三个组群：西北部中心殿堂组群、南部及东南部活佛府邸组群、东北部僧舍组群。一个建筑组群犹如一个僧众生活社区，不同区域有不同的空间构成方式和表现形态。

拉卜楞寺作为特殊的宗教活动场所，一种物态化建筑艺术作品，具有自身的实用性、艺术性和科学性，其空间形态构成主要取决于三个方面：使用功能要求、审美和精神需求、物质技术条件和营造手法，由此形成非常丰富的空间形态，从宏观到微观，各有特殊的用途和功能，每个区域（建筑组群）都蕴含深奥的设计理念、深厚的宗教情感。广场和交通街巷布置、界面拼接与组合、出入口及空间节点配置、绿化景观和园林点缀等表现手法多样。

西北部为寺院中心区域，闻思学院是全寺的中心，对这三个建筑组群起着稳定与平衡作用，该区域内各宗教殿堂体量巨大，平顶屋面上多加建镏金或琉璃瓦金顶。活佛府邸中嘉木样寝宫等级最高、位置最高、规模最大，与6座学院及大型佛殿共处一区。

南部、东南部的地势比西北部低10米左右，大量修建高级活佛府邸及其附属佛殿建筑组群，大小院落连缀，街巷纵横密布，建筑高低错落，各院落大体沿等高线呈辐射状分布，均面朝大夏河，在最南端的大夏河北岸修建了一条通长的转经长廊，制约着寺院南部的边界。

东部为大面积普通僧舍建筑群，体量小，密度高，皆为土木结构单层平顶房，零星点缀一些高大宏伟的宗教建筑，如神变白塔（也称“寺东白塔”）、绿度母佛殿、宗喀巴佛殿、藏经楼等，建筑色彩、体量对比十分强烈。1943年，在寺院东面修建了转经长廊和一座山门，将南部转经长廊、北部山脚处的转经道贯通。这样，东部出入口由原来的分散敞开式变为必须经过山门的紧缩集中式，寺院核心区的四面被围合起来，将三个建筑组群包裹其中，构成一个整体。

需要指出的是，拉卜楞寺创建前，这里只是黄河南前首旗蒙古亲王察汗丹津管辖的一片河滩牧场。寺院创建后，逐渐发展成以宗教修习、礼佛敬佛为中心的宗教城镇，在不同历史时期，建筑物的修建均尽可能地利用场地现状，自由灵活地处理，不刻意削山或填沟。在地势较高处布置大型建筑，以控制全局，借助山势，层叠上升，形成雄伟壮观之势。在低处布置低矮的次要及附属建筑，既突出重点，又相互统一。建筑依形就势，沿等高线方向平行布置，呈放射状，完整地保留了山体原有之“形”，减少了工程建设期间的挖、填土方量，达到节省人财物力、保护自然环境的目的。

第四章　拉卜楞寺寺院空间形态及其表现特征

藏传佛教寺院的总体布局及殿堂空间布置、结构安排、装饰元素等，都特意营造和展示出一种至高无上的权威性，以表现宗教思想，突出宗教信仰感召力，丰富宗教传播手段，实现宗教目的。一座寺院、一座殿堂就是一处宗教艺术宝库。

拉卜楞寺作为一座超大型藏传佛教格鲁派寺院，在过去几百年里修建了众多宗教殿堂、公共建筑、宗教附属建（构）筑物，类型多样，以学院经堂、佛殿为主体。其中，经堂为广大僧众提供修习聚会的场所，也兼具礼佛敬佛功能；佛殿皆用于供置佛像，一般对僧俗信众开放，特殊的护法殿除外（包括寺院总护法殿和学院经堂后部护法殿，是宗教圣地，从不对外开放）；晒佛台（也称“展佛台”）用于本寺僧人、民间信众举行大型佛画展示活动；辩经院、讲经台主要供本寺僧人举行特定的考试辩论、高僧讲经说法等活动使用，世俗民众可以参观；佛塔承载着佛祖“身、语、意”的全部内容，供普天之下僧俗人士绕塔礼佛敬佛；转经长廊及独立式转经廊房建筑形制大同小异，有特殊的构造，转经筒内装藏大量佛教经典，供广大信众转经（礼佛敬佛仪式的一种）；印经院、藏经楼、库房（含各学院附属建筑公房）等属宗教服务性建筑和设施，用于刻印宗教典籍、保存文物等；活佛囊欠主要供活佛本人及其徒弟们居住，囊欠内也建有佛堂，属个人使用；普通僧舍皆供在本寺修习的僧人个人居住。

藏传佛教寺院有自己独特的选址方法、营造制度、施工工艺技术体系，在总体规划和设计方面，主要采用传统“腹测画线法”[①]，相当于现代建筑的“控制性

① “腹测画线法”是藏族寺院、民间建筑总体规划、设计、施工操作的一套规程，主要采用《大腹地祇神图》推算建筑基址位置、方向、破土动工吉日等。

规划”，是藏式传统建筑通用的总体规划设计理论和方法，也是一种施工操作方法。它介于“有形”与“无形”之间，其中既包括丰富的藏族传统天文历算知识，地理环境的查验、推算等技巧，也带有浓厚的宗教神秘色彩，有自成体系的推算、操作和使用方法。借助这一方法，能够统摄一座寺院选址、规划设计方面的全局，大致确定一座寺院、一座建筑的布局范围，主要建筑的轴线和施工动土时间、位置等。

1710年，一世嘉木样选定扎西奇滩为建寺基址，随行的堪舆专家佐盖活佛全面负责堪卜地土、相土尝水、腹测画线等事。《拉卜楞寺志》记载，当时，一世嘉木样“站在金鱼高丘上四下看了看后，问道：‘腹测之中轴线当画何处？’侍者西绕华尔旦回答说：‘由红石岩嘴看去，从扎有网状帐篷之处可画中心线。’当时腹测中轴线的正点正好是现在大金瓦寺的佛殿之处”[①]。当时尚未开始建设工程，但已确定这一位置为寺院的总轴线，二世嘉木样时期在总轴线的正点位置上修建了弥勒佛殿（大金瓦寺，1788年）。在拉卜楞寺30多座佛殿中，弥勒佛殿的宗教影响力最大，建筑等级较高，但低于嘉木样寝宫内的释迦牟尼佛殿（也称“小金瓦寺”）。

可见，寺院创建之初，即明确了本寺各建筑的建设范围和发展方向，后期的任何建设工程都不得破坏这条神秘而神圣的轴线，不得扰乱寺院总体发展蓝图。这种藏式传统规划方法和操作技巧既适用于一座大型寺院的“控规”性布局，也适用于其他各建筑组群、单体殿堂建筑的“详规”性设计和施工。史书对拉卜楞寺修建大型宗教殿堂活动时本寺高僧大德负责“勘址画线”的事实有大量记载。这足以证明，整座寺院、一个建筑组群、一座单体殿堂的建设，均采用这种规划设计方法，而且在民居建筑工程中也普遍使用。

“腹测画线法”是通过某种具有浓厚神秘色彩的勘察、推算方法而获得寺院或某建筑的“控规”性构想。这一方法继承了藏族传统建筑文化理论（包括天文、

---

①（清）阿莽班智达著，玛钦·诺悟更志、道周译注：《拉卜楞寺志》，甘肃人民出版社，1997年，第151—152页。

地理、土壤、气候、物象等知识），又蕴含丰富的宗教艺术思想。它是一种具有“宏观模糊”而“微观精确”特征的工程建设发展愿景、方略和思路，没有现代建筑学意义上的具体“规划文件”和“设计参数”，但一旦“控规性方略”明确下来，此后的一切建筑活动就始终遵循和延续这一方略和发展路线。藏传佛教格鲁派大型、超大型寺院大都经过了数百年的发展，在漫长的历史过程中会不断新建、改扩建各种建筑，但都遵循初建时即形成的总体规划，只是通过工程技术手段，继续补充、完善、强化新旧建筑间的相互协调和完整布局，不会出现很大的颠覆性的改变。

拉卜楞寺自1711年正式修建第一座宗教殿堂闻思学院始，已延续了300多年，在不同历史时期均反复增加新建筑（包括宗教殿堂、活佛囊欠、普通僧舍及其他附属设施等）、改扩建旧建筑，一切建设工程始终尊重和延续一世嘉木样时期确立的初始框架，各建筑组群充分适应本区域地形地貌状况而自由发展，由此形成非常完美的空间构图序列。主要特征包括：第一，在西北部地势较高处最先布置了最重要的宗教殿堂、政教管理机关拉章宫等建筑，其他各建筑均围绕这一神圣中心而展开。第二，后期陆续修建的时轮学院、医药学院、喜金刚学院、上续部学院、大型活佛囊欠等，皆自觉遵循早期确立的发展路线，呈由中心向外围延伸的态势，共同营造出寺院整体“金盆养鱼”状空间格局。第三，在各建筑组群（包括学院和独立式佛殿）内部也自觉形成一个神圣中心，次要的建筑围绕这一中心扩展。

虽然各建筑组群的发展是自由的，但也不是完全没有限制的，这个限制即史理先生所称的“宗教制度的限制”[①]。这个制度从来不过分强调自我封闭和内向，而是突出寺院开敞、自由发展的模式。从拉卜楞寺创建至今，其整体空间形态、建筑分布格局一直处于变化之中。

拉卜楞寺的空间形态由众多物质要素构成，主要包括建筑组群及单体建筑形

① 史理：《甘南藏族寺院建筑》，《文物》，1961年第3期，第53页。

成的界面、天然形成的天际轮廓线、人工营造的巷道与出入口、广场以及重要的空间节点等，蕴含深奥的建筑哲理及深厚的宗教情感，营造手法丰富，表现形态多样。

一、界面

“界面”是界定或表现一个事物空间形态的面。一座建筑物的空间必须通过特定的边界和界面予以限定和修饰，才能存在。一个空间有了界面，有了边界隔离和对比，才可证明其存在。

拉卜楞寺的外部边界是开放的，内部各类空间界面形态丰富，富于变化，有寺内沿街界面、建筑墙体界面、空间底界面等，具体呈现为一面面墙体、一段段围墙、一条条巷道、河流及转经道或转经长廊等，它们不是在一次工程建设中形成的，而是在漫长的发展过程中不断拼接、延续而来。寺院创建以来，建设工程从未停息，不同时期建成不同的建筑，表现为不同的空间形态，后期空间形态的变化，都是原形态的延续、补充，没有割裂。这样，新旧空间形态不断拼合、延续，迄今仍处于发展变化之中。

（一）寺内沿街界面

拉卜楞寺规模宏大，寺内各建筑组群之间有纵横交错的主干道、小街巷，形成大量沿街界面。沿街界面是一座寺院、一组建筑群、一座单体建筑物非常重要的界面形态，另有主街道界面、内部小巷道界面、墙体轮廓等，都是实体界面，限定着街巷的长短宽窄，决定着建筑的体量和空间大小，构成建筑外部边界及整体轮廓线。

街巷空间界面依托道路、建筑本体而存在。街巷的形状、尺寸、色彩、质感等对街巷空间的形成、转折、渗透产生重要影响，具有丰富或弱化空间色彩、表现建筑空间线性特征等多种功能，决定着区域内建筑的功能、性质。在这一界面中，任何一座建筑都与外部环境产生关联，形成近邻关系。藏传佛教寺院非常注重寺内街巷空间形态和界面的营造，通过合理、恰当地处理街巷与周边界面的比值关系来实现。现代建筑美学理论认为，在街巷与建筑的关系中，“当 d/h > 1 时，随着比值的增大会逐渐产生远离之感，超过 2 时则产生宽阔之感。当 d/h < 1 时，随着比值的减小，会产生接近之感。当 d/h=1 时，高度与宽度之间存在一种均匀之感”（其中 d 为街道宽度，h 为建筑外墙高度）[①]。拉卜楞寺现存各建筑组群的沿街界面表现为四种情景（图 29）。

第一种，西北部宗教建筑区。本区内以多层建筑为主，高度从五六米到十几

图 29　寺院核心区的三个建筑组群

---

① [日] 芦原义信著，尹培桐译：《街道的美学》，百花文艺出版社，2006 年，第 46 页。

米不等，街巷宽 4~6 米，院落围墙一般高 2~3 米，街道转折多。在这种条件下，d/h 比值不稳定，局部 d/h 比值接近或大于 1，如从时轮学院门口向西至喜金刚学院门口，再向西至上续部学院门口，一路视野相对宽阔、舒适（图 30）；而从

图 30　时轮学院以西区域宽阔的视野（2016 年）

图 31　闻思学院厨房至弥勒佛殿狭窄的巷道（2016 年）

闻思学院厨房东侧向北走向弥勒佛殿时，经过学院西围墙，此处巷道狭窄，d/h 比值小于 1，空间十分压抑，局部有“一线天”之感（图 31）。

第二种，寺院南部活佛囊欠、宗教殿堂混合区。这一区域建筑密集，大小街巷众多，街巷两边多为相邻院落，街巷宽 3~4 米，院落围墙一般高 3 米左右，个别院落（如贡唐仓囊欠）围墙高 4 米以上，d/h 值接近或大于 1，空间倍感宽敞（图 32）。

第三种，寺院东部僧舍区。本区以大面积低矮僧舍为主，其间点缀个别宗教殿堂（如印经院、藏经楼、千手千眼观音菩萨殿、马头明王殿、神变白塔等）。僧舍建筑均为院落式布局，高一层，院落围墙一般高 3 米以下，主街宽 5~6 米，d/h 比值接近或大于 2。以寺院北路为例，2006 年前，这里均为砂石土路面，两侧僧舍院围墙皆为夯土构筑，整体呈现古朴、原生态景致（图 33）。根据宗教教义规定，普通僧人居室只需满足基本的生活需求即可，因此，拉卜楞寺普通僧舍的院落形态、建筑形制比较简陋，空间狭小，院落间的小巷道也很窄小，宽 1~2.5 米，d/h 比值在 0.4~0.7 之间，由此营造出一种静谧、休闲的生活氛围，给

图 32　贡唐仓囊欠院落周边舒适的街巷（2016 年）

图 33　早期寺院北路街巷两侧（2004 年）

图 34　改建后的寺院北路街巷两侧（2016 年）

人以亲近感。2014 年后，街巷两侧的大量僧舍得以修复，局部重建，主街面以花岗岩铺设，部分僧舍以现代材料构筑，展现出现代生活韵味（图 34）。同样，本区寺院最东端和东北端各有一个出入口，空间非常宽阔，为遥望西北部大型宗教建筑提供了开阔的视界。

第四种，环绕寺院周围的道路与转经长廊。两者总体上合为一体，共同界定着寺院的外部边界，为广大信众提供休闲、转经、散步的空间。首先，寺院南部、西部、东部皆修建有木构转经长廊，早期的转经长廊结构简单，断断续续，以土石木结构为主，藏式平顶单层形式，廊内外地面以片石、砂石土铺设，简朴、粗糙，未连成一条线，表现此时寺院转经长廊的照片有：美国传教士霍尔顿1923年拍摄的南部西端转经长廊特写照（图35）；美国植物学家洛克1926年拍摄的南部中段转经长廊局部照（图36），20世纪30年代他又拍摄了一张寺院东部全景照，照片显示此时东部没有转经长廊，而是大片林木、耕地、砂石土路等（图37）。现存转经长廊系20世纪80年代以来多次维修、改建和扩建而成的，

图35 民国时期的拉卜楞寺转经长廊（霍尔顿，1923年）

图 36　民国时期的寺院南部转经廊（洛克，1926 年）

图 37　民国时期的寺院东部情景（洛克，20 世纪 30 年代）

沿途所经之处，d/h 值变化不定，总体而言，寺院南部大夏河北岸一带视野非常宽广，有一览无余之感（图 38）；西部、东部区域内沿途有多个断口和出入通道，d/h 值处于反复变化中，在主街道与转经长廊交汇区，建筑墙面、院落墙面形成大面积垂直界面，与宽窄不一的街巷交错变换，使大型宗教殿堂呈现连续挺拔向上的视觉效果，展现出一种强烈的保守、神秘图景。在西部转经长廊经过的

图 38 重建后的寺院南部转经廊（2015 年）

图 39 寺院北部砂石土转经道（2015 年）

囊欠、僧舍区内，由于 d/h 值更加接近世俗界空间界面形态，产生了一种明显的亲近生活感。其次，在寺院北部卧象山脚处，自寺院创建以来，逐渐形成了一条天然的砂石土转经道，东、西两端较开阔，中间最狭窄，局部地段仅容一人通过，转经道北面为山体，南面或修建围墙，或为建筑后檐墙，或为陡峻的崖壁，空间形态变化多样，d/h 值很不稳定，颇有曲径通幽之感（图 39）。

地面铺装（包括材质、色彩、铺设工艺等）对营造建筑组群、单体建筑的空间界面具有重要影响。由于拉卜楞寺各建筑具有鲜明的等级特征，地面铺装形式表现着建筑的等级地位、特殊的空间营造艺术、建筑功能和性质。僧舍建筑等级最低，建筑形制非常简单，周边街巷均用砂石土铺设，没有任何绿化；辩经院、高级活佛囊欠建筑等级较高，庭院内建有小园林，嘉木样寝宫内重要建筑的庭院（如嘉木样会客厅）以青砖铺设，其他高级活佛囊欠庭院用片石铺设。在早期，寺院内所有巷道都用砂石土铺设，重要宗教殿堂建筑周围地面用片石铺设，路边排水沟均裸露在外，犹如一条条粗犷的线条，勾勒出一个个建筑组群的轮廓（图 40）。1958 年开通寺院南路，路面改为柏油铺设。2014 年以来，寺院实施大规模基础设施提升改造工程，寺内主要广场、街巷均用花岗岩石板铺设，并将早期的排水明沟均改为暗沟，部分僧舍建筑组群内小巷道也改铺花岗岩石板。

（二）建筑墙体界面

拉卜楞寺的整体空间布局及各建筑组群、单体殿堂之间形成大量的、不同层级的墙体界面。如寺院整体由转经道和转经长廊围合成一个椭圆形，四周墙体界面主要由各建筑后檐墙、转经长廊等构成。学院、佛殿等建筑组群皆为院落式，

图 40　寺院内部道路原貌（2001 年）

院落围墙、殿堂本体墙面共同构成墙体界面。单体殿堂由各面墙围合，形成不同的墙体界面，形态变化多样，如：西北部弥勒佛殿院落围墙外没有独立的通道，只有宽阔的前广场（冬季讲经台），墙体界面单一，变化不大；时轮学院东、西两面各有一条道路，分别通往弥勒佛殿前广场，沿途有众多低矮的院落围墙、高耸的经堂、凸凹不平的坡道、小园林等，地形高低起伏，巷道宽窄不一，无形中延伸了道路的长度，烘托着佛殿的高大雄伟气势，世俗界与佛界的空间边界在这里被固定并不断强化（图 41）；东部僧舍区地势最低，道路界面相对整齐，路面相对宽阔、平直，墙体界面变化较小，沿街界面形态、色彩较为统一，零星点缀以大型宗教建筑，既相互打破，又相互衬托和交融，营造出一个“有情有味”的生活区（图 42）；南部及东南部区域地势最低，这里密布面积较大的高级活佛囊欠，穿插数座大型囊欠附属佛殿、佛塔及木桥等，道路、街巷界面非常规整和统一，收拢于贡唐塔这个中心。在这里，宗教建筑与各级活佛囊欠、普通僧舍院的衔接、过渡、对比非常明显，建筑等级制度和个性得到充分体现（图 43）。

就整个寺院的墙面、道路、街巷本身而言，无论在哪个区域，其空间界面均表现出一定的单调、乏味特征。为进一步突出宗教殿堂建筑的特殊艺术效果，建

图 41　弥勒佛殿院落及周边空间界面（2018 年）

图 42　寺院东部僧舍区空间形态（2016 年）

图 43　寺院南部空间形态（2016 年）

筑匠师们充分运用各种艺术手法，使外部空间界面呈现出丰富的变化效果，通过形体的大小、高低，空间的开敞、封闭等对比均衡手法，利用不同墙体界面的错综与交织、对比与协调、覆盖（打断）与补充等形式，有效地消解了建筑组群、院落、单体殿堂的孤立、平淡、突兀或单调感，将样式多变的建筑组群联系在一起，从而构成寺院的整体空间形态。

在表现和营造寺院整体空间形态方面，由于所有的宗教建筑、活佛囊欠、普通僧舍，根据其自身的功能性质、地位等级，自然形成不同的建筑组群，组群内各建筑皆为一个个独立的院落，院落内部、院落与院落之间、相邻建筑组群之间均形成众多的空间界面，又反复出现重叠与打破、衔接与过渡、覆盖与补充等多种对立统一关系，寺院的整体空间界面延展到哪里，这种矛盾与统一的关系就出现在哪里。在表现和营造每个建筑组群、每座单体建筑空间形态方面，由于每个建筑组群自身具有相对独立和封闭的特征，其内部单体建筑又是一处更独立、更封闭的空间。建筑设计者们充分利用自然形成的空间界面打破其孤立、突兀感，“利用封闭式的院落与辽阔的自然空间进行对比，也是我国古典建筑的一种传统

图 44　闻思学院前庭院空间形态（2016 年）

手法”[1]。如闻思学院前庭院占地面积很大（图 44），四周被前殿楼、诵经廊、经堂前廊等包围，偌大的庭院地面用片石铺设，只有一座白色的煨桑炉，非常空旷，但驻足庭院之内，能看到院落外各建筑的空间界面（如下续部学院、弥勒佛殿、时轮学院等）以及辽阔、高远的卧象山，蓝天白云尽收眼底，前庭院周围低矮的诵经廊与自然天际界面相互交织、映衬，形成强烈的对比关系，产生特殊的空间艺术效果。

（三）寺院空间底界面

底界面是由建筑地面形成的水平界面，它决定着建筑的发展规模和方向。

自然地形地貌是空间底界面的最原始形态，是建筑得以存在、人类生产生活得以实现的基础。大型藏传佛教寺院多历经数百年发展而成，其空间底界面的形成、发展和变化包含着寺院自然地形地貌、宗教环境变化等方面的重要历史信息，地形地貌的变化，反映着寺院规划、建设者们对地形地貌的改造和利用程度。

拉卜楞寺依山临河，巧妙地利用原始地形，可减少工程土方量，还可创造极富变化的空间底界面。寺院依卧象山而建，地势西部高、东部低，北部高、南部低，南北向起伏多变，高差 10~30 米，大量建筑修建于山前一片缓坡地上，充分适应原始地貌形态。这种保持和延续原始地形的空间底界面营造方式，反映了寺院创建者、设计者对大自然的尊崇，它不寻求劈山开路、阻河架桥，也不对山形地脉“大动干戈”，更不追求征服自然，而是顺应自然、适应自然、融于自然，从而创造出令人赏心悦目的空间底界面。

1. 大夏河沿岸外部空间底界面

这里是寺院非常重要的外部空间底界面，也是寺院“门面”所在。寺院创建时，设计者已充分考虑到大夏河对寺院未来生存和发展的重要性，将大夏河看作寺院生存之本、生命之源及天然空间边界线，沿河两岸禁绝一切大规模、破坏性

① 彭一刚：《建筑空间组合论》，中国建筑工业出版社，1998 年，第 78 页。

建设工程。河流对岸（南面）山林是一道优美的天然天际线和生态景观地，历世嘉木样对这一区域的原始形态予以充分尊重和保护，多次组织寺僧栽树造林、培育山体景观。山体、河流与寺院的关系静谧、和谐，体现了寺院创建者及后来的建设者们对大自然的敬畏。此界面由三重实体性界面形态组成：一是内侧（北侧）各宗教殿堂、活佛囊欠院落外墙面，自东向西高低错落，形式多样，色彩斑

图 45　环绕寺院的转经道与转经长廊分布图

斓。二是中间的转经长廊，东西向贯通（图 45），建筑形制完全一致，属汉藏结合式风格，单面坡屋面，早期为平顶覆土屋面，民国晚期改为单坡覆盖灰瓦屋面，近年又改为单坡覆盖红板瓦屋面，正脊上加建通长的单层边玛墙，墙帽以青砖筒瓦垒砌（图 38），整体犹如一道墙幕，包裹着寺院外部边缘，是寺院最重要的底界面样式。转经是藏传佛教崇佛礼佛的重要内容，贯穿于信徒日常生活各方面，拉卜楞寺开展大型宗教活动时，人流云集，需要很大的空间，沿大夏河北岸修建蜿蜒数里的转经长廊，可有效分散人流，进而构成一条重要的沿河底界面。三是大夏河，属最外一重界面，它进一步控制和限定了寺院的南部边界。在这一沿河界面区内，建筑多朝向东南，没有统一的轴线，为适应大夏河河道曲折变化之势，有些建筑朝向有了角度变化，实现了局部与整体的完美统一。主要营造手法包括：

第一，以大体量院落和建筑空间界面连缀其他小界面。本区内有占地面积最大的活佛囊欠建筑组群（包括囊欠及附属佛殿），前述美国植物学家洛克拍摄的寺院南部全貌照片显示，大型活佛囊欠及属殿院整体呈一条弧线展开，自西向东延伸 1000 多米，每处建筑组群横宽七八十米，纵长百米左右，典型者如贡唐仓囊欠及其属殿贡唐塔、德哇仓囊欠及其属殿千佛殿、准噶尔堪布仓囊欠及其属殿准噶尔神殿（也称“准噶尔释迦牟尼佛殿”）、俄项格拉仓囊欠及属殿忏罪佛殿等。主体建筑体量巨大，色彩浓艳，相互照应。每处建筑组群内又布置大量低矮的活佛宅院及普通僧舍院，总体布局呈“井”字形，完全打破了纵向、横向界面的平直、单一感，又完美地统一于此处空间底界面的整体之中（图 46）。

第二，囊欠建筑组群外侧（南侧）紧依转经长廊，长廊的后檐墙即囊欠的外围墙，长廊将各院落等串联起来，犹如一根金线串起无数颗珍珠，又“好像是一个精心制作的画框，把一幅中心浓郁而绚丽、边缘清淡而素洁的巨画装裱起来，增强了画面统一的秩序感”[①]。转经长廊原有 500 多间，环绕在寺院东、西、南三面，廊房向外敞开，内部相互贯通，在空间形态上相当于寺院围墙，来自各地的

① 张萍：《拉卜楞寺空间形态研究》，西安建筑科技大学硕士学位论文，2009 年 5 月。

图 46 民国时期的寺院全景照（洛克，20 世纪 30 年代）

僧俗信众沿转经廊右旋环绕礼佛，形成一道亮丽的风景。

第三，本区内空间界面的“拼接”方式非常独特。转经长廊在转角处、街巷出入口处、活佛囊欠出入口处，均有中断现象。采取精妙而隐秘的处理手法，或修建与转经长廊相连的半独立转经廊房，或在囊欠院落大门打断转经长廊处借用院落大门将长廊连接起来，突出大门装饰，门额使用双层边玛墙带，门外开辟一小广场，广场两侧建马厩院，其建筑体量、外形与转经廊接近，既补全了断档空白处，又使空间界面连为一体，保持蜿蜒不断的状态（图 47）。独立转经廊房的体量比转经长廊高大，两者对比强烈，屋顶饰两层边玛墙带，并悬挂镏金“朗久旺丹”（系藏语音译，意为“十相俱全”，也称“十相自在图”“佛徽”，是藏传佛教时轮教义中的图形，表示密宗本尊与坛城合为一体。此图的使用最为普遍，可绘制于墙面、唐卡、门扇上，也可刺绣成护身符等。图像由十个符号组成，包括七个梵文字母及三个象征性符号，即日、月、圆点，象征藏传佛教基、道、果及无上密乘时轮乘的最高教义[①]），高高耸起，又与体量高大、雕饰华丽的活佛囊欠大门互相映衬，如此将空间界面各断档处“拼接”为一个整体，适时地打破了长廊的平淡无奇，呈现一种灵动气势。本区内有多条南北向的狭窄小巷，与东西向转经长廊贯通，形成多个出入口，界面富于变化，不同尺度的空间界面互为补

① 黄明信：《西藏的天文历算》，青海人民出版社，2002 年，第 81 页。

图 47　转经长廊与半独立式转经廊房（2013 年）

充，再次强化了寺院整体格调的统一。

2. 卧象山脚外部空间底界面

即寺院北部沿卧象山脚形成的天然空间界面，是寺院的“脊梁”所在，有特殊的功能和作用。构成要素包括山体、顺山势建成的殿堂院落围墙、围墙外侧环绕寺院的转经道等。本区内纵横交错的街巷与山体等高线保持平行，随坡就势。转经道即顺山脚形成的一条羊肠小道，东西贯通，东、西两端与木构转经长廊相接，对寺院形成围合之势。寺院在创建、发展的数百年里，对这一区域的山体倍加保护，任何建设工程都未对山形面貌造成破坏，通过“因借”手法，使山体成为寺院的外部围合界面。中原地区许多城镇和村落多借群山环抱之势，获得了良好的生态环境，与此处“借山成景”的手法完全一致。主要营造手法包括：

第一，以自然山体作为外部空间围合界面。数百年来，转经者沿卧象山脚蹚开一条十分简单的转经通道，通道始终保持其原始凸凹不平、弯弯曲曲、宽窄不

图 48 卧象山脚下的转经道（2013 年）

一、高低不平的状态，最大限度地保持了山体的原始面貌（图 48）。转经道内侧为天然崖壁，局部非常陡峻，但通过三种艺术化处理手法，有效消除了该底界面的陡峻感：一是对天然豁口处稍加修整，形成台阶踏步、坡道等，坡道分别通向各殿堂，以保持底界面的连续性和街道空间的流动感，加强道路的导向性。二是许多大型宗教建筑的院落墙体、单体建筑后檐墙依靠陡峻崖壁修建，犹如一堵一堵的挡土墙，部分区域单独修建挡土墙，以保持山体稳定，部分区域与断崖保持十余米的距离，陡峻断崖处仍保持原地形面貌，转经道在断崖顶部通过。这种处理方式填补了陡峻崖面带来的缺陷，使断断续续、蜿蜒曲折状的断岸保持了较完整的形态，有丰富多变的空间层次，作为寺院北部的水平底界面，有效地延伸了各建筑组群的区域空间。三是巧妙利用山体唯一一处凹入的平坝修建白伞盖佛殿，这是拉卜楞寺唯一一座位于转经道外侧的佛殿，建设工程没有斩削大量山体，而是依靠山体，在视觉上有效消除了石山表面的荒凉与冷峻。

第二，本区内各建筑组群没有统一的轴线，院落大多朝向东南方。为顺应山势变化，部分建筑朝向有角度变化。转经道中部及东端的僧舍区院落朝向变化最明显。民国时期的照片显示，该区东端白塔西侧有两三组大型建筑群（包括寺东救度母佛殿、霍尔藏仓囊欠、萨木察仓囊欠等，现已无存）。从下续部学院东侧至寺院东面排洪沟处皆为大片僧舍，建筑密度大，区域内有放射状小道，其间点缀以藏经楼、宗喀巴佛殿、印经院、千手千眼观音菩萨殿等数座宗教建筑。西部为宗教殿堂建筑区，集中布置寺院最重要的殿堂、活佛囊欠建筑组群，自西向东依次为上续部学院、白度母佛殿、白伞盖佛殿、嘉木样寝宫、冬季讲经台、弥勒佛殿、夏卜丹殿、下续部学院等。

图 49　寺院东北角独立式转经廊房（2013 年）

图 50　寺院西面独立式转经廊房（2013 年）

第三，转经道东、西两端与从南面蜿蜒而来的转经长廊相接，在东北角交界处修建6座独立式转经廊房（图49），清末修建；民国时期，在转经道西端也修建建筑风格完全不同的独立式转经廊房数座（图50）。这样，转经道东、西两端的转经廊房在转经道与转经长廊间形成一个完美有序的过渡空间，保持了寺院周边空间底界面的完整、连续性，整体呈围合之势，既限定了北部的空间领域，又使卧象山产生“环抱寺院”的态势。卧象山成为寺院北部稳重的“脊梁”和天际轮廓线，在这里可俯瞰全寺院，蓝天白云、浑厚的山脊、五彩缤纷的宗教建筑等共同构成一幅美丽的画卷，浑然天成（图51）。

图51　寺院北部卧象山构成的天际轮廓线（2013年）

二、天际轮廓线

一座大型藏传佛教寺院，因特殊的选址位置和营造技巧，四周自然形成优美的天际轮廓线。天际轮廓线既是寺院的天然屏障，又是构成寺院内部空间格局、建筑艺术美的重要元素。拉卜楞寺也不例外，它修建于大夏河中游北岸一处坡地上，四周群山环绕，天际轮廓线非常分明。北面为卧象山，头朝西、尾朝东，身

图 52　曼德拉山及建筑空间分布形态（2016 年）

图 53　寺院东部与县城的天际轮廓线（2016 年）

后群山连绵不绝；南面为曼德拉山，其中两个山包（分别称“大林棵”和“小林棵”）正好面对寺院，山上林木葱郁，四周群山延绵，是寺院的朝山（图 52）；东面地势较为开阔，通向县城，县城以东为连绵起伏的群山（图 53）；西部地势较为开阔，远处群山连绵不绝，这样，寺院正好处于“金盆养鱼”的理想之地，拥有非常优美的天际轮廓线。对此，《拉卜楞寺志》赞誉道：本寺址“国政七宝、吉祥八徽，毕现眼前”①，其中南部曼德拉山形如莲花；北部卧象山独具吉祥之徽，山

①（清）阿莽班智达著，玛钦·诺悟更志、道周译注：《拉卜楞寺志》，甘肃人民出版社，1997 年，第 121 页。

图 54　寺院西部天际轮廓线（2020 年）

体延绵至东北，形成状如海螺的小山丘，符合金鱼特征；西部群山称玛夏代沃山，其状如孔雀开屏，像一把宝伞（图 54）。凡此种种，是构成拉卜楞寺天际轮廓线的核心元素。

三、道路与出入口

道路与出入口是非常重要的寺院空间构成要素。拉卜楞寺的交通体系分不同的层次，包括主干道、小街巷、转经道三种，总体呈网状分布，相互交织、贯通。主干道有四条平行的道路，均为东西方向，包括寺院北路、寺院中路之北线、寺院中路之南线、寺院南路，主干道将整个寺院内部大体分隔成三个建筑组群区，也表现为三个不同等级的建筑分布区。各建筑组群区内有纵横向小巷道将其划分为小块状，线性空间与块面空间紧密结合，四面开敞，各面都有出入口，与各层次的巷道贯通。最主要的出入口位于东、西两端，界定着寺院东、西两面的边界。20 世纪 80 年代以来，寺院已实施了三轮较大规模的改建和扩建工程，现存交通体系、出入口、外部边界状态大多保持原状，局部发生很大改变，非原格局。

（一）东部交通网及出入口

根据寺院早期全景布画、民国时期照片分析，今寺院核心区内主要交通网基本延续早期分布格局。核心区外东部至夏河县城一带，空间形态、建筑分布、环境面貌因经多次改扩建，已发生很大变化。

俄罗斯布里亚特历史博物馆、美国纽约鲁宾艺术博物馆及拉卜楞寺文物陈列馆各保存一幅寺院全景布画，分别绘制于1882年前、20世纪20年代、1985年。前两幅分别描绘了清末（1882年）至民国时期（1930年前）拉卜楞寺整体空间形态、建筑组群分布的面貌（图55）。拉卜楞寺文物陈列馆全景布画表现了民国末期至

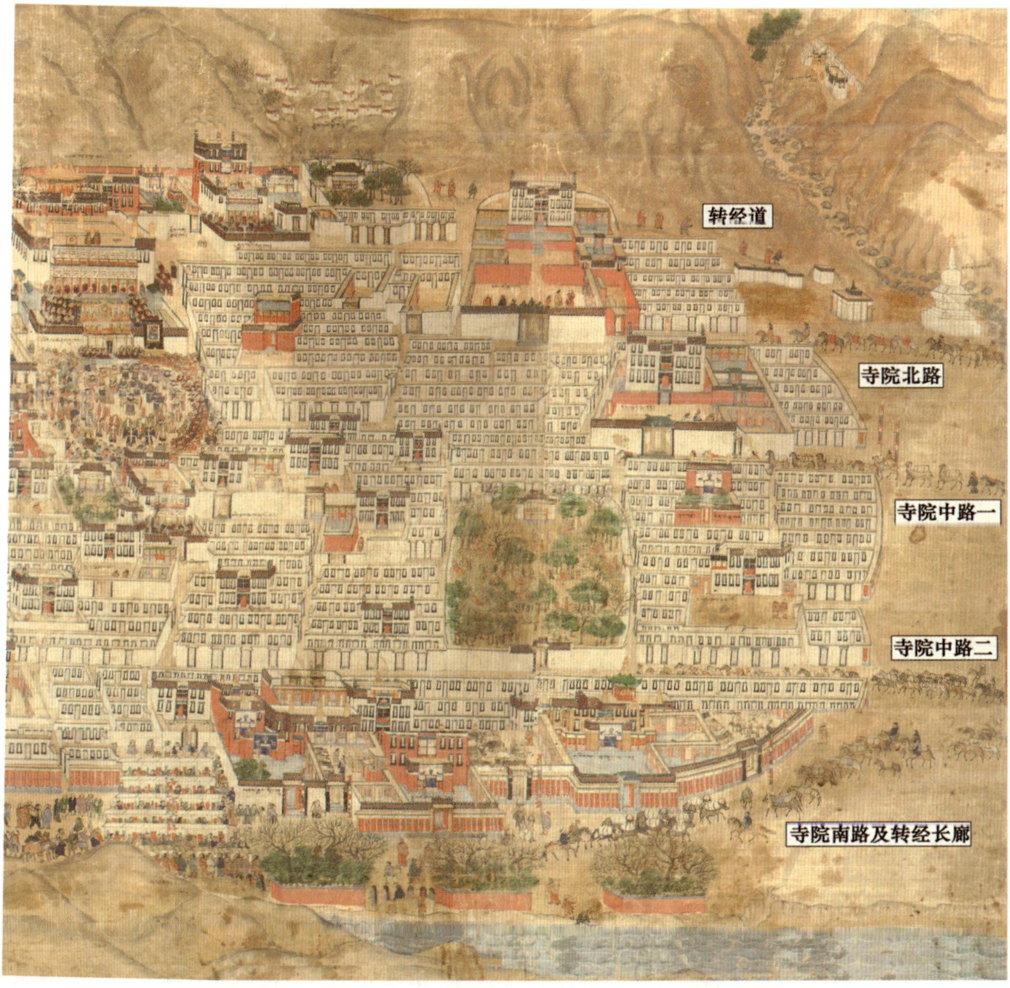

图55　美国鲁宾艺术博物馆藏寺院全景布画表现的寺院东部空间形态

1958 年前的寺院空间形态和建筑分布格局。三幅布画完整、直观地展示了不同时期寺院核心区及周边道路、建筑分布情景，核心区内很早就形成四条交通干道，线路布局十分合理，四条道路在今东端排洪沟中部汇合成一条，通向夏河县城。

寺院核心区以东均为大片耕地和林地，无转经长廊和排洪沟，宽阔的土路通向县城。在核心区东北角建有一座救度母佛殿，佛殿东面有神变白塔，其南侧有一条东西向主干道（今寺院北路），从白塔处向西延伸，经过萨木察仓囊欠正门，再向西到达闻思学院前广场处。

寺院中部有两条相互平行的主干道，在今排洪沟中段处汇合后，变为一条主干道，通向县城，沿途皆为林地、耕地等。其中北侧一条从汇合处径直向西，经过霍尔藏仓囊欠正门、千手千眼观音菩萨殿北门，再向西到达闻思学院前广场处；第二条即今寺院中路（1958 年改扩建而成），也从东端汇合处折向西南方，再折向西，依次经过印经院南部、夏季辩经院南门，在闻思学院公房[①]处折而向北，依次经过医药学院东侧、德唐仓囊欠西侧，最后到达闻思学院前广场。今这条新修马路的两侧仍保留许多建筑遗址。

寺院南部大夏河北岸有一条寺院南路，也从寺院东端各条线路汇合处折向西南至大夏河北岸，又折向西，一直通向寺院西端总护法殿处，与寺院西出入口会合。

现在，经过多次改扩建，寺院北路、中路、南路三条主干道均汇集于寺东排洪沟处，主干道两侧分布印经院及少量活佛囊欠、佛殿、佛塔等，每条巷道的尽头都朝向宗教殿堂或佛塔，路网布置合理，将沿途各宗教殿堂、僧舍院有机地连接起来。出入口处的地势开阔，无大型建筑遮挡，从东面入口处向西远望，首先看到的是大片低矮的僧舍，北侧的神变白塔突兀而立，西北部远处鳞次栉比的大型殿堂映入眼帘。在大面积僧舍群内，密集的小巷纵横交错，街巷宽 3 米左右，僧舍院都是一个相对独立的小环境，空间层次分明，有良好的秩序感，完美地体现了藏传佛教寺院固有的空间布局艺术。2018—2020 年，对东部一带再次实施

① 公房，也作“公堂”等。拉卜楞寺各学院都有自己的公房，是学院附属建筑，用于存放物品或供本院僧侣开会、开展其他宗教活动使用。

改扩建工程，新建了一座游客服务中心、一处大型停车场及绿化广场等。

（二）西部交通及出入口

根据前述几幅寺院全景布画及民国时期各种照片资料分析，现存寺院西部建筑物与原貌相去甚远，期间经过多次改扩建，但总体交通网格局基本保持原状。

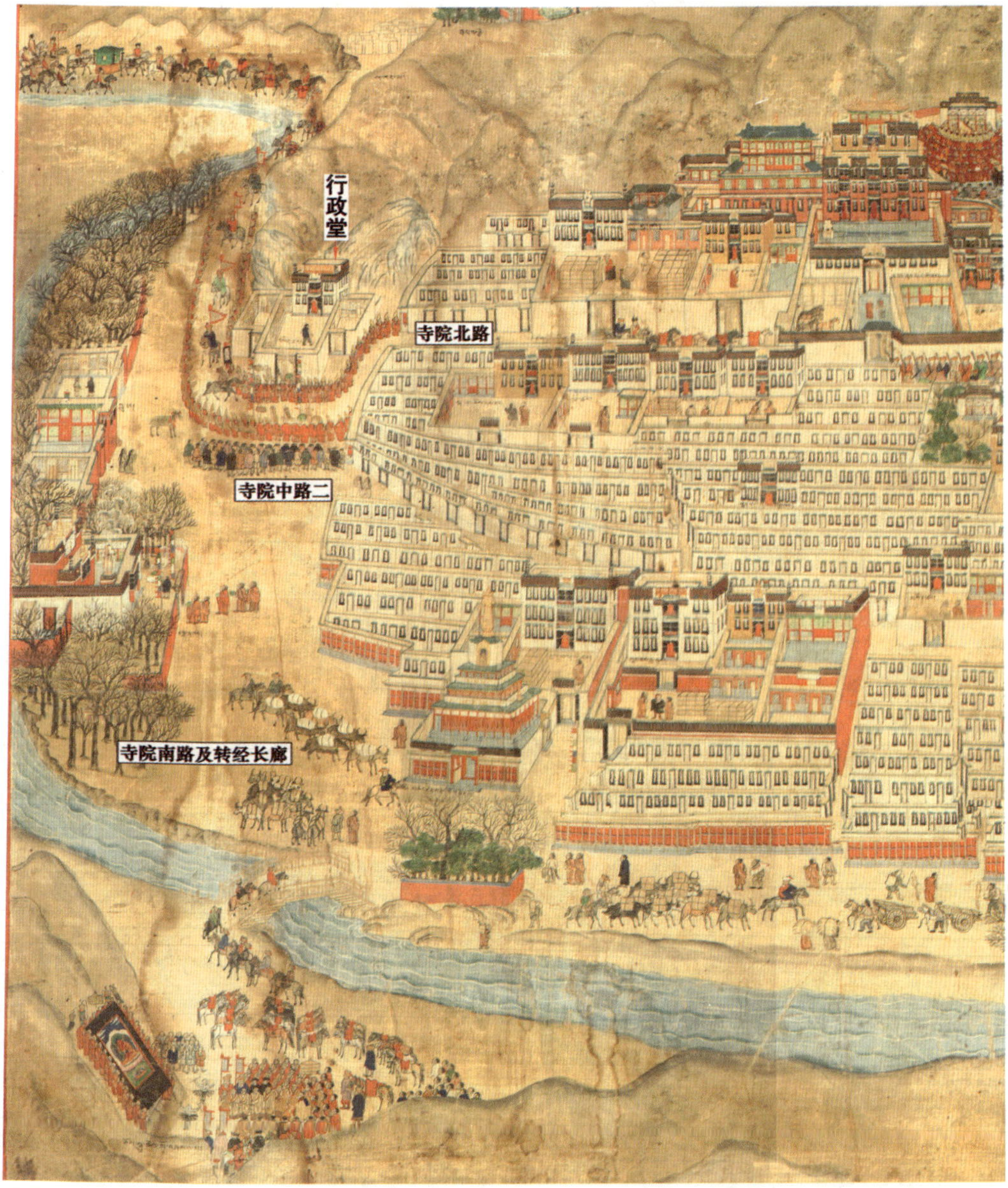

图 56　美国鲁宾艺术博物馆藏寺院全景布画中的寺院西部路网及空间格局

这里很早就形成了三条交通主干道和三个出入口（图 56），具体如下：

第一条为寺院北路的西段。从寺院以西嘉木样别墅区蜿蜒向东，经过蒙古亲王府院门继续向东，依次经过汉地堂、郭莽仓囊欠与琅仓囊欠北侧、嘉木样寝宫南面正门、时轮学院正门等，通向闻思学院前广场。相关资料表明，在过去数百年里，此处建筑及环境屡经改变，1920 年以前，没有白塔，有一座建筑为行政堂，位于亲王府院东侧。1940 年以来，这里陆续修建了上续部学院及其公房、白度母佛殿等。后来，行政堂被拆除，原址上修建了一座白塔（名为“和平塔”），形成以佛塔为中心的一处小广场，寺院北面转经道、西面转经长廊在广场处会合。

第二条为寺院中路西段。起于寺院西端总护法殿正门外广场，这是一处很大的出入口，北侧与白塔广场、寺院北路贯通，南侧与转经长廊相接。这条道路打断了西部转经长廊，蜿蜒向东，经过贡唐仓囊欠、嘉堪布仓囊欠北侧，与东部的

图 57　寺院西部交通网状态（福尔曼，1936 年）

寺院中路之南线连接。1936 年，美国记者哈里森·福尔曼拍摄了该区域的一张鸟瞰照片，真实完整地展示了这条道路的走向及两侧建筑分布情景（图 57）。2016 年以来，寺院对本区实施了大规模改造和扩建，将转经廊内侧的合院式单层平房（包括上续部学院公房、僧舍建筑群等）整体改建为一幢天井院式楼房，四周房屋环绕，高 2—3 层，房屋用途多样，有上续部学院公房、存放大型唐卡的库房、僧舍等。在院外西面按原貌恢复了转经长廊（图 58、图 59）。

第三条为寺院南路，与南部转经长廊平行。迄今已经多次改扩建，位置与早期差别很大，早期的道路靠近大夏河北岸，为砂石土路面，现存道路为花岗岩块石铺设。早期布画、照片资料显示，转经长廊在西南角处并非闭合状，今经过多次改建，呈完全闭合状。寺院南路周边地貌环境发生重大改变，如：在道路西端的大夏河上新建一座现代钢筋水泥桥，供机动车辆出入；在大夏河北岸、转经长廊南侧增建一条滨河旅游步道；在大夏河南岸曼德拉山脚新建一条滨河南路，供大型载货车辆通行（图 60、图 61）。

图 58 2021 年寺院西部交通网状态（自西向东）

图 59　现存寺院西部北端佛塔、王府及广场（2022 年）

图 60　寺院西部空间格局（2019 年）

图 61　经过多次改扩建后的西部南主干道、转经廊及广场（2022 年）

（三）环绕寺院的转经道

在拉卜楞寺核心区交通体系中，除了东西向贯通的主干道及纵横交错的大小街巷外，还有一条醒目的转经道，总平面呈椭圆形，南段、东段、西段均为人工修筑的木构转经长廊及独立式廊房；北段为在漫长的历史时期由信众转经踩踏形成的自然砂石土走道，东、西两端与转经长廊相接，成为环绕寺院四周的转经道，勾勒出寺院的整体外轮廓线，与寺内交通体系本身没有直接关系，只是寺内各条小巷道均与转经道贯通。

民国时期的照片、文献记载及寺院全景布画等显示，最早的木构转经长廊只有南部一长段和西南部一小段，1936 年至 1947 年，拉卜楞寺大襄佐黄正本、四世阿莽仓活佛先后多次出资，逐步将各段木构转经廊整修，连为一体。史料记载："拉卜楞寺周围建有遮檐围墙，在围墙遮檐下绕寺修有连接不断的果拉（即转经筒）……当时，黄正清胞弟黄正本是拉卜楞寺的大襄佐，是该寺果拉的出资修建者，他个人收入的全部都用在修果拉方面，拉卜楞寺的果拉在国内少有。"① 寺院转经长廊"自近数年来改修以后，更加整齐壮观"②。此说证明全寺的木构转经长廊经多次整修，至民国末才最终定型。

拉卜楞寺不在北面修建木构转经长廊，而保留狭窄的砂石土转经道，主要是受北部卧象山地形限制，若修建与南部对称或相同体量的转经长廊（总长 2000 余米，每间廊进深 3 至 4 米），需要开挖大量土石方，且必然会破坏山体稳定。转经道内侧多处为悬崖陡壁，最宽处 2~3 米，最窄处不足 1 米。许多院落围墙、建筑后檐墙依靠崖壁而建，各自成段，由外侧转经道将其连接成一条线。断崖处

① 绳景信：《甘南藏区纪行》，见政协甘肃省委员会文史资料委员会：《甘肃文史资料选辑》第 31 辑，甘肃人民出版社，1990 年，第 7—8 页。作者按：绳景信 1943 至 1945 年间担任甘肃省政府视察、国民党察绥蒙旗党部书记长、国民党中央直属拉卜楞区党部书记、国立拉卜楞寺喇嘛职业学校教导主任等职，多次到拉卜楞寺指导相关业务工作，亲眼见到转经廊修缮工程等事，他的记录是可靠可信的。

② 第五世嘉木样治丧委员会：《辅国阐化正觉禅师第五世嘉木样呼图克图纪念集》（汉藏文版）下篇，1948 年，第 51 页。

的出入口处理方式多样，或为一处自然豁口，或为人工修理的简单坡道，或在坡道处安装出入门洞，如白度母佛殿北出口等。转经道最东端有一片较开阔的天然坡地，清代即修建了6座互不相连的大型独立转经廊房，在空间构图上具有“承前启后”的功能，既连接着北面砂石土转经道，又与东面木构转经长廊相接，形成一个合理的过渡空间，为转经者提供了一处宽敞的休憩地，也与此处的神变白塔、寺东救度母佛殿、活佛囊欠等融为一体。相比之下，寺院南部大夏河北岸地势开阔平坦，具有良好的工程建设条件，木构转经廊房构成一道亮丽的人工营造景观，长廊沿途开有多个出入口，与寺内街巷相连。

四、重要的空间节点

拉卜楞寺核心区总体由三个大型建筑组群构成，通过主干道和各种长短宽窄不一的街巷相互连接、贯通，在街巷结合或转折处形成多个空间节点，主要有广场、佛塔、讲经台、辩经院等，以广场节点为主，是寺院内部空间形态的重要转换、过渡地。

（一）广场节点

拉卜楞寺有多个大小不一的广场，主要用于举行集体宗教活动和信众出入殿堂时休憩，也用于其他人员交往、传达信息。

格鲁派寺院经常定期举行各种群体性宗教活动，需要很大的公共空间和场所，广场正好担当这一重要角色，主要用于本寺僧侣考试辩经、日常转经、磕长头、个人茶余饭后散步和交流等，也供广大信众转经、磕长头、休息等，由此形成别具特色的广场文化。

现代建筑学理论认为，完全意义上的广场“应具备以下四个条件：第一，广场的边界线清楚，能成为‘图形’，此边界线最好是建筑的外墙，而不是单纯遮挡视线的围墙；第二，具有良好的封闭空间的‘阴角’，容易构成‘图形’；第三，铺装面直到边界，空间领域明确，容易构成‘图形’；第四，周围的建筑具有某种统一和协调，d/h 有良好的比例”[①]。拉卜楞寺的部分广场完全满足这四种条件，以夏季辩经院最为典型；部分广场（如弥勒佛殿前广场、闻思学院前广场、露天佛塔广场等）有自身的特殊性，它们没有具体的形制，没有设定明确的边线和“图形”样式，是由周围建筑物围合而成，是一个完全开敞的空间。在使用功能上，寺院中的广场大致分为中心广场和其他广场两种。

中心广场的作用突出，地位最高，仅有闻思学院前广场一处，这里地处全寺的中心位置，边界围合线较为清晰，又与本院东侧佛塔形成的小广场连为一体，广场北侧边界为本学院的前殿楼；西侧边界由寿安寺（也称“狮子吼佛殿”）、时轮学院及其附属建筑围墙组合而成，寺院北路自东向西穿过广场并通向寺院西部；东侧边界由念智仓囊欠（部分房屋今改建为寺管会办公室）、蒋干仓囊欠围墙等组合而成；南侧边界在早期有德唐仓囊欠院落后墙、医药学院东围墙和北围墙等组合而成。闻思学院前广场是一处典型的宗教文化广场及活动中心，全寺大型宗教法舞均在这里表演，也用于僧侣考试辩经。在早期，有两条小巷道与南面主干道（寺院南路）贯通，在扩建寺院中路时，拆除了广场南面的德唐仓囊欠等建筑，紧靠索智仓囊欠（今改建为拉卜楞寺寺管会）、夏季辩经院西围墙修建了一条宽阔的南北向通道，将寺院中路与闻思学院前广场连通。现存广场核心区东西长 100 多米、南北宽 100 多米，早期地面为砂石土铺设，近年改铺花岗岩块石。闻思学院前殿楼高 14 米，d/h 比值介于 5~7 之间，在广场内任何位置都可充分欣赏到闻思学院大经堂的雄伟景象（图 62）。

另一处重要的广场是弥勒佛殿前广场，也称“冬季讲经台”或“冬季辩经院”，其地位较高，主要用于举行全寺讲经说法、学僧辩经考试等活动。场地系一处缓坡，北高南低，片石铺地，至今仍保持原铺装形式。西侧有嘉木样寝宫东围墙围合；东北侧有弥勒佛殿院落围墙围合；南侧与时轮学院后围墙相接；北侧建一台，台上建一藏式单层平顶亭阁，供讲经者就座，亭阁北面紧靠卧象山脚；

① [日]芦原义信著，尹培桐译：《街道的美学》，百花文艺出版社，2006 年，第 40 页。

东南部一带完全开敞，是一处巨大的出入口。该广场的围合感较为强烈，周边建筑等级最高，建筑形制多样，屋顶、墙面色彩非常丰富，有藏式平顶房，有汉式重檐、单檐歇山顶房，有铜镏金瓦房，有灰瓦房，等等。界面的 d/h 值皆大于 3，观景效果良好（图 63）。

图 62　闻思学院前广场空间形态鸟瞰（2020 年）

图 63　冬季讲经台前广场（2016 年）

（二）以佛塔为中心的节点

拉卜楞寺以佛塔为中心的节点共有四处，形成时间很早，并完整保存了下来。寺院东、中、西部分别有一座白塔，由此形成三个以佛塔为中心的小广场，均地处交通主干道上，四面开敞式，主要用于信众绕塔礼佛。这种广场的空间很大，布局巧妙，未对周边重要建筑的视线产生遮挡，也具有疏散人流的作用，僧俗信众、游客均可在此处自由活动。

寺院东北角处为神变白塔，民国时期（美国人洛克）拍摄的照片显示，佛塔不在现位置，而位于救度母佛殿以东较远处（图 64），佛塔西面并列几座大型院落式殿堂。当时，拉卜楞寺为纪念反抗青海马氏军阀斗争的胜利修建此塔，后来，此塔成为寺院东部建筑组群空间衔接、过渡的节点，具有画龙点睛之作用（图 65）。

闻思学院东北 20 米处为和平塔，也称“离合塔”“聚合塔”等（图 66），1921 年修建，地处寺院东部僧舍区与西部宗教殿堂建筑组群之间，为两个建筑组群空间的过渡、衔接架起了桥梁和纽带，并形成一处小广场，与闻思学院前广场贯通，弥补和消解了东、西两种不同建筑组群风格形成的巨大反差。广场地

图 64　寺院东部一带的空间格局（1930 年）

图 65　寺东神变白塔（2016 年）

图 66　寺院中部和平塔（2016 年）

图 67　寺院西部和平塔（2016 年）

面铺砂石土，色彩单调、灰暗，与闻思学院前广场、寺院东部大片低矮的僧舍院融为一体。通体洁白的佛塔，与西部大型宗教建筑、东部低矮的僧舍建筑迥然不同，色彩对比鲜明，弱化了广场的单一和空旷感。

寺院西端的一座佛塔也称和平塔，位于河南蒙古亲王府院落东侧（图 67）。今保存于俄罗斯布里亚特历史博物馆、美国纽约鲁宾艺术博物馆的寺院全景布画显示，该位置处是一座行政堂，没有佛塔。再结合民国时期的照片及寺院建筑分布图等资料分析，可以推定，此塔修建于 20 世纪 30 年代（图 68）。佛塔周边形

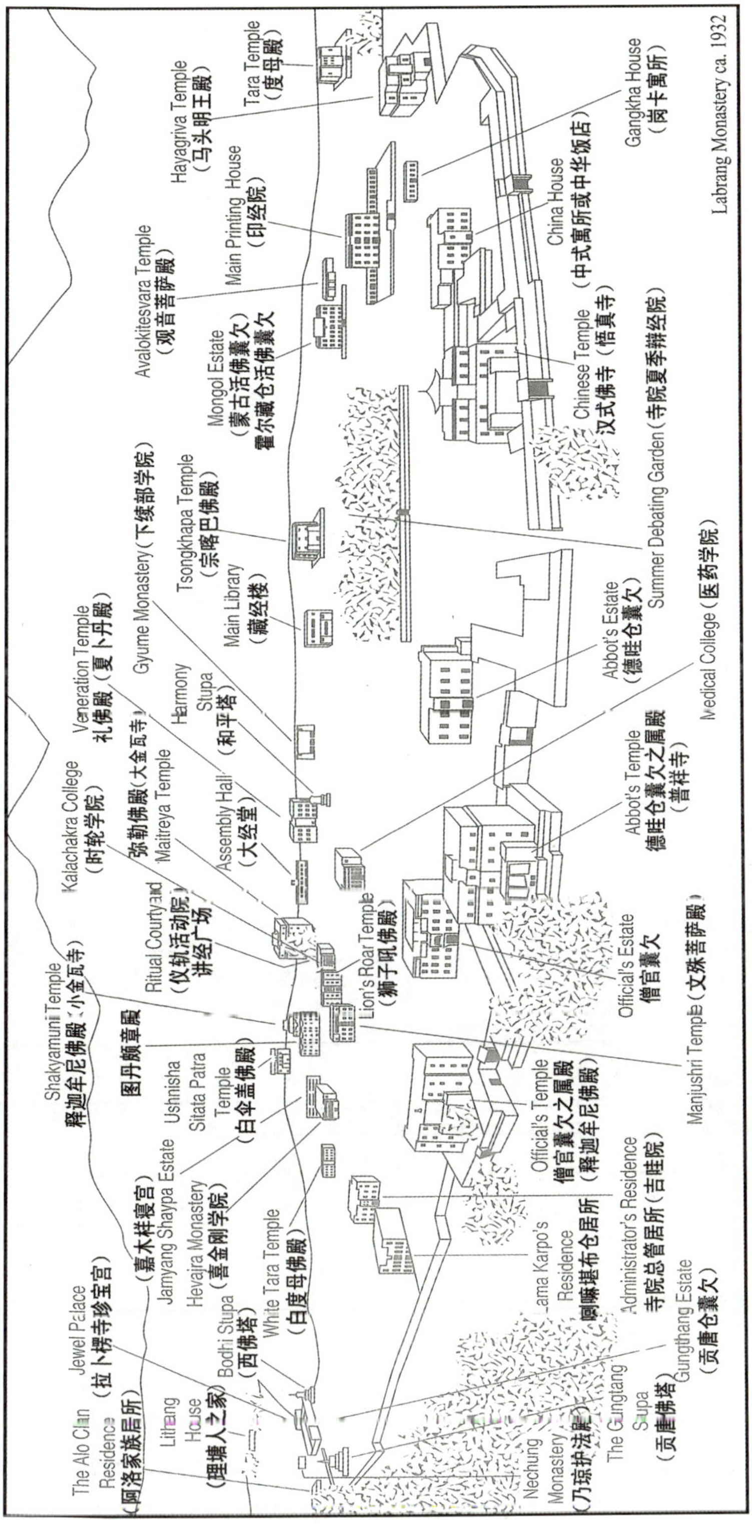

图 68 美国传教士格里贝诺 1932 年绘制的寺院分布图

成一处小广场，与寺院西部转经长廊贯通，功能用途与前述两座佛塔广场同。

寺院南部有一处以贡唐塔为中心形成的空间节点，位于贡唐仓活佛囊欠西侧，建成于1804年[①]。与前述几座以佛塔为中心的空间节点构成方式不同，这是一处院落式小广场，院内总面积2144平方米，四周围墙环绕，佛塔建于院内中央，系塔、殿结合式建筑，底部为佛殿，上部为佛塔，总高31.3米[②]。民国学者从不同角度拍摄过此塔的照片，照片显示，寺院南部转经长廊北侧自西向东分布有一条带状建筑组群，高低起伏，宛如一条巨龙伏卧在大夏河北岸，贡唐塔就是龙头，带动着这一区域各建筑组群向这里聚拢（图69），在空间形态营造方面可谓独树一帜，广场的功能用途与前述三处佛塔式广场同。早期的佛塔照片以1933年《海潮音》杂志刊载的“甘肃拉卜楞寺金塔（子宽居士赠）”照片（图70）最典型[③]，非常珍贵。现存佛塔为1991—1993年原址修复，局部重建[④]，总规模比原来有所扩大，与早期寺院全景布画、照片资料相比，塔院内外环境及塔体本身改变较大（图71、图72）。

图69　洛克1937年拍摄的贡唐塔院及转经廊

图70　1933年拍摄的贡唐塔

①（清）阿莽班智达著，玛钦·诺悟更志、道周译注：《拉卜楞寺志》，甘肃人民出版社，1997年，第3页。

②（清）阿莽班智达注，玛钦·诺悟更志，道周译注：《拉卜楞寺志》，甘肃人民出版社，1997年，第556—557页。

③ 见《海潮音》，1933年第14卷第11期。照片题名“甘肃拉卜楞寺金塔（子宽居士赠）”。

④ 扎扎：《拉卜楞寺活佛世系》，甘肃民族出版社，2000年，第35—36页。

图 71　经多次改扩建的贡唐塔院空间格局（2018 年）

图 72　贡唐塔院正面（2018 年）

五、五种主要实体性建筑空间及形态

拉卜楞寺是一座超大型格鲁派寺院，建筑类型多样，所有建筑、设施都是为宗教服务的，各建筑又围合成各种实体性空间形态，按不同功能（如讲经说法、礼佛拜佛、转经活动等）进行空间划分与组合，构成三个大型建筑组群、五种实体性空间形态。通过不同的空间艺术表现形式，实现宗教崇拜目的，如各学院经堂集修行、研习、礼佛为一体；各佛殿均供奉佛像，供信众礼拜；印经院、藏经楼以印刷、保存宗教典籍为主；辩经院、讲经台以讲经说法为主；活佛囊欠、僧舍虽以居住为主，但仍建有多座附属佛殿，住宅与宗教殿堂共建于一院内，或一座房屋内辟一间佛堂；佛塔、转经廊专门用于僧俗民众礼佛敬佛；另有世俗建筑蒙古亲王府、木桥，等等。

（一）学院建筑

学院是格鲁派寺院最重要、最具代表性的宗教殿堂，寺院“为了便于管理和习经，将佛殿、聚会殿和管理机构组合在一栋建筑（措钦大殿）之中。扎仓的经堂称‘聚会殿’，为容纳本学院僧众习经、聚会用。措钦大殿称‘总聚会殿’，供全寺僧众习经、聚会用，其面积大于学院。一座寺院僧人数量的多少，决定措钦大殿（总聚会殿）面积的大小。在寺院里，措钦大殿的面积大于其属下学院聚会殿的面积”[①]。这是格鲁派寺院创建和发展的固定模式，无论在何时、何地创建一座寺院，学院、佛殿、僧舍都是建筑的主要组成部分，各建筑的数量、规模可在不同时期自由增长，如甘丹寺先后修建了 2 座学院，色拉寺修建了 3 座，哲蚌寺修建了 4 座，扎什伦布寺修建了 4 座。拉卜楞寺修建了 6 座，是格鲁派六大寺院中学院建筑数量最多的。

与西藏各大寺不同，拉卜楞寺各学院均为院落式，平面布局、空间结构、建筑形制、装饰内容基本一致，仅体量大小有别，突出藏式传统建筑样式，充分吸

① 陈耀东：《中国藏族建筑》，中国建筑工业出版社，2007 年，第 221 页。

收安多地区汉、回等民族传统建筑文化艺术元素，通过“不同空间形体的创造和它们之间的对比，突出了宗教建筑的个性，满足了宗教的不同使用要求”[①]。

图 73　五世嘉木样改建后的闻思学院全貌（1981 年）

图 74　1989 年重建后的闻思学院全貌（2013 年）

宗教活动内容和修习方式决定着经堂的平面形式和空间构成形态。如闻思学院大经堂是全寺的措钦大殿，集全寺的教务管理机构、僧人修习、佛像崇拜为一体，在全寺六大学院建筑中地位最高。大经堂为院落式布局，院落大门（称“前殿楼”）外有全寺最大的广场，整个院落按南北轴线对称布置，自南向北依次为前殿楼、前庭院、前廊、经堂前殿及后佛殿（图 73）[②]，现存建筑为 1985—1989 年修复（局部重建），院落占地面积 4685 平方米（围墙以内），外形俨然如一座大型城堡（图 74、图 75）。院门面阔 9 间、进深 3 间，通高 3 层（含金顶 1 层），汉藏结合式建筑。院内前部为庭院，平面布局呈“回”字形，东、南、西三面有诵经廊环绕。后部主体建筑为大经堂，由前廊、前殿、后殿三部分组成，

① 陈耀东：《中国藏族建筑》，中国建筑工业出版社，2007 年，第 388 页。

② 该照片为甘肃省著名建筑师、兰州交通大学建筑学院教授邓延复先生提供，拍摄于 1981 年。

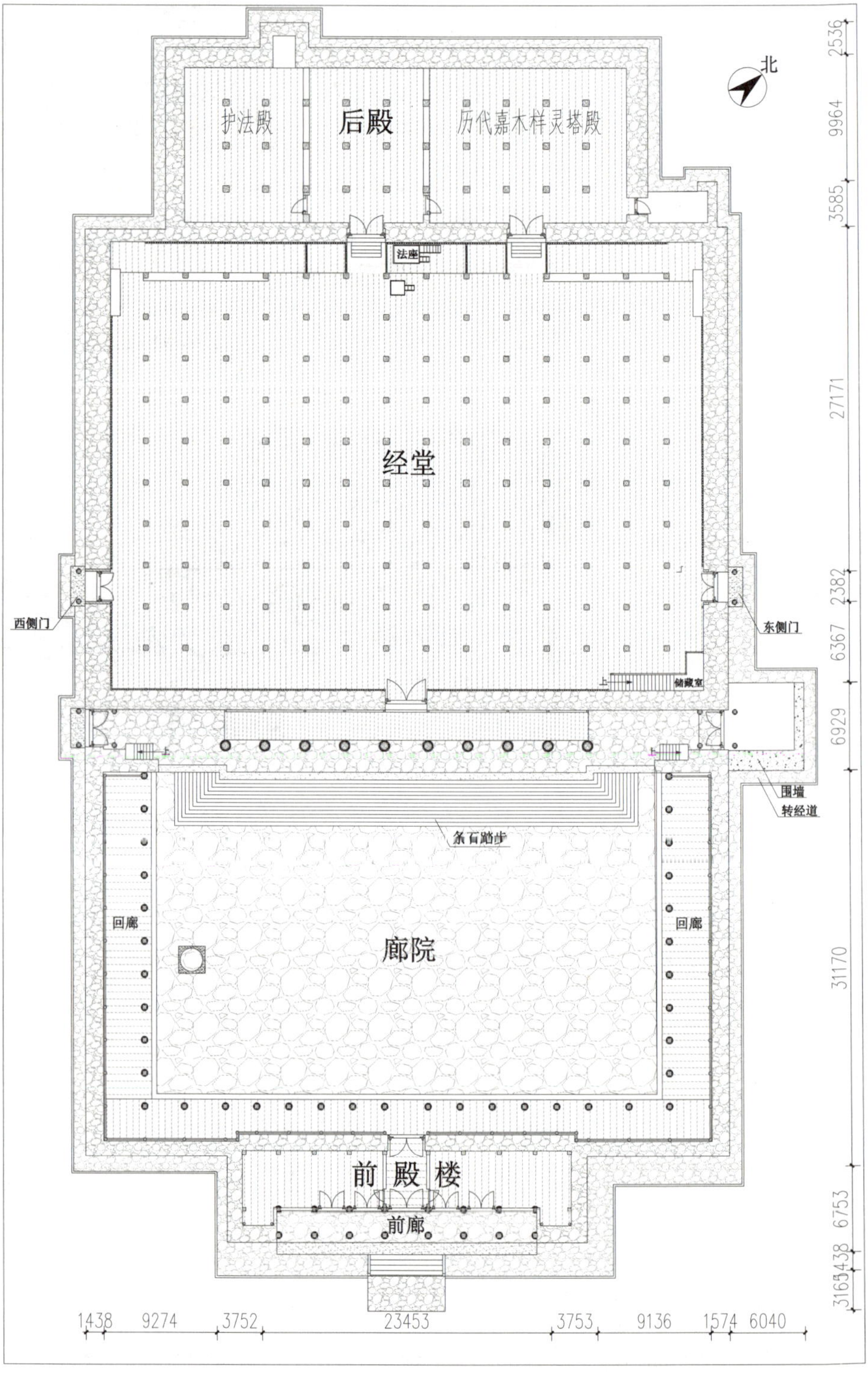

图 75　1989 年重建的闻思学院总平面

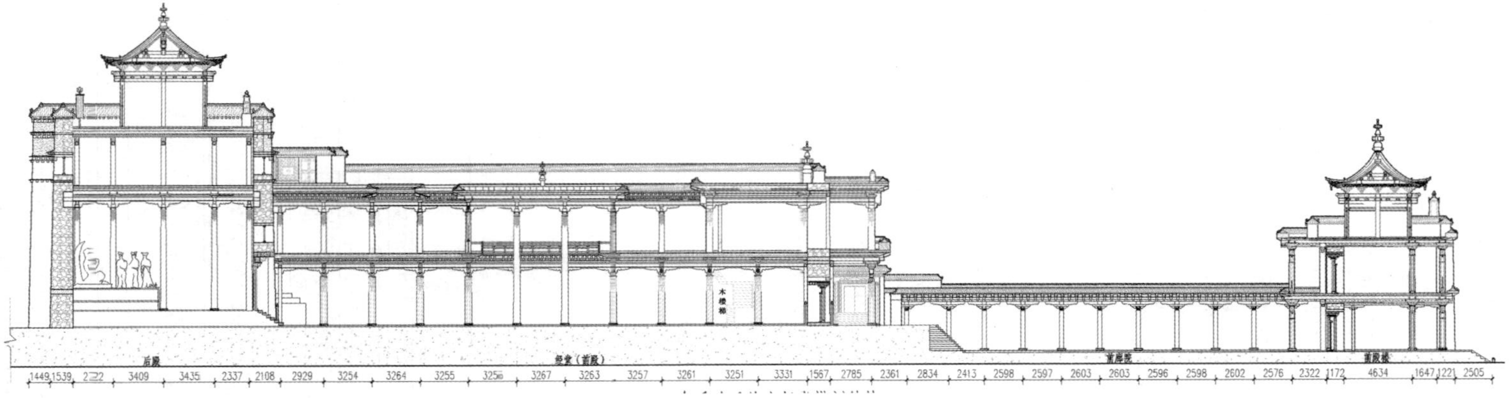

图 76　1989 年重建后的闻思学院总剖面

平面呈纵长方形，建于高2米的十三级台地上，总建筑面积2790平方米（四周围护墙以内及前廊面积）。前廊面阔9间，进深1间，高两层，第一层是过渡性空间，第二层为本院管理机构所在地。前殿为本院僧人修习及全寺众僧举行聚会、讲经之处，高两层，第一层面阔15间（48.3米），进深11间（35.3米），室内空间宽阔，四周墙面围合，不开窗，中央立数根通柱，向上升起，组成两个藻井，用于一层室内采光和通风（图76）；第二层四面以承重墙围合，南、北两面各有一座从第一层延伸上来的礼佛楼阁（“吹拔”），构成两个独立空间，楼阁的南、北两面各形成一个天井院，东、西两面对称建有各种不同用途的平顶房，其屋面高度与楼阁的屋面等高或稍低。最后部为佛殿，总面阔11间（36米），进深4间（12.2米），通高四层（含第四层金顶），室内分隔为护法殿、佛堂、灵塔殿，其中第一、二层贯通，中空结构，用于供奉高大的佛像、灵塔等；第三层为管理用房、佛殿、名贵文物存储室等；第四层为金顶，用于存放坛城模型、宗教法器等（图77）。1989年完成修复（局部重建）后，大经堂基本延续了早期的平面布局形态和建筑样式，但体量有所扩大，承重柱、梁枋均为钢筋水泥浇筑，围护墙用片石和水泥砂浆混合砌筑，结构更加坚固。

5座密宗学院中，喜金刚学院于1956失火烧毁，1957年在原址按原貌修复

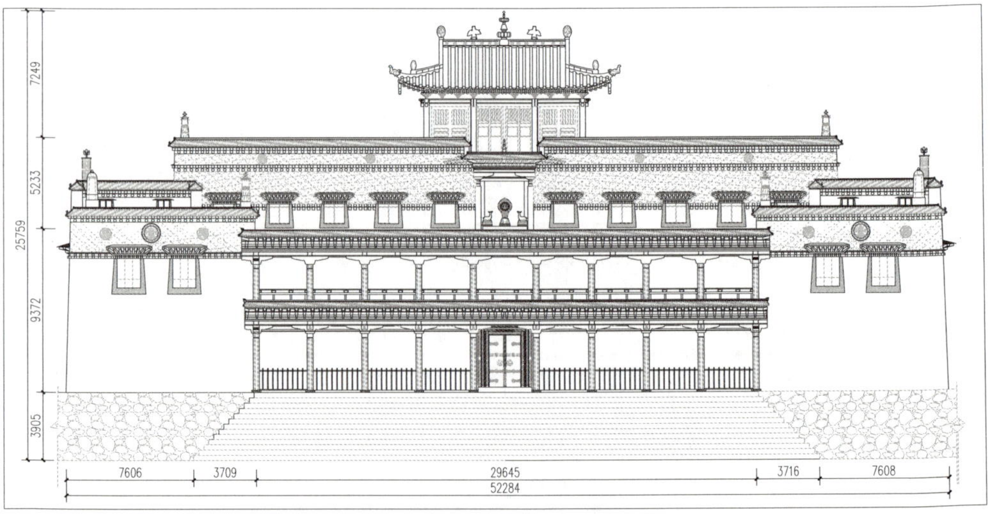

图77　1989重建后的闻思学院大经堂正立面

性重建，其他 4 座均为原有建筑。5 座密宗学院的整体平面布局、殿堂建筑形制、功能与闻思学院基本一致，只是院落规模、主体建筑体量小很多，院落占地 1800~2000 平方米，唯下续部学院平面布局形态与其他学院有别，非对称式布局，没有正门，有东、西两个侧门，没有前庭院，经堂前部为一处空地，也没有诵经廊（图 78）。其他 4 座学院均有前庭院及诵经廊，庭院的宽度超过经堂宽度，经堂东、西、北三面围护墙与院落围墙形成一圈夹道，为转经道。主体建筑经堂的样式、形制基本一致，均由前廊、前殿和后殿组成，三四十根柱子规模（图 79），如下续部学院 34 柱，医药学院 34 柱，时轮学院 40 柱，上续部学院 40 柱，喜金刚学院 46 柱。需要指出的是，创建时间最早的下续部学院（1716 年建成）保持了最完整的早期柱式分布形态，室内没有依墙面设置扶壁柱，梁枋、椽子直接插入承重墙内（图 80），其他 4 座学院的经堂在后期维修或修复时，室内四周均依墙面增加一圈扶壁柱，柱头间置大小额枋，梁头、椽头或搭在额枋上，或穿过额枋再插入承重墙内，这样，室内柱子、梁枋自身组成一套木框架承重体系，四周围护墙基本没有承重作用，只起围合作用，改变了传统藏式建筑的承重体系（图 81）。5 座密宗学院经堂的一层建筑面积都在七八百平方米，主体

图 78　下续部学院经堂东面（2013 年）

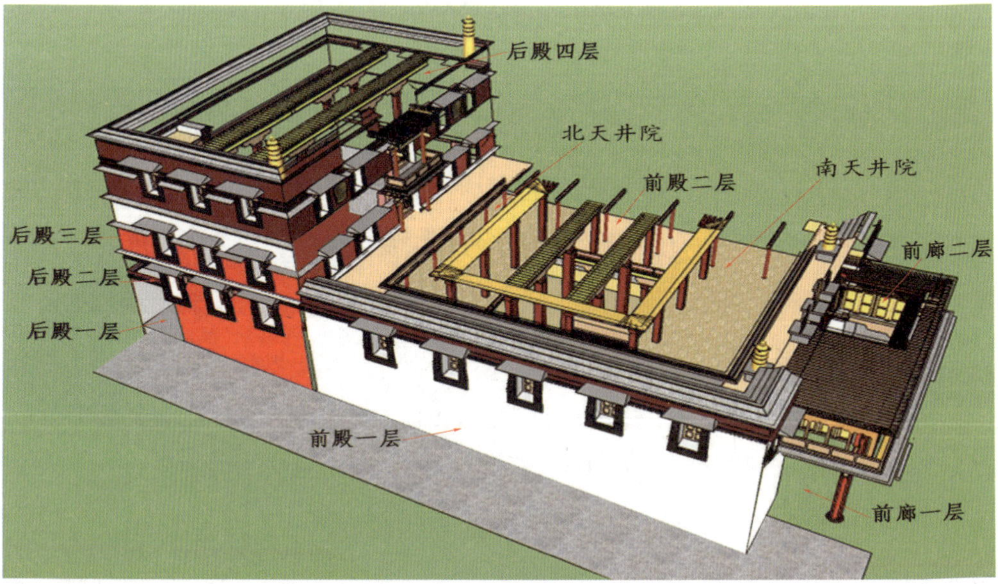

图 79　5 座密宗学院经堂内部结构形态基本一致

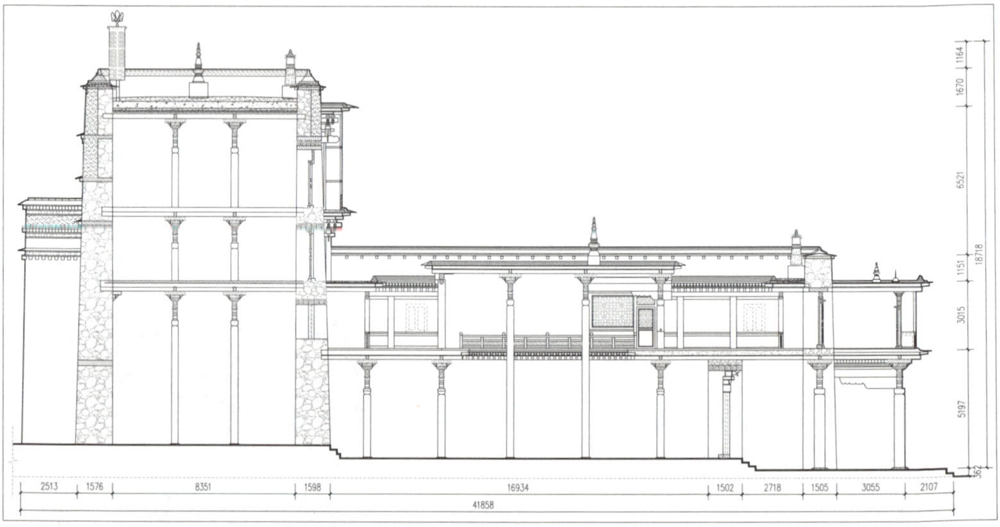

图 80　下续部学院经堂横剖结构

多高三层，仅下续部学院经堂高四层，上续部学院、喜金刚学院屋面有金顶，其余均无金顶。殿堂室内地势从前廊向后殿渐次升高，前廊为过渡性空间；前殿主要用于本院僧众讲经说法、修习聚会，第一层室内柱头林立，空间低矮，中央高起一座礼佛楼阁，第二层平面呈“回”字形，南、北两面各有一天井院；后部佛

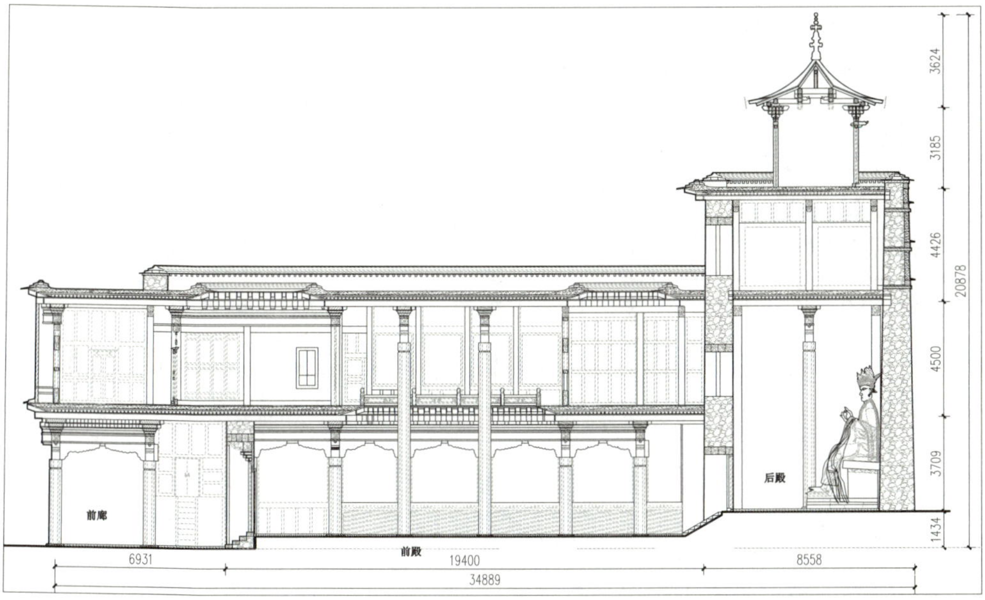

图 81 喜金刚学院经堂横剖结构

殿的第一、二层贯通，上部中空结构，室内空间高耸，用于供奉佛像、佛塔及高僧灵塔等。

藏传佛教寺院的学院经堂建筑形制、空间布局样式经历了漫长的发展演变过程，在格鲁派发展鼎盛时期才成为一种固定模式。“建筑发展到一定阶段，必然会出现一套成熟的做法。但因时代、地区条件等的不同，建筑的表现形式却又是千变万化的，而不是千篇一律。从建筑本身来看，通过诸如地形的特点、总体组合的多样、体量的变化，以及用材、细部装修、装饰、色彩、建筑小品等的不同，皆可赋予建筑以不同的风貌”①。建筑形式变化最大的是经堂后部，所有学院的经堂后部均为佛殿，有多重功能和意义，首先，在使用功能上，是对藏传佛教早期宗教殿堂形制的继承和延续。早期的寺院没有经堂，只有佛殿，且在佛殿后部设一条转经道，前部为庭院，组成一个完整的院落式空间形态。随着宗教修习仪轨的不断发展，僧人不断增多，需要更大的空间以开展不同规模和形式的宗教

① 陈耀东：《中国藏族建筑》，中国建筑工业出版社，2007 年，第 313 页。

活动，故在佛殿前部修建一处供僧众聚集的空间，后逐渐与佛殿本体合为一体，原设于佛殿室内后部的转经道逐渐消失。

格鲁派兴起后，出现了专供僧侣研习宗教经典、举行集体聚会、讲经说法及礼佛敬佛的学院经堂，建筑的空间布局形态、外部样式、结构形制基本定型，均由前廊（过渡性空间）、前殿（用于僧众聚集、修习）、后殿（是专门用于供奉佛像、灵塔的空间）组成。在表达和展示宗教教义和佛菩萨信仰体系方面，这种空间组合具有独特性。在平面上为三段式构图，寓意宗教修习的三个层次，前廊及庭院为芸芸众生之地，墙面均涂饰白色，代表“欲界”；前殿仅供僧人们讲经说法、修习、聚会，外墙面也涂饰白色，代表“色界”；后殿为佛菩萨居所，外墙面涂饰等级最高的黄色或红色，代表“无色界”，这一空间也是广大僧众毕生修行期望达到的最高境界。

藏传佛教寺院的学院经堂是非常重要的建筑类型，集建筑工艺与技术、僧众修习与宗教信仰、学院管理与政教统治为一体，是建筑实用功能与空间营造艺术的完美结合。

（二）佛殿建筑

藏传佛教格鲁派寺院的佛殿有二种：

一是学院经堂后部的佛殿，空间较小。就宗教信仰、佛菩萨膜拜而言，经堂后佛殿是一座学院的神圣中心，空间布局基本固定，一般分为三大间，中央一间用于供奉佛菩萨尊像；两侧两间分别为本学院护法殿和高僧灵塔殿。经堂后部佛殿还供本院学僧举行特定的宗教仪轨，或用于开展特殊的管理活动及宗教仪式，如金瓶掣签、银盘选丸等。这种佛殿一般不对外开放，只在特殊的日子里开放数天。

二是独立式佛殿。包括公共性质的佛殿和活佛囊欠附属佛殿。拉卜楞寺先后修建了这两种形式的佛殿 30 多座，都是本寺高僧大德自筹资金修建的，修建前需征得寺主的同意。这两种形式的佛殿均有独立的院落，空间非常宽阔。其中，具有公共性质的佛殿功能单一，主要用于供奉佛像，向所有佛教信徒、游客开放，与其他建筑没有任何统属关系，最终管理权归寺主所有，寺院派出专门的人员从事管理工作；活佛囊欠附属佛殿的使用、管理权归活佛个人所有，有些对外开放（如德哇仓囊欠属殿等），有些不完全对外开放（如嘉木样寝宫附属佛殿释迦牟尼佛殿等），只在特定条件下才让人参观。在建筑形制方面，以藏式传统平顶结构为主，在重要的佛殿屋顶中央加建汉式单檐（如弥勒佛殿）或重檐歇山顶金顶（如嘉木样寝宫释迦牟尼佛殿），金顶屋面或覆盖铜镏金瓦和各种脊饰件，或覆盖绿琉璃瓦和各种脊饰件。

三是护法殿。拉卜楞寺的护法殿很多，有三种类型，分三种形式：第一种是学院护法殿，其中又有两种建筑形态：一是学院经堂后部的护法殿，占一间房屋；二是修建于学院院落外部的护法殿，均建于院落外西侧，院落式布局，主殿堂的建筑形制、样式与独立式佛殿接近，但体量很小，其功能是为本学院护法、保平安。第二种是寺院总护法殿，建筑形制、体量、规模与独立式佛殿相同，其功能是为全寺院护法、保平安。第三种是寺主嘉木样个人的护法殿，建于嘉木样寝宫东北角（释迦牟尼佛殿北侧），建筑形制独特，以汉式传统单檐歇山顶结构为主，屋面覆盖灰筒板瓦和各种脊饰件，室内外装饰大量使用藏式传统文化元素。所有的护法殿仅供寺主、高级活佛使用，不对外开放，属宗教禁地，普通僧人、世俗人等禁止进入。

据现有历史文献资料，结合早期寺院全景布画上的建筑题名，可基本确定，拉卜楞寺创建以来，先后修建了 33 座佛殿（包括独立式佛殿、活佛囊欠附属佛殿）。现留存原建筑 15 座，包括嘉木样寝宫属殿释迦牟尼佛殿、嘉木样寝宫内嘉木样护法殿、弥勒佛殿、寿安寺、宗喀巴佛殿、白伞盖佛殿、白度母佛殿、大阿莽仓囊欠属殿文殊菩萨殿、绿度母佛殿、夏卜丹殿、图丹颇章殿、郭莽仓囊欠附属佛殿、念智仓囊欠附属佛殿、蒋干仓囊欠附属佛殿、雍增仓囊欠附属佛殿。自 1979 年至 2021 年，寺院先后修复（局部为重建）了 9 座佛殿，包括千手千眼观音菩萨殿、德哇仓囊欠属殿千佛殿、马头明王殿、贡唐塔（贡唐仓囊欠属殿）、红教寺、寺院总护法殿、准噶尔堪布仓囊欠属殿准噶尔神殿、藏经殿（也称“藏经楼”）、嘉纳华仓囊欠属殿悟真寺。此外，还有 2 座佛殿仅存建筑遗址，包括寺东救度母佛殿、襄佐堪布仓囊欠属殿文殊菩萨殿；还有3座佛殿的原基址已改建为其他建筑，包括俄项格拉仓囊欠属殿忏罪佛殿、红佛殿（也称“红宫”“塔洼区释迦牟尼佛殿”）、祈福佛殿（位于夏季辩经院西南角，现改为马路）；还有4座佛殿历史文献记载有殿名，但无法确认其建筑基址，或属其他建筑的别名，包括河南蒙古亲王修建的释迦牟尼佛殿、加持威灵殿、祈寿佛殿、慈显寺。

拉卜楞寺的佛殿建筑平面形态分两种：

第一种平面呈“凸”字形，主要有嘉木样寝宫属殿释迦牟尼佛殿、弥勒佛殿、宗喀巴佛殿、白伞盖佛殿、寿安寺、德哇仓囊欠属殿千佛殿、嘉纳华仓囊欠属殿悟真寺、寺院总护法殿等。这类建筑的外部形态、内部空间布局、结构构造基本一致，前部为门廊，通高一层，向外凸出，是一过渡空间，廊内墙面遍绘题材固定的壁画（以四大天王为主）。后部为主殿，平面呈正方形或横长方形，立面呈左、中、右三段式布局，中间为主体殿堂，高均三层。第二、三层正面中央均设外挑门廊，体量较小，与第一层门廊上下对称。室内封闭严密，又分为前、后两部分，其中前部有二层，系一处礼佛回廊，后部无第二层，中空结构，空间宽阔、高耸，中央设佛台、供桌，供奉大型佛像及其他各种小佛像。室内极尽装饰，以突出佛陀无处不在的神圣威严。殿堂左、右两侧为楼梯间，与殿堂之间以木骨泥墙或片石墙分隔，室内基本没有装饰，一般高五层左右（包括屋顶楼梯间），但两者的屋面处于同一平面上。地位、等级高的佛殿，一般在屋面加建一座单檐或重檐汉式歇山顶金顶，如释迦牟尼佛殿（图82）、弥勒佛殿（图83）等，等级较低者无金顶。

第二种平面呈横长方形或正方形。这种佛殿的平面形态、内部结构与活佛府邸楼房一致，典型者如夏卜丹殿（图84），此殿原本为活佛府邸，后改为佛殿，另有白度母佛殿、文殊菩萨殿等。平面形态也呈三段式，中间为主体殿堂，左、右两侧为楼梯间或库房等，但无前廊，仅第一层正面中央置一外挑门廊，二层以上正面中央也设外挑门廊，上下对称。主体殿堂室内也分前后两部分，前部有二层礼佛回廊，周围置门窗，用于一层室内采光和通风；后部用通柱升起，第一、二层上下贯通，中空结构，空间宽阔，用于供置大型佛像、佛塔，第三层室内空

图 82　释迦牟尼佛殿及金顶（2013 年）

图 83　弥勒佛殿鸟瞰（2018 年）

图 84　夏卜丹殿正面（2006 年）

间关系复杂，房中有房，房中套房，功能多样，主要为高僧的卧室、修行室，或用于存放宗教用具等。平面呈正方形的佛殿仅有一例，即白度母佛殿，空间营造方式非常特殊，四周围护墙用片石砌筑，前部中央开外挑门廊，两侧楼梯间正面不开门，而设在殿堂内左右两侧墙上，故整体外形呈立方体状（图 85），室内空间构图仍为三段式，中间为殿堂，左右两侧为楼梯间，殿堂空间组合形态与平面

图 85　平面正方形佛殿外形（白度母佛殿）

长方形佛殿一致。

拉卜楞寺所有的佛殿均为院落式布局，功能单一，主要用于供置佛像。首先，在殿堂室内空间营造方面，两侧楼梯间非常简单，各层室内仅置一架木楼梯，别无他物；中部殿堂较为复杂，第一层四面围合严密，可谓“密不透风”，不开窗，墙面遍绘壁画，后部设佛台供桌等，所供主尊佛、菩萨或佛塔体型高大，制作工艺精良，几乎占满整个空间，周围被各种名贵的佛菩萨像簇拥，四周墙面或建造木构佛龛、经书架、佛像柜等，或通体绘大型壁画，或悬挂大量唐卡，梁

图 86　弥勒佛殿内主供弥勒佛像（2006 年）

图 87　白度母佛殿内主供白度母像（2006 年）

枋下悬挂各种彩色布幢布幡等充盈空间，竭力营造佛、菩萨所居极乐世界的场景（图 86、图 87）。偌大的空间内光线昏暗，仅有供桌前的酥油灯摇曳、闪烁。同时，又在第二层正面墙上开门窗，用于室内采光通风，阳光通过狭小的窗户投射在佛台、佛菩萨像上，形成特殊的光影效果，产生威严、神秘、空灵的宗教气息。信徒进入佛殿，顿生自我渺小感，无不产生敬仰之情。其次，在外部空间营造方面，与汉式佛寺的殿堂迥然不同，围护墙外侧皆有自然形成或人工构筑的环形转经道，系从早期在室内环绕佛像礼佛的制度发展演变而来，在那些影响力巨大的佛殿四周转经道上，一年四季有川流不息的朝佛者不停地顺时针环绕转经。但寺院总护法殿、部分活佛囊欠附属佛殿是例外，殿堂四周、院落围墙外均未设转经道。

（三）露天佛塔

拉卜楞寺先后修建了多座露天砖石、土木结构的佛塔，部分佛塔早年被毁，现仅存 4 座。其中有 3 座佛塔的外貌、形制、用材基本一致，均为砖石结构，分别位于寺院东、西两端和中部，佛塔四周形成一片小广场。4 座塔中仅贡唐塔为石木、镏金铜板混合结构，位于贡唐仓囊欠西侧，独门独院式。这 4 座佛塔各有其特殊的宗教寓意和用途，在寺院整体空间序列构成中各有不同的功能，或遥相呼应，或画龙点睛，或衔接过渡，或丰富空间层次，或分散人流，等等。

首先，在寺院整体空间构图的遥相呼应方面。若将这 4 座佛塔按位置分别连线，则北部3座佛塔近似一条直线，再将东、西两端的佛塔与南部贡唐塔连线，则形成一个倒三角形，从寺院“金盆养鱼”的构图意象看，4座佛塔的位置非常恰当。佛塔的建筑材料、外部空间构图、装饰艺术与其他宗教殿堂、活佛囊欠、普通僧舍迥然不同，对比十分强烈，打破了各建筑组群分布区域的色调平淡现象，将不同类型的建筑组群联系起来，遥相呼应，各组群间的空间转换、色调过渡更加自然，形成分明的层次，没有大起大落现象，从而强化了寺院整体沉静、稳定、壮观与超凡脱俗的气势（图88）。在寺院北部从西至东的通长区域内，宗教殿堂外观呈现为大片红色、棕色墙面，高层建筑的屋面密集，金顶直插云端，金色的镏金瓦和脊饰件闪闪发光，而3座砖石佛塔通体洁白，造型一致，与宗教殿堂外部浓艳、热烈的装饰色彩形成强烈的对比。在寺院南部大夏河北岸一带，转经长廊自西向东蜿蜒1000多米，长廊内侧按其走向分布大片高级活佛囊欠及其附属佛殿、低级活佛囊欠等，总体也呈一条线状。各建筑外貌、形制、材料大同小异，仅东南角的嘉纳华仓囊欠属殿悟真寺有绿琉璃瓦金顶，西南角贡唐塔下部为一座大型佛殿，高三层，共同构成巨大的塔基，基座顶部中央建木结构

图88　寺院全貌俯瞰（2017年）

圆柱形塔身，塔身四周贴浮雕铜镏金八大菩萨像的铜板，与悟真寺金顶上的绿琉璃瓦遥相呼应，从而有效弱化了观赏者在这一漫长线路上因大量同类殿堂建筑造型、相同装饰色彩产生的视觉疲劳。贡唐塔属藏传佛教“善逝八塔”形态之一，属佛殿、佛塔结合式造型，结构奇特，装饰十分繁缛，基座为高三层的砖木结构殿堂，各层楼面挑檐结构、回廊栏板逐层向内收缩。民国时期拍摄了很多贡唐塔的照片，其中有一张彩色照片[①]，非常珍贵。照片显示，佛殿的每层屋面均覆盖灰筒板瓦，回廊栏板、墙帽以青砖砌筑。1993 年修复时，各层挑檐和屋面均改铺绿琉璃瓦、铜镏金瓦。这种结构形态，在外立面上呈现出多个横向线条，整体造型犹如一座巨大的须弥座。在殿堂顶层屋面中央建塔身，平面呈八角形，通体用铜质镏金板包裹，镏金板上浮雕八大菩萨像等，塔刹由铜质镏金十三天、伞盖、日月等饰件组成，金光闪闪，醒目耀眼，与本区内其他雄浑、壮硕的殿堂外表涂饰大面积红色、白色的装饰风格形成鲜明对比，进一步丰富、加深了本区建筑的空间形态、构图层次，艺术处理手法非常精妙。

其次，贡唐塔在统率寺院南部空间布局的整体性、完整性方面具有画龙点睛的作用。贡唐仓囊欠建于贡唐塔院东侧，是全寺仅次于嘉木样寝宫的大型活佛住宅，这两座院落的东西两侧分别建有多座活佛囊欠和属殿，呈线状连续分布，东西向蜿蜒，各有院落，占地规模甚巨，建筑体量宏大。贡唐塔对这些建筑组群起到收拢和聚合作用，塔顶的镏金饰件凸起，光鲜亮丽，与蓝天白云、山林河水相互映衬，有画龙点睛之妙。

再次，进一步丰富了寺院整体空间构图的层次。北部的 3 座白塔造型一致，均属“善逝八塔”之一种，外观呈竖向锥形体，构图简洁，宽度小于高度，以横向线条为主，每个立面以疏密不同的横线条逐层分割，底部为方形塔座，中部为覆钵式塔瓶，顶部为圆锥形十三天。塔身四面通饰白色，顶部装铜质镏金日月宝顶和伞盖。特殊的造型和装饰色彩，与周边宗教殿堂形成鲜明对比，进一

① 见《新中华（上海）》1936 年第 46 期第 42 页插图“拉卜楞寺全貌”（庄学本拍摄）。

步丰富了区域内空间界面形态，使不同建筑组群形成良好的衔接和过渡，具有承上启下的作用，不同的建筑组群从一个序列自然转到下一个序列。佛塔自身突兀而立，又形成一个重要的广场式空间节点。拉卜楞寺经常举行大型宗教活动，期间，来自四面八方的僧俗民众云集于此，人流如潮，纷纷奔向佛塔，绕塔转经礼佛，如此可有效分散礼佛拜佛的人群，减轻各宗教殿堂内人群拥挤的压力。

（四）活佛囊欠及僧舍

僧人住宅是拉卜楞寺建筑空间构成的重要组成部分，它有严格的等级规定，自身形成完整的建筑序列，与活佛的等级地位序列相对应。全寺僧人以寺主嘉木样活佛为首，自上而下分为七个等级，依次为寺主嘉木样活佛—赛赤级活佛—堪布级活佛—相当于堪布级活佛—侧席活佛—普通低级活佛—普通僧人。有“四大赛赤”“八大堪布”等，在这种特殊的名号内，各活佛仍按等级地位排序。

1. 寺主嘉木样居所

寺主嘉木样是拉卜楞寺名位最高的活佛，享有特殊待遇。据早期的文献记载，寺主嘉木样的居所有三类：

一为寺主常住地拉章宫（也称“嘉木样寝宫”“大囊”等）。寺院创建之时即建成，由施主察汗丹津亲王府出资修建，位于寺院核心区北部，但早期规模很小，建筑形制简陋，随着寺院的发展，拉章宫的建筑规模、空间格局不断扩大，形成上院（也称“上宫”或“德容宫”）和下院（也称“下宫”或“德容秀”）布局形态。拉章宫是嘉木样活佛府邸的专称[①]，也是全寺政教统治机关所在地，建筑规模最大，有宗教活动区、寺主及其亲属居住区，设有专门的管理机构，还有寺主自用的独立佛殿。前述三幅早期寺院全景布画、许多民国时期的照片都对嘉木

① 萧默：《拉卜楞寺的建筑艺术》，见陈忠义、洲塔：《拉卜楞寺与黄氏家族》，甘肃民族出版社，1995年，第148—180页。

样寝宫建筑组群有不同程度的表现。1961年，史理先生绘制了嘉木样寝宫总平面、剖面图（图89、图90）[①]，完整地反映了当时寝宫院落布局形态、空间格局、建筑形制等。结合2008年测绘部门绘制的拉卜楞寺地形图，可以推定，原寝宫院落依山就势而建，南北长145.4米，东西宽149米，总体呈"┓"形，南北高差达15.2米（从正门外地面至嘉木样护法殿一层地面），高低起伏多变，四周围墙环绕，北部依靠卧象山脚砌筑挡墙，院中有院，庭院深深，宛如迷宫。寺院文物陈列馆藏寺院全景布画对早期寝宫的分布规模、空间形态有完整的表现（图91）。如今，寝宫下院所有建筑被拆除，仅存遗址，上院内其他重要的殿堂在1980年以来全部实施了维修（图92）。

二为嘉木样别墅。史料记载，拉卜楞寺有多座别墅建筑，均位于寺院以西地区，仅供嘉木样及其家族人等居住。主要有昂濯朴寺、扎西拉特、九母山、扎西绕丹宫、闹曾胞章宫、嘉木样花园等。《拉卜楞寺院之建筑》一文称："昂濯朴寺在寺西南；扎西拉特在寺西南三里；九母山在寺西南五里，别邸建于绝顶。"并附有该别墅的照片（图93）[②]。昂濯朴寺位于寺院西部河南蒙古亲王府旧址西北一带，美国传教士格里贝诺1932年绘制的《寺院平面示意图》将其标注为"The Alo Clan Residence"[③]。五世嘉木样时期"对扎西绕丹宫、闹增胞章宫这两处别墅进行了一定规模的扩建"[④]。1936年5月，民国政府要员马鹤天受邀到访这座别墅，其日记称："至拉卜楞保安司令部，访黄司令子才，该部与嘉木样私邸仅隔一林，步行由后花园入，园内虽无花卉，有大树数十株。"[⑤] 当时，五世嘉木样家族成员的居住地称为葆禄堂，1948年《辅国阐化正觉禅师第五世嘉木样呼图克图纪念

① 史理：《甘南藏族寺院建筑》，《文物》，1961年第3期，第51页插图。

② 任美锷、李玉林：《拉卜楞寺院之建筑》，《方志》，1936年3、4期合刊。

③ Paul Kocut Nietupski *Labrang: A Tibetan Buddhist Monastery at The Crossroads of Four Civilization*, Ithaca, New York: Snow Lion Publication, p20, 1999.

④ 扎扎：《嘉木样呼图克图世系》，甘肃民族出版社，1998年，第358页。

⑤ 马鹤天：《甘青藏边区考察记》"嘉佛喜科学，黄氏成贵族"条，见中国西北文献丛书编辑委员会：《中国西北文献丛书》第四辑《西北民俗文献》，兰州古籍出版社，1990年，第60页。

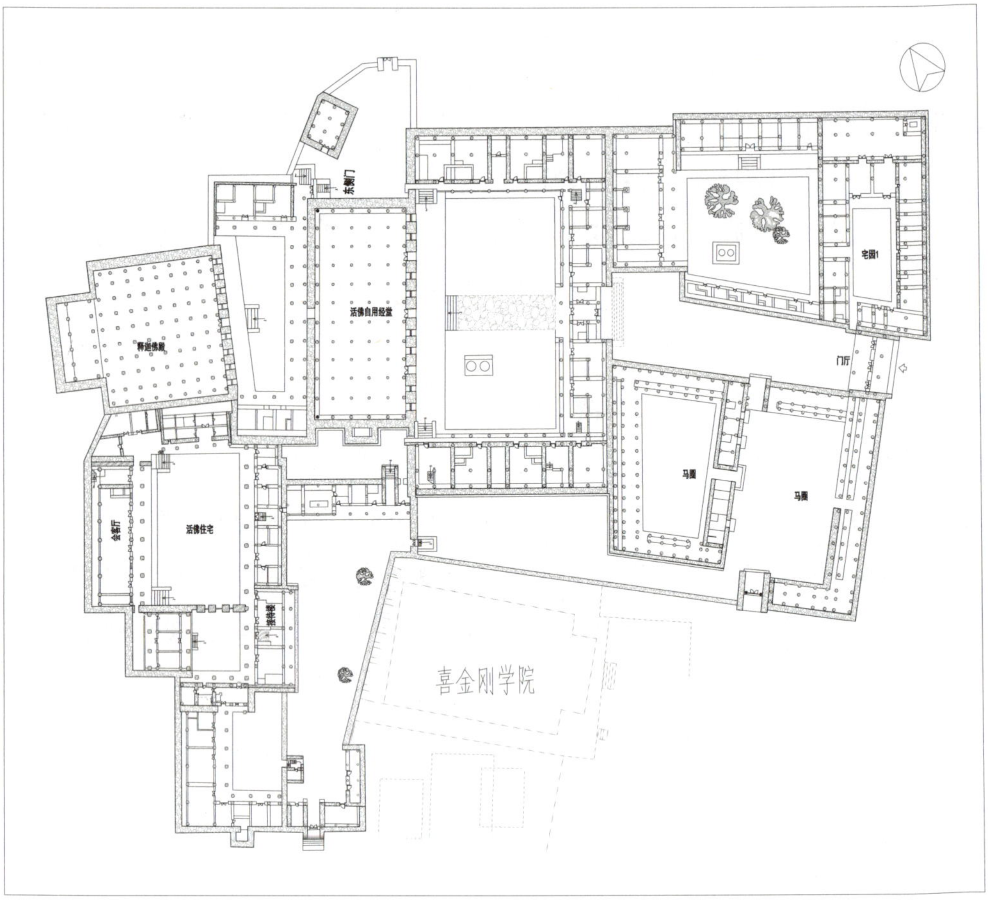

图 89　早期的嘉木样寝宫总平面（史理，1961 年）

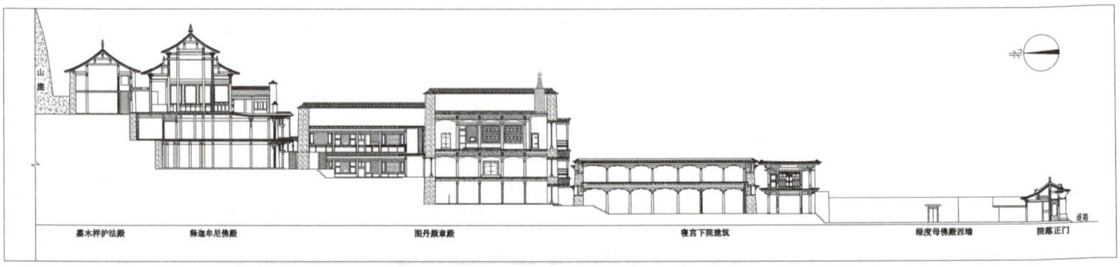

图 90　早期的嘉木样寝宫总剖面（史理，1961 年）

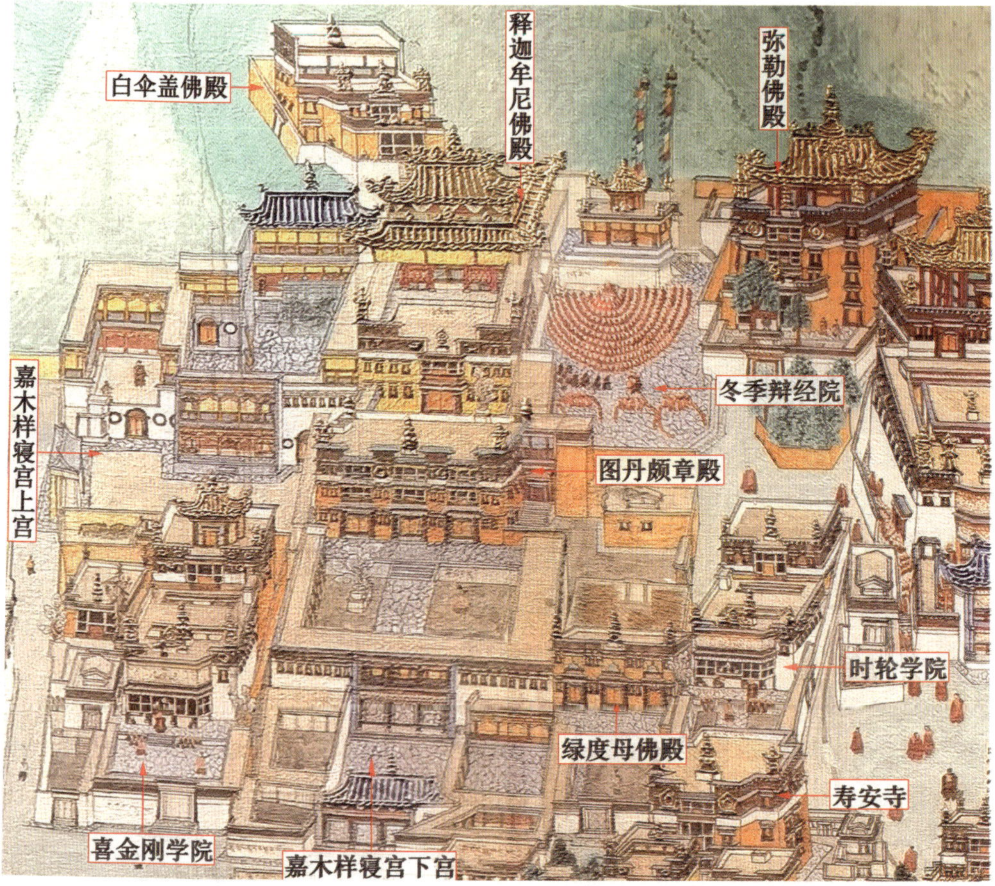

图 91　寺院文物陈列馆藏寺院全景布画中的嘉木样寝宫全貌形态（绘制于 1985 年左右）

图 92　现存嘉木样寝宫全貌俯瞰（2016 年）

图 93　1936 年拍摄的嘉木样别墅昂滙朴寺

集》刊登了三张题名为“拉卜楞寺葆禄堂——嘉木样亲属住所”的照片，较完整地展现了葆禄堂、院落大门、院内主要建筑的面貌[①]。

三为拉卜楞寺政教统治机构所在地图丹颇章殿。位于嘉木样寝宫内，所有权、使用权均归寺主嘉木样。主要用于寺主处理政教事务、举行寺院重大宗教典礼活动、发布政教管理文书等。拉卜楞寺很多政教管理方面的政令、文书均由图丹颇章殿签发；历世嘉木样转世灵童坐床庆典仪式均在图丹颇章殿内举行（六世嘉木样除外）。

2. 其他高级活佛居所

拉卜楞寺寺主以下其他各级活佛的住宅由活佛自己筹资修建，遵循严格的等级规定。民国时期文献称，拉卜楞寺有 108 个活佛世系，据此，应有 108 个活佛府邸，但当今很多学者及相关研究成果认为，全寺“建有囊欠的活佛”有 65 个世

① 第五世嘉木样治丧委员会:《辅国阐化正觉禅师第五世嘉木样呼图克图纪念集》（汉藏文版）照片部分，1948 年。

系，其中以“十八囊欠”最典型。“囊欠”意为活佛公府，拉卜楞寺共有高级活佛十八人，故谓“十八囊欠”，本寺“除寺主嘉木样之大拉章特别庄严伟大、富丽堂皇外，尚有最大者十八所……其建筑亦均宏伟华丽”[①]。“十八囊欠”活佛是一个特殊的称号，其中包括赛赤级、相当于赛赤级、资格最老者、堪布级、相当于堪布级5个活佛等级序列，因各活佛的政教地位、经济能力不同，十八囊欠的建筑

图 94　十八囊欠分布图

① 第五世嘉木样治丧委员会:《辅国阐化正觉禅师第五世嘉木样呼图克图纪念集》（汉藏文版）下篇，1948年，第51页。

规模、布局、形制不一，但均不得超过寺主嘉木样寝宫的建筑规模和装饰等级，其中以贡唐仓、萨木察仓、嘉纳华仓、大阿莽仓等囊欠院建筑规模、装饰档次最高，最阔绰(图 94)。

活佛居所主要用于其日常起居饮食等，是一处独立的小型建筑组群，有相对独立的管理机构。高级活佛的囊欠均为独立式院落，一般“分前后两院，后院曰精舍，活佛个人之经堂及住宅在焉。前院建筑较简，房屋多在两层以上，下层为库房，上层则作僧徒经堂”[①]。实际上，那些大型活佛的囊欠多为三院式，占地广阔，有独立的佛殿院，如大阿莽仓、贡唐仓、德哇仓、准噶尔堪布仓等。除囊欠所属独立式佛殿外，囊欠院内又有经堂、起居室、侍僧院、马厩院、院外小广场等，有木雕精细的大门，围墙有夯土、片石砌筑等样式，外墙面按活佛的地位和等级分别涂饰白色、红色、黄色，高级者墙顶加单层或双层边玛墙带；院内后部中央建主体殿堂，一般是住宅与佛堂并列，平面均为横长方形，形制与同类佛殿接近，均为藏式二层或三层平顶楼(图 95)。较低级的活佛囊欠，虽然没有独立的佛殿院，但有自用的大型宗教殿堂，建筑形制也与平面长方形的佛殿接近，均为藏式二层或三层平顶楼，也有独立的住宅楼，楼内又辟

图 95　贡唐仓囊欠前院及后院主体殿堂(2013 年)

① 任美锷、李玉林：《拉卜楞寺院之建筑》，原载《方志》1936 年 3、4 期合刊，见甘肃省图书馆：《西北民族宗教史料文摘——甘肃分册》，1984 年，第 598 页。

一间独立的佛堂。更低一级的活佛囊欠建筑较简单，院落式布局，多数没有楼房，居室、佛堂均为简陋的藏式单层平顶房。最低级的活佛，其囊欠与普通僧舍无异，有些独住一个院落，有些与弟子或其他僧徒合住一院。今拉卜楞寺留存下来的原高级活佛囊欠仅有 5 座，余皆为 20 世纪 80 年代以来陆续修复或重建的。

笔者经多年现场走访和调查，可基本确认，在寺院内拥有囊欠的活佛世系有 52 个，其中大型活佛住宅 41 座（包括嘉木样寝宫），总占地面积 119263 平方米。其中仅嘉木样寝宫占地面积达 1.3 万平方米（占活佛住宅总面积的 10%），十八囊欠占地 7.06 万平方米（占活佛住宅总面积的 60%），其他活佛囊欠占地 3.57 万平方米（占活佛住宅总面积的 30%）。另有 11 个活佛世系的住宅建筑位置尚未确认。

3. 普通僧舍

普通僧舍也是拉卜楞寺非常重要的住宅建筑类型之一，数量最多，占地面积最大。一世嘉木样时期，僧人数量较少，仅有三五百人，1714 年，一世德哇仓负责修建了第一批僧舍[①]，但早期僧舍院落的分布情况已无从考证。前述三幅寺院全景布画、民国时期的照片资料等清楚地显示，在全寺核心区房屋中，普通僧舍的占地面积最大，均为院落式布局，建筑样式千篇一律，形制简陋，属当地传统民居建筑样式，大部分呈片区状、井字形布局，密如蜂巢，也有少量僧舍零星散布于宗教殿堂周围或院内，毫无规律。僧舍主要集中分布于寺院东部及南部一带（图 96），西部大型活佛囊欠周边也有成片分布的情况（图 97）。从前述三幅寺院全景布画推算，早期寺院核心区内分布有大小僧舍院落约 650 个，再结合寺院实测图，可基本推定，普通僧舍总占地面积约 40 万平方米。

① 扎扎：《拉卜楞寺活佛世系》，甘肃民族出版社，2000 年，第 118—119 页。

图 96　寺院东部僧舍群鸟瞰（2019 年）

图 97　活佛囊欠与僧舍建筑主从关系对比分明（寺院西部，2019 年）

（五）其他世俗建筑

构成拉卜楞寺整体空间格局的实体建筑很多，除各宗教殿堂、僧人住宅外，还有一些较为重要的建筑，包括河南蒙古亲王府、大夏河木桥、拉卜楞寺保安司令部、拉卜楞小学、拉卜楞寺喇嘛职业学校等。许多建筑已不存。

1. 河南蒙古亲王府

青海和硕特蒙古前首旗第一代亲王察罕丹津与一世嘉木样结成供施关系，为拉卜楞寺创建出资出力。寺院创建初期，察罕丹津亲王将扎西奇滩献给一世嘉木样，并出资修建了所有的殿堂，为寺院划拨牧场、供奉各种宗教和生活用品，立有不朽功勋，享有尊贵的地位。亲王去世后，拉卜楞寺特为亲王夫妇制作了灵塔，其后世家族成员也享有此待遇，灵塔被供奉在不同的殿堂内。

清朝规定，外藩贵族的爵位分六级：亲王、郡王、多罗贝勒、固山贝吉、镇国公、辅国公，其宅第均有等级规定，其中享有前四级爵位者住所称“王府”，察罕丹津亲王属外藩王族之第一等（乾隆年间一度降为郡王，直至民国初年恢复亲王爵位），可按规定修建亲王府。拉卜楞寺创建前，察汗丹津亲王在扎西奇滩已建有自己的王府，原址即寺院东部的印经院，其北侧的千手千眼观音菩萨殿曾是亲王的经堂（家庙）[①]。1749 年，第三代亲王旺舒克把两座建筑和基址无偿捐供给寺院，二世嘉木样于 1761 年将王府改建为印经院（1939 年，五世嘉木样又进行改扩建），同时将王府家庙改建为千手千眼观音菩萨殿[②]。王府迁建到寺院西端，称“洪仓”[③]，位置在今卧象山西端山嘴下，与南面寺院总护法殿隔街相望。前述保存于俄罗斯、美国的两幅寺院全景布画展示了王府建筑的东半部，此地被标识为“勒唐”，今此地仍称勒唐村。民国时期拍摄的王府照片较少，美国人洛克 1930 年拍摄了一张寺院西部地区全景照（图 98），能隐约看到王府院的轮廓，白塔、王府为远景。国内学者 1936 年拍摄的一张黄河南亲王府正面照（图 99）[④]显示，王府依卧象山首而建，坐北朝南，门外有一宽阔的广场，立两根木杆经

① 第五世嘉木样治丧委员会：《辅国阐化正觉禅师第五世嘉木样呼图克图纪念集》（汉藏文版），1948 年，第 50—53 页。

② 马鹤天：《甘青藏边区考察记》，见中国西北文献丛书编辑委员会：《中国西北文献丛书》第四辑《西北民俗文献》第二十卷，兰州古籍出版社，1990 年，第 67 页。

③ 宗喀·漾正冈布、谢光典：《河南亲王与拉卜楞寺关系考》，《宁夏大学学报》（人文社会科学版），2011 年第 1 期。

④ 格桑泽仁、段绶滋：《河南亲王史略》，《方志》，1936 年第 9 卷第 3、4 期合刊，第 230 页插图。

图 98　洛克 1930 年拍摄的寺院西部全景照

幡，与现存状态不同；后院堂屋为藏式平顶二层楼，平面布局呈倒“凹”字形，与现存状态基本一致。同期的文献也对王府多有记述，如“护法殿在寺之西侧河南亲王府前”[①]；“黄河南亲王龚葛环觉王爷府在司令部旁边，里边亦是一座四合院的楼房”[②]。这些照片、文字记载说明，迁建后的王府在 1883 年后经历过一次大规模修复或重建。王府坐北朝南，由并列的多个院落组成，东院内北面主房为一座藏式平顶楼。王府的西端为拉卜楞寺保安司令部大院，两者相距很近。现存王府旧址总占地面积 6326 平方米，有并列的三个庄廓院，院落围墙夯

图 99　中国学者 1936 年拍摄的蒙古亲王府

① 第五世嘉木样治丧委员会:《辅国阐化正觉禅师第五世嘉木样呼图克图纪念集》(汉藏文版)下篇“拉卜楞大寺现状”，1948 年，第 50—53 页。

② 梅贻宝:《拉卜楞之行》，原载《西北论衡》1939 年第 7 卷第 19、20 期，见甘肃省图书馆:《西北民族宗教史料文摘——甘肃分册》，1984 年，第 576 页。

图 100 蒙古亲王府全貌鸟瞰（自西向东，2021 年）

土版筑，高大厚重，院内建筑经多次改扩建。早期寺院全景布画上东院内的一座三层藏式平顶楼已无存，均改建为现代平顶房，如今多已成危房；中院内北面现存一座原建筑，为藏式二层平顶楼，前部出廊，廊外有木楼梯；西院内各房屋均被改建成现代红砖房及彩钢房，院落布局、建筑形制杂乱无章（图 100）。

2. 拉卜楞寺保安司令部

民国初年，青海军阀马麒属部“宁海军”一度占领拉卜楞寺，对拉卜楞寺造成巨大破坏。后在全国各界的支持下，拉卜楞寺经过多年的斗争，于 1927 年迫使马麒的部队撤出[①]。为进一步加强拉卜楞寺的安全保卫，1928 年，甘肃省政府同意组建拉卜楞寺保安司令部，罗桑泽旺（汉名黄正清）任保安司令。司令部修建于寺院西部河南蒙古亲王府西侧（图 100）。1947 年，何正璜[②]撰《东方的梵蒂

① 师纶、陈中义：《黄正清回忆录》，见陈中义、洲塔：《拉卜楞寺与黄氏家族》，甘肃民族出版社，1995 年，第 328 页。

② 何正璜（1914—1994 年），湖北武昌人，1934 年毕业于湖北武昌艺术专科学校，曾留学日本。抗战时期在重庆国民政府教育部门工作，参加民国政府“抢救西北非敌占区古代艺术文物工作组”，足迹遍及川、陕、甘、青等地，拍摄了大量文物及古建筑照片（包括拉卜楞寺），在《旅行杂志》上发表多篇考察报告、游记等。1949 年后，在西安碑林、陕西省博物馆工作。见任之恭：《何正璜传》，太白文艺出版社，2015 年。

冈——拉卜楞》[1]一文，简要介绍了当时王府和保安司令部的建筑情况，从文中所附照片看，保安司令部建筑规模宏大，天井院式布局，外形如城堡，坐东朝西，院内四面建二层或三层楼（图101、图102），其中东面楼高三层，面阔17

图101　拉卜楞寺保安司令部院落北段（何正璜，1943年）

图102　拉卜楞寺保安司令部院落南段（何正璜，1943年）

① 何正璜：《东方的梵蒂冈——拉卜楞》，《旅行杂志》，1947年第21卷第6期，第12—19页。

间，进深2间，第一层中央设外楼梯，可登上第二层；第二层楼梯设在南、北两端。其他各面楼房均高两层，其中南、北两楼均面阔9间，进深2间；西楼面阔17间，进深2间，中央开正门。

六、两种既对立又统一的空间序列

建筑是人类智慧的创造物，是一种完美的空间艺术，人们通过对空间造型的认识来体验建筑。“建筑艺术好像表现为一种句法，建筑的各个部分以一种有意义的方法互相组合起来”[①]。拉卜楞寺在漫长的发展历程中，始终遵循自由、开放的发展模式，但并非杂乱无章、随意而建，其中蕴含着“规则/无规则”与“对称/非对称”两种既矛盾又统一的空间营造思想，在“似有”与“似无”的空间形态交替中，实现了各建筑组群、单体建筑各个部分有意义的组合，并成为中华民族优秀的传统建筑作品，体现了理性与浪漫的交织，创造了完美的空间序列，展现为“规则/无规则”与“对称/非对称”两种既矛盾对立又协调统一的空间艺术，其中“无规则”和“非对称”空间序列是特殊的建筑艺术形式美表现方式，受其影响，建筑“有一个明确的开始和结尾，在建筑的入口处自然而然地开始，也自然而然地引向某种规定的结束。这一结束，必须是序列在艺术上和功能上的高潮。……伟大建筑物的布局中有个极大的窍门，那就是使每一个自然序列的结尾有一个充分的高潮”[②]。拉卜楞寺“无规则”和“非对称”空间序列表现方式多样。

（一）表现“规则”与“无规则”空间序列的手法

拉卜楞寺总体空间形态表现出明显的“规则”与“无规则”特征，其中的“规

① [英]罗杰·斯克鲁顿著，刘先觉译：《建筑美学》，中国建筑工业出版社，2003年，第151页。

② [美]托伯特·哈姆林著，邹德依译，沈玉麟校：《建筑形式美的原则》，中国建筑工业出版社，1982年，第126页。

则”性主要表现为一种建筑等级序列，与寺院建筑等级制度完全一致，在空间形态上通过同类（同级）建筑的位置、体量、色彩等来实现，也与藏传佛教“三界空间观”相对应，呈现为“欲界”“色界”“无色界”三个相对规则的空间序列。

“无规则”特征主要通过三种手法实现：

第一，寺院东西两端分别开辟多个相互贯通但非对称的出入口，有 4 条相互贯通的交通主干道（中部两条，南北各一条）。出入口处没有刻意营造某种明确的形体，也没有统一的尺寸，它依托寺外敞开的道路、转经廊、地貌特征等，随形就势展现出来。20 世纪 40 年代末修建了寺东转经长廊及山门，确立了东出入口的空间界面。无论从东部哪个入口走进寺院，皆能通向寺院的神圣中心闻思学院前广场处，沿途均能看到远处密集的铜质镏金法幢、彩色幢幡、高起的歇山式金顶、暗红色的边玛墙等。主干道沿途界面反复变换，或为一段墙体，或为一座建筑，或为一处角落，毫无规则可言，自然形成“以某种次要的高潮来阻滞原来的轴线方向，在转折处序列两边以不同的处理来指示出方向的改变”[①]的建筑布局形态和艺术意境。各种小巷曲曲折折、纵横交错，通过穿插、引导、转折，贯通闻思学院前广场，颇具“曲径通幽”的艺术效果（图 55、图 56）。以北主干道为例，跨过排洪沟（如今，此处新建一座现代水泥桥）进入寺院，首先看到的是 1 座白塔、6 座大型转经廊房、1 座救度母佛殿。继续向西，有体量高大的宗喀巴佛殿、大型活佛囊欠（包括贡秀仓囊欠、萨木察仓囊欠、闹日仓囊欠等），继续向西，可达闻思学院前广场。若从寺院中路之北线进入寺院，沿途没有大型宗教殿堂，仅有体量较小的千手千眼观音菩萨殿及霍尔藏仓囊欠、嘉夏仲仓囊欠、江绕仓囊欠、德唐仓囊欠等，周边簇拥着大片低矮的灰白色僧舍院，继续向西，通向闻思学院前广场。若从寺院中路之南线进入寺院，沿途主要建筑有印经院、闻思学院公房，并有一处占地面积很大的夏季辩经院，空间形态别具一格，院内林木参天，镶嵌在寺院中路之南北两线之间，又在闻思学院公

① ［美］托伯特·哈姆林著，邹德依译，沈玉麟校：《建筑形式美的原则》，中国建筑工业出版社，1982 年，第 155 页。

房西侧折而向北，与闻思学院前广场连通。再以寺院南路为例，由此从东向西进入寺院，沿途有大型建筑连缀成片，高低错落，别有一番境界，首先到达马头明王殿处，然后依次经过嘉纳华仓囊欠及悟真寺（2020年修复性重建）、俄项格拉仓囊欠及其属殿（建筑已不存，遗址上建其他建筑）、德哇仓囊欠及其属殿（修复性重建）、准噶尔堪布仓囊欠及其属殿（修复性重建）、其他小型活佛囊欠建筑组群（大部分已被改建）、贡唐仓囊欠及贡唐塔院（修复性重建）、寺院总护法殿（修复性重建）等，多数活佛囊欠院与其属殿院并列，形成建筑组群，其间以小巷分隔。在这一漫长而多变的空间序列中，悟真寺是第一个高潮，建筑体量高大，有绿琉璃瓦金顶，打破了东部、东南部因建筑密度小、空间过于松散产生的沉闷感；贡唐仓囊欠及贡唐塔是第二个高潮，它犹如一只龙头，聚拢和控制着大夏河北岸的一系列建筑。同样，若从寺院西面向东行进，则可获得另外一番景致。由此可见，寺院核心区内的四条主干道及沿途各建筑均形成各自独立的空间形态，各建筑组群也相对独立，呈现明显的无规则、无秩序感。在整体构图形态上，又通过大小街巷的穿插、引导和指向，一切皆聚拢于闻思学院前广场处。

第二，神圣中心建筑周边的建筑空间布局也呈无秩序、无规则状。闻思学院及其前广场是全寺的神圣中心，其本身具有超大的空间形态和建筑体量，周边簇拥着类型不同、高低有别的5座学院、6座佛殿（包括弥勒佛殿、释迦牟尼佛殿、白伞盖佛殿、寿安寺、夏卜丹殿、文殊菩萨殿）、1座白塔等，多数建筑组群互不统属。闻思学院大经堂的金顶和镏金法幢光鲜亮丽，远处其他建筑的围墙、法幢、金顶若隐若现，既暗示着其他空间序列的存在，又形成一种强大的吸引力和向心力，在整体无规则状态中又暗含着某种规则和条理，实现了“有存于无”的设计理念。这种空间构图艺术也是中华民族传统建筑艺术智慧的延续和发展，由于“中国建筑的平面一再发展次要高潮以阻滞主要轴线的发展，还去装点围绕在高潮两边的走道，待再回到主轴上来之后，一个新的而且更重要的高潮就出现了。在典型的中国庙宇中，往往是以这种穿过两个甚至三个庭院的手法来趋近主要高潮的"[①]。这一美学法则在拉卜楞寺自由发展的空间格局营造技巧上表现得十分突出，它也完全适应甘南高原地区的自然环境、宗教信仰、民族习俗。

第三，空间布局的多样性强化了"无规则"特征。拉卜楞寺自1711年正式动工修建以来，先后在核心区内外建成150多座(院)不同用途和功能的建筑，500多座普通僧人住宅，大致形成了4个建筑分布区：第一为寺院核心区，即寺院四周转经廊、转经道围合区域。第二为寺院核心区以西地区，这里既有大型宗教殿堂(如寺院总护法殿、红教寺、红佛殿等)，也有寺主嘉木样别墅、河南蒙古亲王府、保安司令部等。第三为寺院西北2千米处山坳里的两座静修寺。前述保存于俄罗斯布里亚特历史博物馆、美国纽约鲁宾艺术博物馆的寺院全景布画显示，两组建筑群相距千米左右，西端为"塔巴孜"，东端为"扎西根培"，也称"日朝岗玛"或"上静修寺"。史料记载，东端的静修寺由二世嘉木样于1761年主持修建，他还为该静修寺制定了管理规章，委任了一名长老管理，将修行的人数限定为16名[②]。该静修寺一直延续使用，四世嘉木样晚年曾长期在此禅修并圆寂于此[③]。第四为寺院东北部山间的两座静修寺。一座位于寺院东北1千米处的山坳里，名为"下静修寺"，也称"日朝秀玛"或"益噶却增静修寺"，其对面即拉卜楞寺天葬台。前述两幅寺院全景布画上均描绘了该静修寺建筑分布状况，建筑规模较大。史料记载，该静修寺是二世贡唐仓·俄旺丹贝坚赞于1755年主持修建的[④]。如今，这座静修寺的庭院、佛堂、僧舍仍留存完好，每年都有大量信众前去朝拜[⑤]。另一座位于该静修寺东2千米处(拉卜楞镇北山山顶)，名为"曼德拉日朝"，由三世俄项格拉·俄昂图丹嘉措与四世嘉木样活佛共同主持创建于

① [美]托伯特·哈姆林著，邹德侬译，沈玉麟校：《建筑形式美的原则》，中国建筑工业出版社，1982年，第160页。

② (清)智观巴·贡却乎丹巴饶吉著，吴均、毛继祖、马世林译：《安多政教史》，甘肃民族出版社，1989年，第510页。

③ 扎扎：《嘉木样呼图克图世系》，甘肃民族出版社，1998年，第312页。

④ (清)智观巴·贡却乎丹巴饶吉著，吴均、毛继祖、马世林译：《安多政教史》，甘肃民族出版社，1989年，第510页。

⑤ 华锐·东智：《拉卜楞周边几座"日朝"历史考述》，《西藏研究》，2018年第2期。

1889 年[①]，颇具规模，但在 1929 年被军阀马仲英焚毁，现仅存遗址。这些分布于不同区域、不同功能的建筑，丰富了寺院建筑样式和整体空间形态。

寺院核心区的建筑分布最为密集，数量最多，类型多样，又分为西、东、南三个建筑组群（图 29）：①西部建筑组群。以四条道路为骨架，按等高线布置，以大型宗教建筑为主，最高处为最重要的佛殿、学院建筑；中部较低处为一排高级活佛囊欠建筑（如郭莽仓囊欠、琅仓囊欠等）；大夏河北岸一带地势最低，布置各级活佛囊欠及其属殿（佛塔）、转经长廊等。②东部建筑组群。也以四条主干道为骨架，本区北面地势较高，为宗教殿堂和僧舍混合区，大型殿堂有救度母佛殿、神变白塔、宗喀巴佛殿、藏经楼、萨木察仓囊欠、霍尔藏仓囊欠、贡秀仓囊欠、闹日仓囊欠等，大量僧舍簇拥在殿堂周围；中间地势较低，分布着部分高级活佛囊欠，如念智仓囊欠、索智仓囊欠、德唐仓囊欠、江绕仓囊欠等，也点缀少量佛殿如祈福佛殿、千手千眼观音菩萨殿、印经院、夏季辩经院等，其间也密布大量低矮的僧舍。③南部建筑组群。主要包括部分高级活佛囊欠及其附属佛殿，如嘉纳华仓囊欠及其属殿、俄项格拉仓囊欠及其属殿、德哇仓囊欠及其属殿、准噶尔堪布仓囊欠及其属殿、襄佐仓囊欠及其属殿、贡唐仓囊欠及其属殿（贡唐塔）等，也有独立式佛殿（如马头明王殿）等，还有其他低级活佛囊欠、少量普通僧舍。核心区主要空间构图特征包括：

一、以闻思学院为神圣中心，位置十分突出，地位非常崇高，建筑外形耀眼、醒目，原大门（前殿楼）整体为一座砖木结构汉式单檐歇山顶二层楼，屋面覆盖灰筒板瓦和脊饰件，1989 年修复（局部重建）后，改为汉藏结合式造型，主楼为藏式石木结构二层平顶楼，屋面加建一座体量巨大的汉式单檐歇山顶金顶，屋面覆盖绿琉璃瓦和脊饰件，金顶的飞檐与西北部弥勒佛殿、释迦牟尼佛殿屋面的铜镏金瓦金顶遥相呼应。

二、神圣中心周边其他建筑组群、院落、单体殿堂组成的各种点、面、线状

① 扎扎：《拉卜楞寺活佛世系》，甘肃民族出版社，2000 年，第 282 页。

构图样式和层次丰富多样，布局饱满。高耸的铜镏金瓦金顶与绿琉璃瓦金顶、单檐或重檐歇山顶、硬山顶屋面与藏式平顶屋面交相辉映。暗红色边玛墙带与片石、白色墙面对比强烈。夏季辩经院场地规模宏大，林木茂盛。弥勒佛殿院外前部、文殊菩萨殿院外西侧、喜金刚学院辩经院、医药学院辩经院等地，各有一处小园林，点缀于寺院核心区整个空间中。

三、上述三个大型建筑组群间的空间衔接方式多样化特征非常明显，或为直线，或呈十字形，或为一条曲线。界面形态不一，或为转折状，或为分离状，或呈连续不断拼接状。就欣赏者获得的艺术审美感受而言，不同的建筑空间序列、界面形态产生的审美感受是不同的，“直线型的纵轴线序列产生庄重感；十字型轴线序列产生严肃感；曲线型轴线序列产生流动感；折线型轴线序列产生变幻感”①。

（二）表现“对称”与“非对称”空间特征的手法

拉卜楞寺空间布局以非对称自由发展模式为主，这种模式为寺院的持续发展和扩张提供了充足的自由空间。“对称”与“非对称”空间并存的特征非常明显，主要营造手法有：

第一，受宗教教义、民族建筑文化传统的影响，拉卜楞寺各宗教殿堂的空间布局、建筑装饰形式十分统一，局部构件组合又有高度自由、灵活、多变的特征。以石木为主要建筑材料，木结构的使用非常灵活，能自由创造空间边界，如大小弓木（托木）曲线变化多样，叠经枋可随意增减，椽头彩画样式丰富多变，等等。侯幼彬先生认为，藏式传统建筑木构件的使用有充足的“自由端”，它“既是令人注目的边端，又具有随意处理的自由度，自然成了装饰美化的极有利部位”②。千篇一律的木构件组合，成为美化宗教殿堂室内外空间界面的重要方式，众多有趣的图形组合，为观者带来极大趣味，产生强大的艺术吸引力。

---

① 曾坚、蔡良娃：《建筑美学》，中国建筑工业出版社，2009年，第51页。

② 侯幼彬：《中国建筑美学》，中国建筑工业出版社，2009年，第242页。

第二，拉卜楞寺有自己独特的整体空间组合方式，不刻意追求对称效果。建筑以“间—建筑—院落—街巷—组群—寺院”层层递进关系构成不同的空间序列，这一序列是动态的，可自由拆解，又具有强大的艺术生命力。每座单体建筑以不同形态的“间”为基本单元，又通过对“间”的不断重复、拼接、扩展，形成一座殿堂的整体，再形成一个院落。不同建筑功能的院落外形大体相同或相似，再与各层级大小、长短、宽窄不一的街巷产生关联，相互连缀，统一于主街巷边，由此形成一个建筑组群的各个面，由此再构成寺院的整体空间形态。兹以住宅建筑最典型的嘉木样寝宫为例予以说明。

嘉木样寝宫是全寺占地面积最大的宅院，民国时期的照片显示，前院南面开正门，门内有一条很长的甬道，甬道转折颇多，两侧非对称布置建筑，形成多个角落，没有明显的轴线，其中西面为一座马厩院，东面为花园和下人生活区。北面为上院，地处一缓坡上，地势渐次抬高，整体仍没有轴线，毫无对称之处，院落忽大忽小，很不统一，自西向东分为4个院落。南面有一个半独立式院落，是下院，上、下院各自形成建筑组群序列。上院自西向东第一院为嘉木样亲属居住院，前述俄罗斯布里亚特历史博物馆、美国纽约鲁宾艺术博物馆两幅寺院全景布画上，此处有一座独立的小四合院式建筑，题名为“汉地堂”，但拉卜楞寺文物陈列馆存寺院全景布画（1985年绘制）上，汉地堂已改建为寝宫西院的嘉木样亲属居住楼，其东侧为一座1936年新建的接待楼，说明改建工程发生于1936年之前，南面建院落围墙，西围墙上开侧门，侧门与西面的白度母佛殿隔街相望。这次改建后，该院落空间布局发生很大变化，由南北并列的两个小院组成，南院不规则，地势较低，北院为亲属居住院，地势较高，两院间设上下楼梯，楼梯隐藏在负一层仓库内，突出了防卫功能。第二院为接待楼和班禅行宫（原为嘉木样私人住房，名“冬宫”，1936年九世班禅到访拉卜楞寺期间居于该房屋内，故名）所在地，是嘉木样开展公务活动的空间，平面近似于一座四合院。第三院为嘉木样私人活动空间，有多座门廊和砖拱门，主要建筑有嘉木样会客厅、夏宫和贵宾休息楼等，环境宁静，建筑造型变化多样，既有藏式传统平顶房，也有汉式传统单檐硬山顶式，整体空间形态以突出安全、隐秘和防卫为特征。第四院为嘉木样宗教活动与政教管理共用区，是寺院最高管理机关所在地，又分南、北两院，两院间以重重叠叠的门廊贯通，其中北院呈不规则形，主要建筑有释迦牟尼佛殿、嘉木样护法殿，南院有图丹颇章殿，殿堂横亘于院落南侧。寝宫内有如此众多的建筑和院落，形成多个空间序列，但没有明确的轴线关系，毫无对称之处，从建筑艺术审美角度看，偌大的寝宫，无论从东到西还是从西到东，从一个院落到另一个院落，从一座建筑到另一座建筑，每座建筑、每种空间形态都能够“引起某种有意义的视觉图案的变化感，感到存在一种开始和结束”[①]。

第三，各单体建筑内部空间的对称性特征及营造手法。虽然拉卜楞寺整体和各建筑组群的空间形态以自由发展为主要特征，但在建筑组群、庭院和单体建筑内部，空间多表现为对称、规则状态，进一步强化了艺术表现力。6座学院的院落均属规则布局形态，有明显的轴线和对称关系，院落南面正中开大门，大门是空间序列的序曲和延伸，具有过渡作用，引导信众走向庭院煨桑炉和后部殿堂。大门内有宽阔的庭院，东、西、南三面建通长的诵经廊，廊内墙面遍绘壁画，偌大的庭院空无一物，仅放置一白色煨桑炉。广大信众进入殿堂前，必须在此举行煨桑仪式。东、西两面院墙上各开一侧门，具有空间引导、过渡作用，有些为对称式，有些为非对称式。主体建筑经堂亦属对称、均衡布局形式。对称均衡是重要的建筑艺术美表现手法，在对称均衡条件下，各种空间图形“围绕一个中心呈前后或者左右相等而展开”[②]，形成特殊的艺术效果，“均衡给外观以魅力和统一。它促成安定，它防止不安和混乱，它是世界性伟大建筑名迹得到完美布局的基础，由于它具有超越人类一般活动的神奇威力，在功能方面它是基础，在纯美学方面，它也是基础”[③]。拉卜楞寺各宗教殿堂以土木、石木结构为主，承重构件有梁、柱、墙等，其中学院经堂平面均呈纵长方形；佛殿有横长方形、“凸”字形、

① [美]托伯特·哈姆林，邹德侬译，沈玉麟校：《建筑形式美的原则》，中国建筑工业出版社，1982年，第173页。

② 李国豪：《中国土木建筑百科辞典：建筑结构》，中国建筑工业出版社，1999年，第81页。

③ [美]托伯特·哈姆林著，邹德侬译，沈玉麟校：《建筑形式美的原则》，中国建筑工业出版社，1982年，第54页。

正方形三种，以“凸”字形居多。每座建筑的1间宽3米左右，最小者1米多，最大者5.3米，开间数都是奇数，最少者3间，最多者15间，分别按纵、横轴线对称。如闻思学院前殿楼与正殿前廊相距30余米，均面阔9间，在正立面整体构图上，两者几乎重叠，两门处于同一条轴线上，两侧柱间距逐渐减小，最两端柱子向中央倾斜、靠拢，柱头立面水平线稍弯曲，这种艺术化处理方式，使建筑的立面充满活力，突出了对称均衡性。其他30多座独立佛殿、囊欠附属佛殿的院落或为对称式，或为非对称式，但主体殿堂皆按中轴线对称布局，又各有特点，如平面呈“凸”字形佛殿中，轴线对称关系最为明显，佛殿前廊向外凸出1间，楼梯间位于左右两侧，且均向后退缩1间，对称布局，在正立面上形成以前廊中线为中轴的对称关系，实际上，这条中线是虚线，前廊两侧的墙体接缝构成实线。同样，佛殿平面布局、立面形态也完全遵循左右对称规则。

总之，拉卜楞寺整体空间序列表现为两对既矛盾对立又协调统一的艺术形态和关系，即“规则/无规则”与“对称/非对称”关系。就寺院整体空间形态而言，以“无规则”和“非对称”现象为主。就每座单体殿堂而言，又表现出“规则”和“对称”特征。观者所看到或体验到的寺院整体、建筑组群、单体建筑的空间形态无不表现为这两种既矛盾又统一的现象和特征，而且这两种现象交错、重复出现，由此形成连续不断的视觉变化，从而增强了艺术感染力。在欣赏一座大型寺院内一系列变化多样的空间序列时，“一个新的刺激加到一个记忆中的有关刺激上，原先的刺激随即产生一种想知道随之而来的是什么的期望，这个期望的属性以及它与高潮的关系，是建筑设计中最为重要的因素”[①]。两种矛盾对立的空间形态实现完美的统一，神圣的宗教信仰与多变的空间构图艺术巧妙地融合，完成了设计者、建设者艺术创作的任务。

---

① [美]托伯特·哈姆林著，邹德侬译，沈玉麟校：《建筑形式美的原则》，中国建筑工业出版社，1982年，第128页。

第五章　拉卜楞寺早期空间布局形态

拉卜楞寺的空间格局历经变迁，早期的建筑多已不存。自中华人民共和国成立至今，党中央、国务院对拉卜楞寺的保护予以高度重视。在政府和社会各界的支持下，拉卜楞寺已实施过三轮大规模文物建筑本体的保护维修工程，重点修复了损毁严重的建筑，并对相关基础设施进行了全面改造和提升，寺院核心区已基本接近原有格局和形态。早年保存下来的照片和寺院全景布画可帮助我们准确、完整地了解拉卜楞寺核心区内外空间的分布形态与格局、山体面貌与变化、各建筑组群的整体分布状况、每座建筑的形制与样式，以及寺内、寺外交通网络分布与走向、园林景观与别墅的位置等，进而深入把握拉卜楞寺建筑及空间形态的发展历史和演变过程。

一、民国时期拍摄的拉卜楞寺照片

清末民国时期，国内外许多记者、学者、旅行家、政府官员、传教士、探险家等来到拉卜楞寺采访、考察调研，拍摄了很多拉卜楞寺建筑、人物、风俗照片，有寺院全景照，有单体建筑特写。这些照片，黑白照多，也有少量彩色照及染色照，史料价值很高，是研究拉卜楞寺早期空间布局、建筑形制的重要史料，对研究五世嘉木样、河南蒙古亲王家族的历史变迁也具有重要参考价值。此外，一些布里亚特地区的僧人到拉卜楞寺修习，部分僧人还创作了当时的寺院全景布画。民国时期及当代拉卜楞寺僧人也绘制了不同历史时期的寺院全景布画。这些史料较真实、准确、完整地记录和展示了早期拉卜楞寺的空间格局，非常珍贵。

（一）西方人拍摄的照片

清末至 1949 年间，西方各国（包括美国、沙俄、英国、法国、德国等）传教士、探险家、植物学家、外交官等进入拉卜楞地区，有些曾长期停留、居住在这里。他们拍摄了大量寺院建筑相关照片，这些照片或刊载于国内各种报刊上，或刊载于他们在国外出版的著作中，或从未刊载，目前仍保存于各国的图书馆、博物馆、档案馆等地。近年来，随着中西文化交流的不断扩大和深入，国内陆续出版了一些介绍这些人早年在拉卜楞寺开展传教和考察活动情况的著作，如《西方旅行者眼中的拉卜楞》[①]等，有些被整理成电子图册出售，如《哈里森·福尔曼的中国摄影集》等，还有一些照片被公布于各种网络平台上。这些珍贵的影像资料，逐渐让我们看到了拉卜楞寺早期的面貌。

芬兰籍探险家曼纳海姆早年在沙俄军队中服役，1906 年后受沙俄派遣，以“马达汉”之名到中国搞军事情报，于 1908 年 3 月 27 日到拉卜楞寺，在这里停留了三天，拍摄了很多拉卜楞寺建筑、人物等照片，其著作《马达汉西域考察日记：穿越亚洲——从里海到北京的旅行 1906—1908》[②]一书登载了少部分。

另一位沙俄探险家彼·库·柯兹洛夫于 1909 年 1 月到达拉卜楞寺，拍摄了许多寺院建筑、僧人生活、宗教法舞表演等方面的照片，后著《蒙古、安多和死城哈拉浩特》一书，其中刊载了一张表现寺院全貌的黑白照[③]，系从寺院南山上向西北拍摄，较完整地表现了寺院当时的面貌，四周界面清晰、完整，鳞次栉比的宗教殿堂、低矮的僧舍群、高大的贡唐塔以及宽窄不一的主干道、小街巷融为一体，空间序列感十分强烈，与此后国内学者拍摄的同类全貌照表现的情景大同小异。

民国时期拍摄拉卜楞寺照片最多的外国人是美国人，时间集中在 1921—1948 年。这些照片或表现寺院整体面貌，或表现局部空间形态及建筑形制，其中传教士格里贝诺还绘制了一张当时的寺院建筑分布图。

---

① 宗喀·漾正冈布等：《西方旅行者眼中的拉卜楞》，甘肃民族出版社，2010 年。

② [芬兰]马达汉著，王家骥译：《马达汉西域考察日记：穿越亚洲——从里海到北京的旅行 1906—1908》，民族摄影出版社，2004 年。

③ [俄]彼·库·柯兹洛夫著，王希隆、丁淑琴译：《蒙古、安多和死城哈拉浩特》第 19—20 章，兰州大学出版社，2011 年，第 295—297 页。

传教士小辛普森等人于1923年在拉卜楞寺东2千米处修建了一座基督教堂，作为活动据点，与拉卜楞寺各级政教人士广泛接触，拍摄了不少寺院建筑、周边环境及民俗风情的照片。很多照片迄今仍未公布，值得国内学界重视。

女探险家乌尔欣于1924年来到中国，她在从西南地区进入青藏高原考察期间到访过拉卜楞地区，沿途共拍摄照片1900多张，其中有多幅彩色照，展示了当时的拉卜楞建筑、人物面貌等，现保存于美国哈佛大学皮博地民族学与考古学博物馆。

传教士格里贝诺于1921—1949年一直在拉卜楞地区从事传教活动，与五世嘉木样建立了深厚的友情，在甘南地区拍了3000多张照片，特别完整地拍摄了当时夏河县城与拉卜楞寺总体布局、建筑规模、保存现状以及寺院宗教活动、殿堂文物珍藏、活佛生活、民风民俗等各类照片，现均保存于美国纽约市“西藏之屋博物馆”[①]。其中很多照片已刊载于 Paul. Kocot. Nietupski 整理出版的 *Labrang: A Tibetan Buddhist Monastery at the Crossroads of Four Civilization* 一书[②]中，包括部分黑白、彩色照及1932年绘制的《寺院平面示意图》(图68)。其中有一张寺院全景黑白照最为典型(图103)，原书标注此照拍摄于1932年，但从照片表现的寺院整体格局看，应拍摄于1947或1949年，系从寺院南山上向北俯瞰拍摄，与沙俄探险家柯兹洛夫拍摄的角度大体相同，近景为大夏河北岸一系列大型建筑组群，包括准噶尔堪布仓囊欠及其属殿、德哇仓囊欠及其属殿千佛殿、嘉纳华仓囊欠及其属殿悟真寺，远景为北部卧象山。照片显示，寺院整体犹如一只巨大的椭圆形托盘，又似一只浑然天成的右旋海螺，四周浑厚的山体、寺内若隐若现的交通线路、轮廓分明的转经长廊、蜿蜒东流的大夏河，共同构成这一“托盘”的骨架，各宗教建筑以闻思学院为中心向四面展开，“众星捧月”的特征十分明显，

① 妥超群、刘铁程：《近代游访拉卜楞的西方人及其旅行文献综述》，《中国藏学》，2010年第4期，第86页。

② [美] Paul.Kocut. Nietupski. *Labrang: A Tibetan Buddhist Monastery at the Crossroads of Four Civilization*, Ithaca, New York: Snow Lion Publication, 1999.

图 103　格里贝诺 1948 年左右拍摄的寺院全景

建筑组群间街巷分明、交接关系明确，特别是大夏河北岸自东而西呈带状分布的多座活佛囊欠、佛殿及僧舍院建筑外貌形制非常清晰，是表现拉卜楞寺早期建筑总分布形态的经典照片之一。1948 年左右，他还拍摄了一张名“*A view of the CMA mission in the foreground，with Labrang Monastery in the distance*”（“以寺院为背景的基督教堂传教点”）的彩色照片，系从寺院以东宣道会基督教堂东侧远处向西拍摄而成，前景为宣道会基督教堂传教点“Christian and Missionary Alliance”（简写为“CMA”），远景为闻思学院东立面，非常清楚地展示了当时寺院东部一带的建筑分布状况及空间格局（图 104）。此时，寺院已在东面修建了完整的转经长廊，长廊外东部一带为大片农田（现为夏河县城西部区域），长廊内

图 104　格里贝诺 1948 年拍摄的寺院东部全景

侧建筑一览无余，自南向北分布有悟真寺、吉祥仁慈寺、寺院牌坊门、寺东救度母佛殿等，非常珍贵。另有几张同期拍摄的表现闻思学院外观形态的照片(图105)，从不同角度表现了五世嘉木样改建后的闻思学院前殿楼建筑样式和形制。

图 105　格里贝诺 1948 年拍摄的闻思学院东侧

植物学家、人类学家约瑟夫·洛克 1925—1936 年曾经多次到拉卜楞寺考察，其中 1925 年 11 月 30 日至 1926 年 4 月 30 日，他首次到拉卜楞寺进行考察，拍摄了数张寺院西部全貌俯瞰照(图 106、图 107)及闻思学院、贡唐塔、转经长廊等(图 108、图 109)；1930—1936 年，他再次到拉卜楞寺考察，又拍摄了很多寺院全景及中部、东部、西部区域的局部照(图 110)，贡唐塔及大夏河木桥(图 111)等，还拍摄了不少五世嘉木样及其亲属、寺院市场(位于寺院南部准噶尔堪布仓囊欠院门外广场一带)的交易活动盛况(图 112)等照片，共 60 多张。照片显示，当时，寺院整体建设工程尚未结束，东部区域有大片空地，有三条东西走向的道路在寺内形成北、中、南三条主干道，汇合于寺院东端今排洪沟处。寺内南北向密布各种宽窄不一的巷道，与主干道相互贯通。东北角有一座白塔矗立。

图 106　洛克 1926 年 4 月 30 日
拍摄的寺院全景

图 107　洛克 1926 年拍摄的寺院西部全貌

图 108　洛克 1925 年 11 月 29 日
拍摄的闻思学院外貌

图 109　洛克 1926 年
拍摄的闻思学院大经堂正面

图 110　洛克 20 世纪 30 年代拍摄的寺院东部全貌俯瞰

图 111　洛克 1936 年拍摄的贡唐塔

图 112　洛克 1925 年拍摄的寺院南部市场交易盛况

北部卧象山脚下有转经道。南部大夏河北岸有转经长廊，长廊内侧有东西向分布的大型连片活佛囊欠及其属殿院落，是非常宝贵的资料[①]。这些照片现分别保存在美国西雅图华盛顿州立大学远东和俄罗斯研究所、哈佛大学燕京图书馆等地。

著名作家、记者、探险家哈里森·福尔曼于 1932—1937 年多次到甘南地区考察，总共拍摄照片 1200 多张，与拉卜楞寺有关的照片有：他本人与僧人的合影、五世嘉木样及其父亲等人的照片、寺院僧人生活照、其他藏族人物服饰、寺院局部和全景照等。单独的建筑照片主要有弥勒佛殿（图 113）、闻思学院大经堂（图 114）、转经长廊（图 115）、晒佛台等。这些照片现均保存于美国威斯康星大学密尔沃基分校图书馆[②]。

图 113　福尔曼 1936 年拍摄的弥勒佛殿

① 这些照片现存哈佛大学燕京图书馆，冲印效果均不佳。

② 妥超群、刘铁程：《近代游访拉卜楞的西方人及其旅行文献综述》，《中国藏学》，2010 年第 4 期，第 86 页；张发青：《哈里森·福曼的青海、甘南藏区之行及其影响》，《华东师范大学学报》（哲学社会科学版），2014 年第 4 期，第 73—77 页。

图 114　福尔曼 1936 年拍摄的闻思学院大经堂及厨房

图 115　福尔曼 1936 年拍摄的转经长廊

图 116　霍尔顿 1923 年拍摄的寺院东部道路及空间形态

图 117　霍尔顿 1937 年拍摄的寺院市场交易盛况

传教士卡特·霍尔顿 1923 年至 1949 年在青海、甘肃地区传教，曾到过拉卜楞寺，拍摄的照片主要有：寺院转经长廊（图 35）、外围交通状况（图 116）、寺院市场交易状况（图 117）、其他宗教建筑等。

（二）国内学者、旅行家拍摄的照片

20 世纪 20 年代末，在当时“开发西北”思潮的推动下，许多学者、新闻记者、旅行家、政府官员等到西北地区考察调研，又专程到拉卜楞寺开展寺院历史文化、宗教建筑、民族语言、生活风俗等方面的调查研究[①]，拍摄了大量照片，

① 宗喀·漾正冈布等：《内地旅行者眼中的拉卜楞》，甘肃民族出版社，2010 年。

许多照片刊布在当时的报刊上。目前所见到的照片包括：(1)拉卜楞寺公务活动场景，主要有:1936年九世班禅到访拉卜楞寺期间，广大僧俗民众迎接欢送；1934年、1938年及1944年，拉卜楞寺派僧俗代表团分别到南京、重庆参加国民政府相关会议，寺院代表团为抗战捐献飞机、慰问抗战将士期间受国民政府要员的接见，以及国民政府册封五世嘉木样的情景，等等。(2)拉卜楞寺政教高层人士生活照，主要有：五世嘉木样及其家族成员；河南蒙古亲王府主要成员；拉卜楞保安司令黄正清及其卫士、家属成员等。(3)寺院大型宗教活动场景照，主要有闻思学院广场法舞表演、僧人集会情景、普通僧人日常生活等。(4)拉卜楞寺各建筑照片数量很多，都从不同角度拍摄，取景范围各不相同，有全貌、殿堂外貌、室内宗教装饰物品及高僧灵塔等。(5)其他，主要有寺院市场交易活动、藏族民众及其服饰、寺院周边民居和帐篷等。

拍摄照片最多的是著名摄影家庄学本先生[①],1934—1942年，他先后到四川、甘肃、青海等地考察，拍摄照片万余张。1935—1937年，他出任国民政府护送九世班禅回西藏专使行署专职摄影师，1936年到达拉卜楞寺，拍摄了很多寺院照片，部分照片发表于当时的《良友》画报、《中华》画报及上海《申报》上，许多未发表。此后，许多照片佚失，留存下来的部分保存在中国社会科学院民族学与人类学研究所、民族文化宫、民族画报社等地。2000年以来，其摄影作品引起国内学者的重视，相关机构组织出版了数部其个人摄影作品集，其中与拉卜楞寺有关的照片散见于《庄学本相册》[②]《图像民族志——庄学本摄影集》[③]《庄学本藏地摄影作品选》[④]等作品中。对此，尚需进一步收集整理和研究。

---

① 庄学本(1909—1984年)，上海人，民国时期著名摄影师，在《良友》画报、《中华》画报、《申报》等报刊上发表了很多摄影作品，撰写了大量民族文化调查报告、游记等，著有《十年西行记》等。

② 庄学本:《庄学本相册》，上海文化出版社，2012年。该书中收录少量拉卜楞寺照片，如准噶尔堪布仓囊欠门外转经廊及市场交易情况等。

③ 庄学本:《图像民族志——庄学本摄影集》，生活·读书·新知三联出版社，2015年。

④ 上海市文化广播影视管理局、上海市文物局:《庄学本藏地摄影作品选》，同济大学出版社，2014年。

1. 表现寺院局部空间格局的照片

1930年，林競先生撰《甘肃拉卜楞寺纪游》一文，其中附一张拉卜楞寺全景黑白照（图118）[①]，该照片又刊载于1931年的《时事月报》上[②]。1932年《天津商报画刊》刊登了一幅题名为“拉卜楞寺之全景”的黑白照（图119）[③]。从拍摄角度、取景范围分析，这三张照片似为同一底片，系从寺院南部山坡上向西北方向俯瞰拍摄，近景为德哇仓囊欠及其属殿千佛殿等，远景为闻思学院、弥勒佛殿、释迦牟尼佛殿等，较完美地表现了当时寺院核心区内大型宗教殿堂、活佛囊欠、僧舍及寺内广场、四通八达的巷道分布情况等，各建筑组群的边界清晰，建筑组群之间的序列感非常明显。

1934年，《北洋画报》杂志刊登了一幅甘肃拉卜楞寺全景染色照[④]，系从寺院南山坡上向西北俯视拍摄（图120），拍摄角度广、范围大，近景东面以德哇仓囊欠属殿为界，未拍到东侧的囊欠，远景为西北部卧象山脚下的各大型殿堂组群（包括弥勒佛殿、闻思学院、下续部学院等），较清楚、完整地表现了德哇仓囊欠至寺院西部蒙古亲王府这一广阔范围内各建筑、街巷的空间分布形态，从贡唐

图118 林競1930年拍摄的寺院中部全貌

图119 1932年拍摄的寺院中部全貌

① 林競：《甘肃拉卜楞寺纪游》，《中华图画杂志》，1930年第2期，第23页。

②《时事月报》，1931年第5卷第1期插图。

③《天津商报画刊》照片“拉卜楞寺之全景（永清拍摄）”，1932年第5卷第48期。

④《北洋画报》照片“甘肃拉卜楞寺全景（式如赠刊）”，1934年第23卷。

图 120　1934 年拍摄的寺院中西部全貌

塔至德哇仓囊欠这一横长的带状区域内，分布有四五座大型宗教殿堂、活佛囊欠及其他小型囊欠、僧舍等，宗教殿堂均高三四层，建筑空间尺度很大，普通僧舍院呈井字形连片分布，各建筑组群间有宽阔的街巷，空间层次分明、边界清晰，十分壮观。

1934 年，文萱先生拍摄了一张题名为“甘肃拉卜塄寺鸟瞰”的照片[①]，系从贡唐仓囊欠对面大夏河南岸向东北方向拍摄，完美地表现了贡唐仓囊欠以东大夏河北岸各建筑组群的分布形态、与转经长廊的交接关系、各建筑的外观样式和形制等，惜清晰度不佳，许多建筑细部难以辨识。

1936 年庄学本先生撰《拉卜楞巡礼》一文，附有一张拉卜楞寺全景照（图 121）[②]，系从贡唐塔对面大夏河南山坡处向东北方向拍摄，寺院西北部区域的大型宗教殿堂、佛塔、嘉木样寝宫等鳞次栉比，层次分明，错落有致，许多殿堂院落四周有绿林掩映。

① 文萱：《甘肃拉卜塄寺鸟瞰》，《开发西北》，1936 年第 2 卷第 4 期。
② 庄学本：《拉卜楞巡礼》，《新中华（上海）》，1936 年第 46 期，第 42 页插图。

图 121　庄学本 1936 年拍摄的寺院西南部全景

2020 年 10 月，国内网站“影易在线拍（第 7 期）”拍卖了一张拍摄于 20 世纪 30 年代的拉卜楞寺全景黑白照（系银盐纸基，规格 9.5×14cm，未注明拍摄者，图 122），拍摄角度、取景范围与前述庄学本先生的照片几乎完全一致，但大夏河木桥附近的地貌环境、人物活动情况略有不同，两者可互为补充，是研究民国时大夏河北岸贡唐塔周边建筑分布形态、环境状况的珍贵资料。

图 122　2020 年国内网站拍卖的寺院中部全景照（20 世纪 30 年代拍摄）

2. 表现寺院整体空间形态的照片

民国时期，国内学者在不同年代、从不同角度拍摄过很多表现拉卜楞寺整体空间格局的照片，主要有：

1934 年，《海潮音》杂志刊载了两张分别表现寺院核心区西部、东部建筑分布情景的黑白照[①]，其中一张题名“甘肃拉卜楞寺全景上半图”（图 123），为西部全景照，以准噶尔堪布仓囊欠为中心；第二张题名“甘肃拉卜楞寺全景下半图”（图 124），为东部全景照，以悟真寺为中心，闻思学院、弥勒佛殿为远景。这两张照片何处所得、谁人拍摄，无从知晓，将两照片拼接起来，即为寺院全景照，系从寺院南山坡上向北俯瞰拍摄，非常完整地展示了寺院“金盆养鱼”和“右旋海螺”的整体空间面貌和建筑分布格局，四周群山环抱，大夏河北岸密集分布各种建筑，基本能看清主要建筑的轮廓形态。

图 123　1934 年拍摄的寺院西部全貌

①《海潮音》1934 年第 15 卷第 5 期插图“甘肃拉卜楞寺全景图（了空居士赠予）”。

图 124　1934 年拍摄的寺院东部全貌

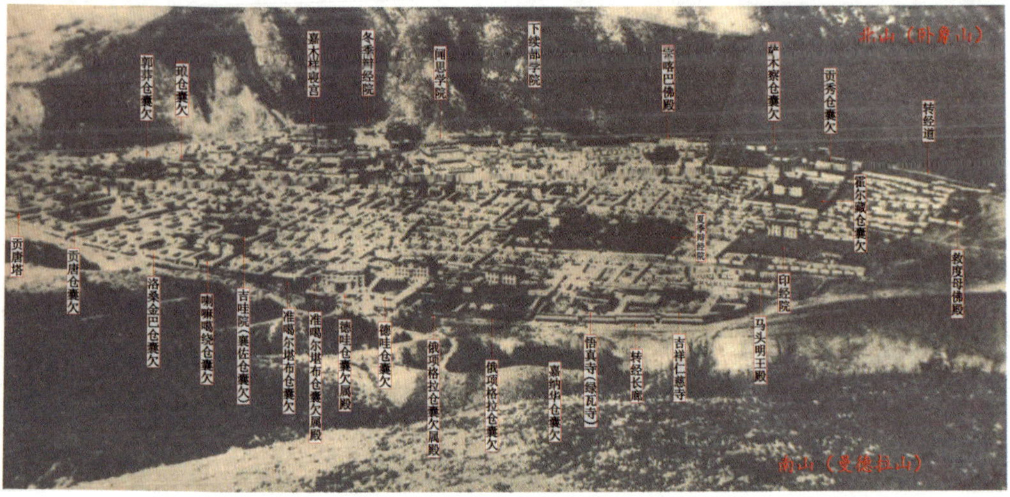

图 125　1935 年拍摄的寺院全景照

民国记者德晖1935年撰一篇名为《甘边拉卜楞寺活佛答谢中央》的新闻报道，其中附一张拉卜楞寺全景照①，系从寺院正南山顶俯瞰拍摄（图125），惜印刷质量不佳，仅能看到寺院核心区轮廓及周边山体面貌，细部特征不清晰。

1936年《西陲宣化使公署月刊》刊载一幅汉藏语题名“拉卜楞寺全景（在甘肃夏河县）”黑白照②（图126）。取景范围、印刷效果俱佳，颇有价值，可与前述《海潮音》杂志刊载的全景照互为补充。

今夏河县黄正清将军纪念馆收藏有一幅题名为“1937年拍摄的拉卜楞寺全景图”的照片（图127），未注明何人拍摄③。照片系从寺院东南山上俯瞰拍摄，是目前所见早期的表现拉卜楞寺的拍摄范围最广的照片，东至今夏河县城中部，西到嘉木样别墅以西，北面的卧象山尽收眼底，南面拍摄到南山上大林棵、小林

图126 1936年拍摄的寺院全景照

① 德晖：《甘边拉卜楞寺活佛答谢中央》，《时代》，1935年第8卷第4期，第17页插图。按：笔者引用此图时对主要建筑予以标注。

②《西陲宣化使公署月刊》，1936年第1卷第6期插图。

③ 从目前所见国内外公开的拉卜楞寺全景照分析，该照片为洛克1936年拍摄。

图 127　夏河县黄正清将军纪念馆收藏的寺院全景照（1937 年）

棵山包茂密林木的一半。但该照片系翻拍而来，整体较为模糊，寺院核心区的许多建筑细节无法看到。

1936 年《方志·拉卜塄专号》[①] 刊登了很多当时拍摄的拉卜楞寺各类建筑黑白照、寺院建筑分布示意图等，是研究民国时期拉卜楞寺空间格局、建筑形制的珍贵资料，其中有两张表现寺院建筑分布的示意图，一张名为“拉卜塄寺院图”（图 128），一张名为“拉卜塄平面图”（图 129），完整地展示了当时寺院核心区内三个建筑组群的分布状况，西部有嘉木样别墅、河南蒙古亲王府、总护法殿等，中部核心区内建筑组群、大小街巷轮廓分明，可与同期寺院全景照相互印证。

1947 年《旅行杂志》刊载了何正璜 1943 年拍摄的一张拉卜楞寺全景照 [②]，系

① 任美锷、李玉林：《拉卜塄寺院之建筑》，《方志·拉卜塄专号》，1936 年第 9 卷第 3—4 期合刊插图。该照片又载于张其昀《拉卜塄——西陲一个宗教都会》，《科学画报》，1936 年第 4 卷第 4 期。

② 何正璜：《东方的梵谛冈——拉卜楞：为纪念嘉木样五世而作》，《旅行杂志》，1947 年第 21 卷第 6 期，附图“拉卜楞全景照”。笔者按：该照片拍摄的时间应为 1943 年前后。

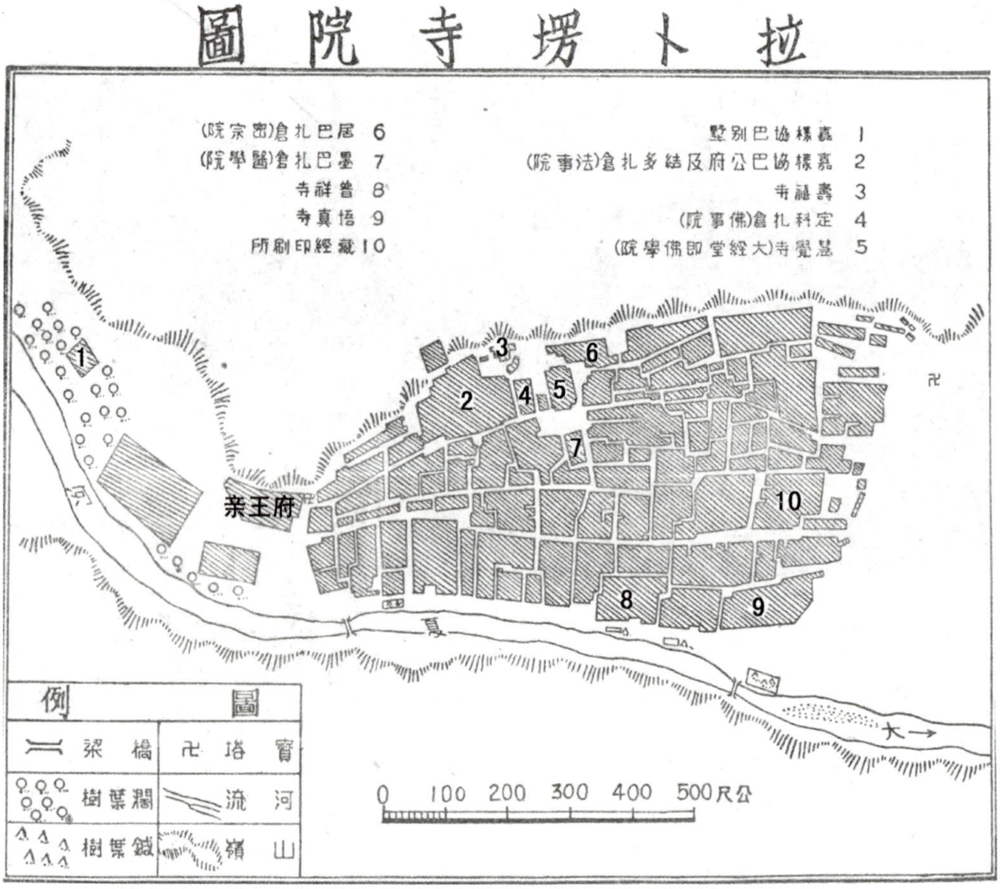

图 128 1936 年绘制的寺院核心区建筑分布图

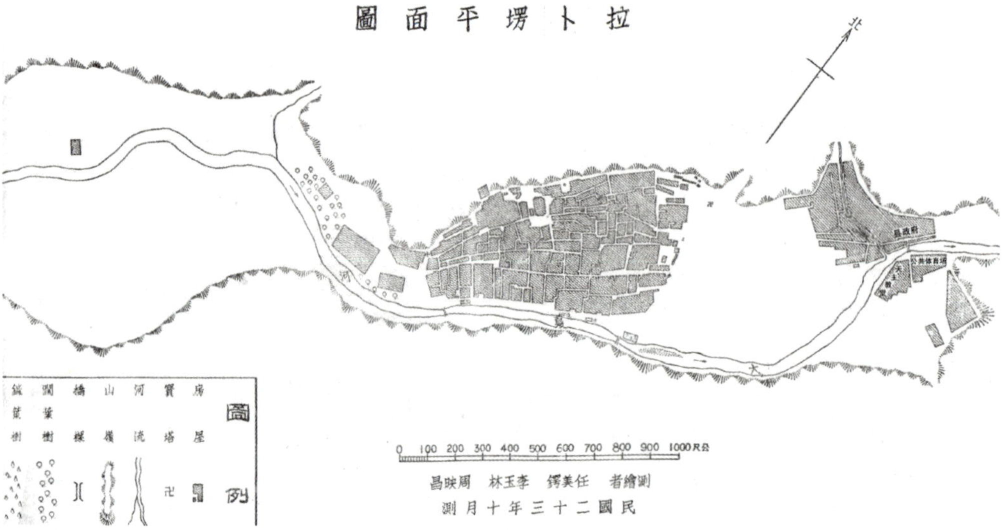

图 129 1936 年绘制的寺院建筑总分布图

图 130　何正璜先生拍摄的拉卜楞寺全景照（1943 年）

图 131　寺院文物陈列馆存寺院全景照（1949 年前）

从寺院南山上向北俯瞰拍摄，景深很大，拍摄范围、角度限丁寺院核心区（图 130）。与前述美国传教士格里贝诺拍摄的一张全景照接近，取景范围、角度、表现效果俱佳，系三张照片拼接而成，近景为寺院南部德哇仓囊欠及悟真寺等。照片清楚地显示，此时，寺院主要建设工程基本结束，南部转经长廊已与东部转经长廊连通，大夏河北岸一系列大型活佛囊欠及其属殿的空间格局基本固定，与寺院西北部大型宗教建筑组群遥相呼应，整体格局完整，规模宏大，气势壮观。

今拉卜楞寺文物陈列馆内保存有一幅拉卜楞寺全景黑白照（图 131），系从寺院东南山顶向西北方向俯瞰拍摄，拍摄角度、取景范围与前述 1936 年《西陲宣化使公署月刊》、1948年《辅国阐化正觉禅师第五世嘉木样呼图克图纪念集》刊载的全景照基本接近，但清晰度更高，弥足珍贵，可与上述所有全景照片互为补充。

3. 综合性照片图册

1948年版《辅国阐化正觉禅师第五世嘉木样呼图克图纪念集》是国民政府为纪念五世嘉木样圆寂而组织编纂的文集，除收录部分文章外，还收录大量拉卜楞寺照片，内容包括历世嘉木样画像、灵塔照片，五世嘉木样生活照，其他政教高层人士、普通僧人生活照，本寺僧俗人士参加国民政府有关活动的合影，僧俗界人士追悼五世嘉木样的场景，寺院宗教活动场景，寺院建筑、文物珍藏照等。照片均有汉藏语题名，其中有两张寺院全景黑白照[①]，一张名为“拉卜楞寺全景”，系从寺院东南半山坡上向西北方向拍摄，前景为南山坡、大夏河等，中景为寺院核心区，远景为北部卧象山及西部嘉木样别墅、保安司令部、蒙古亲王府等；第二张名为“拉卜楞寺前景及背景”，拍摄角度、取景范围与前述1936年《西陲宣化使公署月刊》刊载的寺院全景照完全一致。此文集虽出版于1948年，但采用的这两张全景照均拍摄于1936年前后，因五世嘉木样曾主持对闻思学院前殿楼进行大规模改扩建，建筑外形发生很大改变，而该照片显示的前殿楼仍为1940年前的面貌。1940年后，寺院东部建起了转经长廊、牌坊等，与南部转经长廊连为一体，东部一带的空间格局发生重大改变，许多林地、农田被占用，但这两张照片没有反映出来。此外，许多表现寺院建筑的照片实际多拍摄于20世纪20至40年代，均有汉、藏语题名，不少照片以非常重要的建筑为背景（包括闻思学院前殿楼、嘉木样寝宫会客厅等），是研究拉卜楞寺早期建筑分布格局、形制的重要资料。许多建筑可与现状进行对比研究，如：

闻思学院前殿楼。照片表现的是五世嘉木样主持扩建后的面貌，为一座砖木结构单檐歇山顶二层楼阁式建筑，前后出廊，两山墙砖石砌筑，墀头墙饰砖雕；

① 第五世嘉木样治丧委员会：《辅国阐化正觉禅师第五世嘉木样呼图克图纪念集》（汉藏文版）“照片部分”，1948年。

屋面覆盖灰筒板瓦，正脊垂脊均有灰陶饰件。1985年，大经堂失火烧毁，1989年完成修复性重建。两者差别巨大。

弥勒佛殿。照片表现的状况与现存建筑基本一致，院落围墙、大门及周边环境发生很大变化，院外南面的一座小木桥很早就消失了。主体殿堂于2016年维修。

大夏河上的木桥（图132）。位于贡唐塔南面大夏河上。照片显示，桥体破损非常严重，应拍摄于1936年前后。李安宅《藏族宗教史之实地研究》① 也引用此照片。美国传教士格里贝诺也拍摄了该木桥的一张彩色照片，表现的是1946年前后整修之后的面貌（图133）。1979年以来，该桥屡经维修和扩建。2020年又进行大规模维修。

图丹颇章殿。从前庭院东南角向西北拍摄而成，清楚地表现了嘉木样寝宫下院内密集的建筑物。现下院内仅存图丹颇章殿一座建筑（图134）。

嘉木样别墅。位于寺院核心区以西500米处，五世嘉木样主持修建。1947

图132　1936年拍摄的大夏河木桥

① 李安宅：《藏族宗教史之实地研究》插图“大夏河上典型的悬臂桥”，世纪出版集团上海人民出版社，2005年。

图 133　格里贝诺 1948 年拍摄的大夏河木桥

图 134　嘉木样寝宫下院现状鸟瞰（2020 年）

年 4 月 14 日，五世嘉木样圆寂于此，在这里举行了火化、铸造舍利塔等仪轨[1]。今别墅区内各建筑物均被改作他用。

大阿莽仓囊欠及其属殿（文殊菩萨殿）。1924—1926 年，青海马氏军阀率领“宁海军”侵入拉卜楞寺，该囊欠建筑遭严重破坏，后于 1936 年重建。照片表现的是重建后的情景。1990 年后又实施大规模维修。

白伞盖佛殿。照片表现的建筑外形、规模与现存状况基本一致。2018 年实施全面维修工程。

悟真寺，又称绿瓦寺。照片显示，该建筑为院落式布局，主体建筑为藏式平顶结构，高三层，屋面加单檐歇山顶金顶，金顶屋面覆盖绿琉璃瓦，故名。2020 年全面完成修复性重建（图 135）。

绿度母佛殿。1985 年被改建为拉卜楞寺文物陈列馆。建筑现状、院落环境与照片差别很大。2020 年维修。

图 135　2020 年重建中的悟真寺

① 阴景元：《嘉木样大师圆寂记》，《边疆通讯》，1947 年第 4 卷第 7 期，第 8—10 页。

释迦牟尼佛殿。即小金瓦寺，建筑外形与现状基本一致。

印经院。1929 年，五世嘉木样筹资对印经院主楼实施改扩建工程，竣工后举行开光典礼，拍摄了这张照片（图 136）。20 世纪 90 年代再次全面维修（图 137）。

时轮学院。照片显示的庭院、主体经堂与现状一致。2016 年维修。

图 136　1929 年拍摄的印经院正面

图 137　1990 年维修后的印经院正面

下续部学院。主体经堂外形与现状基本一致，但院落环境发生很大变化。照片显示，院内东侧无厨房，现院落东面有一座厨房。2016—2020 年，对经堂、厨房均实施全面保护维修。

医药学院。照片显示的主体经堂与现状基本一致，庭院周边环境发生较大变化。2016 年进行全面维修。

喜金刚学院。该学院于 1956 年失火烧毁，1957 年重建。重建后的建筑形制、样式与原貌基本一致。2017 年再次实施全面维修。

寺院转经长廊。1982 年以来实施多次改建和重修，走向与照片基本一致，但位置、建筑样式发生较大变化。

上续部学院。院落形态、经堂主体形制与现状基本一致。照片显示，学院外西面有一条马路，路西侧又有一座单檐歇山顶二层楼阁，体量较大，面阔七八间，不知是何建筑，现已无存。学院主体经堂于 2019 年实施全面维修。

牌坊。原修建于寺院最东端转经长廊中部，相当于寺院的山门，面阔三间，进深两间，单檐双面坡硬山顶式，屋面覆盖灰筒板瓦，正脊、垂脊施雕花脊筒子。1940 年，拉卜楞寺派僧俗代表团前往重庆见蒋介石，蒋介石为拉卜楞寺题写了“输财卫国”匾额，同时，重庆国民政府发布了褒奖拉卜楞寺的政令[①]。1944 年，修建牌坊，制作此匾额，悬挂于牌坊上。20 世纪 50 年代，修建从县城通往寺院的公路，牌坊被拆除。寺院文物陈列馆藏寺院全景布画对 1958 年前寺院东转经长廊及牌坊等均有清楚的表现。

拉卜楞葆禄堂。即拉卜楞寺保安司令黄正清寓所。共三张照片，包括全景、大门、内院局部。照片显示，该建筑位于寺院西部嘉木样别墅附近，依山面水，四周林木环绕，系一座天井式建筑，外形如城堡，内庭宽阔，遍植花木，主房为传统藏式三层楼，其他各面房屋均高两层。大门为传统汉式砖木结构双面坡悬山顶样式。根据文献记载和照片表现的建筑规模、结构样式可以肯定，该建筑即拉

① 《以拉卜楞教区全体僧民捐款献机，请予褒奖并颁给匾额》（国民政府指令 蒋中正），载《国民政府公报（重庆）》，1944 年［渝字（712）］，第 31 页。

卜楞寺保安司令部，现已被改建为其他建筑物，原建筑了无痕迹。

二、早期绘画作品对寺院空间形态的表现

清末至今，不同艺术家绘制过各种表现拉卜楞寺全景的绘画，既有唐卡画，也有普通艺术作品，作者既有僧人，也有艺术工作者。这些画作，对研究寺院不同时期的空间形态、建筑分布格局、建筑形制、环境特征具有重要价值。其中最重要的有三幅。

（一）俄罗斯布里亚特历史博物馆保存的拉卜楞寺全景布画

俄罗斯布里亚特历史博物馆保存有一幅清末绘制的拉卜楞寺全景布画（图138）[①]。笔者经对照其他各种影像资料，初步研判认为此画是清末信奉藏传佛教的俄罗斯布里亚特僧人绘制的。画面描绘的是拉卜楞寺农历七月说法会情景，主要表现了寺院核心区的空间形态、建筑分布、法会活动场面。北部卧象山延绵起伏，一览无余，重要的宗教殿堂均有藏语题名。卧象山西北角有一座静修寺，题名为“塔巴孜”；东北部（今排洪沟北端）山坳内也有一座静修寺，题名为“下静修寺”。寺院核心区西面仅绘出总护法殿、蒙古亲王府的东半部；南面以大夏河南岸及曼德拉山脚为界，整体形态较为完整，转经长廊断断续续，布局合理；东面无转经长廊，北端东北角有一座白塔，中部有密集的僧舍，东南角有嘉纳华仓囊欠及寺院南路。根据建筑组群的分布形态、位置关系、建筑形制等信息，可推定该作品约绘制于1834年至1879年间，最晚在1882年间，因画面上有忏罪佛殿（修建于1882年），弥勒佛殿屋面有金顶（1882年建成），但没有喜金刚学院（1879年建成），也没有宗喀巴佛殿（1887年建成）和喇嘛噶

① 2021年，笔者好友索朗旺青先生考察布里亚特历史博物馆，拍摄了该布画的照片。同年，又从美国鲁宾艺术博物馆拍摄了该博物馆保存的另一幅拉卜楞寺全景布画。笔者因研究拉卜楞寺之需，向其提出使用这两幅全景画的照片，先生欣然同意，馈赠了这两幅画的全幅和局部特写照，并对两幅画表现的内容提出了自己的见解。

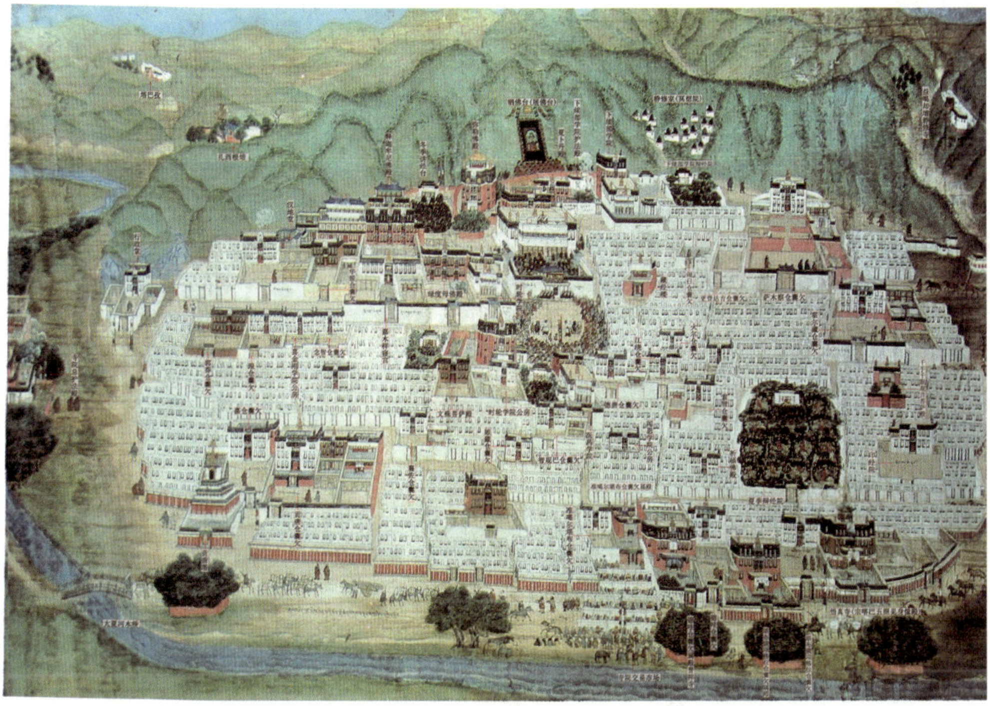

图 138　俄罗斯布里亚特历史博物馆藏拉卜楞寺全景布画

绕仓囊欠（1895 年建成）。画面描绘了很多早期的建筑物，这些建筑在后来或被拆除，或改作他用，或被迁建到他处，包括汉地堂、行政堂、霍尔藏仓囊欠、萨木察仓囊欠等。

（二）美国纽约鲁宾艺术博物馆保存的拉卜楞寺全景布画

此博物馆位于美国纽约市西十七街 150 号，收藏有一幅民国时期绘制的拉卜楞寺全景布画（图 139、图 140）[①]。根据画面表现的寺院核心区内外建筑组群分布状况、位置关系、建筑形制、交通路网等信息，可以认定此画绘制于 20 世纪 20

① 据索朗旺青先生介绍，此画的背面有纽约鲁宾艺术博物馆标注的一段文字介绍，系从藏文译为英文，称此画系五世嘉木样活佛委托拉卜楞寺一位活佛贡却加措绘制。这幅画如何流传到鲁宾艺术博物馆，未作交代。本书使用该照片时，对藏语建筑名作了汉语标注。

图 139　美国鲁宾艺术博物馆藏拉卜楞寺全景布画（原图）

图 140　美国鲁宾艺术博物馆藏拉卜楞寺全景布画（标注建筑汉语名称）

年代（1930年前），因画面上有嘉夏仲仓囊欠（位于夏季辩经院西北角、索智仓囊欠东北角），该囊欠建成于20世纪20年代末（不晚于1930年）。画面表现的是拉卜楞寺举行正月法会的情景。该法会从农历正月初三到十七，共15天，源自宗喀巴1409年创立的拉萨正月祈愿大法会，拉卜楞寺的正月法会最早开始于二世嘉木样时期。此画中有很多人物的穿着打扮是清朝风格，官员留着辫子，身穿长袍马褂，有顶戴花翎。

总体而言，上述两幅拉卜楞寺全景布画的画面布局、取景范围、核心区建筑分布情景、交通路网大体一致，似乎出自一个模板或版本，分别表现了不同历史时期拉卜楞寺的空间格局、建筑分布状况，突出描绘了重要建筑的外部形态、位置关系、寺院南部市场货物交易情景，以及在主干道上出入的商队和寺院南部的转经长廊、北部的转经道及转经者等。从这几个重点内容看，两幅画基本一致，但局部内容又有不同，如：第一，布里亚特历史博物馆所藏布画上，寺院晒佛台位于今夏卜丹殿后部（北面）卧象山山坡上，台面上展开的是大型弥勒佛画像，佛像前簇拥着众多礼佛的僧人；鲁宾艺术博物馆所藏布画上，寺院晒佛台位于现在的位置（寺院西南角大夏河南岸山坡上），有众多僧俗信众礼佛、观看法舞表演，还有一些世俗官员、僧官礼佛完毕后骑马返回，行走在大夏河木桥上。布里亚特历史博物馆所藏布画上有这座木桥，但此处没有晒佛台。第二，布里亚特历史博物馆所藏布画未绘出寺院东北角的白塔全貌，但有骡马商队驮载货物绕塔行进；鲁宾艺术博物馆所藏布画上，寺院东北角的佛塔外形非常完整，也有骡马商队驮载货物绕塔行进。第三，鲁宾艺术博物馆所藏布画上，寺院核心区西北部（嘉木样别墅所在地一带），突出表现了成群结队的人马跟随（或护送）某高僧坐轿返寺的场面，沿途有大量僧俗民众夹道欢迎；布里亚特历史博物馆所藏布画上没有这一场景，仅有流动的大夏河水及两岸葱郁的林木。

1. 画面描绘的重要宗教殿堂包括：

4座学院及附属建筑公房等。包括：闻思学院大经堂及附属建筑公房、下续部学院及其辩经院（或讲经台）、时轮学院及其公房、医药学院及其公房、喜金刚学院公房[①]。

约 9 座独立式佛殿。包括：弥勒佛殿、夏卜丹殿、藏经楼、寿安寺、绿度母佛殿、印经院、千手千眼观音菩萨殿、祈福佛殿、寺院总护法殿，等等。

1 座露天砖石结构佛塔：寺院东北角的神变白塔。

数十座活佛住宅及其附属佛殿。包括：寺主嘉木样寝宫及附属佛殿释迦牟尼佛殿；“四大赛赤”活佛囊欠及附属佛殿（贡唐仓囊欠及附属贡唐塔，德哇仓囊欠及其属殿千佛殿，霍尔藏仓囊欠，萨木察仓囊欠）；“八大堪布”中的 7 位活佛囊欠及附属佛殿（嘉堪布仓囊欠，郭莽仓囊欠，准噶尔堪布仓囊欠及其属殿准噶尔神殿，俄项格拉仓囊欠及其属殿忏罪佛殿，德唐堪布仓囊欠[②]，襄佐堪布仓囊欠，火尔仓囊欠）；其他重要活佛囊欠及其属殿，包括：嘉纳华仓囊欠及其属殿悟真寺，阿莽仓囊欠，江绕仓囊欠[③]，琅仓囊欠，华锐仓囊欠[④]，郭达仓囊欠，娘藏仓囊欠，念智仓囊欠[⑤]，索智仓囊欠，查郭巴（即“智观巴”）仓囊欠，嘉夏仲仓囊欠。

2 处辩经院，即拉卜楞寺夏季辩经院和冬季辩经院。

2 处其他建筑，包括：行政堂，位于今寺院西端白塔位置处；汉地堂，即今嘉木样寝宫西院。

---

① 在这两幅寺院全景布画上，均没有画出喜金刚学院，仅有一座公房，院落式布局，院内建一座小佛殿。在今学院位置上有华锐仓囊欠。学院于 1879 年建成，华锐仓囊欠被迁往他处。公房的位置至今未变，与学院隔街相望。后来又修建了喜金刚学院辩经院，与公房并列，院落大小一致。美国鲁宾艺术博物馆保存的布画虽然绘制于 1930 年前后，此时已有喜金刚学院等许多重要宗教殿堂，但均未绘上，唯一的原因就是该布画以俄罗斯布里亚特历史博物馆的布画或其他同类画本为模板。

② 布画上的德唐堪布仓囊欠位于医药学院东侧，今改建为通向闻思学院广场的马路。

③ 布画上的江绕仓囊欠位于索智仓囊欠西北角，西侧与德唐堪布仓囊欠相连，现迁建至寺院南部德哇仓囊欠院北侧一带。

④ 布画上的华锐仓囊欠位于今喜金刚学院位置处。1879 年修建喜金刚学院后，该囊欠迁建于寺院东南角。

⑤ 布画上的念智仓囊欠位于喜金刚学院公房（布画上该建筑题名为“胜乐金刚学院公房”）的东侧（即今喜金刚学院辩经院位置），1879 年修建喜金刚学院后，迁建至闻思学院前广场东侧，即索智仓囊欠北面。

3处静修寺。其中一处名为“塔巴孜”，位于卧象山西北部山坳处，一处位于“塔巴孜”静修寺东南1千米处的山坳，一处位于寺院东北排洪沟北端山坳处。

1处冥想院，位于下续部学院辩经院北面山坡上，场地内共有17间小房屋，是修习密宗的僧人闭关修习的场所。

2. 寺院市场及交易盛况

三世嘉木样时期（1848年左右），拉卜楞寺为了发展寺院经济，引进汉、回族商户各4家，在寺院内开展货物交易。市场位于寺院南部大夏河北岸转经长廊外侧，核心区位于准噶尔堪布仓囊欠院门外，后在此基础上形成寺院“丛拉”商贸活动，逐渐发展成为甘南重要的贸易中心，交易活动受寺院的监督与保护。两幅布画均表现了市场交易盛况，西起寺院总护法殿，东至通往县城的道路上，有熙熙攘攘的人流（图141）。这一情景在民国时期拍摄的照片中也多有表现（图112、图117），国内刊物《新亚细亚》也登载了表现拉卜楞寺市场贸易活动的照片[①]。当时，在寺院市场上从事商品交易的商人有三种：一是在寺院内设商号的坐商，主要从事羊毛、皮货等贸易；二是本地各族散户，交易的商品类型繁多，以农牧业产品及日用品为主；三是在特定时间来寺院收货售货的行商，主要来自中原或蒙古地区。拉卜楞寺市场上输出的货物有各种毛皮、药材、各类肉油等，输入的货物有瓷器、丝绸、工业产品等。美国记者哈里森·福尔曼记载：拉卜楞寺“就是一个巨大的城市，我看到了许多不同的族群和宗教；很多刚见到我们的民众都以为我们是来兜售货物的商人，纷纷过来询问我们有什么东西可以买卖”。[②]两幅布画上，都表现了市场上成群结队的人物，或席地而坐，或站立吆喝，或牵着骡马往市场上行进，或肩扛手提各种货物大步赶路。商品有木材、牲口、动物皮毛、粮食、药材、肉类等。人物面孔、服装形形色色，有的穿长袍马褂，戴瓜皮帽，拖着长长的辫子；有的戴白边尖顶毡帽，穿长筒皮靴，右敞皮

---

①《新亚细亚》，1937年第13卷第1期，第11页插图“拉卜楞之朝市”。

② Harrion Forman. *Through Forbidden Tibet: An Adventure Into The Unknown*. New York，Longmane，Green and Co.，1935.

图 141　寺院南部交易市场（美国鲁宾艺术博物馆藏寺院全景布画）

袄；还有大量身着袈裟的僧人参与买卖活动。

画面还表现了四路商队从寺院东、西两面向寺内行进的场景，包括：①北面第一路分为东、西两小队，东面一队规模最大，均为骡马背驮货物，马背上插有三角形黄旗，从寺东神变白塔处沿寺院北路（霍尔藏仓囊欠与萨木察仓囊欠之间）东端向西鱼贯而入，领队者骑着高头大马，身着清朝官服，头戴官帽；西面是一组马队，从寺院北路西端（郭莽仓囊欠北）向东朝嘉木样寝宫前进。②北面第二路从东面（今夏河县城一带）蜿蜒向西行走，由骆驼、骡马组成，满载羊毛（布匹）等货物，穿过霍尔藏仓囊欠与千手千眼观音菩萨殿间的主干道。③第三路也从东面（今夏河县城一带）蜿蜒西行，沿寺院中路（夏季辩经院与德哇仓囊欠、悟真寺之间）向西行进，骡马满载货物，人们或牵或赶骡马。④第四路也分为东、西两小队，两队相向朝市场核心区前进，其中东面一队从今夏河县城一带向西走，沿寺院东南部转经长廊走向市场，有大量的骡马，满载货物，人们或牵或赶骡马前进；西面一队从寺院西部总护法殿一带沿转经长廊向东走进市场核心

区，既有满载货物的骡马，也有身着不同服饰的人手提肩扛各种货物，大步流星赶集，繁忙的场景非常逼真，人物栩栩如生。

3. 各建筑庭院内人物活动的场景

上述两幅布画还大量表现了各重要殿堂庭院内众多人物活动的场景，大体分为三类：

高僧及世俗官员。人物的表情、动作逼真，如萨木察仓囊欠前院内有两位僧人、四位穿戴清朝官服的官员在交谈，官员均留辫子，其中一位还身穿黄马褂。霍尔藏仓囊欠前院内有一僧、二官员在交谈，官员均穿清朝官服，留长辫子，一位身穿黄马褂，院落大门外有满载货物的驮队行进。郭莽仓、准噶尔堪布仓囊欠院内各有一僧、一藏族世俗人物在交头接耳。襄佐堪布仓囊欠院内有三僧，各自仰头观望。大阿莽仓囊欠院内有二僧、一藏族世俗人物在谈话。查郭巴仓、念智仓、江绕仓、郭达仓囊欠院内各有二僧在交流；娘藏仓、琅仓、华锐仓囊欠院内各有一僧正在四处观望；索智仓囊欠院内有一僧正在低头沉思；时轮学院公房前院内有一僧、一蒙古族世俗人物在畅谈。

世俗管理人员。行政堂、汉地堂前院内各有世俗人物（管理者）行走其间，似在洒扫庭院。

寺院保卫人员。仅见于嘉木样寝宫正门（南门）外，有两排藏族安保人员，每排十多个，面对面站在门外执勤，每人怀抱一杆双叉猎枪。

4. 信徒为活佛奉献物品

这种情景均出现在高级活佛囊欠内，如贡唐仓、德哇仓、德唐仓、嘉纳华仓等囊欠前院内，身着各种服饰的信徒供奉数量不等的牛羊、骡马、粮食、柴草、羊毛以及成箱的货物等，有身着藏族或蒙古族服饰的，也有头戴黑色圆毡帽、穿马褂长袍的，有的还留有长辫子。他们或已将货物交接完毕，或正在交接，嘉堪布仓囊欠院内一僧人正在清点成箱的供物。拉卜楞寺的收入来源多样，除寺院拥有的大量资产外，还有大量布施收入。这一情景表现的正是各地信众为活佛奉献供品、财物的场面。

5. 宗教活动场景

（1）晒佛台及晒佛仪式

拉卜楞寺的晒佛节及仪式在农历正月十三举行。这两幅布画表现的晒佛台位置不同，俄罗斯布里亚特历史博物馆布画上的晒佛台位于夏卜丹殿北面的山坡上，展出的是弥勒佛像；美国纽约鲁宾艺术博物馆布画上的晒佛台位于今位置处，展出的是无量光佛像。布画创作者抓住晒佛活动的现场，表现了多个不同的情节。特别是鲁宾艺术博物馆布画上，晒佛台前正在举行法舞表演，两位舞者翩翩起舞，舞者前面站立数排僧人和世俗民众，其中有穿清朝官服的人员及牵马侍者，外圈又有观看表演的数排民众，外围有众多马匹列队等待；大夏河木桥上有高僧、穿清朝官服的人员及侍者骑马列队返回寺院（图 142）。

（2）大法会

上述两幅画均表现了闻思学院大经堂前廊院、大门外广场举行宗教法会的场景。

闻思学院大经堂前廊院的法会。据法会规模分析，应是正月大法会，由寺主或寺院法台主持。广场地面、诵经廊屋顶挤满了观众，两幅画中观众数量、位

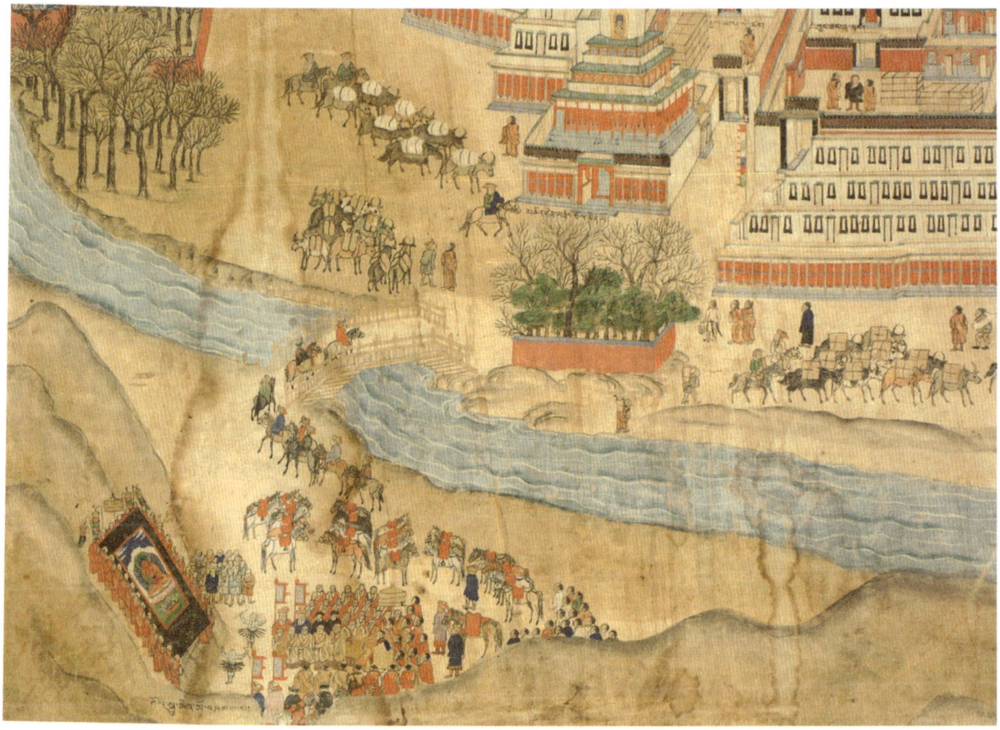

图 142 晒佛台及晒佛仪式（美国鲁宾艺术博物馆藏寺院全景布画）

置、神态基本一致。

闻思学院大门外前广场法舞表演。这两幅布画表现的场面差别很大。布里亚特历史博物馆布画的场景较为简单，前殿楼底层台阶上、二层前廊内坐着数排僧人，正在观看法舞表演；广场中央有 6 位舞者跳舞，四周有僧俗民众围合成一圈观看。纽约鲁宾艺术博物馆布画表现的场景规模非常宏大，前殿楼第二层正面悬挂一幅大型释迦说法图画，底层台阶上有两排僧人诵经祈福，东面围墙正面悬挂一幅大型阎摩法王唐卡画。从画面情节看，应是正月十四日举行的金刚法舞会。各种人物围成五层圈，中央有 1 位舞者，戴面具，展开双臂翩翩起舞；第二圈有 12 位舞者，戴面具，身着各色衣服，跟随乐队节奏起舞；第三圈有 18 位舞者，无面具，头戴法帽，身着各色衣服，跟随乐队节奏起舞；第四圈为乐队，两三排僧人身着红、黄色袈裟，席地而坐，围成一个半圆形，击鼓、吹号、奏乐；最外一圈为围观的信众，或站或坐，神情各异。

6. 其他与宗教修习相关的活动

（1）放生

放生是藏传佛教无畏布施仪轨的重要内容之一，一般在正月法会中举行，在放生羊头上拴上彩色布条。上述这两幅布画中，仅纽约鲁宾艺术博物馆布画有放生情节，在寺院西部总护法殿门前绘有一只被放生的羊。

（2）辩经

辩经既是藏传佛教格鲁派寺院僧人学习宗教理论知识的方式，也是在特定法会节日期间举行的表演性活动。拉卜楞寺六所学院中，平常举办的辩经考试过程非常神圣、严格，节日法会期间的辩经活动显得轻松愉快。上述两幅布画中均有这一场景，每幅约有十二三处辩经情景，主要集中在夏季辩经院内。院内三三两两的僧人，相互开展辩论，或站立击掌辩论，或坐下俯首细听，动作、表情栩栩如生。

（3）僧人诵经

这两幅画表现的场面基本一致，有两种情形：一是僧人成群结队进入本院经堂赶堂课，堂课即僧人集中在经堂内聆听讲经或集体诵经等，如下续部学院、时轮学院、医药学院前院内聚集成群结队的僧人，准备入堂课；二是大量僧人聚集在寺院冬季讲经台处（弥勒佛殿前广场），后部亭阁内端坐一高僧（一般为寺主嘉木样或寺院总法台），僧人围坐在一起，呈半圆状，聆听讲经说法，外围有两位执法僧（称“铁棒喇嘛”）来回走动，巡视监督学僧纪律，再外围有信众观看。

（4）僧俗人等的转经活动

转经是信奉藏传佛教的僧俗民众重要的日常礼佛内容之一，这两幅画上皆有表现，如寺院东北部转经道上，散布着三三两两的僧俗人物，手摇转经筒，从容走动转经。

7. 迎接高僧入寺的队伍

俄罗斯布里亚特历史博物馆布画上没有描绘这一场景。美国纽约鲁宾艺术博物馆布画特别渲染了这一场景，寺院西北部山脚下，大队人马迎接、护送一位高僧入寺，场面十分宏大。在蒙古亲王府、行政堂（今寺院西白塔位置）一带，大队人马簇拥着一位坐绿色马拉轿子的高僧自西而东向寺院行进，队伍蜿蜒数百米。最前面有5位执旗官骑着马，列纵队领路，最前面的1人执一幅护法神像唐卡，另4人手执镶红边的三角形、正方形旗子，他们分别身着红、绿、蓝、褐等色世俗服装，头戴圆顶毡帽；紧随其后的是身着袈裟、头戴僧帽的队伍，均围绕在轿子周围，轿子后面有一骑者执黄色伞盖；迎接高僧的队伍站立在蒙古亲王府与行政堂之间，排成三列，既有僧人，也有俗人。从此画创作的年代、坐轿高僧的出行仪仗用具和等级等情况分析，应是四世嘉木样。史料记载，1881年，光绪皇帝为四世嘉木样赏赐皇家服饰及用具，特许其享用黄绿色坐轿[①]。又，1886年10月，光绪皇帝为嘉奖四世嘉木样在维护安多地区民族团结、社会稳定方面的贡献，遣特使到拉卜楞寺给嘉木样赏赐了一顶黄色伞盖[②]。

（三）拉卜楞寺文物陈列馆存寺院全景布画

此画现悬挂在寺院文物陈列馆内墙上，镶于一木画框内，横长1.5米，宽0.6米，无作者及年月日落款（图143）。据寺院寺管会有关人士介绍，此画系1985年左右由上续部学院多位老、中、青年僧人集体创作而成。这是一支专业的绘画队伍，专门修习过唐卡绘画专业。拉卜楞寺的喜金刚学院和上续部学院设有藏传佛教“工巧明”课程，专门教授绘画、建筑规划、制图、工程营造及各类佛像和装饰艺术品制作等技能。此画的绘制方式与前述两幅作品大同小异，属唐卡画，每座大型建筑均有藏语题名。画面以描绘寺院的整体空间形态、建筑组群布局、庭院铺装、单体建筑形制及寺院核心区交通路网为主，没有寺院市场、宗教法舞表演等场景，没有晒佛台及观看法舞表演的人群，仅弥勒佛殿前广场讲经台上有高僧讲经说法的场面，夏季辩经院内没有辩经僧人，整个画面也没有使用过度渲染宗教气氛的浓墨重彩，白描和写实特征非常明显，庭院、单体建筑、道

① 罗桑开珠：《中央王朝对甘青藏传佛教寺院敕赐匾额简说》，《西藏研究》，1997年第1期；扎扎：《拉卜楞寺的社会政教关系》，青海民族出版社，2002年，第58—60页。

② 扎扎：《嘉木样呼图克图世系》，甘肃民族出版社，1998年，第295页。

图 143　拉卜楞寺文物陈列馆藏寺院全景布画

路和绿化等，巨细靡遗，一目了然，具有非常重要的史料价值。根据藏传佛教修习制度，僧人创作绘画作品属做功德，故无题款。

能绘制出如此严谨、细致、准确、气势恢宏的寺院全景图，正好说明了拉卜楞寺数百年间“工巧明”学传承发展的成就巨大。此画表现的主要历史信息来自本寺年长僧人、寺院专业维修人员、社会施工人员的记忆，以及早期拍摄的寺院照片等。

1. 画面表现的主要内容及突出特征

画面非常完整地表现了民国末期至 1958 年以前寺院核心区内（转经道、转经廊环绕的区域）的空间形态、建筑分布状况，西起河南蒙古亲王府东围墙，东至寺东白塔、牌坊、马头明王殿一线，南面至大夏河南岸（包括两座木桥），北至卧象山脚下。

布画主要内容有：核心区内各建筑组群的分布形态和规模、各院落位置和朝向，各建筑组群内每座庭院的铺设与绿化、围墙形制、院门位置、周边街巷交接关系，每座主体殿堂及附属建筑的体量大小、外部装饰风格样式与门窗的情况（位置、数量和朝向）等，寺院整体交通网络分布状况、每座广场的规模大小、园林景观的位置及规模大小，等等。

画面表现的寺院内外整体空间形态、边界及寺内交通网、建筑组群分布情形，与前述两幅画作基本一致，因减少了宗教气氛渲染、人物活动方面的内容，寺院整体空间格局、建筑组群交接关系更加清晰，细节真实，与空间界面、建筑形制相关的重要信息更为全面、完整，空间尺度更加合理。高大宏伟的宗教殿堂和佛塔、街巷内低矮的平房僧舍、大片园林和几棵小树、大夏河上的两座桥梁、院落围墙样式及走向、庭院铺装与建筑外轮廓、道路宽窄以及铺装材料等非常逼真，绘画工笔细致，远近高低比例适中，对单体建筑的构造形制、层数、台基数、门窗、墙面及屋顶镏金饰件、遮阳布帘的勾绘也非常准确。特别是增加了很多建筑的藏语题名，进一步明确了各建筑的原位置及交接关系，具有非常重要的史料和文献价值，是拉卜楞寺20世纪80年代以来明确和认定相关建筑的原位置和朝向、与其他建筑的相邻交接关系以及评判修复重建效果等方面的第一手资料。

画面表现的主要建筑除六大学院、重要的佛殿外，还有许多活佛囊欠及其他建筑，分述如下：①核心区西部一带，自西向东有：俄项扎西仓囊欠（即赛仓囊欠，位于喜金刚学院公房南侧），拉然巴仓囊欠（位于喜金刚学院辩经院东侧），江卡尔仓囊欠（位于拉然巴仓囊欠东侧），嘉朵公房（位于江卡尔仓囊欠东侧），夏公房（位于郭达仓囊欠东面第二个院落）。②核心区南部一带，自西向东有：托古仓囊欠（位于贡唐仓囊欠向东第三列僧舍群自南向北的第三院），洛桑金巴仓囊欠（位于贡唐仓囊欠向东第四列僧舍群自南向北的第一院），喇嘛噶绕仓囊欠（位于洛桑金巴仓囊欠东侧），德隆巴达仓囊欠（位于喇嘛噶绕仓囊欠北侧），雍增仓囊欠（位于准噶尔堪布仓囊欠以北第二院），措卡哇仓囊欠（位于雍增仓囊欠院西北），赛康仓囊欠（位于雍增仓囊欠院东北），韩仓囊欠（位于赛康仓囊欠东侧），达卫则巴哇仓囊欠（位于德哇仓囊欠院以北之第二院），三木卡丁科尔仓囊欠（位于夏季辩经院西南方向，祈福佛殿西南），贡却桑盖仓囊欠（位于三木卡丁科尔仓囊欠东侧）。③核心区东部及东北部一带，自西向东有：然旦加措仓囊欠（位于闻思学院前广场东侧，念智仓囊欠西北），蒋干仓囊欠（位于下续部学院南面崖壁下）。此画表现的主要内容与民国时期各类照片（包括全景、局部及单体建筑照片）以及2008年寺院实测地形图上的建筑位置、样式、形制及朝向等能一一对应，甚至一座小厨房的位置和形制也非常吻合，是对民国时期各照片表现内容的详细注解，是研究拉卜楞寺空间格局发展变化、建筑规模和形制的第一手资料。

2. 与前两幅布画的对比研究

与俄罗斯布里亚特历史博物馆、美国纽约鲁宾艺术博物馆保存的两幅全景布画相比，寺院文物陈列馆保存的布画有许多相同和不相同之处。

（1）相同之处

首先，在表现寺院整体空间格局、建筑组群的完整性方面，与民国时期照片相比，三幅布画表现的整体面貌和形态基本一致。兹以寺院南部地区为例说明。

三幅画面均清楚地显示，在南部转经廊内侧东西长约1500米、南北宽约110米的范围内连续分布9组以活佛囊欠及其附属佛殿为主的建筑组群（图144），包括：

第一组即寺院总护法殿、晒佛台、寺院西南角僧舍及大夏河上的一座木桥。

第二组即贡唐仓囊欠及其属殿贡唐塔，另在佛塔院北侧有嘉堪布仓囊欠。据2008年寺院实测地形图测算，本区范围东西长约70米、南北宽约70米。

第三组分南、北两部分。南端为大面积僧舍区，北端有郭达仓囊欠。

第四组分布范围南北长90米、东西宽约30米，分为三部分：北面为大面积的僧舍，最北端有娘藏仓囊欠，周围有大片僧舍；中部有襄佐仓囊欠，美国传教士格里贝诺1932年绘制的拉卜楞寺平面示意图[①]上，将襄佐仓囊欠标注为“吉哇院”（即主管全寺财务的高僧居所）；南端并列两座囊欠，西侧一座为洛桑金巴仓囊欠，院内主体殿堂的体量较小，东侧一座为喇嘛噶绕仓囊欠，庭院宽阔，主体建筑非常高大，气势宏伟，是寺院南部体量最大的殿堂之一，与悟真寺的体量

① Paul.Kocut. Nietupski. *Labrang: A Tibetan Buddhist Monastery at The Crossroads of Four Civilization, Ithaca*, New York: Snow Lion Publication, p20, 1999.

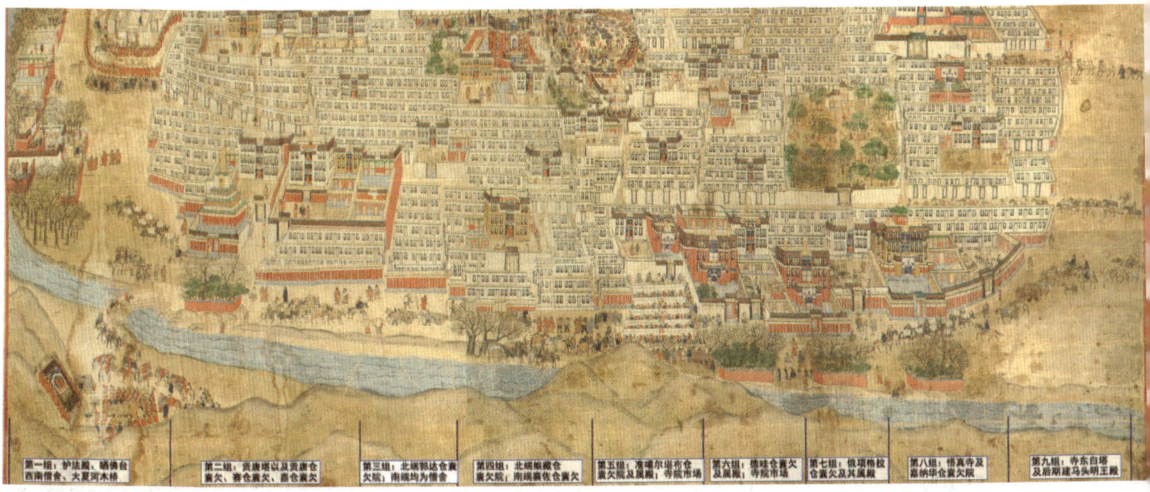

图 144 早期寺院南部建筑组群分布形态（美国纽约鲁宾艺术博物馆藏寺院全景布画）

相当，格里贝诺绘制的寺院平面示意图上将该囊欠标注为“喇嘛堪布仓囊欠”。此外，前述民国时期的各种全景照、局部建筑组群照等均清晰地展示了本区建筑分布状况，可与这二幅全景布画互相印证和补充。

第五组分南、北两部分。南面有准噶尔堪布仓囊欠及其属殿，两院并列相连，前部为寺院市场核心区；北面分布有大面积的僧舍，呈“井”字形排列。

第六组分南、北两部分。南面为德哇仓囊欠及其属殿，两院并列相连，前部广场为寺院市场的一部分；北面以雍增仓囊欠为核心，周围分布大片僧舍，也呈“井”字形布局。

第七组分南、北两部分。南面有俄项格拉仓囊欠及其属殿，两院并列相连，囊欠居东，属殿居西；北面为大面积的僧舍，呈“井”字形布局，又与寺院中路贯通。

第八组为嘉纳华仓囊欠及其属殿悟真寺，两院并列相连，囊欠居东，属殿居西；北面与寺院中路贯通，又与夏季辩经院为邻。

第九组分南、北两部分。北面有印经院等；南面为马头明王殿（1943 年建成），拉卜楞寺文物陈列馆所藏布画上有该佛殿，俄罗斯、美国藏的两幅布画上没有该佛殿。此外，美国传教士格里贝诺也拍摄了两张表现这一区域建筑分布形

图 145　准噶尔堪布仓囊欠以东建筑空间形态（自西向东拍摄）

图 146　准噶尔堪布仓囊欠以西建筑空间形态（自东南向西北拍摄）

态的照片[①]（图 145、图 146），较完整地表现了当时寺院南部诸大型囊欠及其属殿的分布形态，可与三幅布画互相补充印证。

其次，画面表现的嘉木样寝宫各建筑组群整体布局不完整。三幅布画均没有绘出嘉木样寝宫的另一座属殿嘉木样护法殿。该殿位于嘉木样寝宫属殿释迦牟尼佛

① 照片现存美国哈佛大学图书馆。

殿的后部。释迦牟尼佛殿为汉藏结合式风格，主体高三层，藏式平顶结构，第三层屋面中央建一座汉式重檐歇山顶金顶，屋面通体覆盖铜镏金瓦和脊饰件。嘉木样护法殿与释迦牟尼佛殿金顶处于同一平面，一前一后布局，属汉式单檐歇山顶二层楼式，仅前部出廊，屋面覆盖灰筒板瓦和脊饰件。根据建筑结构和形制、使用功能判断，该护法殿修建于四世嘉木样时期的1860年左右。民国时期不同年代拍摄的照片清楚显示，释迦牟尼佛殿后部有这座建筑，但三幅寺院全景布画均未绘出。

再次，三幅画面表现的寺院东部千手千眼观音菩萨殿建筑形制与实际情况不符。俄罗斯布里亚特历史博物馆、美国纽约鲁宾艺术博物馆藏布画上，千手千眼观音菩萨殿主体建筑为藏式平顶二层楼，屋面没有金顶，仅前部立三尊铜质镏金法器。而寺院陈列馆藏布画显示为单檐歇山顶式，屋面覆盖铜镏金瓦（或为黄色琉璃瓦）。史理先生1961年拍摄的黑白照片显示，此殿的金顶为重檐歇山顶四角亭式，屋面瓦件、勾头滴水、脊兽套兽等似为灰陶质，其在文章中称该金顶为“二层楼阁”[①]。究其原因，前两幅布画似乎遵循一个共同的模板绘制而成，在局部或某些细节之处，绘画者根据耳闻目睹的情况予以调整，寺院文物陈列馆藏布画是绘画者根据亲身经历、调查了解、走访获得的信息绘制的，多据回忆，故难免出现失误。三幅布画均绘出大夏河上的两座木廊桥，但建筑体量和形制有别。

（2）不同之处

总体来看，寺院文物陈列馆藏布画与前两幅布画存在很多不同之处，主要表现在以下几个方面：

第一，减少了部分建筑和宗教活动、僧众聚会的场景。没有绘出寺院西北部的两座静修寺、东北部山坳处的一座静修寺；没有绘出总护法殿院落正门及大夏河南岸的晒佛台；没有宗教法会、市场交易、放生、运送货物、庭院内人物聚集的场面。

第二，增加了很多建筑。寺院核心区西北部增加了一座白塔，地处河南蒙古亲王府与行政堂之间；增加了上续部学院、喜金刚学院、白度母佛殿等大型宗教

① 史理：《甘南藏族寺院建筑》，《文物》，1961年第3期，第52页插图。

殿堂。寺院核心区东面增加了完整的转经长廊及牌坊门、马头明王殿、宗喀巴佛殿、寺东救度母佛殿等。北部卧象山脚东面的萨木察仓囊欠东侧增加了一座大型囊欠，题名为“贡秀仓囊欠”；宗喀巴佛殿与萨木察仓囊欠之间增加了一座更登达吉仓囊欠。

第三，部分建筑的位置、名称发生改变。如：前两幅布画上的“行政堂”被改名为“拉卜楞寺珍宝馆”；前两幅画面上，念智仓囊欠、华锐仓囊欠分别位于今喜金刚学院辩经院和喜金刚学院经堂位置上，而在寺院文物陈列馆藏布画上，这两座囊欠已分别迁建到寺院中部一带（分别位于夏季辩经院西北角和西侧，两院呈北南向并列关系），如今，华锐仓囊欠又被迁建到寺院东南角，即俄项格拉仓囊欠及属殿建筑遗址北面。

第四，个别建筑的庭院布局形态、建筑规模形制与民国时期的照片不符，主要体现在以下几座建筑方面：

①贡唐仓囊欠

首先，院落空间格局不同。在前两幅布画上，贡唐仓囊欠显示为左、中、右三院并列式，而寺院文物陈列馆藏布画上呈现为前、中、后三院式，而且后院又分为左、中、右三个小院并列，这种情景与民国时期照片表现的情况一致。

其次，中院与后院的分界墙样式、形态完全不同。民国学者张其昀 1936 年拍摄的贡唐仓囊欠特写照[①]（图 147）及美国传教士格里贝诺 1940 年拍摄的贡唐仓囊欠鸟瞰照[②]（图 148）等清楚地显示，此时贡唐仓囊欠大门外有一广场，广场的东、西两侧各有一座马厩院；中院与后院之间没有墙体，但在此处西端有一座大型转经廊房、一段墙体，二者相连，中间有宽敞的通道（宽 5~6 米），东端建有一座较大的合院式建筑，其南院墙南侧设有走廊、出入门洞等；后院后部中央建一座主殿堂，东面又建一座二层平顶楼式小殿堂。但寺院文物陈列馆藏布画显示，中院与后院间为一排非常整齐的廊房，共 15 间，与早期照片表现的情景完

① 张其昀：《拉卜塄——西陲一个宗教都会》，《科学画报》，1936 年第 4 卷第 4 期。

② 照片现存美国哈佛大学图书馆。

图 147　张其昀 1936 年拍摄的贡唐仓囊欠全貌

图 148　格里贝诺 1940 年拍摄的贡唐仓囊欠鸟瞰

全不同。现存贡唐仓囊欠为1990年后重建，其布局形态、建筑形制与此布画基本一致（图71、72），说明贡唐仓囊欠重建时以该布画作为设计依据。

②寺院南部多个活佛囊欠门外的空间形态存在很大差别

三幅寺院全景布画、民国时期照片显示，寺院南部大夏河北岸自西向东分布有多座高级活佛囊欠及其属殿，平面布局样式大同小异，院门外有一个小广场，广场两侧有对称的马厩院。但前两幅布画描绘的情景如下：第一，贡唐仓囊欠的南正门开在围墙西端，不居中，门外有一小广场，广场上立一根木杆经幡，东端无马厩院，而有三排普通僧舍院，僧舍院南侧有一段转经长廊；同样，与囊欠并列的贡唐塔院南墙上开正门，门外无广场，有一座小园林，寺院南路从此经过。第二，此时贡唐仓囊欠以东还没有修建喇嘛噶绕仓囊欠，仅有襄佐仓囊欠，其南门外也无广场，但有三排僧舍院，其南面为转经长廊。第三，再向东为准噶尔堪布仓囊欠及其属殿，两院并列，各自开门，门外有较宽阔、相互连通的广场，这里是寺院市场的核心区，囊欠院外广场上立一根木杆经幡，无马厩院。第四，再向东为德哇仓囊欠及属殿（属殿居西，囊欠居东，两院并列），其中囊欠院落正门外有一小广场，立一根木杆经幡，东侧有一座马厩院，与转经长廊连接；属殿院门外有一个小广场和园林。第五，再向东为俄项格拉仓囊欠及其属殿（属殿居西，囊欠居东），属殿院大门向外（南面）凸出很多，门外有一小园林，囊欠大门向后退缩很多，门前有一小广场，立一根木杆经幡。第六，再向东为嘉纳华仓囊欠及属殿悟真寺（囊欠居东，属殿居西），属殿正门前有一小园林和广场，囊欠正前面有一广场，立一根木杆经幡，无马厩院。

同样，民国时期学者在不同年代拍摄了很多表现南部各建筑组群的照片，照片显示的情形与上述布画表现的情景差别很大，如:1935年《正风半月刊》刊载的拉卜楞寺照片[①]主要表现了俄项格拉仓囊欠及其属殿（位于东面）、德哇仓囊欠及其属殿（位于西面）两个建筑组群并列的情景（图149）；明驼先生1936年

①《正风半月刊》，1935年第1卷第7期，插图“甘肃拉卜塄（夏河县）”。

图 149　民国时期俄项格拉仓囊欠与德哇仓囊欠及其属殿东西并列的状况

图 150　民国时期德哇仓囊欠及其属殿全貌

撰《拉卜楞巡礼记》一文附一张照片[1]，是德哇仓囊欠及其属殿的特写照，准确完整地展示了该囊欠及属殿与其他建筑的空间交接关系（图 150）。相比之下，1985 年绘制的寺院文物陈列馆藏布画描绘的情景又与前述两幅布画、民国时期照片表现的情景有很大差别。如：第一，贡唐仓囊欠正门外左、右对称建两座马厩院。第二，襄佐仓囊欠南面修建有喇嘛噶绕仓囊欠，其南门外既没有广场，也没有马厩院。第三，准噶尔堪布仓囊欠门外布局情况与前两幅布画同。第四，德哇仓囊欠院门向内退缩了很多，门外东面有一座马厩院，属殿的正门又向外（南面）凸出了很多。第五，俄项格拉仓囊欠及属殿门外布局情况未变。第六，嘉纳华仓囊欠与属殿变化最大，囊欠与属殿的位置颠倒过来，变为囊欠居西、属殿居东形态，在其属殿院东侧加建一院建筑，院内有僧舍和佛殿，因无题名，故佛殿名无从知晓，该佛殿院以东为马头明王殿。从上述比较结果可见，寺院南部建筑组群的空间形态历经多次改扩建，一直在变化。

③寺院中部地区建筑的位置关系有别

前述三幅寺院全景布画中，早期的两幅及民国时期照片显示，夏季辩经院的占地规模很大，西北角基本与索智仓囊欠院东围墙平行。而寺院文物陈列馆藏布画显示，夏季辩经院的占地面积缩小了很多，索智仓囊欠远离了辩经院，地处辩经院西北较远处。此类差别，在表现中部建筑组群间的空间交接关系方面，有很多处，此不一一列举。

总之，上述三幅寺院全景布画最为直观地展示了寺院在清末至民国晚期的整体空间形态、建筑分布规模及其变迁过程。画面充分表现了拉卜楞寺特殊的“金盆养鱼”空间格局与形态，在核心区内，四面群山环抱，中间河水东流，北部石山雄踞，南部山林茂密，东西两端开阔敞亮，大型宗教殿堂、活佛囊欠被大片低矮的僧舍簇拥。远山上的静修寺，环境优雅，山石与丛林掩映，又呈现出另一番景致。特别是真实、完整地描绘了很多非常重要的建筑如嘉木样寝宫下宫、汉地

---

① 明驼：《拉卜楞巡礼记》，《新中华》，1936 年第 4 卷第 14 期，第 13 页插图。

图 151 早期嘉木样寝宫下宫面貌（美国纽约鲁宾艺术博物馆藏布画）

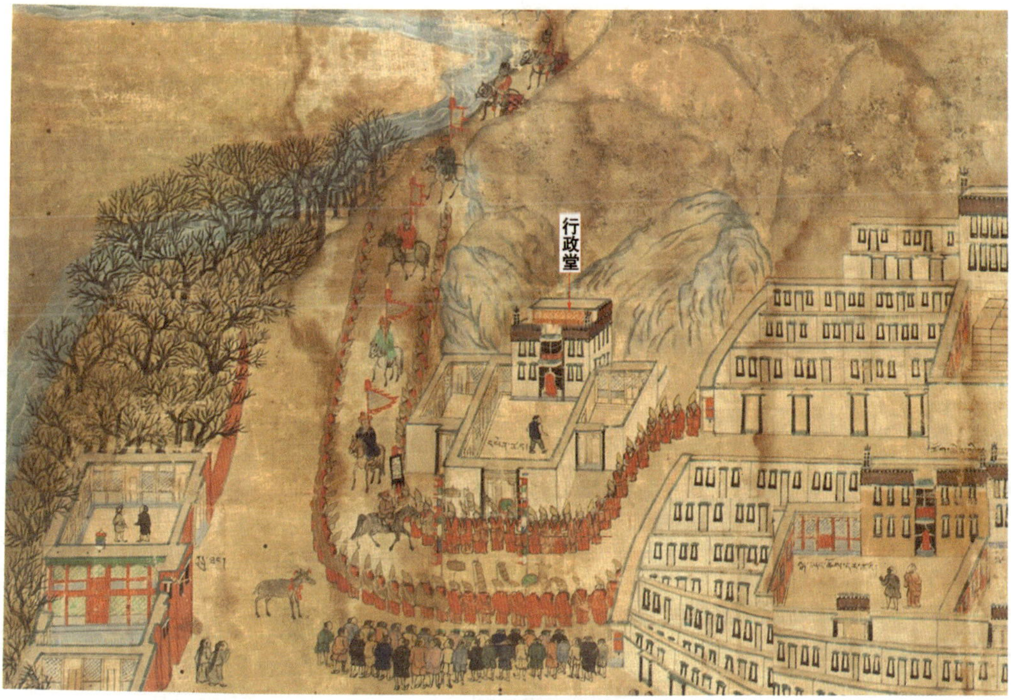

图 152 早期建筑行政堂（今寺院西白塔位置，美国纽约鲁宾艺术博物馆藏布画）

图 153　早期的萨木察仓囊欠

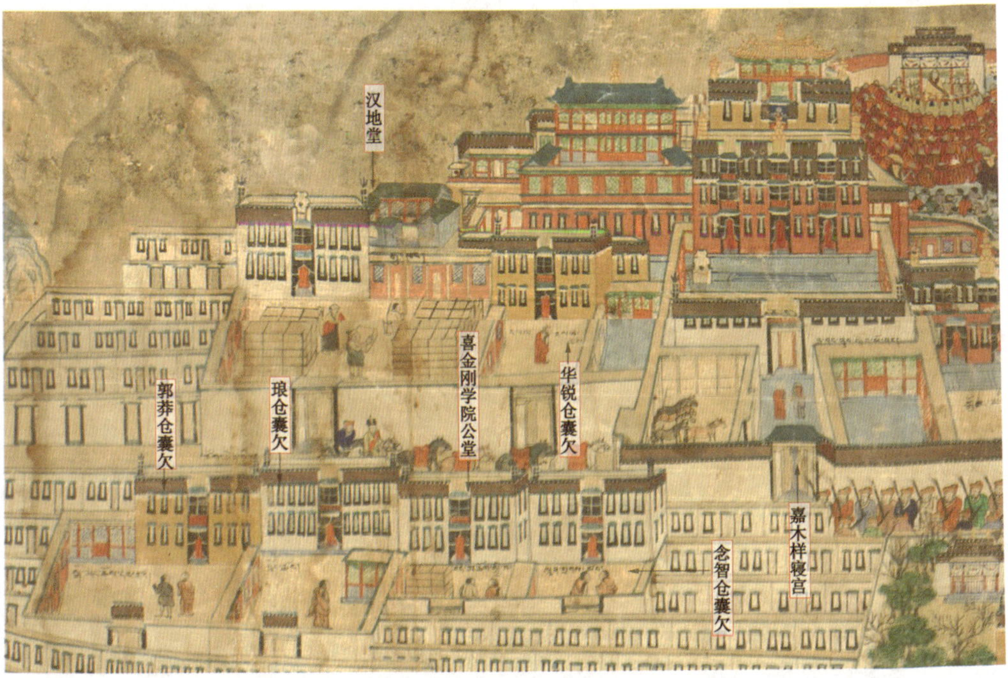

图 154　早期的念智仓囊欠、华锐仓囊欠位置

堂（图 151）、行政堂（图 152）、萨木察仓囊欠及霍尔藏仓囊欠（图 153）、念智仓囊欠与华锐仓囊欠（图 154）等的早期位置、建筑布局规模和形制及后期变化情况、与其他建筑的交接关系等，是研究拉卜楞寺早期空间格局发展、建筑形制演变的重要资料。

中　篇

拉卜楞寺建筑工程技术与工艺研究

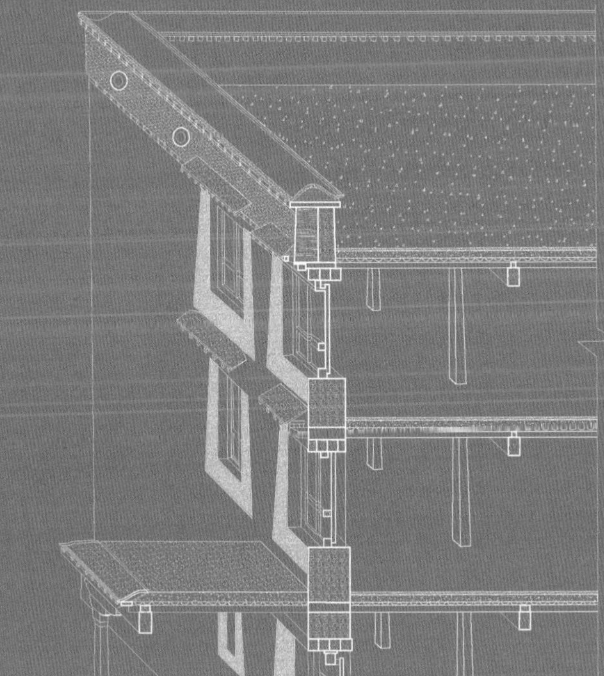

古代藏族建筑营造工艺和技术是藏族传统科学知识体系的重要组成部分，有非常鲜明的民族文化特征，一切建筑工程（其中包括部分民居建筑）的设计规划、营造工艺无不打上深深的宗教烙印。宗教典籍浩如烟海，其中不乏建筑规划设计与营造技术方面的伟大作品。

藏族传统建筑工程学属古代藏族科学文化体系"大五明"之"工巧明"（也称"巧业明""工业明处""工巧处"等）范畴，主要讲述生产和生活技术知识（包括工、农、商、畜牧、计算、书画、音乐、法律、饮食、行政、占相、咒术等方面），是一种特殊的学科分类体系，涵盖了古代社会物质生产和精神生活的各个方面，呈现宗教信仰与科学技术交织的现象。

拉卜楞寺的5座密宗学院均开设较系统的"工巧明"学课程。寺院创建时，一世嘉木样即从西藏引进"工巧明"学修习规程，修习内容与西藏著名大寺一脉相承，重点领域包括殿堂建筑、塑像、壁画与彩画、宗教供品制作、宗教仪轨等，其中建筑设计与营造充分继承西藏著名寺院建筑艺术，又与本区其他民族建筑艺术高度融合；塑像和造像艺术也与国内各地佛教造像艺术充分融合；壁画、油饰彩画以西藏、青海热贡绘画工艺为主。寺院创建迄今300多年来，历代高僧大德非常重视"工巧明"的修习，学者辈出，形成严谨的传承风尚，培养和锻炼了大量工程建设队伍和人才。寺院的整体空间、单个殿堂（包括学院、佛殿、活佛囊欠及属殿）的设计完全遵循西藏格鲁派诸大寺发展数百年形成的非常成熟的模式，即多数建筑"取样"于西藏地区著名建筑的样式。在具体施工中，建筑各部位和构件的尺度有固定的比例关系，但没有系统的设计理论和图纸，由木工"屋钦"全权负责所有建筑的设计和施工。

第六章 拉卜楞寺建筑“工巧明”技术传承

一、宗教光环下的藏族传统建筑工程学

伟大的建筑作品是人类科学技术与文化高度发展的成果。古代藏族在工程建筑、雕塑、绘画艺术领域创造了灿烂的文化，有些作品已成为世界不朽之作。古代藏族建筑工程、营造技术是藏族传统科学知识体系的重要组成部分，以佛教文化为核心，一切建筑工程思想、营造工艺都打上了深深的宗教烙印，积淀于浩如烟海的宗教典籍中。

（一）古代藏族建筑科学知识体系

古代藏族知识体系庞大，但没有单纯的建筑工程学，受宗教文化的影响，建筑知识属“明学”（包括“大五明”和“小五明”）范畴，“大五明”包括“工巧明”、医方明、声明、因明和内明，“小五明”包括诗词、韵律、修辞、歌舞（戏剧）、星算[①]。所谓“五明”者，即五种学艺学科体系，“明”者，“开明”之义，“各开阐其理而证明之，故曰明。‘明’为‘智’之异名，各依其学而得其智”[②]，这是一种源于古印度的学科分类体系。“大五明”之医方明及“小五明”之星算明包含众多的自然科学技术和医学知识，是藏传佛教寺院密宗教学的重要内容。

建筑工程学属“工巧明”学内容之一。“工巧明”，也称“巧业明”“工业明处”“工巧处”等，是专门教人生活技艺的学问，包括工、农、商、畜牧、计算、

① 陈兵:《新编佛教辞典》，中国世界语出版社，1994 年，第 152 页。
② 丁福保:《佛学大辞典》，上海书店出版社，1991 年，第 530 页。

书画、音乐、法律、饮食、行政、占相、咒术等[①]。《佛学大辞典》称："工巧者，工艺也。明者，明显之义。即言关于伎术、机关、阴阳、历数等之学艺也。"[②]藏传佛教认为，"工巧明"是佛教寺院和众生生存发展的根基，是获得成就和财富的手段，拥有财富、利用财富，方可为世人做有益之事。在古代印度，从事工巧技艺之人一般出身低，但深受国王、大臣、婆罗门、长者们的尊敬。"工巧明"涵盖的学科门类体系非常庞大，自古以来，不同的经典、学者的分类法不同，主要有以下几种：

1. 三种分类法

公元18世纪，藏族学者隆多喇嘛著《工巧、医方、历算总称释义》，将"工巧明"分为"身工巧""语工巧"和"意工巧"三类。"身工巧"指手工创作活动，如绘画、雕塑等；"语工巧"指编纂经典论著等文字作品以及创作音律、歌曲等；"意工巧"包括闻、思、修领域的思想、艺术、行为等成果以及佛学大师龙树撰写的八品（地基品、宝品、衣品、树品、男品、女品、马品、大象品）等[③]。后世以此分类法为基础，衍生出六种分类法[④]，即每种工巧有"殊胜"和"一般"两种，共构成六个方面的内容，如"身工巧"包括"殊胜工巧"和"一般工巧"两种，其中"殊胜工巧"指佛像、佛经、佛塔和寺院的修造制作技艺等，"一般工巧"指铁匠、木匠和缝纫等；"语工巧"的"殊胜工巧"包括讲诵经典、撰写佛教论著等，"一般工巧"包括歌唱、撰写一般书籍，以及从事一般的语言文字、艺术工作等；"意工巧"的"殊胜工巧"包括闭关修炼、坐禅等思想和行为，"一般工巧"包括一般的世俗内心思维活动及成果等[⑤]。

---

① 陈兵：《新编佛教辞典》，中国世界语出版社，1994年，第152页。

② 丁福保：《佛学大辞典》，上海书店出版社，1991年，第439—450页。

③ 工珠·元丹嘉措著，文国根译注：《工巧源流》，《西藏民族学院学报》（哲学社会科学版），1985年第4期，第78—79页注[2]。

④ 夏玉·平措次仁：《西藏文化概论》（藏文），西藏人民出版社，2006年，第174页。

⑤ 桑本太：《藏族文化通论》（藏文），青海民族出版社，2004年，第152—153页。

2. 十种分类法

隆多喇嘛著《工巧、医方、历算总称释义》又将“工巧明”分为十种[①]，包括：①男相十五、女相十；②十地五道；③纺织技艺、买卖技艺、国王的仆从技艺；④文字、历算、意识作品、笔算、手算等技艺；⑤占相技艺；⑥智慧技艺；⑦雕刻技艺；⑧生产技艺；⑨氆氇技艺；⑩焊接技艺等。这种分类法基本囊括了人类生产生活、艺术创作、社会运转涉及的方方面面。

3. 十二种分类法

这种分类法见于（唐）玄奘译《瑜伽师地论》卷十五《本地分中闻所成地》之第十三“工业明处”：“云何工业明处？谓营农工业，商估工业，事王工业，书算计度数印工业，占相工业，咒术工业，营造工业，生成工业，防那工业，和合工业，成熟工业，音乐工业。”[②] 又，《阿毗达磨大毗婆沙论》称：“工巧处者。谓色、声、香、味、触五处为体。起工巧处者，谓能起彼意法二处为体。眼等五识是工巧处加行，非起工巧处。意识是工巧处加行，亦起工巧处。又眼等五识能缘工巧处，不能缘起工巧处。意识能缘工巧处，亦能缘起工巧处。有余由此所引意识，具能缘十二处。”这种分类方式过于抽象，难以理解和判断，是以实质性工巧技术获得的“色、声、香、味、触”等成果形态作为一种判断概念和方法，对“工巧明”学的相关内容作出相应解释。

4. 十八种分类法

这种分类法主要见于佛教经典《律经》《锅莎拉庄严经》《俱舍论》《时轮经》等，但各经典的分法又有差异，如《锅莎拉庄严经》之“工巧”包括医生、占星相者、画匠、铁匠、剪指甲者与修脚匠、卖香者、木匠、砌匠、染匠、裁缝、帐篷匠、文书、卖酒者、屠夫、漆匠、五宝工匠等。《时轮经》之“工巧”包括商人、泥瓦匠、念珠绳匠、卖酒者、牧人、裁匠、书法者、占卜者、铁匠、木匠、纺

① 工珠·元丹嘉措著，文国根译注：《工巧源流》，《西藏民族学院学报》（哲学社会科学版）1985 年第 4 期，第 78—79 页注［2］。

②《大正藏》No.1579（cf. Nos.1580—1584）。

织者、皮匠、渔夫、染匠、篾匠、船夫、刽子手、车夫等[①]。藏文大藏经《丹珠尔目录》十四“工巧明部”（杂部）共1函（卷），也采用十八种分类法，收录论述木工、铁匠、石匠、陶工等十八种工艺制作方面的著作，总计15个章节（编号3213-3227）[②]。

5. 三十种分类法

藏传佛教典籍《诗镜》记载了古代藏族传统工程营造、器物制作、生产生活等领域的64种技艺，其中属“工巧明”学范畴者有30种，包括：酿酒、陶器制造、歌舞音乐、收割、铁匠、木匠、建筑工程、制绳、皮匠、染色、救命、屠宰、驾驭、考究宝石、风水堪舆、识别树木、识别动物、看相书、种植花卉、领兵作战、烹调、经商理财、书法文字、卜算天象、幻术等。

总之，藏传佛教“工巧明”学科体系非常庞大、复杂，几乎涵盖了古代社会物质生产和精神生活的各个方面，具有朴素的社会分工理论特征，既有物质性、实体性成果方面的术语和概念，也有思想精神层面的寄寓性表达，还有对文化艺术创造活动、宗教信仰观念等的直接表述。这种学科分类体系充分体现了古代藏族人民在物质使用功能、文化艺术鉴赏、宗教信仰表达与实践等领域的思想成果和判断标准，在本质上，它是以宗教价值判断为主导的社会分工准则。因此，“凡与宗教相关的活动和创造，都是殊胜的、高雅的，相反，凡与宗教无关联的活动和创造，不管其有多少现实意义和使用价值，都是一般的、粗俗的”[③]。古代藏族社会深受佛教文化的影响，“有关身、语、意的事全都包括在“工巧明”之中，要将这些纷繁的内容全部弄清楚，那是困难的，而且也没有必要”[④]。

---

① 工珠·元丹嘉措著，文国根译注：《工巧源流》，《西藏民族学院学报》（哲学社会科学版），1985年第4期，第81页注[38]。

② 张云：《中国地域文化丛书——青藏文化》，辽宁教育出版社，1998年，第166页。

③ 贡保扎西、琼措：《论藏族传统文化的雅与俗——以五明之工巧明的分类为例》，《西南民族大学学报》（人文社会科学版），2014年第3期，第62页。

④ 工珠·元丹嘉措著，文国根译注：《工巧源流》，《西藏民族学院学报》（哲学社会科学版），1985年第4期，第78页。

（二）宗教信仰与科学理性交织的建筑工程技术

藏传佛教教义宣讲的终极目标是证悟佛法，修习、实践佛陀“身、语、意”的三种存在，作为建筑科学技术的“工巧明”学，只是实现“身、语、意”的手段、方式和载体，它在古代藏族科学文化知识体系“大五明”中占有重要地位，在建筑活动中，大量采用象征、比拟手法，由此架起心灵信仰与实体存在之间的桥梁。

建筑艺术理论认为，“凡是建筑，都必然对人的思想产生影响，而不仅仅为人体提供服务”①。建筑艺术的“象征”是特殊的艺术表达形式，整体、布局、装饰物等无不蕴含宗教寓意，是艺术理性和浪漫情感的交织。黑格尔认为：“‘象征’无论就它的概念来说，还是就它在历史上出现的次第来说，都是艺术的开始，因此，它只应看作是艺术前的艺术，主要起源于东方，经过许多转变、改革和调和，才达到理想的真正实现，即古典型艺术。”② 著名藏学家扎雅·罗丹西饶认为，在藏传佛教信仰系统中，“工巧明”既是一种创造物质财富的技巧和方法，又是神圣信仰内容的重要组成部分，它有特别的文化象征意义，“‘工巧明’分为身、语、意三大系统。象征文化跟所有三大系统有关。因此，象征文化在藏传佛教和文化领域中占有重要地位。藏学界和藏族僧人、学者几乎从未用过‘symbolism’（象征）这一术语，更没有人把象征从‘工巧明’中分离出来加以研究”；在藏族传统宗教文化和习俗中，象征手法“是按照色彩、形状、姿态、数字、声音、功能、加持等作为定义的基础来实现的”③。藏式传统建筑文化和艺术充满了象征意义，每座建筑，从创意、设计到施工，无不受这种思想观念的支配，既有对事物（对象）特征的刻意模仿，也表现为一种民族文化和精神的自觉，物质、

① [英]约翰·罗斯金著，张璘译：《建筑的七盏明灯》“格言 4”，山东画报出版社，2006 年，第 2 页。

② [德]黑格尔著，朱光潜译：《美学》第二卷，商务印书馆，1996 年，第 9 页。

③ 扎雅·罗丹西饶著，丁涛、拉巴次旦译：《藏族文化中的佛教象征符号》，中国藏学出版社，2008 年，第 2 页；第 4—5 页。

科学层面的工艺技术与宗教信仰层面的思想观念实现了完美结合。

在古代藏族社会，由于宗教文化占主导地位，宗教上层人士掌握、垄断着科学知识、文化思想的话语权，宗教凌驾于一切科学技术、文化知识之上，由此形成一种以宗教价值观来判科学技术、文化知识优劣的定式，造成的结果就是古代藏族“文化带有鲜明的宗教色彩，社会充满浓郁的宗教氛围”[①]；“藏族传统科技集中在寺院进行，活动也基本掌握在僧人的手中，不仅科技直接为宗教服务，宗教思想亦渗透到了科技本身，科技和佛教交织在一起，以至于分辨不出有些著作是属于宗教经典还是科学著作。就发展比较成熟、已自成体系的医学和天文学来说，宗教成分也是相当浓厚的”[②]。建筑工程、工艺技术无不如此，在具体建筑工程实践中，有些建筑思想、设计理念也转化为佛教教理，两者存在难以区分的现象。

二、拉卜楞寺的“工巧明”学及其传承系统

拉卜楞寺创建以来，不断吸纳、整合安多地区建筑工程技术、文化艺术资源，发展成为高度体系化的区域宗教建筑文化艺术传承基地，在300多年的风云变幻中表现出强大的影响力。

拉卜楞寺发展鼎盛时期，“工巧明”学科建设、僧人修习内容受世人瞩目，“除拥有显密之教证、训诫、秘法、规范仪则外，明学方面拥有声明、诗学修辞、韵律、天文历法、占卜，以及各种流派的书法艺术等学科，具有高层次的研究水平，而且在工艺学方面也拥有版刻、绘画、木工、裁缝、金石等专项技艺。这些明学世艺，吸收了各地各寺一流的技艺，具有其时代的先进性”[③]。5座密宗学院设有较系统化的“工巧明”学修习课程，相关科目较多。本寺历代高僧大德皆非常重视“工巧明”的修习和人才培养，数百年来，形成了严谨的传承方式和体系，

---

① 贡保扎西、琼措：《论藏族传统文化的雅与俗——以五明之工巧明的分类为例》，《西南民族大学学报》（人文社会科学版），2014年第3期，第64页。

② 易华：《佛教与藏族传统科技关系简论》，《中国藏学》，1997年第1期，第28—29页。

③（清）阿莽班智达著，玛钦·诺悟更志、道周译注：《拉卜楞寺志》，甘肃人民出版社，1997年，第73页。

学者辈出，许多密宗高僧精通工艺技巧的某一专科，培养了很多“工巧明”学领域的大师，主要集中在宗教仪轨、法器制作、“舞、画、唪”三艺[①]等领域。各学院中，医药学院、时轮学院、喜金刚学院的修习内容与科学技术、文化知识紧密相关。

（一）“工巧明”学修习制度的建立

拉卜楞寺是一座超大型格鲁派寺院，与建筑工程相关的学科（包括寺院规划、建筑结构营造、壁画和油饰彩画以及佛像铸造、装饰艺术品制作等）形成了完整的传承体系。

1. 一世嘉木样引入“工巧明”学

拉卜楞寺创建者（寺主）一世嘉木样曾在西藏哲蚌寺潜心修习，谙熟藏传佛教大、小五明，在天文、历算、医药等方面有极高造诣。他曾系统地“学习了《铁城法坛尺度学》《音韵学》《续部鼓谱》《地球仪》和《天球仪》等有关设计绘制的典籍，深得要领，同时熟练掌握了泥塑和剪纸技艺的诀窍，创造出奇妙的造型作品”。他又“系统地学会了‘四续部’各种坛城模型和四业、火供、八行佛塔的绘制和建造技艺”，同时，他还“被该经院领诵师蒙巴大学者奏请担任集密设计师，他遵命如期设计出集密法身像，并为供奉大威德，按续部仪轨准确无误地配了彩粉细砂颜料，使造型色彩焕然一新”[②]。后来，一世嘉木样转入拉萨密宗院修习，“为准确掌握技艺，不与教理相违背，在许多学者座前刨根问底，询问究竟，澄清疑虑，系统掌握了‘舞、画、唪’三艺及开光、烧供、制作施食幻轮等详细仪则”[③]。一世嘉木样在西藏修习期间，还积极与当地的“工巧明”大师建立良好关系，为将来邀请这些大师参与创建拉卜楞寺打下了基础。17 世纪下半

---

① 藏传佛教寺院修习密宗的僧人必须娴熟掌握这三种技艺。“舞”，穿戴舞衣面具跳舞；“画”，绘制坛城；“唪”，举腔唪诵经典。

②（清）阿莽班智达著，玛钦·诺悟更志、道周译注：《拉卜楞寺志》，甘肃人民出版社，1997 年，第 18—19 页。

③（清）第二世嘉木样·久美汪波著，杨世宏译注：《第一世嘉木样传》，甘肃民族出版社，1994 年，第 38 页。

叶，格鲁派取得西藏地区政教统治权，在西藏地区展开一系列大规模寺院修复、重建工程。一世嘉木样此时正在哲蚌寺修习，参与了一些工程建设活动，与西藏地区“勉唐画派”“钦则画派”画师建立了良好关系，其中包括一位“钦则画派”画师总监桑阿喀·才培（关于此画师之名，有些文献译作“桑阿克尔巴”“桑阿喀巴”“桑喀才培”或“桑阿喀·次佩”等）[①]。这位著名的画师后来参与了拉卜楞寺闻思学院的壁画创作工程。

拉卜楞寺创建后，一世嘉木样和他从西藏带来的“工巧明”方面的高僧，积极推动本寺“工巧明”学课程建设和实践活动，着力培养学僧勤奋钻研、一丝不苟的学风，在细微之处也精益求精，甚至于宗教殿堂内“瓶盖彩饰的系法和串线法都十分讲究”[②]。一世嘉木样非常重视本寺在建筑、造像工艺学方面的修习和传授，“倡导佛教绘画艺术，以契悟佛法襟怀”[③]，“对于‘工巧明’的把握和实践能力也十分惊人，甚至是一位凡事亲力亲为的劳动者”[④]。1711年闻思学院大经堂建设期间，一世嘉木样亲临现场，亲自画尺度、弹墨线，史料记载：1711年“六月初，大经堂上大梁时……尊者亲自抬大梁”。[⑤]

拉卜楞寺初创期间，许多来自尼泊尔和我国西藏、甘肃河州（今临夏）、四

① 笔者按：当代研究者认为，桑阿克尔巴与桑阿喀·才培是同一人，是西藏贡嘎曲德寺“钦则画派”传人，又是“钦日画派”著名画师，在《第一世嘉木样传》中被称为“桑阿克尔巴”或“桑阿喀巴”。他曾于17世纪末参与修建五世达赖喇嘛灵塔和佛殿，在《五世达赖喇嘛传》中被称为“助理画监桑喀才培”。因藏语各地方言不同，以致此人名的音译出现不同读音。详见牛乐、高莉：《拉卜楞寺与安多地区藏传佛教艺术的体系化传承》，《内蒙古大学艺术学院学报》，2016年第4期，第24页。

②（清）阿莽班智达著，玛钦·诺悟更志、道周译注：《拉卜楞寺志》，甘肃人民出版社，1997年，第53页。

③（清）阿莽班智达著，玛钦·诺悟更志、道周译注：《拉卜楞寺志》，甘肃人民出版社，1997年，第31页。

④ 牛乐、高莉：《拉卜楞寺与安多地区藏传佛教艺术的体系化传承》，《内蒙古大学艺术学院学报》，2016年第4期，第21页。

⑤（清）第二世嘉木样·久美汪波著，杨世宏译注：《第一世嘉木样传》，甘肃民族出版社，1994年，第147页。

川等地的木作、石作、造像、壁画、唐卡艺术大师受邀参与各种建设工程。一世嘉木样特邀请了那位"钦则画派"画师总监桑阿喀·才培参与闻思学院大经堂壁画创作工程。史料记载:"藏历木阴羊年(1715年)……六月初开始,由桑阿克尔巴画师带领近四十名画工绘制大经堂壁画,历时一个半月全部绘完……尊者向诸画工赏赐马、牛、绸缎、藏银等大批财物。经噶厦政府准奏,向大画师桑阿克尔巴赏赐庄园一处。"[①] 桑阿喀·才培是当时闻名的画师,17世纪末,他参与了拉萨小昭寺彩画重绘工程。

此外,一世嘉木样积极开设拉卜楞寺语工巧(佛经雕印技术)的学习和传授课程。拉卜楞寺创建后,随着僧人数量的增加,佛教典籍、图书资料非常紧缺,鉴此,"(一世嘉木样)授旨阿里达尔曲杰为施主,然卷巴·根噶丹增为负责人,让一些僧人实习雕版技艺。首雕《心类学》《因类学》印版。从此长期雕刻,不曾间断,现在(土牛年,1799年)已仿佛成为佛法之源地,开启不可思量之法施大门。此乃利他之至上功业"[②]。

2. 二世嘉木样建立了系统的"工巧明"学修习课程

1743年,二世嘉木样继位,正式确立了拉卜楞寺显密并重,以医药、历算、声明、音韵、辞章、书法、雕版、印刷、绘画、歌舞等为辅的修习制度,加快推进"工巧明"人才的培养和学科建设步伐。

1788年修建弥勒佛殿期间,二世嘉木样从尼泊尔邀请3位塑像工巧大师主持建设工程、铸造镏金弥勒佛像、绘制壁画、彩绘构件等项目。在尼泊尔大师的现场指导下,拉卜楞寺修习相关"工巧明"学的僧人对相关技艺、知识进行了系统学习和实践训练。此后,这些知识又被传授给其他学僧,并很快应用于其他工程实践中。拉卜楞寺"工巧明"学的传播,呈"芝麻开花节节高"的势头。

二世嘉木样继续培养经籍雕版印刷人才。随着寺院建筑规模的持续扩大,僧

---

① (清)第二世嘉木样·久美汪波著,杨世宏译注:《第一世嘉木样传》,甘肃民族出版社,1994年,第157页。

② 丹曲:《拉卜楞寺藏传佛教文化论稿》,甘肃民族出版社,2010年,第211页。

人数量剧增，需要大量经典书籍，为此，二世嘉木样创建了印经院，1767 年从四川昌都寺聘请 3 位雕版艺僧，指导本寺雕印经典，后又从四川德格、炉霍和西藏昌都等地聘请众多工匠，指导本寺雕版业务，培养了大量从事经书、佛像、唐卡雕版和印刷业务的人才。

二世嘉木样非常重视“工巧明”图书典籍的收藏、刻印与保存。1959 年油印本《拉卜楞寺总书目》收录“工艺学”（“工巧明”学）藏文典籍 20 种、28 部[①]，其中有作者名的作品 20 部，包括：克珠盖勒、白桑布《时轮尺度经》（插图本），内容以论述房屋建筑、家具制造、绘制佛像等为主；久美帕巴《实用建筑学二十箧》；嘉木样协巴《一百种佛塔尺度经》；隆多喇嘛《工艺学、天文历算品仪轨》；阿怙拉卡色盖《灌顶尺度入门注释明灯》；土观·却吉尼玛《绘画和佛像建造卷帙·稀有游艺》；喜绕嘉措《制作金刚鬘各种线条仪轨》以及他在聆听密宗《坛城释品》时的学习笔记若干册（页）；措扎丹巴坚参《尺度经仪轨花鬘》；曲英·多丹道尔吉《工艺学密宗宝藏大疏》；白丹洛哲桑布（或作“华丹洛哲桑沃禅师”）《工艺学明镜》；药神顿珠《塔葬尸身药物处理之如意珍宝》；楚臣扎西《佛像优美造型视镜》；绒妥·洛桑丹曲坚赞《各种实用尺度经明释》；松巴·益喜班觉（或作“松巴·益喜旺究”）《佛像、佛经、佛塔尺度经注释花鬘》；克珠丹增《度尺经·善慧修饰明灯》；阿果·纳牟桑《佛塔筑造校释甘露》；圣地宇尊《影像仪轨·庄严髻明镜》；拉旃那《邬波罗花（青莲花）本母鬘》（密宗根本）；多居仁波切《工艺学广释·如意宝藏》。另有 8 部无名氏作品，包括：《集密、胜乐、怖畏三本尊坛场簿录·雅言珠宝》《工艺学显密经籍明镜》《各种坛场尺度经》《回文诗创作源流》《各种工艺学技巧变化之药引》《尺度清经源流宝镜》《坛场尺度经必读·太阳宝镜》《二百零一种工艺学大疏》。目前，这 28 部经典保存在藏经楼，均未整理翻译，特别是久美帕巴著《实用建筑学二十箧》系统地讲述了藏式传统建筑勘察选

① 张庆有：《拉卜楞寺藏经楼所藏工艺学经籍》，《西藏研究》，1988 年第 4 期，第 138 页、140 页；张庆有：《甘南拉卜楞寺藏经楼所藏“工艺学”经籍概述》，《图书与情报》，1987 年第 4 期，第 78—79 页。

址、设计布局、施工技艺等，对研究藏式传统建筑文化艺术具有重大价值。

3. 油饰彩画、壁画、唐卡绘制艺术的传承与发展

拉卜楞寺壁画、唐卡绘制及木构件油饰彩画艺术属安多地区热贡艺术体系。热贡艺术历史悠久，学科门类繁多，包括唐卡、壁画、泥塑、铜塑、石刻、木雕、堆绣、油饰彩画和酥油花制作艺术等。壁画唐卡及油饰彩画艺术是在广泛吸收敦煌壁画艺术、中原汉地画风以及印度、尼泊尔等地绘画艺术的基础上形成的，具有鲜明的地域性特征。它们完全依托宗教内容，为宗教建筑服务，实现了内容与形式的完美结合。

公元 8 世纪下半叶，许多吐蕃将领驻守在唐蕃对峙地区，其中一位将军觉噶达吉的后代专门到尼泊尔学习绘画，后返回热贡地区（今青海省同仁县隆务河流域年都乎、郭麻及吾屯等地），成为热贡艺术的奠基人。公元 10 世纪，著名高僧喇钦·贡巴饶赛在河湟流域广建寺院、修造佛塔，从汉地、尼泊尔等地请来画师、雕塑家等绘塑佛像，这些绘画、雕塑技艺很快在热贡地区传播开来。1028 年，日喀则地区著名画师年扎嘉措兄弟三人来到热贡地区，参与本区很多寺院殿堂的绘画塑像工程，又将日喀则等地的绘画、塑像技艺传播到这里。至此，热贡地区的绘画、雕塑匠人已成规模，以崭新的面孔登上藏式绘画塑像艺术大舞台。1171 年前后，萨迦班智达·智华坚参邀请热贡吾屯地区的久美、嘉才让等工匠、艺人 10 多位，到西藏参与萨迦寺绘、塑佛像工程[①]，热贡艺术与西藏佛教文化艺术展开双向交流。1267 年，萨迦法王八思巴派遣拉杰扎那哇带领 300 多位匠人（包括画匠、木匠、石匠等）来到热贡地区，开展萨迦派寺院、佛塔修建及佛像绘塑工程，西藏地区的建筑、雕塑、绘画艺术潮水般涌入安多地区。日喀则地区以“描金”为特征的“萨迦式”画风对热贡绘画艺术产生很大影响，进一步推动热贡绘画艺术（包括木构件油饰彩画）在构图、线条、造型、色彩等方面走向独立发展和成熟之路。同时，以多杰南嘉画师为代表的百余位热贡吾屯匠人奉明朝政

① 丹曲：《安多藏族绘画艺术概论》（上）》，《西藏艺术研究》，1997 年第 1 期，第 33 页。

府之命，前往北京等地参与皇家寺院建造、油饰彩画、佛像塑制、壁画创作等项目[①]，热贡艺术又开始与中原绘画艺术展开交流与融合，其中热贡隆务寺逐渐发展成为热贡艺术创作、实践、交流的中心。

此外，明朝建立后，大量内地军户、屯民进入热贡地区，再次为内地绘塑工匠与热贡匠人创造了相互交流的历史机遇。此时，隆务寺已发展成为隆务河流域热贡地区的大型寺院集团，持续多年开展大规模宗教殿堂建设、绘画、雕塑工程，隆务河流域云集了工程建设、彩绘、壁画、塑像创作大军，培养、锻炼了大批精于建筑、绘画、塑像的艺术大师，被史书赞誉为“热贡拉茹”[②]。1407 年，以卡南索巴、嘉仓玛金巴为首的十多名热贡吾屯画师奉二世达赖喇嘛之命，前往卫藏地区参与绘制佛像工程，创作了大量作品[③]。1479 年，隆务寺喇嘛罗桑桑盖与土官·贡却乎坚参进京朝觐明宪宗，宪宗皇帝对随行的热贡艺术大师（包括年都乎噶居哇、谢热扎西、班智达罗桑益西等人）给予高度赞誉，赏赐颜料 10 驮[④]。至此，热贡艺术得到明朝宫廷的高度重视和赏识，誉满天下。

16 世纪初，格鲁派崛起，热贡艺术继续发展，人才辈出，如著名画师洛桑西饶（《安多政教史》称其为“年都乎噶日画师”）曾在“嘉洋洛哲门下学习‘工巧明’，成为名扬四海的尕如画家”[⑤]。大批热贡吾屯地区的木匠、画匠、塑匠走南闯北，亲自主持或参与西藏、安多地区及中原地区的佛寺建设、绘画和塑像工程，其中包括甘南卓尼禅定寺、青海卓仓寺、山西五台山、青海广慧寺、北京北海公园殊胜宝塔等。

17 世纪以来，以热贡地区隆务寺为中心的工巧匠人队伍空前壮大，人才济济，从事的艺术门类众多，“工巧明”学已成为安多地区各大寺院教育的重要内

① 丹曲：《安多藏族绘画艺术概论（上）》，《西藏艺术研究》，1997 年第 1 期，第 34 页。

② 吕霞：《热贡艺术的历史渊源及发展分期》，《青海民族学院学报》（社会科学版），2008 年第 1 期，第 68 页。

③ 丹曲：《安多藏族绘画艺术概论（上）》，《西藏艺术研究》，1997 年第 1 期，第 34 页。

④ 丹曲：《安多藏族绘画艺术概论（上）》，《西藏艺术研究》，1997 年第 1 期，第 35 页。

⑤ 舒勇：《热贡艺术研究》，《美术研究》，1987 年第 4 期。

容，有明晰的传承系统和传承方式。拉卜楞寺创建后，很多僧人也跻身于这一艺术创作大军之中。今青海省同仁县年都乎、吾屯下庄等村仍为热贡艺术培训、研发中心，在藏式传统建筑工程、油饰彩画、壁画、雕塑等领域有完整的传承体系，但传承人仅限于家族成员内部及至亲好友之间，很少有外传者[①]。

（二）拉卜楞寺建筑“工巧明”学主要特征

拉卜楞寺作为一所宗教学府，“工巧明”修习的重点领域包括殿堂修建、塑像、壁画与彩画、宗教供品制作、宗教仪轨等，与西藏寺院“工巧明”学的修习内容一脉相承，又结合了本地区自然环境、人文因素等，形成了独具地域特色的文化特性。

1. 对西藏各大寺院“工巧明”学的继承发展

从历史上看，西藏地区佛教寺院建筑很早就吸收和借鉴了中原传统建筑文化元素，汉式建筑元素完全融入藏族建筑之中，成为非常重要的一部分。在借鉴之中，又加以创新，特别表现在建筑布局、空间营造、建筑材料及装饰特征等方面，如将汉式屋顶恰当地修建在重要宗教殿堂平顶屋面上，去掉了汉式厚重的灰陶瓦，改为轻盈、绚丽的镏金铜瓦，突出了建筑的等级特征，彩画、脊饰件又突出藏式传统文化元素。

拉卜楞寺的整体设计、建筑形制及“工巧明”学修习内容和制度，系统地继承和发展了西藏著名寺院的模式，重要的宗教建筑模仿西藏四大寺内相关建筑的风格。

一世嘉木样及其18位格西弟子、本寺其他著名活佛多曾在拉萨著名的四大寺修习。拉卜楞寺初创时，主要借鉴哲蚌寺的建筑规模、形制、修习制度，这些高僧、活佛均参与其中。“历世嘉木样活佛皆继承了这一道统，这种文化上的正统性几乎无可替代”[②]。二世嘉木样也紧随拉萨四大寺的发展步伐，许多建设项目

---

① 索文清：《青海五屯藏族宗教绘画雕塑艺术概述》，《中央民族学院学报》（哲学社会科学版），1986年第3期，第89页。

② 牛乐、高莉：《拉卜楞寺与安多地区藏传佛教艺术的体系化传承》，《内蒙古大学艺术学院学报》，2016年第4期，第20页。

仍以仿照拉萨著名大寺相关建筑的模式为主。如:1763 年，二世嘉木样仿照扎什伦布寺时轮学院的样式创建时轮学院；1772 年，对闻思学院进行大规模改扩建，“依据西藏哲蚌寺的规章制度予以革新使用”[①]。这次改建的闻思学院，除前庭院及前殿楼外，主体大经堂建筑规模、平面形态与哲蚌寺郭莽扎仓基本一致(图155);1782—1784 年，又仿照拉萨药王山寺医学利众院的模式创建医药学院；1788 年，又仿照日喀则江仁钦宗弥勒佛殿的样式修建弥勒佛殿，期间特邀请了我国西藏、尼泊尔等地的 6 名艺僧铸造铜质镏金弥勒像。三世嘉木样也曾在哲蚌寺郭莽扎仓修习，期间，他认真考察了色拉寺、甘丹寺的修习科目和仪轨等，返回拉卜楞寺后，继续改革、完善本寺修习规程和内容，使“工巧明”学相关科目的设置更加充实、丰富。1879 年，四世嘉木样仿照布达拉宫南杰扎仓的样式修建了喜金刚学院；又根据哲蚌寺的修习教程，强化了本学院的“工巧明”修习内容;1886 年，“选派喜金刚学院青年僧人进藏学习‘载玛尔’护法法舞”[②]。五世嘉木样时期，继续强化和完善本寺“工巧明”学修习内容，1929 年仿照拉萨上密院

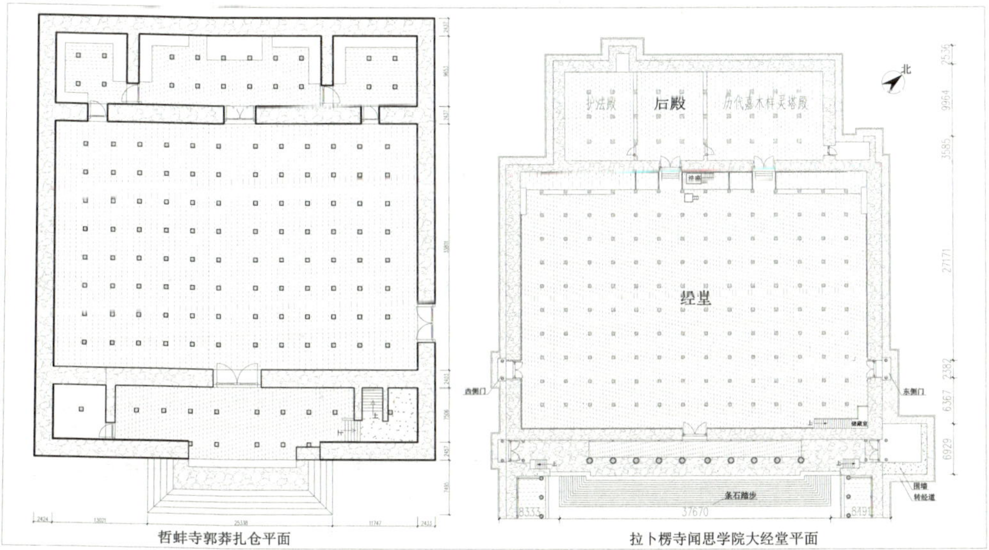

图 155　哲蚌寺郭莽扎仓与拉卜楞寺闻思学院大经堂平面比较

① 苗滋庶、李耕、曲又新、罗发西:《拉卜楞寺概况》，甘肃民族出版社，1987 年，第 143 页。

② 扎扎:《嘉木样呼图克图世系》，甘肃民族出版社，1998 年，第 287 页。

的样式修建上续部学院，参照其修习体制确立了本学院“工巧明”修习内容和仪轨等;1946 年主持闻思学院大经堂扩建工程，其中后殿金顶是“尼泊尔工匠设计建造的”[①]。有些建筑技艺完全照搬外地的工艺技术而来，如 1882 年，本寺活佛一世喇嘛噶绕仓为弥勒佛殿加建金顶，其中屋面所用的镏金构件均从河北省张家口定制，转运至本寺后安装。拉卜楞寺多次开展大型殿堂建设工程，都从拉萨、日喀则等地邀请大量木匠、石匠、画师和雕塑师等，将正统的格鲁派寺院建筑文化传承到了安多地区。

西藏各大寺“工巧明”学科相关的建筑技艺、规范、仪轨等，对拉卜楞寺建筑活动本身产生了深远影响。拉卜楞寺佛殿的设计规格、外形样式均按藏传佛教经典《律经》的规定执行，与西藏等地的佛殿建筑规格统一，殿堂内的柱子、装饰品、柱头和斗拱的长度、雕刻图案等，多数按照西藏地区宗教殿堂的规格和要求设计建造，还大量引入尼泊尔等国的建筑工艺。拉卜楞寺自 1711 年正式动工修建以来，建设从未停歇。建设项目有固定的程序，包括选址、奠基、立柱、封顶、竣工、开光等仪式及供奉佛菩萨等礼仪，是藏族传统文化传承的重要内容。时至今日，相关维修、重建工程仍完整地承袭这一传统。

2. 拉卜楞寺各殿堂供奉的佛菩萨像制作工艺来源很广，兼收并蓄

历史上，凡拉卜楞寺创建子寺、法缘所到之处，当地寺院、信众、政教人士无不为其供奉（供养）各种佛菩萨尊像、唐卡及宗教用品等，制作工艺五花八门，各有特色，体现了拉卜楞寺佛菩萨像制作工艺的多样性，也是安多地区藏传佛教“工巧明”学文化艺术高度融合的结果。拉卜楞寺造像来源大体有四种：

第一，许多中小型成品造像来自国内各地。有些大型佛像是从外地定制后，再运送到拉卜楞寺组装供奉起来的，如文殊菩萨殿内主供铜质镏金文殊菩萨像，

① 董玉祥:《拉卜楞寺及其佛教艺术》，见甘肃省文物考古研究所、拉卜楞寺文物管理委员会:《拉卜楞寺》，文物出版社，1989 年，第 6 页。作者按：董玉祥先生所见和描述的这座金顶是 1985 年火灾烧毁前的样式，说明 1947 年五世嘉木样主持闻思学院改扩建工程期间，维修或重建了后殿金顶，邀请尼泊尔工匠参与屋面镏金饰件的制作。

是四世大阿莽仓活佛于1928年在张家口铸造成型后转运而来的。同样，白度母佛殿内供奉的白度母佛像也如此。

第二，邀请外地工匠来本地铸造。拉卜楞寺初建时，有些塑造镏金佛像的工匠是从我国西藏和尼泊尔等地请来的。《第二世嘉木样传》记载："藏历火阴鸡年（1777年，清乾隆四十二年）……然江巴·嘉样华尔丹带着三位尼泊尔工匠从西藏安全返回，向尊者呈现了达赖和班禅惠赐的书信和厚礼、拉藏汗的呈文和礼品，……接着向三位尼泊尔工匠赏赐哈达、绸缎、藏银五十两，开始铸造镏金弥勒佛大铜像（作者按：指弥勒佛殿主供的弥勒佛像）。（二世嘉木样）尊者亲临场地，吩咐佛像的大小尺寸。"[①] 今寺院藏经楼存《拉卜楞寺志》《大金瓦寺志》《贡唐宝塔志》等文献零星记载：乾隆四十三年（1778年），"嘉木样二世从尼泊尔请来了以姿那·米扎为首的三位技艺高超的金匠，由他们主持大弥勒佛殿的修建"；"清嘉庆七年（1802年），拉卜楞寺修建著名的贡唐宝塔时，这三位尼泊尔金匠又铸造了阿弥陀佛等不可悉数的镏金佛塑"[②]。

第三，本地区工匠就地铸造的佛像。这部分造像种类繁多，数量庞大，既有泥塑、木雕、石雕，也有铜佛像、铜质镏金佛像及铁佛像等。沙俄探险家柯兹洛夫1909年到访拉卜楞寺，在其《蒙古、安多和死城哈拉浩特》一书中记述了拉卜楞寺自己铸造佛像的情景[③]。

3. 壁画、油饰彩画以西藏、青海热贡绘画工艺为主

拉卜楞寺初建时，邀请了不少尼泊尔和我国西藏、河州（今临夏市）、四川等地的木匠、石匠、画师、塑匠前来施工，西藏地方政府也派来多名画师参与壁画绘制，热贡地区绘画艺术大师德钦桑俄合、卡贝才彭等人参与了闻思学

① （清）贡唐·贡却丹白卓美:《第二世嘉木样协巴·久美旺布传》（藏文版），甘肃民族出版社，1990年；丹曲《拉卜楞寺藏传佛教文化论稿》，甘肃民族出版社，2010年，第162页。

② 牛乐、高莉:《拉卜楞寺与安多地区藏传佛教艺术的体系化传承》，《内蒙古大学艺术学院学报》，2016年第4期。

③［俄］彼·库·柯兹洛夫著，王希隆、丁淑琴译:《蒙古、安多和死城哈拉浩特》，兰州大学出版社，2011年，第298—304页。

院大经堂和下续部学院经堂壁画、油饰彩画、泥塑、铜佛像和鎏金饰件的制作工程[①]。《西藏绘画史》记载："安多热贡著名宗教艺术流派是由于德钦桑阿喀巴的勉日派大师次佩的活动建立起来的，应一世绛央协巴阿旺村珠（一世嘉木样）的请求，他于1715年被西藏中部官方派往安多，为建在扎西吉（即扎西奇）的新扎西郭莽寺院（拉卜楞寺）绘制壁画"[②]。另一著名僧人画师然江巴·平措曾跟随一世嘉木样从西藏返回安多，既从事绘画，又负责石木结构工程建设等事，1716年参与主持下续部学院壁画绘制工程。拉卜楞寺各项工程建设期间，大量热贡地区僧、俗两界的匠师积极参与其中，开启了本寺"工巧明"学相关修习科目（包括建筑结构营造、木雕、油饰彩画、壁画、塑像等）理论教学与现场实践的大门。

二世嘉木样时期，拉卜楞寺正式确立了显密兼修的制度。18世纪初，热贡绘画艺术达到成熟期。在壁画方面，画面以色彩艳丽、装饰繁缛、五彩缤纷、富丽堂皇为主要特征，许多壁画的形式大于内容，成为此时拉卜楞寺壁画的主要艺术风格和特征，如1732年迁建到现位置的下续部学院经堂是拉卜楞寺留存下来的最早建筑物，前廊内壁画四大天王有明显的18世纪"钦则画派"画风，与布达拉宫、大昭寺同期壁画风格接近，但也深受当地汉族传统绘画艺术的影响。有学者认为，该殿堂前廊"壁画属然江巴·平措、桑阿喀·次佩等卫藏画师群体的作品"[③]（图156、图157）。在油饰彩画方面，下续部学院经堂二层礼佛阁内柱头梁枋大量贴金或沥粉堆金，堆砌繁复，琳琅满目，与西藏地区著名寺院的彩画风格一脉相承（图158）。

---

① 丹曲：《安多藏族绘画艺术概论（上）》，《西藏艺术研究》，1997年第1期，第36—37页。

② ［德］大卫·杰克逊著，向红笳、谢继胜、熊文彬译：《西藏绘画史》，西藏人民出版社，2001年，第271页。关于西藏著名画师次佩1715年为拉卜楞寺闻思学院绘制壁画的史实，该书作者杰克逊在自注中称"源自孜本夏格巴·旺秋德丹注"。（详见李有义译：《西藏政治史》，中国社会科学院民族研究所1978年油印本。）

③ 牛乐、高莉：《拉卜楞寺与安多藏区藏传佛教艺术的体系化传承》，《内蒙古大学艺术学院学报》，2016年第4期，第24页。

图 156　下续部学院前廊四大天王壁画之一（2013 年）

图 157　下续部学院前廊四大天王壁画之二（2013 年）

图 158　下续部学院前殿二层柱头及梁枋彩画（2013 年）

4. 与本地区建筑艺术的高度融合

拉卜楞寺是在当时统治本地区的和硕特蒙古贵族的支持下创建的，其建筑艺术扎根于本地区深厚的多民族文化土壤之中，充分融合了本地区各民族的风俗习惯、精神信仰内容，吸取了各民族优秀传统建筑文化元素、工艺技术。它为西藏“工巧明”技术与本地区优秀传统文化的融合、共享、永续传承架起了桥梁，培养和锻炼了本地区“工巧明”人才队伍，体现了多民族文化艺术的深度融合、共同发展特征。这里的每一座殿堂，都不同程度地融合了本地区各民族世代相传的营造技术和工艺特征（图 159）。各建筑的布局、外形、内部空间形态，大量继承西藏著名大寺的固有范式，在构造体系、施工方式、装饰风格等方面突出本地区各民族传统技艺和手法，在块石墙、边玛墙、屋面防水层处理工艺和技法等方面最具代表性，与西藏地区迥异其趣。在室内空间组合方面，完全继承了藏式传统建筑“柱式”序列组合模式，大量融合了本地区汉族、回族传统建筑木构体系特征，特别突出了本地区流行的木雕彩绘“天罗伞”式斗拱、砖雕影壁的装饰效果，又采用多种变通手法，或通过增加一两组构件以延展殿堂内外空间，或借助

图 159 拉卜楞寺多民族建筑文化融合的景象（2016 年）

繁缛的木雕装饰以弱化某构件的厚重和单调感，使拉卜楞寺建筑既与西藏地区有明显的区别，又与毗邻的青海地区迥异其趣。

拉卜楞寺的每座殿堂，从外部形态到结构构造，从空间布局到室内装饰，从砖石瓦作到壁画彩绘，无不承载着本地区各民族匠师的传统技艺，体现着本地区各民族建筑文化的智慧。这里宗教崇拜与世俗文化共存，建筑工程技术与宗教文化得以完美结合。

5. 对本地区建筑工程人才的培养

拉卜楞寺创建后，培养了大批当地工程建设人才。今日甘肃、青海从事传统藏式建筑工程建设、规划设计的人才辈出。

寺院初建时，石匠是从四川、西藏等地请来的；木工以河州（今临夏）工匠为主，部分来自西藏；块石、片石打制及石墙砌筑、木构梁枋与雕刻主要来自青海循化、甘肃河州地区。从工程效果看，大型、超大型殿堂室内柱子、梁枋搭接工艺高超，未用一根铁钉，高大的块石墙严丝合缝。壁画、油饰彩画以热贡艺术为主，大量借鉴西藏、内地汉族绘画艺术元素，是安多地区寺院建筑文化艺术的巅峰之作，独具地域文化特征和民族风格，艺术个性特征非常鲜明。

拉卜楞寺有100多座属寺，属寺大部分位于甘肃、青海、四川地区。各属寺的建筑活动也是从未间断，又推动了属寺所在地区建筑工程的繁荣和发展，锻炼和培养了大量本地工匠。在这一漫长的历史过程中，工程建设活动的模式逐渐发生改变，由早期完全借鉴、模仿西藏著名寺院的阶段走向自我创新、自我发展阶段。拉卜楞寺还组建了自己的工程队（组建年代不详），主要从事工程管理、小型殿堂的修建及保护维修等工作。今甘肃临夏、青海循化等地，与藏式传统建筑工艺相关的艺术传承自成体系，持续繁荣，所涉艺术门类繁多，其中块石墙和边玛墙砌筑、木作砖雕艺术、塑像制作及壁画、油饰彩画、唐卡画等技艺分别被公布为国家级、省级非物质文化遗产，不同的工艺（工种）都有明确的传承人和施工队伍，分工非常细致。1985年，闻思学院失火烧毁，在后来的重建中，上述两地的各类工匠承担了大量施工任务。

三、建筑材料对甘南地区自然环境的适应性

甘南地区地处青藏高原东南缘，自然环境、气候条件独特，对建筑营造技艺有很大影响。拉卜楞寺建筑规模宏大，有众多学院、佛殿、佛塔、活佛囊欠、僧舍等建筑，建筑主材有块石（片石）、砖瓦（砖雕）、砂石土、木材、边玛草等，建筑材料就地取材，完全适应当地的自然环境。

（一）石材

拉卜楞寺各建筑外墙及地面铺装使用的石材，均为本地产沉积岩类青石。由于拉卜楞地区“不产花岗岩，所用阶石多采自东北六十里之沙沟寺。普通僧人住宅及次要佛殿阶梯皆用本地石英砂岩及板岩铺成。寺中庭院空地则用河中石砾铺嵌成各种花纹，或用砂岩石块砌铺。至嘉木样之公府及大经堂，则以花岗岩石条铺地，庄严整洁，尤不易得”[①]。石料就地取材，加工运输方便。对一座藏传佛

① 任美锷、李玉林：《拉卜楞寺院之建筑》，原载《方志》1936年3、4期合刊，见甘肃省图书馆：《西北民族宗教史料文摘——甘肃分册》，1984年，第597页。

教建筑而言，石材砌体占全部材料的2/3，“墙垣多用青灰色石、黄砂岩之石块。因附近山上随处皆为砂岩，取之甚易。其质坚实，最宜筑墙，故四五层之高楼，均甚坚固。拉卜楞寺院建筑，外部以石为主（如墙垣、院地、台阶等），内部以木料为主，故该地有‘外不见木、内不见石’之谚”①。

石材分块石和片石两种。在古代，石材皆为人工打制，现代均为机器加工。块石与片石搭配使用，每块成品尺寸约17×23×35厘米，重20~30公斤（图160、图161）。片石的使用部位不同，大小、厚度不同，一般厚0.5~3厘米。铺设部位有地面、屋面、门窗顶部边沿挑檐、散水、台明、甬道等（图162），铺设地面的片石最厚，达3厘米。建筑顶部边玛墙、挡水墙及院落围墙的墙帽挑檐大部分均用青砖、筒瓦、片石混合垒砌（图163）。大型片石主要用于铺设广场、庭院等，1980年前拍摄的照片显示，寺院内主要道路、广场、辩经院、学院及佛殿庭院地面为砂石土碾压而成，仅闻思学院前庭院和冬季辩经院（弥勒佛殿旁，场地北面建一座亭阁式讲经台，也称“冬季讲经台”）为大型片石铺设。

在院落地面铺装方面，据民国时期大量照片判断，早期许多殿堂庭院、殿外广场为砂石土碾压而成，如闻思学院前庭院（图164），院外广场为砂石土碾压

图160　砌墙用的块石

图161　块石、片石混合砌墙

① 马鹤天：《甘青藏边区考察记》，见中国西北文献丛书编辑委员会：《中国西北文献丛书》第四辑《西北民俗文献》第二十卷，兰州古籍出版社，1990年，第117页。

图 162　铺设挑檐的片石

图 163　边玛墙帽垒砌方式（文殊菩萨殿）

图 164　闻思学院前庭院用片石铺设（2008 年）

（图 165）。1980 年以来，多数殿堂四周的转经道、前庭院改为片石铺设，有些甬道还用鹅卵石拼成各种吉祥图案，仅下续部学院的前庭院仍保持砂石土地面。2013 年以来，寺院实施第三轮保护维修及基础设施改造工程，将许多广场、庭院改用片石或水泥砖铺设，而文殊菩萨殿院改用红砖铺设，仅寿安寺、印经院等院落保持原砂石土铺设样式，但有片石铺设的甬道。如今，活佛囊欠院的铺装材料五花八门，或改用水泥砂浆、水泥砖铺设，如贡唐仓囊欠（图 166）、德哇仓囊欠等，或改用红砖铺设，如嘉堪布仓囊欠等，或保持原有砂石土地面，如大阿莽仓囊欠（图 167）、念智仓囊欠、蒋干仓囊欠等。寺院冬季辩经院的地面铺

图 165　闻思学院前广场为砂石土铺设(2008 年)

图 166　水泥铺设的贡唐仓囊欠院(2012 年)

图 167　大阿莽仓囊欠院为砂石土铺设(2012 年)

图 168　民国时期的冬季辩经院

图 169　片石铺设的冬季辩经院(2014 年)

装，从民国时期至今一直未变。明驼先生《拉卜楞寺巡礼记》一文附了一张冬季辩经院照片[①]，系从东南向西北拍摄，展示了当时的院落及讲经台的整体面貌（图168），今仍保持原貌（图169）。近年维修、改扩建的建筑，多用花岗岩制作垂带、阶条石、扶手栏杆等，主要用于体现建筑的等级地位。

（二）砖瓦及砖雕

拉卜楞寺建筑使用砖瓦者较少，主要有青砖及砖雕、琉璃瓦、灰陶饰件，多产自临夏。

青砖及灰陶筒板瓦的使用量较大，主要施用部位有：边玛墙墙帽垒脊、扣脊，汉式建筑（包括部分汉藏结合式建筑）的墀头墙、屋面及楼面外挑檐，高级建筑（嘉木样寝宫）前庭院及前廊地面等。大面积使用陶制瓦件、脊饰件者，仅见于地位尊贵、等级较高的建筑，主要有殿堂金顶屋面、嘉木样寝宫内的部分汉式建筑；其他建筑部分墙体的墀头、山花等用青砖砌筑，点缀少量砖雕图，如1985年失火烧毁前的闻思学院前殿楼东、西两山墙皆用青砖砌筑，墀头墙正面有精致的砖雕图，屋面通体覆盖灰筒板瓦，四面檐口勾头滴水俱全，脊饰件、套兽均为灰陶制作（图73）。1989年重建后的前殿楼改为藏式二层平顶楼，屋面加一座单檐歇山顶金顶，金顶屋面覆盖绿琉璃瓦，所有脊饰件、角梁套兽以特制绿琉璃烧制；两侧边楼块石砌筑，墙身白灰罩面，无砖雕，墙顶加双层边玛墙，墙帽覆盖绿琉璃瓦；院落围墙顶部挡水墙帽均覆盖绿琉璃瓦；庭院东、西两侧门及大经堂东、西两侧门屋面挡水墙帽均覆盖黄琉璃瓦；后殿金顶覆盖特制铜质镏金瓦和镏金脊饰件；主殿大经堂的墙帽均以青砖、片石及黄琉璃筒板瓦混合垒砌（图170）。

拉卜楞寺建筑以藏式结构为主，不用或很少用砖雕。在古代甘南地区，因经济发展缓慢，生产力低下，青砖难以大批量供应，只有高级建筑才可使用。民

① 明驼：《拉卜楞寺巡礼记》，《新中华》，1936年第4卷第14期，第14页插图。

图 170　1989 年重建后的闻思学院全貌俯瞰（2014 年）

国学者曾记载，拉卜楞寺“附近不产砖瓦，寺院内部墙壁用砖砌成者殊少。仅嘉样协巴（即嘉木样）住邸有砖砌短墙，墙上且刻有精致花纹，在拉寺实为稀有”[①]。嘉木样寝宫西院接待楼东、西两山墙及墀头墙为青砖砌筑，正面饰砖雕（图 171）；西院与中院的分隔墙为一座巨大的砖雕影壁式大门；中院嘉木样会客厅的山墙、廊心墙上均饰砖雕，其台明正面嵌 7 幅砖雕图，民国时期将中间的 1 幅拆除，现存 6 幅，左右各 3 幅，对称布局（图

图 171　嘉木样寝宫接待楼墀头墙及砖雕

① 任美锷、李玉林：《拉卜楞寺院之建筑》，原载《方志》1936 年 3、4 期合刊，见甘肃省图书馆：《西北民族宗教史料文摘——甘肃分册》，1984 年，第 597 页。

172、图 173）；西院的西侧门墙体也用青砖砌筑，屋面覆盖灰筒板瓦、脊饰件等；东院内的嘉木样护法殿为典型的汉藏结合式建筑，纯汉式屋顶，屋面覆盖灰陶筒板瓦及脊饰件，与藏式块（片）石墙、两山墙顶部前后两端装饰的单层边玛墙带有机融为一体，体现了汉藏传统建筑文化的深度融合（图 174）。

拉卜楞寺使用琉璃瓦的建筑也较少，早期仅见于 1812 年修建的悟真寺金顶屋面，覆盖绿琉璃瓦及脊饰件，后该建筑被拆除，2020 年修复性重建，金顶屋面也覆盖绿琉璃瓦，但与原貌相去甚远。1942 年修建的上续部学院金顶屋面也使用绿琉璃瓦、脊饰件，今仍保留原状。1804 年修建的贡唐塔，底层殿阁屋面皆覆盖灰筒板瓦、脊饰件，1993 年重建后，将底层殿阁屋面改铺绿琉璃瓦、脊饰件。闻思学院前殿楼在 1947 年改建后，一改二世嘉木样 1772 年改建的样式和风格，整体变为一座二层单檐歇山顶建筑，屋面覆盖灰筒板瓦、脊饰件；院

图 172　嘉木样寝宫会客厅台明东侧砖雕组图（2013 年）

图 173　嘉木样寝宫会客厅台明西侧砖雕组图（2013 年）

图 174　嘉木样寝宫会客厅、护法殿传统汉式双坡屋面（2016 年）

落围墙的墙帽亦如此。1989 年重建后，前殿楼又恢复为汉藏结合式形制（藏式平顶主楼居中，两侧各建一座边楼，均高两层，第二层屋面中央建一汉式金顶），金顶屋面通铺绿琉璃瓦，两侧边楼墙顶加双层边玛墙，墙帽覆盖绿琉璃瓦；院落围墙的正面墙帽、背面诵经廊屋面的挡水墙均改铺绿琉璃瓦。

（三）土、土坯墙、夯土墙

拉卜楞寺建筑中，土的使用量很大。寺院周边盛产各种土，主要有黑土、巴嘎土、砂石土等，主要用于搅拌黏合材料、夯筑墙体、制作土坯、铺压屋面等，可就地取材，施工方便，经济实惠，适合本地区自然环境和气候条件。

黑土系夏河县本地的一种天然素土，大量用于搅拌石块砌墙、铺地的黏结材料及碾压屋面防水层。作为黏结材料使用时，黑土需提前用水浸泡（称为“闷”）数日，还可根据不同建筑和使用部位，添加其他辅助材料，以增强黏结性。

巴嘎土是夏河县本地的一种天然细黄土，用途十分广泛，大量用于涂饰（泼

图 175　巴嘎土涂饰的僧舍外墙面

洒）建筑外墙面，可根据不同需要加入红、黄、白等色颜料或添加其他辅料（细沙等），搅拌成稀浆液。根据藏传佛教教义，不同殿堂的不同部位涂饰不同的颜色，佛殿外墙（包括院落围墙）均饰等级最高的黄色或红色，学院经堂前殿、活佛囊欠及普通僧舍建筑外墙面均饰白色，多数僧舍建筑（包括院落围墙）涂饰素土泥浆（图 175）。巴嘎土还可用于制作壁画地仗层，使用时，按比例掺入细沙。

砂石土在夏河县非常丰富，主要用于铺压地面、屋面防水层、楼面等。不同部位的含砂量、铺设工艺均不同，如：

铺设路面、院落地面、转经道时，工艺较粗，对土质要求不高，对底部基础进行简单压实处理后，直接铺压在上面即可。

铺压平顶屋面防水层、室内楼面时，工艺较细，工序较多。首先在椽子上铺一层边玛草或杂木树枝或圆形栈棍（直径 10~15 厘米）；再在边玛草或栈棍层上分层铺压砂石土，一层粗砂石土厚 6~10 厘米，最大砂石粒径 1.5 厘米左右，或用片石铺设，铺设方法同盖瓦，相互叠压，不接缝；其上再铺一层较细的砂石土（砂石粒径 1 厘米以下），厚 10~15 厘米。铺设时，要分层夯打，或用石碾子碾压，屋面要堆出不同走向的散水坡度。这种屋面的缺点是土层密实度不足。

室内地面（主要用于楼梯间）铺设工艺与屋面大同小异，但更细致，底层用砂石土垫筑，上层用过筛的细砂石土或黑土分层夯打，表面有光滑感，密实度较强。

（四）木材及木构件加工

木材是拉卜楞寺建筑的主要用材之一，以云杉为主，用量很大，均来自本地，采伐、运输较易。拉卜楞寺建筑构件种类繁多，大木作有柱、梁、弓木，小木作有斗、拱、椽望等。一座大型殿堂是用木料、块石搭建起来的，“小自户限、栅栏，大如栋梁、门柱，无不皆然。经堂佛殿所用大柱，往往高四五丈，雕饰藻绘，备极壮丽。各囊谦（即囊欠）更多画栋雕梁，穷极工巧”[①]。

拉卜楞寺的宗教殿堂、活佛囊欠建筑深受西藏寺院建筑的影响，结构形制、外观样式、空间形态基本固定，以藏式平顶屋为主，外形如一座城堡，等级高者在屋面加金顶。此外，明代以来，安多地区形成了一种被称为“苗檩花牵”的地方性木构建筑构造体系（图 176），大量用于汉传佛教寺院、藏传佛教寺院、清真寺、俗神庙宇、军阀公馆等建筑，主要特征有：（1）外檐柱头上施横向构件“花牵”，外形雕刻如花墩，与横枋共同拉结檐柱；（2）纵向采用向外挑出的“托手”，用于拉结檐柱和金柱，外端雕饰各种图案，其上置一坐斗，承载外挑单步

图 176 “苗檩花牵”结构仰视（嘉木样寝宫亲属居住楼，2007 年）

① 马鹤天：《甘青藏边区考察记》“外不见木、内不见石”条，见中国西北文献丛书编辑委员会：《中国西北文献丛书》第四辑《西北民俗文献》第二十卷，兰州古籍出版社，1990 年，第 118 页。

梁或双步梁；(3)梁上置前后两道檩子，前为挑檐檩(苗檩)，后为正心檩，正心檩的位置比挑檐檩高。受这种建筑风格的影响，拉卜楞寺建筑也多采用这种构造，主要见于殿堂院落大门、二层挑檐门廊、金顶、转经长廊及嘉木样寝宫内各汉式建筑等，“除用于坡顶檐口外，也可与藏族传统平顶建筑结合使用，在这种情况下，只需使苗檩(挑檐檩)与老檩(正心檩)的上皮同高，上承平椽”[①]。藏式平顶建筑多没有向外挑檐构件，在营造向外挑出檐廊的平顶建筑时，将正心檩、挑檐檩处理在同一平面上即可，嘉木样寝宫接待楼一、二层(图177)，重建后的闻思学院前殿楼一、二层结构均如此。在西藏地区，这种结构体系仅见于殿堂金顶中。

拉卜楞寺普通僧舍数量庞大，总计有500多个独立的院落。它们没有借鉴西

图177 嘉木样寝宫接待楼外挑平顶檐廊(2013年)

① 唐栩:《甘青地区传统建筑工艺特色初探》，天津大学硕士学位论文，2004年，第71—72页。

藏地区的楼房样式，院落空间格局、房屋建筑形制千篇一律，以“虎抱头”式平面形态、藏式平顶屋面为主要特征，是甘南、临夏地区传统民居建筑工艺体系的翻版。

（五）具有装饰和结构双重功能的边玛墙

边玛墙是用边玛草束垒砌的一种墙体。边玛草采集于当地，获取、加工、施工较易，造价低廉，对墙面美化具有特殊功效（图 178）。它既是一种建筑材料，具有墙体结构方面的功能，可减轻墙体重量，避免墙基承受超负荷重量，又是各宗教殿堂重要的外墙面装饰材料。

总之，人类建筑活动离不开工程建设理论和技术，它是一切建筑设计、营造活动的先决条件。藏传佛教寺院完整地继承、发展了藏式传统建筑文化和工艺体系，形成了完整的工程建造理论技术。这些理论技术融合在“工巧明”典籍中，没有形成独立的学科理论体系。在宗教文化中，一切建筑工程技术都是为佛菩萨服务的，用于为佛菩萨创造最理想的居所。寺院政教管理机构建筑、宗教殿堂内

图 178　砌筑边玛墙（2016 年下续部学院厨房维修）

图 179　令人眼花缭乱的梁枋彩画（喜金刚学院，2014 年）

外装饰繁复、重叠，外部使用大面积的明艳色彩涂饰，点缀闪闪发光的宗教装饰物；内部使用大量的壁画、油饰彩画，令人目不暇接（图 179）。各类装饰的根本目的仍然是突出神性，弱化人性，特别突出"看面"的装饰功效，即佛菩萨能看到的一面、信众能看到的一面，而对隐蔽部位（包括楼梯间、储藏室等）及构件背面（包括窗子、门扇、外挑构件背面等）的处理非常简单，如此可节约工程建设成本。

第七章　建筑设计

藏传佛教寺院建筑在设计、开工、施工、改扩建、搬迁重建、拆除等各环节中，都严格遵循特定的宗教仪轨，不可随意而为。

一、宗教观念指导下的建筑工程设计特征

藏传佛教寺院建筑有鲜明的民族性格和艺术风格，乍看有“千篇一律”之感，这是特殊的设计思想和营造制度使然。一座寺院或一座殿堂，首先要以特定的宗教观念为指导，完成蓝图设计；其次，在宗教观念的指导下开展营造，完成建设任务。但这种蓝图设计是一种理想化的概念和愿景，并非现代建筑学意义上的技术设计蓝图，一般由寺主、高僧大德提出创意和构思，有时候绘制简单的示意图，交给建筑匠师直接施工，有时没有示意图，也没有技术（施工）设计图纸，匠师们带着这种构思直接进入施工程序。

（一）以外在之“象”决定建筑之形

一座藏传佛教寺院，从总体空间布局到单体建筑的布置、形制、装饰选择等，都体现和表达着某种特定的宗教寓意和意象。在设计过程中，先提出拟建寺院、建筑的概念性外在之“象”，然后直接施工，以物质材料和技术手段实现之，是藏传佛教寺院建筑设计的主要特征之一。从物质技术层面看，建筑就是一个靠光影、形状和色彩效果来表现的可见实体[①]，结合某地的自然、历史、人文、风

---

①［美］托伯特·哈姆林著，邹德侬译，沈玉麟校：《建筑形式美的原则》，中国建筑工业出版社，1982年，第77页。

俗等诸多要素，创造出某寺或某建筑的“外象”[①]。这种设计观念贯穿于藏传佛教寺院营造活动的始终，物质材料和技术措施是实现建筑之“象”的手段。

首先，以某寺或某建筑之“象”制约、控制拟建对象的形态。确立一个“神圣中心”位置是工程设计的第一步。藏传佛教寺院总体布局、建筑组群皆有一个中心建筑或中心位置，这种观念是一种根深蒂固的民族文化传统，在整个藏族聚居区，“从民居中的中心立柱到城镇中占主导地位的宗山或寺院，包括转经、转山、转湖等宗教行为的路径也都是围绕着某个中心进行”[②]。神圣中心建筑（位置）非常重要，它是一种无形的力量，无处不在，制约和控制着寺院的发展路线，从大范围的某个地域或某个文化区、居民聚居区，到小范围的一座寺院、一个建筑组群、一座建筑，无不如此。在一座寺院中，凡未来将要实施、目前已实施的一

图 180　拉卜楞寺的神圣中心建筑（2021 年）

① [法]丹纳著，傅雷译：《艺术哲学》，广西师范大学出版社，2000 年，第 62 页。

② 黄凌江、刘超群：《西藏传统建筑空间与宗教文化的意象关系》，《华中建筑》，2010 年第 5 期。

切建设工程，必须无条件服从和尊重这一神圣中心位置，不得破坏其固有的地位及与周边的关系（图 180）。

其次，以“托物寄象”的方式制约和控制建筑外部形态。藏传佛教形成初期，寺庙完全以“托物寄象”的方式表现特定的宗教教义，如西藏最早修建的桑耶寺，从场地选择、建筑外形至某些部位和构件的选择，都被赋予某种特定的宗教寓意。《西藏王统记》记载，桑耶寺“地形正方自然成，四角并作万字形。门框修建如坛城，下方土色净琉璃，上方彩绘鱼水兽，映照宛如镜影娘。上下两层诸木柱，绝妙如同金刚橛。柱弓梁论如塔层，工巧变化绝其伦。内外梁柱斗弓蛇，明雕古史并逸闻。上下天窗木椽首，白狮王震作严饰，一百零八欲飞腾。又观上有珍珠网，碧玉柳墙因陀色。上方墙砖饰瓔珞，飞檐栏杆极庄严。放射手光金宝顶，诸色统罗为顶冠，白拂铃锋（笔者按：当为“铃铎”之误）小铃饰。四周铁索相联系，无量庄严莫与伦”[①]。同样，1710 年，一世嘉木样最终确定扎西奇滩为寺址时，他认为“扎西奇之山脉，状若卧象，‘大象倨傲而卧，象征终成禅法’，仲

图 181　寺院南山的曼陀罗形象（2016 年）

① （元）索南坚赞著，刘立千译注：《西藏王统记》，民族出版社，2000 年，第 88—89 页。

图 182　寺院北部卧象山（2007 年）

敦之言，诚所愿也”[①]。寺址南面浑厚雄壮、连绵起伏的曼德拉山遍布林木，延绵不绝，曼陀罗般的景象与寺址形成良好的映衬关系（图 181）；北面有卧象山雄踞，敦厚、坚实，敞开胸怀襟抱寺院（图 182）。

（二）营造震撼人心的外部造型

藏传佛教寺院殿堂外部造型具有震撼人心的力量，与古代汉族建筑追求“非壮丽无以重威”的设计思想如出一辙。

在广大藏族聚居区，受木材供应和建筑室内空间限制，任何建筑的单层都无法做得过高，但跨度可无限延长，建筑外部华美壮丽、震撼人心，这种效果主要借助对建筑各个“面”的营造来实现。一座建筑的“面”有很多形式，大体有规则式、不规则式两类，从艺术欣赏角度看，既有实面，又有虚面。就一个实体墙面而言，由实墙、柱子、线脚、凹廊、门窗等构成不同形状、不同比例的凹凸图形，又因构造和材料不同，各图形块呈现不同的质感。古代藏族建筑匠师们充分把握和遵循这种建筑形式美的法则和构图规律，利用主从、比例、尺度、对称、

① （清）阿莽班智达著，玛钦·诺悟更志、道周译注：《拉卜楞寺志》，甘肃人民出版社，1997 年，第 152 页。

均衡、节奏、韵律、虚实、明暗、色彩和光影等手法，将各种不同的图形块不断排列组合、反复叠加，形成一个个建筑的“面”，由此创造出震撼人心的外部造型。主要手法包括：

1. 营造建筑外部各个“面”的力量感

（1）平面处理

拉卜楞寺各宗教殿堂平面形态多样，有方形、长方形、“凸”字形、“凹”字形等，这种平面形态的内部空间似有无穷的张力，增强了建筑的雄壮与稳健。如各学院经堂本身就是一座超大体量的矩形图块，前廊、后佛殿突出，它们在总平面上紧密关联，高差悬殊，构成完美无缺的外部空间形态。

（2）立面处理

拉卜楞寺各宗教殿堂的每个“面”均有一处或多处突出部，非常醒目，且具有特殊意义。正立面有前廊，背立面有后佛殿和卫生间，对突出部的营造各具特色，如：前廊由片石墙、边玛墙和廊柱组成，高两层，有台明、台基，廊柱排列整齐，节奏感和韵律感十足，明暗与虚实对比明显，光影反差强烈，围绕廊柱形成大面积雕饰，强调了门廊的重要地位，构成一个非常特殊的空间形态；外墙面整体涂饰红、白、黄三种颜色之任意一种，再点缀以黑色门套和窗套，各自表达着特定的宗教寓意，丰富了外立面轮廓。学院经堂的后佛殿也是非常重要的部位，比前殿宽，且高出一两层，有些屋面加建金顶，进一步增强了雄伟壮观的气势，丰富了殿堂四个面的造型和天际轮廓线（图 183）。

图 183　学院经堂各“面”的处理（下续部学院）

2. 室内各个面的处理

藏传佛教宗教殿堂对室内每个“面”的处理以突出渲染宗教气氛为主。藏式建筑横向木构体系发达，由多组木构件组合成特定的“柱式”，木构件表面绘制形式统一、内容重复的彩画。这种“柱式”不断重复、叠加、拼接，可将殿堂内面阔、进深延伸几十间。室内立柱、横向梁枋、挑檐构件组成一个个大型墙面，开间大于柱高，形成一种韵律，光影投射关系恰到好处，界定着宗教界与世俗界的边界及其相互关系，营造出良好的礼佛敬佛空间（图 184）。承重墙内墙面或遍绘壁画、悬挂唐卡，或倚墙安装木构佛龛、佛经柜，供奉大量佛菩萨像，每个画面、每尊造像表达特定的教义内容，共同渲染着宗教氛围。

图 184　闻思学院大经堂前殿内柱子构成的“面”（2007 年）

3. 建筑外部造型的极度夸张

外部造型是建筑艺术创作和表现的一个重要内容，主要通过对建筑外部各个“面”的高度艺术化处理来实现。主要手法有两种。

（1）营造巨大的建筑体量，展示宗教殿堂的地位和威严。马克思认为，宗教建筑“这些天生的庞然大物以物质的形式对精神产生作用。精神感觉到巨大物体的重压，这种压力感就是敬畏的开端”[①]。拉卜楞寺宗教殿堂给人的第一印象是高大厚重的块石墙、轻盈飘动的边玛墙、闪闪发光的镏金饰件，具有很强的艺术表现力和震撼力，摄人心魄，观瞻者无不为这种浓郁的宗教氛围所感染。这些以块石垒砌而成的建筑，体量巨大，给人造成一种巨大的压迫感和敬畏感，在某种程度上，其象征意义大于实际意义（图 185）。

（2）通过寓意、象征等手法表现复杂、深奥的宗教教义。法国艺术家丹纳认为，（基督教）殿堂建筑的“形式成为一种象征，暗示庄严神秘的东西。……形式的富丽、怪异、大胆、纤巧、庞大，正好投合……幻想所产生的夸张的情绪与好奇心”[②]。这一论述也可以诠释藏传佛教殿堂建筑的宗教寓意性特征，每座寺院的整体规划、殿

图 185　闻思学院大经堂震撼人心的气势（自北向南拍摄，2016 年）

① [德]马克思：《第六届莱茵省议会的辩论（第一篇论文）》，见《马克思恩格斯选集（第一卷）》，人民出版社，1956 年，第 142 页。

② [法]丹纳著，傅雷译，傅敏编：《艺术哲学》，广西师范大学出版社，2000 年，第 83—84 页。

堂的营造，无不采用蕴含宗教寓意、实现宗教信仰目的的形式。这是一种无形的建筑理论和规范，是建筑营造之要旨，具有“强烈、复杂、变化多端”的艺术表现力。

（三）建筑设计中的取样

藏式传统建筑技艺是在不断继承已有建筑成果的基础上发展而来的，在发展中不断创新，这也是世界各类传统建筑文化艺术传承发展的主要方式。后世建筑工程多以已有建筑为模仿对象，称为“取样”，如西藏桑耶寺系仿照印度欧丹达布梨寺而建，托林寺又仿桑耶寺而建，清初修建的河北承德普宁寺也是仿西藏桑耶寺而建①，如此等等，不一而足。

“取样”是一种建筑工程设计的简便方法，取其他已有建筑外部之“象”和内部之“意”，再加以创新，极大地方便和简化了建筑设计程序，能高效、快捷地提高学习者的建筑创作技术和水平，是藏族传统建筑文化学习、交流、发展的重要方法。后期在开展各种翻修、扩建、加建活动时，也不绘制现代意义上的设计图纸，而是完全根据寺主的要求，由施工技师按照经验和其他建筑的“样式”来设计。拉卜楞寺主要经堂、佛殿皆系模仿或取样于西藏著名寺院的某个建筑而来。一世嘉木样早年在哲蚌寺郭莽扎仓修习，创建拉卜楞寺时，许多宗教殿堂取样于哲蚌寺的相关建筑。随着拉卜楞寺实力的不断增强，形成相当规模的属寺，这些属寺的宗教殿堂设计和建造又以母寺（拉卜楞寺）为蓝本，继续“取样”。这是藏传佛教寺院建筑文化艺术传承发展的重要途径和模式。

二、建筑工程技术文献及其特征

（一）工程建筑相关文献概况

藏族传统科技知识体系发展的历史悠久，内容广博。但在古代，寺院主导着

① 陈耀东：《中国藏族建筑》，中国建筑工业出版社，2007 年，第 51 页。

文化教育的传播与发展，虽然宗教典籍浩如烟海，但与建筑规划、结构设计、营造工艺相关的“工巧明”文献少之又少，在某些方面可谓严重匮乏。许多与建筑工程相关的规划、设计、技术（技艺）文献杂糅在宗教经典之中，历代高僧大德对这类经典的诠释注疏之作可谓汗牛充栋，但仍未脱离宗教信仰的范畴，以解读宗教寓意、渲染宗教情感为目的。宗教情感与技术工艺不区分，宗教掩盖了技术，技术缺乏明确、可量化的标准，附会、象征性成分多，指导性、实证性的内容少。因此，古代藏族没有出现类似《营造法式》《工部工程做法则例》等的纯粹的工程技术规范性文献。与藏族建筑技术工艺紧密相关的文献主要有《西藏王统记》《青史》《汉藏史集》以及藏文大藏经《甘珠尔》《丹珠尔》等，且多为零星载录，与建筑结构构造、营造技艺相关的专业术语完全糅合于宗教教义中，以高度概括、抽象化及连篇累牍式的语汇诠释宗教寓意，很少有独立的有关建筑结构构造、细部设计方面的语言表述，工程营造技术术语的专业特征并不明显，有关具体工程实践的内容缺乏系统性、规范性、准确性和可操作性。施工时完全凭借施工者的经验进行。

藏传佛教寺院建筑在其发展过程中，曾出现过有关结构构造、工艺装饰等领域的“十三种殊胜工艺”概念，但在记述和表述方法上，没有明确的专业术语和词汇，而是采用高度概括、抽象、诗化的词汇，极力渲染建筑外形之壮美，缺乏对结构构造、工艺特征的解读，如“外无石墙，坚如金刚；内无柱木，美如帐幕；以黄铜铺地面，蓝田玉作大梁；梁上有金马奔腾，黄金之栋上，有苍龙盘绕；宝顶作内外向，殿中佛像总有一伞盖，每尊佛像各有一伞盖；门启闭时，发出金雀鸣声；雕刻十二佛事，均作外凸状。诸如是等极为罕有精工绝艺共有十三种云”[①]。这种描述极尽夸张赞美之能事，犹如唐诗宋词对山川风光的无限赞美和描述，大有云雾缭绕之感，很难看到“十三种工艺”应有的结构构造和具体制作工艺细节及特征。又如，史籍在记述桑耶寺建成后的规模、布局、建筑形制时使用的语言：“顶三门为解脱门，六梯即六波罗蜜，下殿以石中殿砖，上殿珍贵木

① （元）索南坚赞著，刘立千译注：《西藏王统记》，民族出版社，2000 年，第 127 页。

质造，诸种工巧合律制，壁画契合经藏义，泥塑全依密教规。”[①] 这种对建筑工程技术工艺的描写方式，是藏传佛教“工巧明”学著作的惯用写作风格，在宗教光环之下，附会和渲染种种吉祥和瑞气氛，极大地弱化了对构造技术和操作规程的记述。著名藏族学者杜玛格西·丹增彭措1758年前后编著的《彩绘工序明鉴》[②] 一书，是专门研究藏传佛教殿堂油饰彩画、壁画、唐卡画制作工艺的专著，但纵观全书各章，仍然是对宗教信仰的极度渲染和描写远远多于对技术工艺、操作规程的论述。

拉卜楞寺藏经楼保存的28部“工巧明”学著作中，有关古代“工巧明”学理论的作品有《工艺学广释·如意宝藏》《工艺学密宗宝藏大疏》《工艺学显密经籍明镜》《工艺学、天文历算品仪轨》《工艺学明镜》《各种实用尺度经明释》《度尺经·善慧修饰明灯》《各种工艺学技巧变化之药引》《尺度清经源流宝镜》《二百零一种工艺学大疏》等；有关殿堂设计、营造工艺的作品有《实用建筑学二十箧》《时轮尺度经》等；有关佛塔建造工艺技术的作品有《一百种佛塔尺度经》《佛塔筑造校释甘露》；有关佛像绘画、铸造、雕刻工艺技术方面的作品有《绘画和佛像建造卷帙·稀有游艺》《制作金刚鬘各种线条仪轨》《尺度经仪轨花鬘》《佛像优美造型视镜》《佛像、佛经、佛塔尺度经注释花鬘》《影像仪轨·庄严髻明镜》《集密、胜乐、怖畏三本尊坛场簿录·雅言珠宝》《各种坛场尺度经》《邬波罗花（青莲花）本母鬘》《坛场尺度经必读·太阳宝镜》等[③]。总体而言，真正涉及建筑工程营造技术的作品较少，多数为佛塔建造、造像量度、绘画创作理论和技巧方面的作品。

较完整地记述拉卜楞寺建筑营造活动、相关工程内容、工艺技术和措施等方面的文献散见于藏文《第一世嘉木样传》《第二世嘉木样传》《安多政教史》《拉卜楞寺志》《大金瓦寺志》《贡唐宝塔志》等中。同样，这些文献对建筑工程技

① （元）索南坚赞著，刘立千译注：《西藏王统记》，民族出版社，2000年，第124页。

② （清）门拉顿珠、杜玛格西·丹增彭措著，罗秉芬译注：《西藏佛教彩绘彩塑艺术——如来佛身量明析宝论、彩绘工序明鉴》，中国藏学出版社，1997年。

③ 张庆有：《拉卜楞寺藏经楼所藏“工艺学”经籍》，《西藏研究》，1988年第4期，第138页、140页；张庆有：《甘南拉卜楞寺藏经楼所藏“工艺学”经籍概述》，《图书与情报》，1987年第4期，第78—79页。

术、营造技巧的记载和描述，仍未脱离前述藏族传统“工巧明”学著作的写作范式，洋洋洒洒数十万言，大部分内容仍以描述高僧大德的修习过程及发生的种种神圣、神秘、不可预知的事物和赞美宗教情感为主。

（二）工程建筑相关文献主要特征

藏式传统建筑工程技术文献最完备者为对砖石佛塔设计尺度、结构构造、装饰内容的规定和论述，基本达到了体系化、理论化的水准，以“三经一疏”最为典型。历代高僧大德为其撰写的各种注疏、演绎和补充文献内容非常细密，操作规范、技术规程、度量标准相当缜密。《大乘要道密集》收录了元末藏传佛教沙鲁派[①]大师布思端（1290—1364年）著《大菩提塔样尺寸法》和觉囊派大师摄啰监灿班藏布著《总释教门祷祝》两部作品。这两部作品专门记述修建佛塔的规程，行文逻辑层次明晰，有些描述非常细密而繁琐，既可用于土木砖石结构佛塔修建实践操作，也可用于绘制壁画和唐卡，在藏式佛塔建造史上具有一定影响和权威性，约在明代时被译成汉语[②]。其写作方式和风格再次证明藏式传统建筑工程技术工艺类文献完全糅合在宗教经典之中的事实。特别重要的是，这两部作品描述的佛塔各层部位名称、尺寸、宗教寓意，均可与拉卜楞寺现存4座露天佛塔一一对应。全文如下：

［原文］大菩提塔样尺寸法[③]

……给孤长者复白佛言：“不知塔形如何而造？”佛言：“先作四层阶基，次

① “沙鲁派”为元朝时期西藏地方性佛教派别之一，因地名“沙鲁”得名。沙鲁位于今西藏自治区日喀则东南部，元世祖敕封的乌思藏十三万户中包括沙鲁地区藏族诸部，以沙鲁寺为中心，后与萨迦派结盟，逐渐发展成为颇有影响的地方政教实力派。当时著名的佛学大师布思端（今译作“布顿”）曾任沙鲁寺住持，期间创立了“沙鲁派”，与其他诸派有别。后改宗格鲁派。

② 沈卫荣、安海燕：《明代汉译藏传密教文献和西域僧团——兼谈汉藏佛教史研究的语文学方法》，《清华大学学报》（哲学社会科学版），2011年第2期，第83页。

③ 俞中元、鲁郑勇：《大乘要道密集评注》，陕西摄影出版社，1994年，第441—446页。

作瓶座，次作其瓶，并作八山管心及一层伞，二层、三层、四层乃至一十三层，上安雨盖。”闻佛所说时，有比丘而白佛言：“单为此舍利子尊者造此塔耶？一切圣众宜应造塔。”佛告长者：“且说圆满相者是如来塔也，无雨盖者是缘觉塔也，四层伞者是罗汉塔也，三层是不来塔也，二层是一来塔也，一层是入流塔也，圆顶者是凡夫善士塔也。”如是按于《无垢顶髻》疏文，且说大菩提塔尺寸者，于彼先界梵线【原注：东西、南北两条纵横的直线】、角线【原注：东南西北四方的斜角线】。从于梵线、角线，界为十二大分，然后各添一大分，总成一十四分。复将各分为四小分。若有所置之相，台基高者为妙，此基不系线数。若无相，则其台高二大分。阔量虽然不说，比十善座微宽，下有阶梯。其上巴甘等取巧而作。

疏云：若有身语之相，其台高者为妙；若无相，则其量同于第一层阶基三分之一也。彼上十善座，高一小分，阔左右各有十二小分半，总成二十五分。

疏云：彼上十善向外增出，其厚量同于第一层阶基半分也。彼上第一层阶基，高二小分，左右各阔三大分，总成六分。彼上三层阶基，各高二小分量等，第一层左右各减一小分，四层阶基厚阔有一大分，其半分是阶基厚量。

疏云：四层阶基厚量皆等，阶基半分是座厚量也。彼上瓶座，高一小分，阔左右各有八小分半，总是一十七分也。彼上瓶底，阔左右各有二大分，总是四分。渐增至上腹之左右各阔二大分半，总是五分。已上渐缩而成圆相，量等其底，高三大分，并小分分作三分之一也。彼上八山之座，阔左右各有一小分，为五分之九分，高一小分，彼上八山，左右阔有二小分，并小分为四分之一，总是一大分并半小分，高一小分并小分为三分之二。

疏云：瓶座高有阶之半分也；瓶座阔有第一层阶基，为三分之二也；瓶腹阔有第三层阶基也；八山之座阔有第四层阶基，为五分之一也；八山阔有第四层阶基，为四分之一也；此二高量有阶基为三分之二，并有阶基半分也；次第说者，于此山座微高，其余塔样山座低者，皆是翻译之过也。第一层阶基阔量，从第一层基至八山顶量等。

疏云：高有第一层阶基方量也；其瓶高量，虽然不说，例前料量可知。于第四层阶基，东南二方各开明窍，其量是阶基之八分；管心根至第四层基八山已上，有四大分并二小分者，乃是十三层轮之高量。

疏云：第四层阶基东南二方明窍，有阶基之八分也；管心木根至第四层基也，十三层轮高有第一层阶基，为四分之三也。第一层轮阔，左右各有三小分，径成六分，围是一十八分也。第十三层轮左右将一小分为四分之三分，绕画者径有一分半，旧是四分半也。其间十一层轮，次第渐细，十三层轮厚重皆等。其轮各高十八小分，匀为一十三分之一分。然虽如此，第一层轮下，复有莲花并悲顶，亦系十三层轮莲花，是一小分；悲顶量同小轮。

疏云：第一层轮至八山四角，将此四分围画是十三层轮量也，十一层轮次第渐细也，其轮空间取巧妆饰，悲顶高量同小轮也。悲顶四分，中下三分，向上开阔平正；上一分，作十六分，如同乌钵辣花[①]叶。

疏云：从下至上，四分之三分平正，上有一分作十六分也，所以将十八小分，一分作轮下莲花，其余一十七分均匀分者，每轮高有一小分，并一小分为一十四分之一分，各得二分也。虽说空间取巧妆饰，各为三分，下二分为轮，上一分为空其间取巧，画杵等相也。悲顶之上，交安四条托伞之木，粗有轮之半分，各长四小分，左右量等，阶基半分，其尖渐细向上而曲。

疏云：彼上第十三层轮之半分量，托伞之木，其尖而细，量等阶基高之平分也。伞盖中央窍中显出管心，高一小分，为三分之二分。尖上安一半月尖，齐伞盖，左右斜开，上严口轮，比月微大，彼上宝珠如未开莲状也。伞同第七层轮也。垂珠等同八山高量也。伞盖等同第六层轮。

疏云：管心高量八山半分，上安半月尖，齐伞盖，绕管心者，其尖斜开也；伞同第七层轮也；伞盖同第六层轮也；垂珠等同八山高量也。又，管心高有八山三分之一分，上安一日轮，微比月大，日轮上严宝珠，如未开新莲之状，取巧作

---

①“乌钵辣花”，也译作“邬波罗花”“青莲花”“乌巴拉花”等，藏传佛教常用的一种至尊至贵、至圣至洁的花饰，主要用于佛菩萨像肩部装饰，对称布局，茎叶、花朵从两肩膀向上伸出，达于耳际、佛冠处。

之日月珠上，皆插铁签，勿存飞鸟之意也；宝珠黄色，日轮红色，半月白色，伞盖亦白，伞是青色，其伞四方画四佛印，托伞之木红色，悲顶并十智黄色，管心红色，塔瓶白色，十善黄色，台基绿色也。

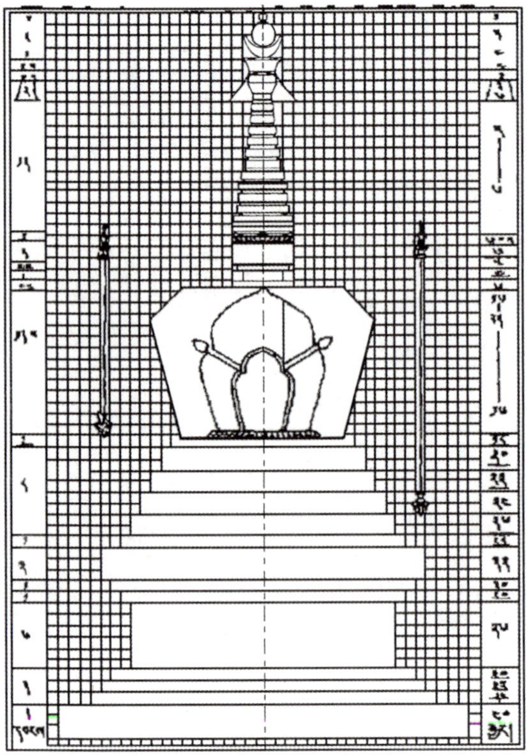

图 186　藏式佛塔设计量度图

由此可见，藏式佛塔的建造在漫长的历史发展过程中曾形成了相当细密、实用的设计方法和具体操作规范，是藏族传统建筑工程技术发展到一定阶段的产物，但也是程式化、千篇一律的开始①。一座完整意义上的藏式佛塔建造过程和技术设计方法，在历代学者、高僧大德的不断规范下，成为一种定式，而且有精细的图纸和比例规范（图 186），每个部位有固定的名称（图 187），佛塔的象征内容也基本固化。如闻思学院后殿灵塔殿内供奉的第一、二、三世嘉木样活佛的肉身塔以及第四、五世嘉木样的骨灰塔，虽然大小不一，外部装饰有别，但结构构造完全一致。拉卜楞寺最大的露天佛塔贡唐塔，虽为土木结构，塔身遍饰镏金装饰，但塔体结构构造、空间形态也与其他砖石塔一致，模式化特征非常明显。相比之下，甘肃、青海地区现存众多的早期大型砖石木结构殿堂，在其选址规划、工程设计和结构营造方面，尚未发现存在如佛塔般这样严密、精确的设计文献和图纸的现象。

① 陈耀东:《中国藏族建筑》，中国建筑工业出版社，2007 年，第 214 页。

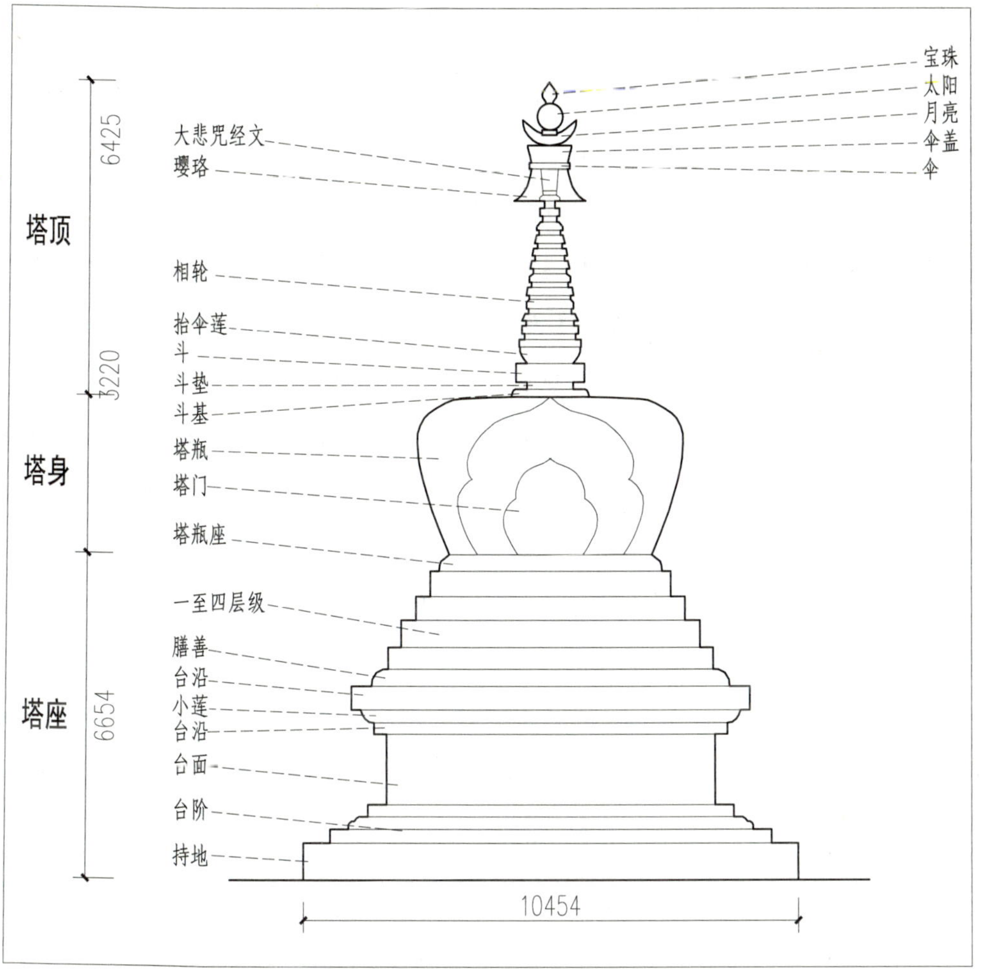

图 187　藏式佛塔造型及各部位名称

三、工程技术设计

藏传佛教建筑的任何技术、工艺和规范都是为宗教服务的，与之相关的术语、词汇完全被糅入佛陀教义之“身”“语”“意”理论和范畴中。拉卜楞寺的总体规划、各殿堂设计建造，主要根据宗教观念和寺主个人的构想而来，动用各种物质材料和技术手段，使用恰当和夸张的比例尺度，极尽装饰之能事，获得最理想化的外部造型和内部佛菩萨居所空间，实现宗教目的。

（一）“都刚法式”制度

拉卜楞寺各殿堂的结构设计、空间布局无不遵循藏式传统建筑“都刚法式”制度。

“都刚”系藏语音译，即宗教殿堂建筑，“都”，意为“聚”，“刚”，意为“房屋”，即“聚集的房屋”。这是一种特殊的、定型化的传统藏式建筑设计法则和制度，故名“都刚法式”，经历了漫长的发展过程。主要特征有：

一、平面布局呈“回”字形，纵、横向排列柱网，这是藏传佛教寺院布局、殿堂营造的通用样式。在这一制度约束下，建筑空间形态基本雷同，如外围一圈修建二层或三层平顶楼房，构成围廊，华丽的装修面朝向内侧；中部是高高凸起的木构阁楼，中空结构，上下贯通，是殿堂室内的中心空间①。

二、在结构体系上，它类似于汉式抬梁式木构体系。外围墙体以块（片）石砌筑，木梁、木椽两端插入墙体内，木柱、梁枋、墙体共同承重。屋面平顶式。

三、建筑外观呈现“千篇一律”的景象，敦厚稳重，色彩明艳。无论早期创建还是后期改扩建，或者现当代重新修建的建筑，外形都大体一致；外围护墙体收分明显，墙面上开竖长方形小窗，窗檐外挑，形成遮雨篷，窗洞两侧及下部涂饰黑色梯形窗套；墙顶加一层或两层边玛墙带，墙面上悬挂铜镏金饰件；平顶屋面前部供置“二兽听法”饰件，中部供置宝瓶，四角立铜质镏金法幢或布织经幢（幡）等；高级殿堂的平顶屋面上加建铜镏金瓦或黄、绿色琉璃瓦金顶。

殿堂室内空间构图丰富，有众多的通道、走廊等，使用功能多样。藏传佛教崇拜的偶像众多，丰富的空间用于安置、供奉、绘制众多的佛菩萨像，如甬道、过廊墙面皆绘壁画或搭建佛龛，龛内供像；室内梁枋下悬挂唐卡、堆绣等；殿堂内其他空间，或用于僧人集体诵经，或用于信徒环绕礼佛拜佛、开展各种宗教活动等；四周墙上设三个不同寓意的出入门，以象征宗教教义中的“自由之门”。

拉卜楞寺自1711年正式修建第一座殿堂，至18世纪末，先后修建了9座

① 朱耀廷：《中国传统文化通论》，北京大学出版社，2005年，第293页。

大型宗教殿堂，包括4座学院（闻思学院、下续部学院、时轮学院、医药学院）、3座佛殿（释迦牟尼佛殿、弥勒佛殿、千手千眼观音菩萨殿）、1座印经院、1座藏经楼等。至20世纪中叶，又先后修建了10多座大型宗教殿堂，包括两座学院（喜金刚学院、上续部学院）、10多座佛殿（白伞盖佛殿、白度母佛殿、夏卜丹殿、宗喀巴佛殿、寿安寺、马头明王殿、悟真寺、红佛殿、红教寺、文殊菩萨殿、千佛殿、忏罪佛殿等）。主要建筑类型包括学院和佛殿两种，其他为宗教服务的建筑有活佛囊欠、转经廊、僧舍、辩经院、佛塔、静修寺、晒佛台等。就大型宗教殿堂而言，无论修建时间早晚，其平面布局、结构形态、外观样式基本一致，完全符合"都刚法式"的结构特征，突出"回"字形平面布局和空间形态，局部装饰有别。

（二）特殊的建筑设计尺度和模数

藏式传统建筑在漫长的发展和演变过程中形成特殊的设计模数制度，其中涉及很多表示空间尺度、长短高下距离等方面的概念和术语。这些尺度、距离概念多与人体部位密切相关，如："一指"表示一个指头的宽度；"一拃"（又称"一卡"，藏语称"却托"）表示拇指与中指伸开展平后的一段长度；"一跪"表示拳头平放且呈半握状时左右两端的长度；"一肘"表示屈肘、伸掌时，从中指尖到肘弯底部的长度；"一庹"（也称"一搿""一排"等）表示一个成年人张开双臂，左、右手中指尖之间的净距。其他表示长度的术语还有"步弓""穷都""噶玛""分""寸""半分"等。

与藏式传统建筑工程相关的尺度概念，史籍文献也多有记载和描述。如《青史》记载，仁钦贡到达隆寺后，"先造了一座气势高超的一肘高的银塔"；"索朗嘉措……修造转轮吉祥多门大塔，高三十二庹半，每面宽度为二十二庹，及圣者和弥勒化身立像背高五十七拃"[①]。《西藏王臣记》记载："王妃赤尊……遂决志

① （明）廓诺·迅鲁伯著，郭和卿译：《青史》，西藏人民出版社，1985年，第400页、第536页。

修一坚固王宫。于是在红山处筑就三道围墙，内修宫堡九百九十九所。……宫外挖掘跑马走道，约深二庹，宽十八庹，长三百庹。”①《汉藏史籍》记载：“……四座石碑的高度为八十步弓，各边宽度为二十步弓”，注曰：“一步弓相当于四肘长，约合五市尺。”②同书又记载：“热丹贡桑帕巴三十七岁的阴木蛇年（乙巳，公元1425年）为贝考德钦寺（江孜白居寺）修建了大围墙，每一边长二百八十步弓。”③这些概念和术语也在藏族民众日常生活中经常使用，如市场买卖在丈量氆氇时，长度用“庹”，宽度用“拃”，零数用“指”。一般情况下，“庹”主要用于丈量土地，“步弓”比“穷都”长，用于丈量较长的距离。这些尺度的换算关系如下（图188）：

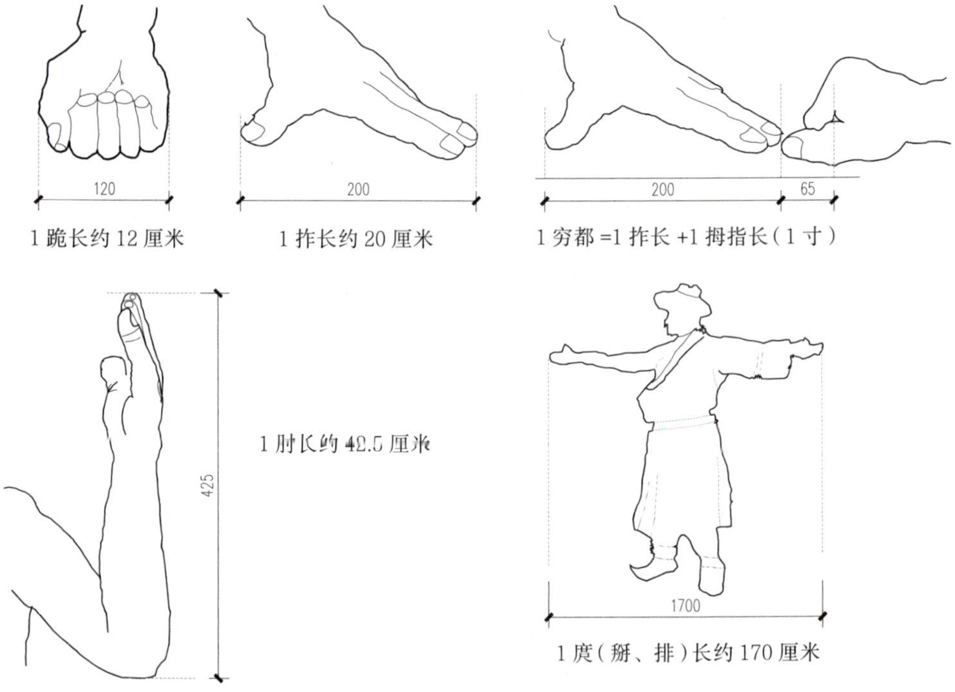

图188 藏式建筑长度换算关系

① （清）五世达赖喇嘛著，刘立千译：《西藏王臣记》，西藏人民出版社，1992年，第20页。

② （明）达仓宗巴·班觉桑布著，陈庆英译：《汉藏史集》，西藏人民出版社，1986年，第14页。

③ （明）达仓宗巴·班觉桑布著，陈庆英译：《汉藏史集》，西藏人民出版社，1986年，第241页。

1 庹 =7 穷都；

1 穷都 =4 噶玛；

1 噶玛 =1 分；

1 寸 =4 噶玛（分）=8 半分；

1 噶玛（分）=2 半分（哼）。

在具体工程实践中，藏式传统建筑设计和施工均由木工掌尺（相当于设计、施工总负责人）一人负责，因木工掌尺的施工经验和背景各不相同，故在每座建筑上，使用的尺度弹性较大，不同的匠师使用和确定的尺度各不相同。在同一地区，又因教派不同、师徒传承关系不同，使用的尺度大小也各不相同。如文献记载，莲花生大师公元 8 世纪来到西藏帮助修建桑耶寺时，“定下用他的一拃长作为一个标准长度。后来人们加上一拇指节长度（1 寸），而成 1 穹都（即穷都）。以后将 1 穷都均分 4 份，称‘分’（嘎玛），‘分’再分为两份，称‘半分’（哼）”[①]。

拉卜楞寺历辈寺主嘉木样非常注重本寺学僧对“工巧明”技艺的修习、研读和实践，在历年开展的工程建设实践中，除大量招募外地（西藏、青海、四川等地）工匠外，特别重视本寺建筑设计、营造及工程管理队伍建设和人才培养，曾组建了一支专业的建筑维修队伍（成立年代不详），长期参与或独立承担本寺各主要殿堂建设、维修及造像铸造等。维修队伍的技术总负责人称“掌尺”，每个工程队伍的内部都有师徒相传的一套建筑设计施工方法和计算模数，其中长度单位最常用的是“穷都”，是工程设计采用的基本模数。

一般而言，一座藏式建筑各部位、构件的尺度和比例关系大体如下：

一、大型宗教殿堂的当心间面阔 13.5~15 穷都（约 3.5~3.8 米），梢间宽 8~11.5 穷都（约 2~2.9 米）；进深 8~13 穷都（约 2~3.3 米）；层高 12~14 穷都（约 3.1~3.6 米）；柱网间距 12~13 穷都（约 3.1~3.3 米）；柱高约 8 穷都（约 2

① 陈耀东：《中国藏族建筑》，中国建筑工业出版社，2007 年第一版，第 47 页。

米），柱头大斗高约6寸，宽同柱底径；短弓长约4穷都（约1米），高3寸多，宽度稍小于大斗；长弓高度约1穷都（25.6厘米），宽约5寸，长度略大于8穷都；梁枋（兰扎枋）高度大于1穷都，宽近6寸；大梁之上的莲瓣枋、蜂窝枋各高约3寸，宽度大于大梁本身；椽子、堆经枋断面均方形，边长约3寸，椽子间距与椽身宽度同。墙体底部（包括基槽）的宽度要根据顶宽再加墙体收分来推算，墙顶宽一般2~3穷都（约0.51~0.77米），高度根据建筑体量大小而定。

二、普通僧舍建筑与当地传统民居建筑一样，等级较低，所用尺度比宗教殿堂小很多。基本模数为：柱间距约8~9穷都（约2~2.3米），层高（地坪至椽底）约8.5~10穷都（约2.2~2.6米）；柱高约7穷都（约1.8米）；弓木高约5寸，宽度小于梁枋；梁枋高约5寸，宽约4.5寸；其他构件及墙体、柱子收分尺寸大体依此类推。

需要指出的是，拉卜楞寺各建筑有严格的等级规定，有特殊的建筑设计、营造管理制度。一座殿堂的设计方案一旦确立，任何匠师都不可随意更改，如果发生尺寸变化，须报寺主嘉木样批准，这一制度已传承数百年之久。

（三）有关空间设计的概念

藏式传统建筑结构体系属纵架体系，梁、椽的一端搭在木梁上，一端插入承重墙内，是梁柱与四周墙体共同承重的土（石）木混合结构体系，梁架与四面围护墙体始终保持平行状态。在计算空间单元时，将四面围合并有屋顶的一个空间称"一间"，空间内的柱子数量即房屋的"间"数，如"一根柱子的房间""两根柱子的房间"等，或称为"一柱间""二柱间"等（图189）。"一柱间即汉族传统建筑的面阔2间、进深2间，用空间模数表示就是2（面阔）×2（进深）×1（高度），两根柱子的房间就是3×2×1，四柱则是3×3×1，六柱厅是3×4×1，八柱厅是5×3×1，十二柱殿是5×4×1等。四柱、二层高的佛殿是3×3×2，四柱、三层高者即3×3×3。前廊和走道的进深是柱间的距离，长度是柱距的倍数，也和房间的模数相同。建筑无论面积多少和层数若干，都是由一个立方体模数的倍数组

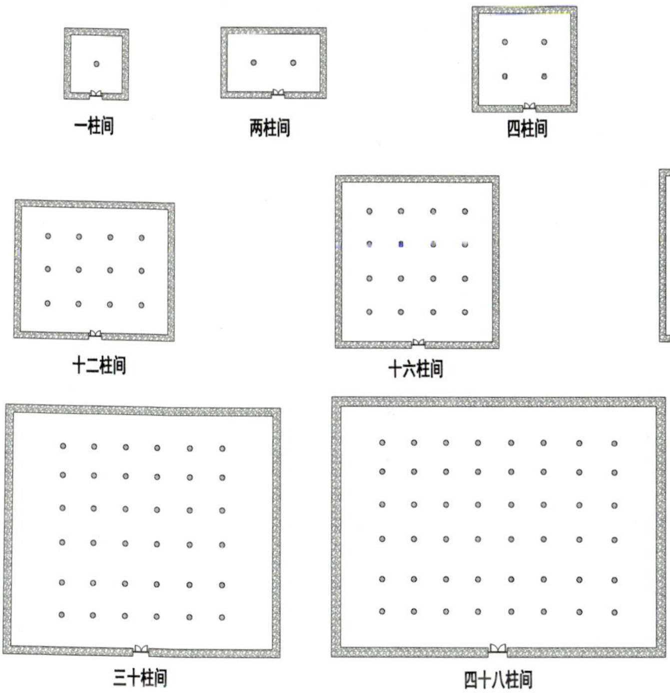

图 189 藏式建筑柱子数量与空间规模的关系

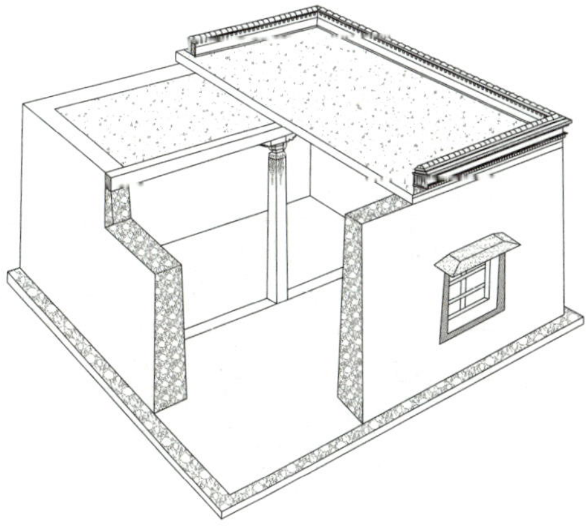

图 190 一柱式建筑空间形态

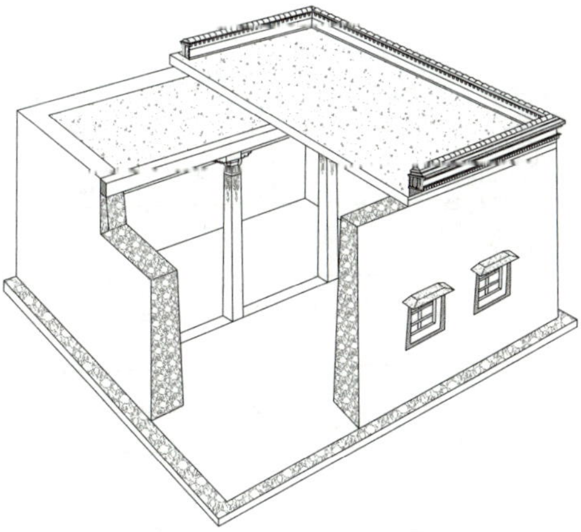

图 191 两柱式建筑空间形态

成的"[1]。据此，室内无柱的房间称"半间"[2]。"一柱间"者，室内中央有1根柱子，面阔、进深各2间，这是最基本的空间单元形态(图190)。"二柱间"者，面阔3间、进深2间(图191)。"四柱间"者，室内有两列4根柱，面阔、进深各3间。"六柱间"者，会出现两种平面形态的现象，一种平面呈横长方形，有两列柱，每列3柱，即面阔4间，进深3间；一种平面呈纵长方形，有3列柱，每列2柱，即面阔3间，进深4间。"八柱间"者，有2列柱，即面阔5间，进深3间。"十二柱间"的建筑，才能称为殿、堂、厅，有3列柱，面阔5间，进深4间。"十六柱间"者，面阔、进深各5间，其他更多柱的空间及高层复杂的柱网结构和空间构成均由一柱间演变而来，依此类推(图192、图193)。

藏式传统建筑空间构成体系中，以"四柱六梁"和"四柱八梁"最为典型，是设计建造大型殿堂建筑的首选方案，系在前、后纵架的中间连续增加柱子、梁枋而成。在计算一座殿堂建筑规模时，可将所有的柱子计算在内。如《青史》记载，

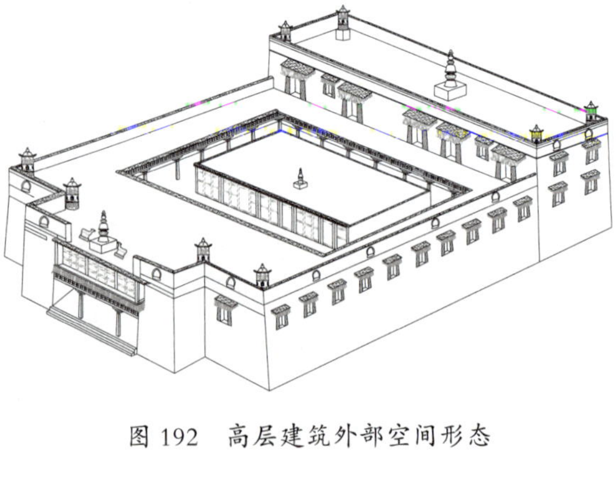

图192　高层建筑外部空间形态

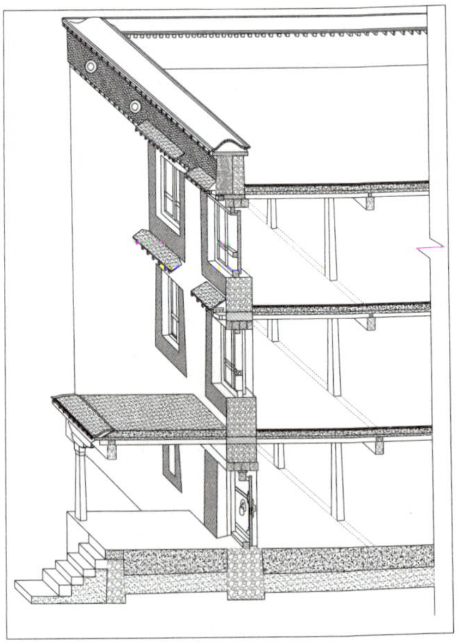

图193　高层多柱式空间形态

① 陈耀东:《中国藏族建筑》，中国建筑工业出版社，2007年，第49页。

② 何泉:《藏族民居建筑文化研究》，西安建筑科技大学硕士学位论文，2009年，第120页。

达隆寺扩建后，“供堂共竖80柱。计上部走廊4排柱子共32柱，下部走廊3排柱子24根，两边耳房每边立6柱共12根，两边墙外的房间每边2根共4柱，门房4柱，门护道4柱，共计80柱”[①]。相比之下，传统汉式建筑的空间单元计算方式与藏式建筑完全不同，一般以“立柱四根，上施梁材，牵制成一间”为最基本的空间构成单元。

此外，元朝时期，曾将藏式建筑计算空间的概念用于社会生活中，如元政府在清查西藏户口时，使用“一个蒙古户”的概念和计算标准。“一个蒙古户”的标准是“有6根柱子面积的房子，有夫妻、子女、仆人共计6人，牲畜计有24头只”[②]。在藏族传统文化中，还将表示建筑结构（构造）的“梁”“柱”“门”“椽”等术语用于比喻（形容）具有特殊身份或具有重大作用和影响力的人，以“梁柱”寓意“亲属”“世系”，藏族谚语中以“柱子”比喻父亲或有优秀品德的佛教徒，如《汉藏史集》记载：“尊杰的弟子中，著名的有所谓‘四柱六梁’，他们弘传了直到现在还被称为夏鲁教法的佛法”；“素尔穷的弟子有‘四柱八梁’、‘三十二小柱’、两大功臣”[③]。又，《青史》记载：“伦·峨、纳朗二师及珠麦共四师称‘二梁’，对库、热二师则称‘南门扇’和‘北门扇’，称为‘屋椽’的则是鲁、松二师的门徒。”[④]同样，在汉族文化习俗中，将重要的人物（人才）比喻为“台柱子”，寓意与此如出一辙。

藏传佛教寺院中，非常重要的宗教殿堂室内柱子林立，一般达数十或百根以上，是格鲁派发展鼎盛时期形成的宗教殿堂空间构成的基本模式。目前已知国内藏传佛教寺院殿堂柱子数量最多、面积最大者为拉萨哲蚌寺措钦大殿，有192根柱子，面阔17间，进深13间，殿内升起的藻井（天窗）减少了8根柱子，实际

① （明）廓诺·迅鲁伯著，郭和卿译：《青史》，西藏人民出版社，1985年，第407页。

② （明）达仓宗巴·班觉桑布著，陈庆英译：《汉藏史集》，西藏人民出版社，1986年，第165页。

③ （明）达仓宗巴·班觉桑布著，陈庆英译：《汉藏史集》，西藏人民出版社，1986年，第230页、267页。

④ （明）廓诺·迅鲁伯著，郭和卿译：《青史》，西藏人民出版社，1985年，第50—52页。

柱数有 184 根。甘丹寺的拉基大殿有 108 根柱子。拉卜楞寺闻思学院大经堂初建时为 80 柱规模，1772 年扩建为 180 柱的规模（包括前廊 10 柱，前殿 140 柱，后殿 30 柱，不计算二层及以上室内柱数），1989 年重建后，仍保持 180 柱的规模，但承重柱子梁枋均用钢筋水泥浇筑，表面镶贴木板装饰。大型宗教殿堂内柱子密集，有规律地组成柱网。通常情况下，“横向柱列的柱数一般为偶数，即面阔的开间为奇数；纵向柱数从实际需要出发，可以等于、少于或多于横向柱列数，进深间数可以是奇数，也可以是偶数，即平面可以是方形、横长方形或纵长方形”[①]。拉卜楞寺大型宗教殿堂建筑规模、使用柱数并不一致，最大的闻思学院大经堂一层有 180 柱，高 4 层，其他 5 座密宗学院的经堂第一层均为二三十柱规模，高三四层。佛殿建筑，无论平面是长方形还是正方形、“凸”字形，一般都在主殿堂（包括前廊及主殿）内立柱，两侧楼梯间（储藏室）不立柱，使用的柱数差别很大，最多者有 15 根（如释迦牟尼佛殿第一层，其周围还有 25 根扶壁柱），最常见的是四柱、六柱规模，以二层、三层楼房为主，属典型的“四柱八梁”结构。普通活佛囊欠、僧舍的建筑形制与本地区民居建筑完全一致，院落式布局，无楼房，房屋均为一两根柱子规模，但在功能划分、局部装饰方面与民居有显著区别。总体而言，“1、2、4 根柱子的方室是藏族建筑的传统形式，而且是主流，也符合‘大建筑，小房间’的藏族建筑特点”[②]。这种空间设计和布局方式非常科学，它充分适应青藏高原寒冷的气候，使用最少的围护结构，得到最大的使用面积；采用小面积的高侧窗实现室内采光通风，可在相同面积条件下保证外墙的散热面积最小。

总之，藏式传统建筑的规划和设计，没有经过严格的数学力学计算，完全依靠建筑匠师在具体施工中灵活掌控。室内空间大小、各木构件尺寸只有一个大致的比例关系，尺度并不精准，不像现代建筑设计图纸那样经过精准、严密的数据演算。各宗教殿堂、活佛囊欠、僧舍的结构构造、构件搭接关系并不那么细致

---

① 陈耀东：《中国藏族建筑》，中国建筑工业出版社，2007 年，第 45 页。

② 陈耀东：《中国藏族建筑》，中国建筑工业出版社，2007 年，第 373 页。

图 194　柱头梁枋“看面”精致的彩画效果（图丹颇章殿，2016 年）

图 195　柱头梁枋“看面”精致的彩画效果（下续部学院前廊，2016 年）

图 196　柱头梁枋“看面”精致的彩画效果（下续部学院前殿二层，2016 年）

和严密。很多大型木构件的加工并不追求精致，正、背面的加工和装饰精细程度并不一致，仅对“看面”（包括佛菩萨看到的面和信徒看到的面）精益求精，极尽雕刻装饰，如，一个“柱式”组合各构件中，对正面构件的雕刻、彩画非常精细（图 194、图 195、图 196），而背面构件的制作工艺、装饰图案相对粗糙（图 197、图 198）。室内藻井口是非常重要的装饰部位，朝向殿内的一面，雕饰非

图 197　柱式构件背面彩画工艺较粗

图 198　柱式构件背面彩画工艺较粗

图 199　藻井口内侧精致的装饰（夏卜丹殿）

图 200　藻井口外侧简单的涂饰（夏卜丹殿）

图 201　大门正面雕饰精致（弥勒佛殿）

图 202　大门背面雕饰简约（弥勒佛殿）

常精细（图 199），而对隐蔽部位、构件背面处理工艺非常简单，让人感觉有“随便凑合”的现象（图 200）。门窗的正面（进门时能看到的一面）雕饰非常精致（图 201），背面则非常简约（图 202）。

（四）设计流程

目前所见藏传佛教寺院土木结构建筑的设计文献很少，仅砖石材料的佛塔有相对精确的结构设计图纸和施工规范。以现代建筑工程流程看，在广大藏传佛教信仰区域，很多古代大型、超大型寺院，均缺少建筑初设、施工图设计环节和流程。

在古代藏传佛教信仰区，创建一座寺院或修建一座殿堂，通常是寺主（或高级活佛）先有了明确的创意、构思、暗示，再根据“取样”对象的规模和样式确定拟建寺院、殿堂的规模和形制，向施工负责人作以简单的交代，即直接进入施工环节。在某种程度上讲，藏传佛教寺院建筑的设计即施工，施工即设计，设计者即施工者，建筑的设计、施工均由施工者负责。设计和施工过程简单，完全以寺主、高级活佛、施工匠师的实践经验为准绳，再附会以种种佛法意旨和宗教教义，缺乏技术性规范的控制和约束。

现代建筑工程建设中，设计是必不可少的环节，大体包括三个环节：一是场地的宏观规划（即“总规”或“详规”）；二是单体建筑初设方案；三是施工图设计（蓝图设计）。拉卜楞寺建筑历史上，符合现代建筑工程操作规范者仅有1985—1990 年重建的闻思学院大经堂：前期有场地内水文地质勘查报告、初设方案，并有专家对方案的评审和修改意见；中期有施工图（须经过专业人员多次评审、修改后才定稿）；后期有验收报告和交接程序等。

古代藏传佛教寺院的整体规划、殿堂设计融合了很多宗教内容，而且这方面的内容多于技术设计和施工规范。藏传佛教经过数百年的发展，至 18、19 世纪时，格鲁派寺院建筑的设计和施工技术已相当成熟，许多殿堂的名称、使用功能、所供偶像基本一致，新建寺院皆以已建好的寺院（或建筑）为“取样”对象，将其完整地“复制”到他地，只需在空间布局、建筑规模、装饰材料等方面充分结合本地自然条件、宗教环境、人文因素加以调整即可。

藏式传统建筑(包括寺院)营造过程与汉式建筑不同，也与现代建筑工程管理体系完全不同。一切有关建筑设计、施工之事均由大木工(称“掌尺”或“屋钦”，意为“高级师傅”)一人全权负责，他根据寺主或活佛个人的创意、构想以及“取样”而来的建筑对象直接组织施工。基本流程如下：

1. 选址

主要确定拟建寺院(或建筑)的方位、朝向、规模等。由寺主或高级活佛根据宗教仪轨开展选址活动。寺址确定后，即构思寺院总规模、重要殿堂的建筑形制和大门的朝向等。需要指出的是，藏传佛教寺院经堂、佛殿建筑均不按正南北或正东西方向布局，避开“地三角”和“天三角”，多取稍偏南或偏北朝向[①]；其他建筑的朝向一般按“六道轮回图”(藏语称“司巴戈洛”)所示的方位确定。

2. 大木工“屋钦”全权负责工程建设诸事

藏式建筑建设过程中，大木工“屋钦”一人负责整个建筑的初设、施工，必要时做出重要建筑的简单模型，或画出某单体建筑的平面或立面图，但内容非常简略，仅以简单的线条、符号表现出建筑的基本形状、柱网布置、门窗位置，也标注一些重要尺寸、各部位的用料大小、雕饰内容及工艺措施等，其实就是一幅示意图，以现代工程学的标准来看，这种图纸根本无法施工。如早年修建西藏布达拉红宫时，西藏地方政府负责人第司·桑杰嘉措[②]曾邀请著名画家曲英嘉措按自己的创意和构想，在纸上勾绘出宫殿的平面和立面图[③]。平面布置确定后，根据建筑的等级、用途等确定立面造型、层高及门窗高度等。因此时藏传佛教格鲁派寺院各类宗教殿堂的施工技艺相传已久，成为一种模式化、程式化的建筑活

---

① 陈耀东:《中国藏族建筑》，中国建筑工业出版社，2007年，第49页。

② 第司·桑杰嘉措(1653—1705年)，1679年任西藏地方政府首脑“第巴”之职，曾组织修建布达拉宫红宫。在藏族历史、宗教、文化、医药、天文、历算等学科领域造诣很深，著作颇丰，主要有《医学广论药师佛意庄严四续光明蓝琉璃》《医学概论》《五世达赖喇嘛传》《六世达赖仓央嘉措传》《黄教史》《法典明鉴》等。

③ 木雅·曲吉建才:《藏式建筑的外墙色彩与构造》,《建筑学报》，1987年11期，第78页。

动，大木工“屋钦”完全谙熟这种建筑的结构构造和建造流程，有丰富的施工经验，即使没有图纸，也能建造出一座完整、合格的殿堂，是为藏式传统建筑设计、施工领域的一个重要特征。

3. 必不可少的建筑“取样”环节

受宗教教义、区域性建筑文化的影响，藏传佛教寺院建筑的结构构造大同小异，所有宗教殿堂建筑的平面布局形态和规模完全以柱来确定，柱的数量统摄着一座建筑的大小和规模，柱间距、柱式（柱子及上部梁枋组合层）、构件的长宽高低皆有固定的尺寸及比例关系，对技术熟练的木工而言，是十分简单的，他对拟建建筑的规模、样式已胸有成竹，熟悉同类建筑的外部造型、构件样式大小和安装部位以及整座建筑应采用的设计尺寸模数，不需要精准详细的设计图，都能按“取样”对象“复制”一座完全相同的建筑。对特殊的局部空间结构和尺度要求，在施工过程中只需根据寺主或活佛的意愿加以调整即可。这也是藏式传统建筑设计施工的独特之处。拉卜楞寺先后修建了 6 座学院、30 多座佛殿、几十座活佛囊欠等，无不如此。

第八章 建筑施工

一、施工组织

藏式传统建筑的设计和施工主要由两个人负责，一是大木工“屋钦”，二是石工“屋钦”。大木工“屋钦”的权力最大，是整个寺院或一座建筑的总规划师、设计师、施工经理，既总管全局，还具体负责或承担木构件的制作安装，又同时统领石工、泥工、铁工、油漆彩画工、裁缝等各工种，决定各建筑、各类木构件的尺寸，指挥其他各工种的“屋钦”完成各自的施工任务，有权调整工程进度、调动各工种人力和物资。其他各工种“屋钦”只听命于大木工“屋钦”的指挥，各负其责。如，石工“屋钦”负责确定块石墙的基础埋深、宽度、断面尺寸、收分比例等，无权参与工程设计，只带领自己手下的匠人、徒弟和小丁等参与施工。其他工种的“屋钦”实际是建筑施工场地某个工种的技术员，必须按大木工“屋钦”的设计构思和意图，带领自己手下的匠人、徒弟和小工等参与施工。若各工种在施工中出现材料、尺寸、次序、协调等方面的问题，只能同大木工“屋钦”协商，不得擅自决定或改动。

拉卜楞寺建筑施工组织关系

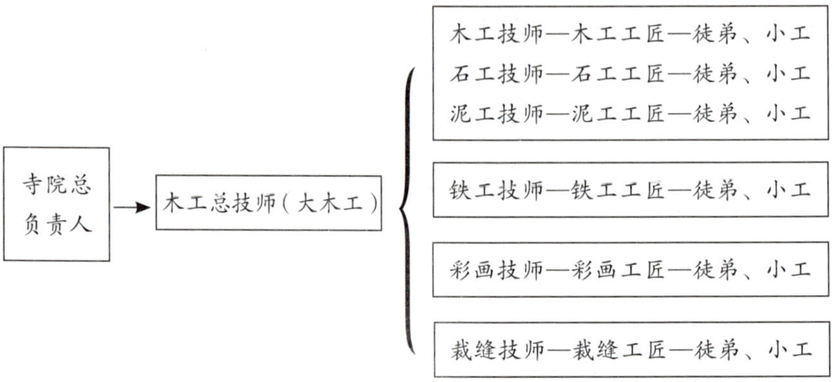

此外，工程进行期间，寺主或寺院专职僧人可到现场考察、认定、掌握建筑的结构、尺度、外形等技术资料，提出修改意见。施工结束后，寺主或寺院派有关人员再次对关键尺寸进行检验与核对。

二、施工流程

（一）基础处理

拉卜楞寺地处大夏河北岸坡地上，依山就势而建，场地北高南低，地质结构相对稳定，条件良好，寺院核心区卵石层深约 10 米，各建筑的基槽深度均没有达到卵石层，地基处理比较简单。据 1800 年成书的《拉卜楞寺志》及 1865 年成书的《安多政教史》等文献记载，拉卜楞寺自 1711 年开建以来，只发生过数次低烈度地震，对寺院建筑均没有造成较大影响。

1. 开挖、构筑基槽

主要根据殿堂的布局规模及围护墙位置开挖。拉卜楞寺各区域内的土质不尽相同，开挖深度随之不同，一般挖至粉质黏土层或砂石土层即可。2013 年，笔者曾访问多位寺院工程管理人员，结合现场调查结果，得知通常的做法是：大型、重要建筑的基槽挖深 2~4 米，宽 2.6~3 米，槽内壁收分约 3%，断面呈下大上小状。建筑体量最大的闻思学院大经堂的基槽深度未超过 4 米，1989 年重建后，基础均采用钢筋混凝土井桩结构。基槽开挖后，分填底部，砌筑侧边，“基槽宽略大于墙体，深度视土质情况而定，最浅也达到三五个石块（2~3 穷都）的深度。基槽内先夯实基底，铺较大的底石块，用碎石和泥浆塞缝夯实，再砌上层石块，填缝夯实”[①]。

基槽底部粉质黏土层或砂石土层的处理工序有二：其一，用石杵、木杵分层夯实，一般夯打 3 层，每层厚约 4 厘米；其二，夯层之上铺块石，一般砌两层，总高约 20 厘米，底部砌较大且外形平整的块石，黏结材料为本地黑土搅拌的泥，

① 陈耀东：《中国藏族建筑》，中国建筑工业出版社，2007 年，第 22 页。

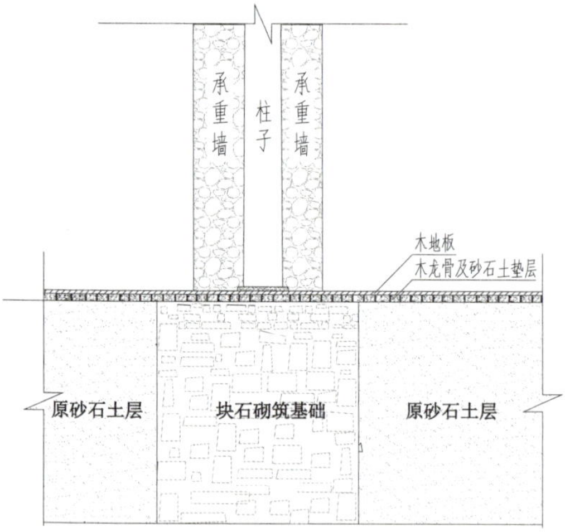

图 203　承重墙基础结构

图 204　基槽与承重墙交接方式

搅拌时可掺入适量细沙和白灰，掺入比例由石工技师掌握，块石间的缝隙以碎石、泥浆填充，其上再用较小的块石砌筑，基槽的两侧边要一并砌筑。基槽口与地面持平或高出 5 厘米左右，其上砌筑承重墙（图 203）。在拉卜楞寺的施工现场发现，基槽口的宽度比承重墙底部多出约 10 厘米（图 204），相比之下，本地区内其他建筑的土坯墙或青砖墙，墙底厚度与基槽口宽度相等。

2. 室内外地面处理工艺

拉卜楞寺各宗教殿堂、高级活佛囊欠、普通僧舍的室外地面铺设方式有两种：一为大面积片石铺设，仅在中轴线上铺鹅卵石甬道（宽 1.2 米左右），可将鹅卵石摆放成各种装饰图案；二为整体以砂石土碾压而成。

所有建筑的第一层前廊、室内均铺木地板或片石；楼梯间、储藏室一般铺片石或砂石土或红砖。木地板铺设工艺为：首先，开挖地面深 15~20 厘米，素土夯实，再铺一层薄片石，用碎石填实、找平，以便散发地下湿气。其次，摆放木龙骨架（木龙骨条

图 205　木龙骨铺设方法（表面涂刷防腐漆）

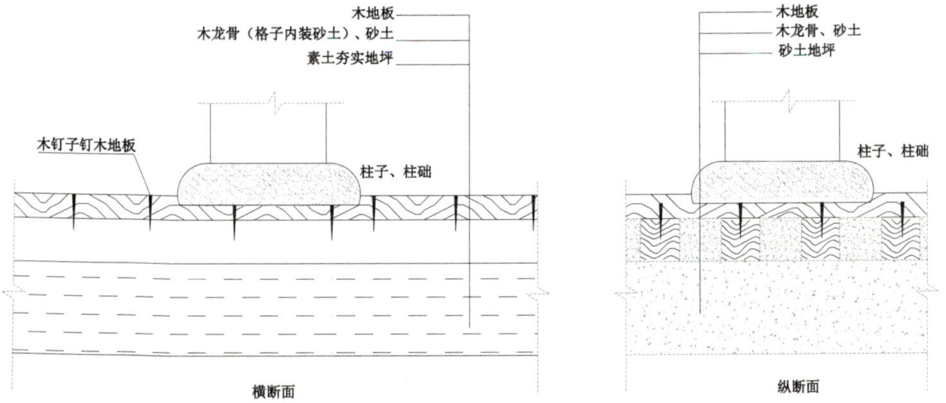

图 206　一层室内木地板铺法

图 207　早期室内木地板铺设样式
（念智仓囊欠，2007 年）

图 208　木地板边沿处压木枋
（嘉木样寝宫会客厅一层前廊，2007 年）

断面 10×12 厘米），相互嵌套呈网格状，每个网格长、宽均 1 米左右，网格内填充砂石土，压实（图 205）。早期木龙骨受潮易糟朽，现代维修时多在龙骨表面涂刷防腐漆。再次，龙骨架上铺木地板，地板长 1.5~2 米，宽 0.3 米，厚 3 厘米，一般采用顺铺式，企口缝（图 206、图 207）。边沿处、靠墙处以大木枋压边（图 208）。一些高级殿堂采用长短不一的木地板，纵横交错铺设，可有效防止木板受潮变形，典型者如嘉木样寝宫会客厅、释迦牟尼佛殿等。

（二）墙体砌筑工艺

拉卜楞寺建筑墙体形制多样，砌筑方法各异，有块（片）石墙、边玛墙、砖包石墙、砖砌墙、夯土墙、土坯墙、木骨泥墙等。藏式建筑墙体以块（片）石墙和边玛墙为主；汉藏结合式建筑墙体有夯土墙、土坯墙、砖砌墙、砖包石墙，主要集中在嘉木样寝宫内，部分墙顶也加边玛墙装饰，以体现建筑的等级特征。

1. 块（片）石墙

汉式传统建筑除石桥梁、石牌坊外，很少有纯粹的石材结构建筑物。梁思成先生认为，其主要原因“一是匠人对于石质力学缺乏了解。盖石性强于压力，而张力曲力弹力至弱，与木性相反。我国古来虽不乏善于用石之哲匠，如隋安济桥之建造者李春。然而通常石匠用石之法，如各地石牌坊、石勾栏等所见，大多凿石为卯榫，使其构合如木，而不知利用其压力而垒砌之，故此类石建筑崩坏者最多。二是垫灰之恶劣。中国石匠既未能尽量利用石性之强点而避免其弱点，故对于垫灰问题，数千年来，尚无设法予以解决之努力。垫灰材料多以石灰为主，然其使用，仅取其黏凝性，以为木作用胶之替代，而不知垫灰之主要功用乃在于两石缝间垫以富于黏性而坚固耐压之垫物，使两石面完全接触以避免支点不匀而发生之破裂”[①]。但在两千多年前的广大藏族聚居区，块（片）石垒砌技术即已相当成熟且普遍使用，很好地解决了梁思成先生提出的上述两个技术和材料问题，在中国乃至在世界建筑艺术史上占据一席之地。有人称藏式传统建筑的块石墙是“一种创造性的天才杰作”[②]，使用最简单的工具，以天然黏土作为填充层，块（片）石墙的墙面不勾缝，也不精细打点，自然纹理完全暴露在外，显现出一种质朴、粗犷美。对建筑艺术创作本身而言，建筑的“一切美而都建立在自然形状的法则之上”[③]。

块（片）石墙砌筑时，块石、片石、碎石混合搭配使用（图 209）。片石用于垫平、找面、填塞块石之间的缝隙，水平铺放时还可加强块石的整体性；碎石主要用于填塞缝隙。砌墙的主要工具有铁锤（重 5~7 公斤）、木手柄、手锤（重 1~1.5 公斤）、铁撬棍（长约 2 穷都）、泥刀、泥桶或泥兜等。与汉式传统砌墙

① 梁思成：《中国建筑史》，百花文艺出版社，1998 年，第 17 页。

② 杨嘉铭、赵心愚、杨环：《西藏建筑的历史文化》，青海人民出版社，2003 年，第 172 页。

③［英］约翰·罗斯金著，刘荣跃主编，张璘译：《建筑的七盏明灯》“格言 19”，山东画报出版社，2006 年，第 91 页。

方式不同，藏式采用反手砌法，只在墙体内侧搭脚手架，不搭外脚手架，外侧的架子主要用于运送泥土、块石等。砌筑时，自下而上逐层、从一端向另一端砌筑，如此往复。有学者研究认为古代藏式传统块（片）石墙砌筑工序至少有17道①。今青海省循化县道帏乡宁巴村以石墙砌筑技术闻名于世，已建立非物质文化遗产传承基地，有众多传承人，其先祖曾承担循化文都大寺、夏河拉卜楞寺等建筑石墙砌筑工程。

图209 砌墙用的块石、片石、碎石料

图210 片石砌墙方法（弥勒佛殿，2016年）

块（片）石墙主要用于建筑外围护墙、室内隔断墙，均为承重墙，墙体厚重，建筑愈高，墙体愈厚。位于卧象山脚下的建筑墙体更厚，如弥勒佛殿后部依靠山脚，墙底厚达2米，顶厚0.5米（图210）；释迦牟尼佛殿北侧与卧象山脚相接，墙厚3米以上。在地势平坦之处，外墙相对较薄，但视建筑高度而定。外部围护墙仅外墙面有收分，断面呈梯形，收分率一般为3%~5%，内墙面平齐，无收分。因外墙面上部易遭雨水冲刷，故墙面上部分层装置木枋，并向外挑出15厘米左右，外挑木枋顶部铺片石檐，可防止雨水对墙面的冲刷。

① 万玛吉：《藏族寺院垒石砌墙技艺及其文化内涵研究》，西北民族大学硕士学位论文，2013年。

图 211　砌墙时预安窗洞上部过梁及挑檐构件
（马头明王殿，2004 年）

图 212　砌墙时预安窗洞挑檐及屋面
（时轮学院俯视图，2017 年）

块石墙的砌筑流程和工艺包括：

（1）根据建筑朝向放线，确定墙体长度和内外墙面位置

一般从基槽顶部开始砌，先抹一层“贡丹”（面泥），内、外墙面用“顿钦”（大石头）垒砌，然后根据放线位置铺“靠顿”（碎石块，用于填充空腔）。因块石墙自重较大，基槽内承受的压强很大，为减小墙体自重压力，通常的做法有：第一，基槽口的宽度比墙底宽 15 厘米左右；第二，墙体向上渐次收分，在减小墙体厚度的同时可减小重量，避免墙体倾斜。要根据设计要求，预留门、窗洞口位置，预安门窗洞口上部过梁、挑檐木枋、墙体内插入的横枋（相当于拉筋）等（图 211、图 212）。早期，砌筑块（片）石墙所用黏结料为本地黑土搅拌成的泥，现代重建或维修殿堂时，片石间的黏结料多用水泥或白灰砂浆。

（2）准确放置大块石、小片石，合理使用黏结料

大块石主要放置在基槽与墙体结合处，其间留 3~4 厘米的缝隙，用小石片、碎石块填充严实。墙体内、外面都用大石块与片石叠砌，片石间相互叠压 1/3，中间形成空腔，空腔内再用小石片、碎石块拌泥填充。墙体砌到一段高度后，即水平铺压一层片石，以拉结内外侧大石块，如此反复砌筑。要特别注意水平方向片石的平顺、稳定，空腔内的黏结料要灌塞饱满；片石前后左右的搭接要错位、

咬合，上下石块叠压时要错缝，不得形成直缝。转角处理技术最为关键，两堵墙相交时会形成阳角和阴角，要求转角墙面必须平直、整洁，阳角和阴角线向上收分系数要一致①。为提高墙体整体稳固性，避免裂缝，在高度达3米时，必须对平铺的片石采取一次“找平”措施，并在找平层内平铺一道木枋（拉筋，断面10~15厘米），枋头仅在外侧暴露出15厘米，环绕墙体铺设一周，整体呈一条环状闭合线，暴露的木枋端头涂饰红色，其上再斜铺一层片石，形成挑檐，既是一条别具装饰效果的饰带，又可遮挡雨水对木枋和墙面的冲刷（图213、图214）。拉卜楞寺宗教殿堂外墙片石上、僧舍门洞墙面上多刻画、彩绘马头人身、象头人身图案或“朗久旺丹”、日月、水龙、青蛙等图案。在藏族传统文化中，龙、蛙为水神，常

图213　片石墙内木枋加工方法

图214　外墙面挑出木枋和片石遮雨檐（蒋干仓囊欠，2013年）

① 杨嘉铭、赵心愚、杨环：《西藏建筑的历史文化》，青海人民出版社，2003年，第170页。

刻于建筑外墙面上[①]，既美化了墙面，又具有宗教寓意。

（3）防震措施

有些大型殿堂的块（片）石墙高十几米，但具有良好的防震抗震效果。块石墙的主要防震措施有：第一，墙体收分。块石墙外侧有收分，内侧平直，墙体断面呈直角梯形。靠近山坡处建筑的外墙收分更大。墙体收分有一定的比例，若墙顶厚 1~2 个穷都（25~50 厘米），则外墙面收分 1/12~1/6（图 215）。第二，墙体高度达 3 米时，墙内铺设一层木枋，木枋与墙面垂直，以加强墙体的整体联结性能，防止墙体发生不均匀沉降现象。第三，分隔墙（隔断墙）与围护墙整体砌筑。根据殿堂室内空间需要，砌筑或纵或横的分隔墙时，要与围护墙整体砌筑，如此可有效抗拒地震产生的水平推力。第四，特殊的转角拐弯处理方式。转角处的石块必须错缝砌筑、上下咬茬，相互挤压密实。因此，藏式块（片）石墙“存在着无数且是无序的缝隙，我们把它看成是某种‘弹性结构’，若受一定外力（水平、扭曲、上下）作用，外力使无数且是无序的缝隙发生位移（裂缝），每个缝隙能有多大位移呢？这是否就是在一般地震中藏族建筑不致毁坏的原因？”[②] 事实证明，块（片）石墙虽会在一定外力推动下发生小位移现象，但不致失稳或垮塌。第五，墙面开设门窗的技巧。一般情况下，墙体高处的门窗面积大，低处的门窗面积小，如此可使墙体重心保持在下部，保持墙体的稳固性。第六，承重墙与木构架混合承重。高层建筑中，每层楼面以木结构（包括柱子、梁枋组合层、椽子望板等）套嵌成一个整体，楼面整体厚 30~40 厘米，梁枋头

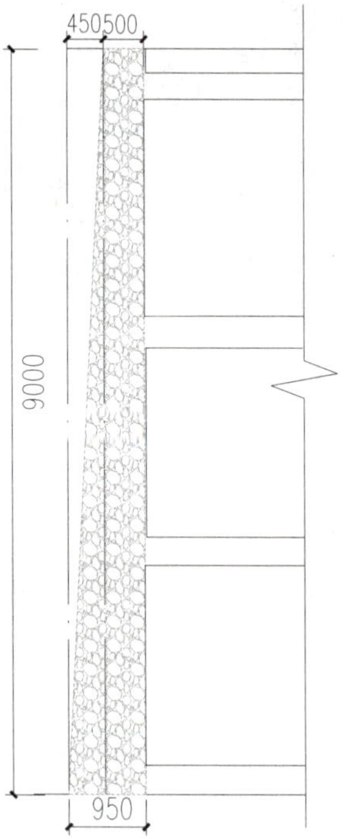

图 215　藏式建筑墙体收分比例

① 徐宗威：《西藏传统建筑导则》，中国建筑工业出版社，2004 年，第 413 页。

② 陈耀东：《中国藏族建筑》，中国建筑工业出版社，2007 年，第 377 页。

均插入块石围护墙内，围护墙又与室内梁枋组合成一个整体，结构非常稳固。

2. 边玛墙

边玛墙也称“边玛檐墙”[①]，是古代藏族人民在建筑实践活动中创造的一种砌体结构样式和装饰艺术。早期，人们将边玛草枝晒干，扎束成捆，堆砌于墙顶，既能防止偷盗者攀登房顶，又能保护房屋檐口不受雨水冲刷，后逐渐演变成一种墙面装饰。有学者认为，早在公元2世纪时已出现了边玛墙[②]。在西藏古格王国建筑遗址（建于9世纪）中就存在边玛墙，“东门厅内不设柱，外墙饰红，檐口有白玛草装饰”。也有人认为边玛墙“出现在明代以后，而流行于清代藏式宫殿、大经堂建筑中”[③]。还有人认为边玛墙起源于战争，由于古代藏族部落间经常发生战争，良好的防御措施对部落生存至关重要，如敦煌古藏文文书P.t.1286记载，“各小邦境内，遍布一个个堡寨”，“小邦喜欢征战残杀”[④]。特别是在冷兵器时代，弓箭在战争中具有特殊的作用，对方射来的箭插入边玛墙内，又可为我所用[⑤]，与“草船借箭”异曲同工。

藏传佛教兴起后，边玛墙成为建筑等级、地位的标识，主要用于宗教殿堂、王室宫殿、活佛囊欠、上层人士府邸建筑上，位置固定，砌于块（片）石墙顶部，也称“女儿墙”。边玛墙的功能和作用被提升到社会生活、寺院管理、建筑规范的高度，成为世俗权力和政教地位的象征，边玛墙的层数越高，建筑越尊贵，普通民宅、僧舍建筑均不可逾制使用。

边玛墙的主要材料是边玛草，也作“鞭麻草”或“边麻草”，甘肃、青海地区藏族称之为“茴麻草”或“巴喀草”[⑥]，是生长在高原地区的野生灌木，叶子很小，木质坚硬，枝条长，易弯曲，耐腐性强，主要分布于海拔3000米左右的甘南、

① 陈耀东：《中国藏族建筑》，中国建筑工业出版社，2007年，第24页。
② 陈祎：《边玛墙考究》，西北民族大学硕士研究生学位论文，2010年5月。
③ 张亚莎：《西藏美术史》，中央民族大学出版社，2006年，第290页。
④ 石硕：《吐蕃政教关系史》，四川人民出版社，1995年，第27页。
⑤ 陈祎：《边玛墙考究》，西北民族大学硕士学位论文，2010年5月。
⑥ 史理：《甘南藏族寺院建筑》，《文物》，1961年第3期，第55页。

图 216　收割边玛草

图 217　运送到寺院的边玛草

川西、祁连山区，高度 0.5~2 米。边玛草每年 4 月中旬萌芽，6—8 月开黄、白两色的花，8—9 月成熟后干枯，表皮颜色呈红褐偏灰色，枝干表皮外表还包裹一层蜡质皮层[①]。采集边玛草的最佳时间为深秋季节，此时的枝干最硬，用镰刀割取，不能连根拔出，割取后就地晾晒至干透（图 216、图 217）。用于砌墙的边玛草要求枝干均匀，使用前，还要采取一系列打理措施，主要有：①搓去外皮蜡质层，但不剥皮。②将边玛草放入配有药水（一般用朱砂）的容器中蒸煮，拉直枝干，然后晾干，如此可防蛀虫。③将晾干的边玛草用牛皮绳捆成直径 5~10 厘米的小束，长度根据需要而定，一般长 25~30 厘米，最长者为 50 厘米，要特别掌握好牛皮绳的干湿、收缩变化，如果牛皮绳没有捆绑合适，砌成的边玛墙会出现与片石墙分离的现象[②]。④将每捆边玛草束的末端（根部）用清油浸泡，再浸蘸特制的红色浆液（以红土或氧化铁红、牛胶、树胶、清水等混合熬制而成），晾干待用（图 218、图 219）。在古代安多地区，有些寺院建筑的边玛墙外表涂饰成黑色，见于青海境内，如同德县尕毛寺等。如今，在一些寺院维修工程中，省去了边玛草“清油浸泡”的工序，直接在煮沸的

① 中国植被编辑委员会：《中国植被》，科学出版社，1980 年，第 449 页。
② 陈祎：《边玛墙考究》，西北民族大学硕士学位论文，2010 年 5 月。

图 218　边玛草束浸染工序

图 219　边玛草束成品

图 220　墙顶砌筑边玛墙（时轮学院，2017 年）

图 221　边玛墙砌法（夏卜丹殿，2016 年）

水中加入颜料染色，用于捆扎的牛皮绳也改成了铁丝。

边玛墙砌筑在块石墙的顶部，由两半构成，内侧一半为块（片）石墙，外侧一半垒砌边玛草束（图 220、图 221）。这样，整个墙体的形态、厚度未变，且有效减轻了墙体重量。边玛墙的砌筑工序复杂，成本高，主要原因是旧边玛草很难重复利用。

在构造形态上，边玛墙分单层式（高度仅一层，约 1 米）、双层式（高度两层，约 4 米）、三层式（高度三层，约 5 米）三种样式。单层式边玛墙的等级较低，使用范围较广，用量很大，包括寺院及各建筑组群的院落围墙、学院前殿、佛殿前廊、厨房、活佛囊欠主殿等（图 222、图 223、图 224、图 225、图 227）。

图 222　夏季辩经院围墙单层边玛墙

图 223　千手千眼观音菩萨殿用单层边玛墙

图 224　砌筑单层边玛墙（2004 年马头明王殿重建）

图 225　砌筑单层边玛墙
（医药学院诵经廊，2004 年）

图 226　砌筑双层边玛墙
（时轮学院后殿，2017 年）

图 227 喜金刚学院前殿使用单层边玛墙（2007 年）

图 228 寿安寺后部主殿用双层边玛墙（2007 年）

图 229 双层边玛墙
（弥勒佛殿，2020 年）

双层式边玛墙等级较高，在拉卜楞寺，因没有三层式，双层式属等级最高者，主要用于高级宗教殿堂最重要部位的墙体上，包括：六大学院经堂的后殿外墙、佛殿后部主殿外墙、嘉木样寝宫图丹颇章殿（图 226、图 228、图 229、图 230）以及高级活佛囊欠的附属佛殿（图 231），此外，地位最尊贵的寺院总护法殿院落大门、主殿堂均用双层式（图 232）。三层式边玛墙等级最高，仅见于西藏地区。

完整的单层式边玛墙一般高 1 米左右，厚 0.4~0.6 米。从外墙面看，其结构自下而上依次为：片石承重墙—外挑穿插枋—月亮枋—挑檐片石—边玛墙—月亮

图 230　图丹颇章殿用双层边玛墙（2016 年）

图 231　郭莽仓囊欠附属佛殿用双层边玛墙

图 232　寺院总护法殿大门用双层边玛墙

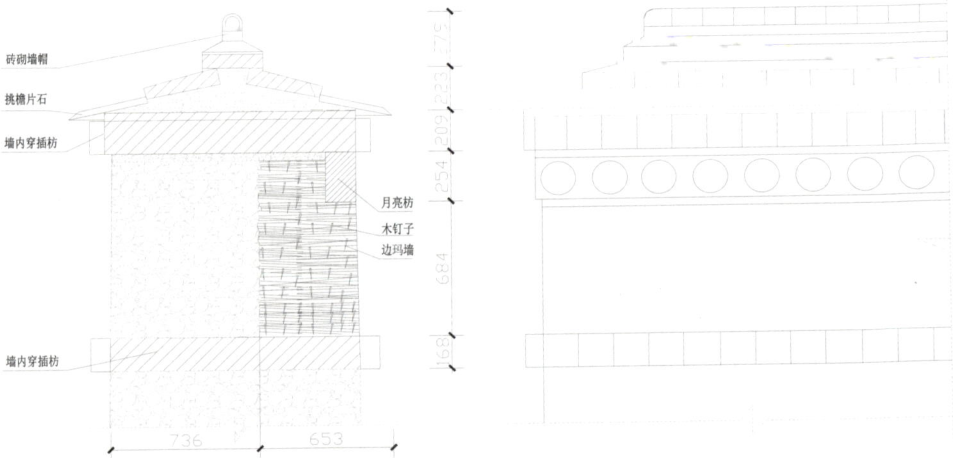

剖面　　　　立面

图 233　单层边玛墙结构

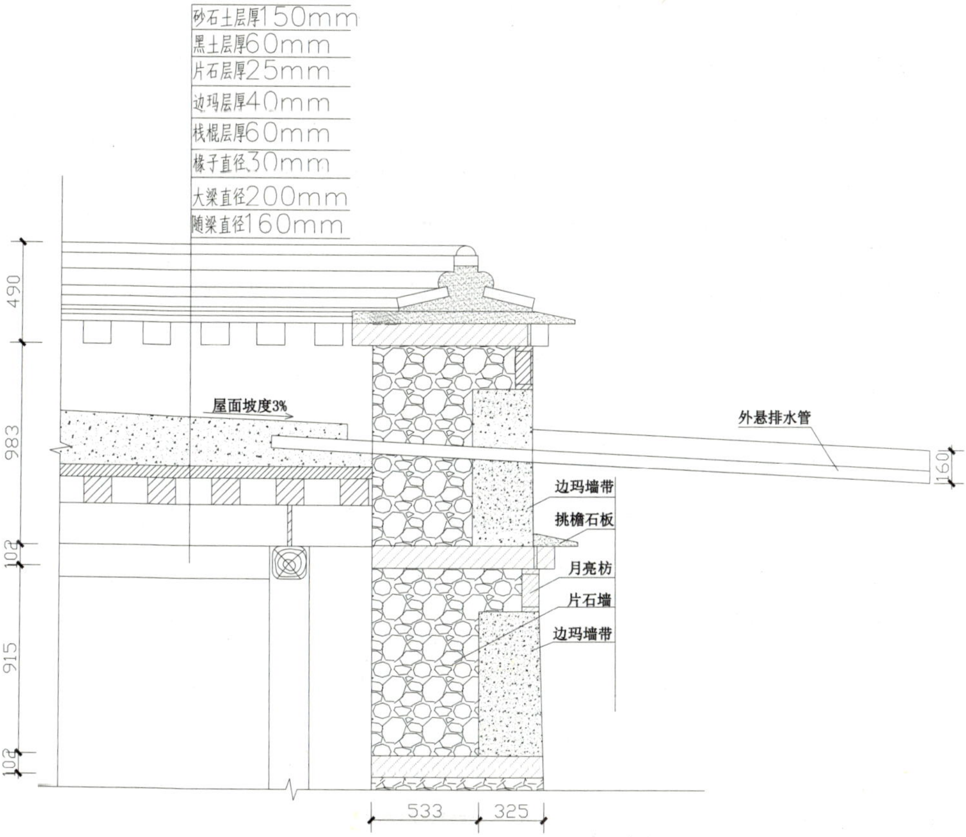

图 234　双层边玛墙结构（喜金刚学院）

枋—外挑穿插枋—片石挑檐—墙帽挑檐（图 233）。双层式边玛墙实际上就是两个单层边玛墙的叠加（图 234）。

在外观样式上，边玛墙又可分为 4 种样式：①嵌入式。承重墙顶与边玛墙底持平，两者同时砌筑，拉卜楞寺各建筑边玛墙以这种方式为主。主要用于殿堂、高级活佛囊欠墙体上，从外立面上看，边玛草束整体嵌在一个呈长方形或倒梯形的木框内（由上下两条月亮枋及两端墙体组成），上、下边框对称放置，侧边紧靠承重石墙。这种样式工艺考究，使用最普遍，能极大地减轻墙体重量，具有通风和装饰双重功能。边玛墙一般高 1~4 米，一圈周长约百米，墙体分两半，内侧为片石墙，外侧为边玛草，其间有木枋拉结，下部墙体内的潮气均向上通过边玛草层排除，刮风时，边玛草层具有呼吸和通风功能。②闪出式。即边玛墙整体向外凸出，主要见于西藏阿里地区，是为适应当地的自然环境而作，在古格王国遗址中发现了很多[①]。③堆砌式。构造简单，从墙体内悬挑出一排木椽（木枋），其上放置边玛草，这种墙体只起装饰作用，没有结构方面的功能[②]，多见于民居建筑中。今夏河县境内许多藏式传统民居建筑均采用此式，但堆砌材料并非边玛草，而是草料捆、牛粪块等。④涂绘式。系将块石墙体顶部一段的表面涂饰成暗红色，外观呈边玛墙样式，系借边玛墙之外“形”，实无其“质”。在拉卜楞寺，近年重建的低级活佛囊欠、周边公共建筑常采用此式。

砌筑边玛墙主要流程和工艺包括：

（1）打理墙基，装置穿插枋。边玛墙由内侧块石墙与外侧边玛墙拼合而成，厚度各占一半，墙基为承重墙顶部的块石面，将块石面打理平整后，铺设一层穿插枋（断面 15~20 厘米的木枋，环绕墙体一周），用于拉结外侧边玛墙和内侧片石墙，使之成为一个整体（图 235）。木枋与墙体内外面垂直，间隔 30 厘米，内外墙面各挑出 10 厘米，有时内侧不外挑，外侧暴露的木枋端头涂饰红色，枋头顶面上铺一层薄木板、一层薄片石，片石尾部插入边玛墙底，用于遮挡雨水。

图 235　片石墙内木枋铺设方法（弥勒佛殿，2016 年）

（2）装置下部月亮枋。月亮枋，也称“星星木”，藏语称“嘎玛”，是藏式传统建筑重要的文化符号，属预制构件，批量加工。单条月亮枋高 18~22 厘米，厚 10 厘米左右，长度根据墙体长度而定，一般 4~5 米，在外立面上浅刻一连串凸起的圆圈，上、下两

① 陈祎：《边玛墙考究》，西北民族大学硕士学位论文，2010 年 5 月。

② 徐宗威：《西藏传统建筑导则》，中国建筑工业出版社，2004 年，第 240 页。

边沿处刻出线脚，凸起的圆圈均涂饰白色，其余部分涂成黑色。每根月亮枋的背面垂直钉有三四根木棍（长 30~40 厘米），木棍插入边玛草束内，用于增强月亮枋的稳固性（图 236、图 237）。安装时，横向置于边玛墙外侧，上、下两端各一根，外形犹如一块木拦板，对边玛墙具有收束作用（图 238、图 239）。

（3）铺设边玛草束。边玛草束浸泡、晒透后，根据墙体厚度，截去草束多余部分，大头（根部一端）切割整齐，朝外侧，小头（枝梢一端）朝内侧，逐层堆码，分层用木榔头捶打密实，间隙处还要用石块、草泥填实；每铺设三层边玛草束，在草束间打入木钉，将各层草束串联拉结，使之稳固（图 240）。

（4）装置上部月亮枋及穿插枋。边玛草束铺压完毕，其上部再装一道月亮枋，安装流程与下层月亮枋相同。其上也铺压一层穿插枋，铺设方式同下层（图 241）。

图 236 预制月亮枋

图 237 加工成的月亮枋

图 238 月亮枋安装方法

图 239 月亮枋安装位置（弥勒佛殿，2016 年）

图 240　边玛草束铺设方法（俯视）

图 241　穿插枋外挑形态

（5）垒砌墙帽。由于边玛墙系块石墙（内侧）和边玛墙（外侧）合筑而成，顶部需要合拢，故用青砖、片石垒砌墙帽，意为“鱼背”，断面呈三角形（图242）。砌筑工艺包括：首先，将块石墙、边玛墙顶部找平，铺设一排穿插枋，以拉结两个墙体，木枋挑出内、外墙面（图243、图244）；其次，穿插枋的中

图 242　鱼背（片石、砖瓦垒砌的墙帽）

图 243　穿插枋向内挑出形态

图 244　墙帽底部木枋挑出墙面外

图 245　边玛墙帽俯瞰样式（白伞盖佛殿）

部用小块石、片石等垒砌，高起呈鱼背状，形成内、外两个缓坡面，鱼背两侧各铺压一层望板、一层片石，片石向外挑出，形成排水檐；再次，鱼背之上用黏土、青方砖垒筑成三台（或两台）阶梯状墙帽，青方砖的底端压住挑檐片石，顶端相互抵触于扣脊瓦之下，由此形成内、外两个排水坡面，墙帽顶部合缝处扣压一层方砖，其上再扣压一层筒瓦（扣脊瓦）收顶（图 245）。高级宗教殿堂边玛墙顶墙帽做成双面坡歇山顶样式，覆盖绿琉璃瓦或黄琉璃瓦，如闻思学院前殿楼、主体建筑大经堂及图丹颇章殿等（图 246、图 247）。

图 246　闻思学院大经堂前殿、后殿边玛墙帽

图 247　图丹颇章殿边玛墙帽形制

（6）打理边玛墙面。边玛墙砌筑完毕，要对墙面外露的边玛草反复捶打、修剪整齐，有些部位需要再次补刷颜色（图 248）。重要的宗教殿堂墙面上悬挂宗教饰件“朗久旺丹”，这种宗教殿堂外墙面悬挂的装饰件有两种形式，一为圆形，一为椭圆形（图 249）。院落围墙的边玛墙上多不悬挂此饰件，但寺院总护法殿院落围墙上悬挂此饰件，高级活佛囊欠院门顶部边玛墙上也悬挂此饰件，如贡唐仓囊欠、德哇仓囊欠院门均如此。

边玛墙砌筑工艺较复杂，等级特征明显。其功能包括：①坚固耐腐，能有效减轻高层建筑墙体自重。②墙面经精心打理，犹如赭红色毛绒织品，色彩庄严，与殿堂红色、白色、黄色外墙面及金色铜饰件相互映衬，虚实、明暗对比关系明显，强化了建筑立面装饰效果，层次感非常强烈。③有良好的通风和保温作用。青藏高原地区自然环境较为严酷，带天井院的大型建筑外墙厚重，门窗很小，为抵御寒风侵袭、防冻保温，保证天井院内有足够的通风量，利用边玛草束间的空隙实现通风。边玛墙砌筑工艺绝妙，通风效果非常隐秘，省去了利用其他辅助通风设施的情况。④边玛墙是藏传佛教寺院建筑重要的等级标志之一[①]，根据建筑等级，可加减层数和高度，一般单层高 0.8~1.2 米（图 250），双层高 4 米左右，如下续部学院前殿使用单层边玛墙，高 0.9 米，后殿为两层式，高 3.5 米；弥勒佛殿前廊为单层式，正殿为两层式，下层高 3 米，上层高 1.5 米，总高 4.5 米；

图 248　打理边玛墙面

图 249　边玛墙上悬挂铜质鎏金饰件之一

① 徐宗威：《西藏传统建筑导则》，中国建筑工业出版社，2004 年，第 464 页。

图 250　单层边玛墙正面（闻思学院公房，2007 年）

图 251　双层式边玛墙（时轮学院后殿）

图 252　双层式边玛墙（上续部学院后殿）

时轮学院、上续部学院后殿的边玛墙均为双层式（图 251、图 252）。

3. 夯土墙

夯土墙在甘南地区非常常见，拉卜楞寺也不例外，主要用于院落围墙（图 253）、僧舍建筑（图 254）等。此外，嘉木样寝宫内住宅建筑多依靠卧象山脚而建，部分后檐墙为夯土构筑。这种夯土墙均以本地砂石土夯筑，基础处理方式有两种：一是在原砂石土地面上夯筑简易的地基（基槽），然后夯筑墙体（图 253、图 254），这种墙体的缺陷明显，地基受雨水浸泡、返潮后，墙根易出现酥碱、空臌、掏蚀等病害；二是地基（墙根）以块（片）石砌筑，高 0.5 米左右，比墙体宽 0.2 米，或与墙体等宽，相当于墙根的护脚，其上再夯筑墙体，这种墙体稳固性好，经久耐用（图 255、图 256）。

夯土筑墙的方法大致有 3 种：一为版筑法，二为箱筑法，三为椽筑法。夯具（也称“夯杵”）的制作材料有石、铁、木等，端头或呈楔形（用于夯打转角处），或呈圆柱形（用于夯打中部），或呈半球形（图 257）。夯杵的手柄为一根短圆木棒，与竖杆连接，呈丁字形，操作时双手执柄向下夯打。

图 253　直接在地面上夯筑的院墙
（下续部学院辩经院围墙，2004 年）

图 254　直接在地面上夯筑的院墙
（普通僧舍，2004 年）

图 255　墙根以块石砌筑护脚
（寿安寺院落围墙，2007 年）

图 256　墙根以块石砌筑护脚（某僧舍，2007 年）

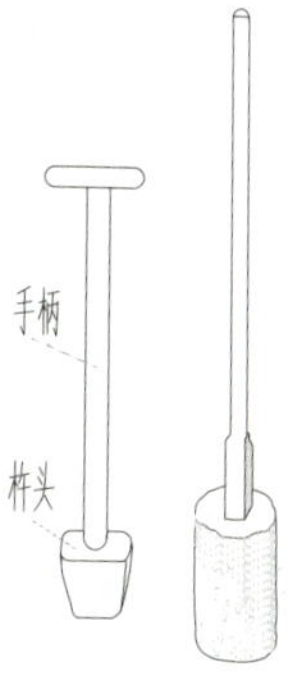

夯筑工具

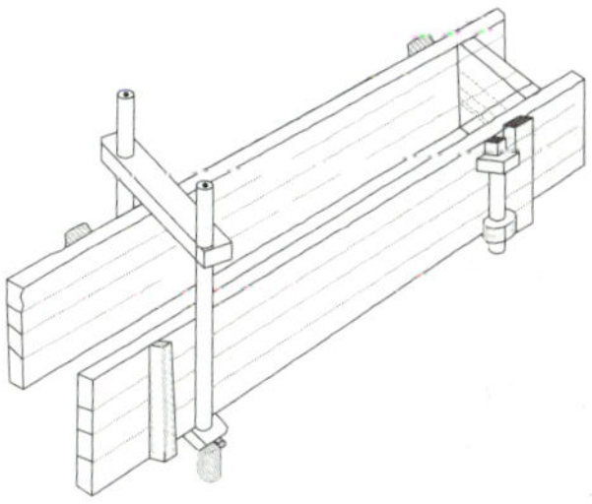
版筑夯土墙夯筑方式

椽筑夯土墙夯筑方式

图 257　夯土墙筑墙方式及夯具

图 258　清代夯土院落围墙（蒙古亲王府，2007 年）

（1）版筑法

这种墙体主要用于大型建筑或院落围墙，墙高不超过 5 米，厚 0.5~0.8 米，墙体收分率 5%~10%，如清乾隆年间修筑的蒙古亲王府院落围墙（图 258）。构筑工艺和流程包括：

第一，确定墙体高度、厚度及收分尺寸。开挖基槽，处理墙基，架设模具。

图 259　念智仓囊欠版筑夯土墙（2016 年）

基槽口要比拟建夯土墙宽，槽内底部用块石砌筑，砌至地面即夯筑墙体；或块石高出地面 0.4~0.5 米，形成墙基，其上再夯筑墙体。

第二，调制黏土。黏土用本地素土与水搅拌而成，水、土配比为 1∶4。为增强墙体强度，调制黏土时可掺入一定比例的小石子、白灰及细沙等。甘南地区的有些夯土墙内会掺入马粪。

第三，架设模具、装土、夯打。在墙基两侧栽立木杆，木杆埋深 1 米左右，上部用牛皮绳（牛毛绳）或铁丝相向拉结，木杆内侧架设木挡版，挡版四周以木楔固定（图 259）。将调制好的湿黏土填装在挡版围合而成的槽内，每版高 20~30 厘米。为使墙体连为一个整体，一般从转角处开始夯打，夯层厚 5~7 厘米。一版夯打完毕，其上再架设一层挡版，如此反复循环，直至完成。为增加墙体强度、避免开裂，可在夯层内掺入细木棍。

第四，垒砌墙帽，粉刷墙面。墙帽用青砖、片石垒筑，挑出短檐，顶部盖筒瓦。

（2）箱筑法

多用于小型殿堂或民居建筑。工艺与版筑法大同小异，但较省力。根据拟筑墙体的长度、厚度，预制可拆卸的木箱，长 1.8~2 米，高 40~60 厘米，向上的收分率为 2%~3%。筑墙时，将木箱固定在墙基上，箱内添加调制好的黏土，用夯具夯打，自下而上周而复始，直至完成。

版筑、箱筑的墙面较平整，可涂饰不同的颜色。寺院围墙、僧舍院墙、普通民居建筑多涂饰白灰浆；高级活佛囊欠院落围墙面涂饰红色或黄色，如嘉木样寝宫、郭莽仓囊欠院落围墙皆饰黄色，四大赛赤囊欠院墙多涂饰红色，佛殿院围墙墙面可涂饰红色、白色、黄色等。

（3）椽筑法

此法多用于小型殿堂、民居建筑。工艺与版筑法大同小异，只是墙体两侧挡版使用圆椽（直径15厘米左右），以3~4层椽为一版，每版高30厘米左右，收分率为2%~3%（图260）。成品墙的内、外面上形成美丽的椽花，颇有韵律感。

图260　四椽一版椽筑法（临夏市某村）

为了提高夯土墙的稳定性，防止墙根出现泛碱、空臌、掏蚀等病害，可在墙根下构筑块石基座，或在内、外墙根处砌筑块石或片石护脚（图261）。传统夯土墙皆以本地黏土、石子、砂砾等为材料，土、石、砂的配比为5∶3∶2，但在防水性、耐久性、力学性能方面有很多缺陷。目前，随着现代新式建筑材料和施工技术的改进，出现了新型夯土配方，在原生土材料中加入适当比例的水泥、土壤固化剂、玻璃纤维等，采用高密度夯实法构筑而成，这种墙体基本能达到烧结黏土砖的强度。还有以特殊配方制作的夯砼，其强度可达到混凝土级别，具有很好的防水性和耐久性，预制时可加入不同颜色的配料，做出丰富多彩的墙面肌理效果，是绿色环保建材，已被广泛使用。

图261　带有块石护脚的夯土墙（某僧舍）

4. 土坯墙

土坯是我国西北地区使用最广的生土建筑材料之一。拉卜楞寺大量使用土坯砌墙，主要用于院落围墙、大门侧墙、僧舍及其他等级较低的建筑、附属构筑物的围护墙等，有些殿堂室内隔断墙也用土坯砌筑。制作土坯的工艺有两种：

图 262　夯打土坯（临夏市某村）

一是打制法。在木制模具内填入湿黏土，打压成型。模具是以4段木枋（前后两段长40厘米，左右两段长70厘米，每条木枋的断面尺寸均为11×23×4厘米）套接成长方形格子，成品尺寸50×25×10厘米。打制前，挖取当地纯净的黄土，拌入一定比例的碎砂石、麦草、水，也可加入粉煤灰，以增加强度，水灰比一般为7:3，搅拌均匀，放置24小时以上即可使用。打制时，在模具底部置一平整的石板，或将作业面下部夯实，其上铺一层干沙（土），以防黏土与地面粘连，在模具内填装黏土，用木槌或木（石、铁）杵夯打密实，然后卸开模具，取出土坯，摆放在通风处，风干后即可使用（图262）。农村地区工匠将土坯制作过程概括为“三锨六脚三夯”，即在模具内加入3锨（铁锹）泥土，用脚踩踏6次，用夯锤打3次即成型。这种土坯强度较低，易破碎。

二是模制法。成品尺寸50×25×10厘米，制法同上一种，在木模具内填入含水量高的黄土拌泥，黄土要用水充分浸泡，加入稻草或各种毛发等，用手或木槌拍打密实，脱开模具取出。这种土坯的强度较高。

拉卜楞地区构筑生土墙时，一般采用夯土墙与土坯墙混合样式，下部多为夯土墙或块石墙，上部用土坯砌筑（图263）。土坯墙砌法以一顺一丁为主，一层土坯上铺一层草泥（即找平层），上下层错缝。完全用土坯砌墙时，一般在下部砌一两层片石勒脚，以防潮、防酥碱。

由于土坯自身的密度、抗拉抗压强度较弱，墙体不宜太长太高，一般高不超过4米，长不超过8米，厚30厘米左右，墙内分段栽立木柱（柱径同墙厚）[1]，墙

① 陈耀东：《中国藏族建筑》，中国建筑工业出版社，2007年，第24页。

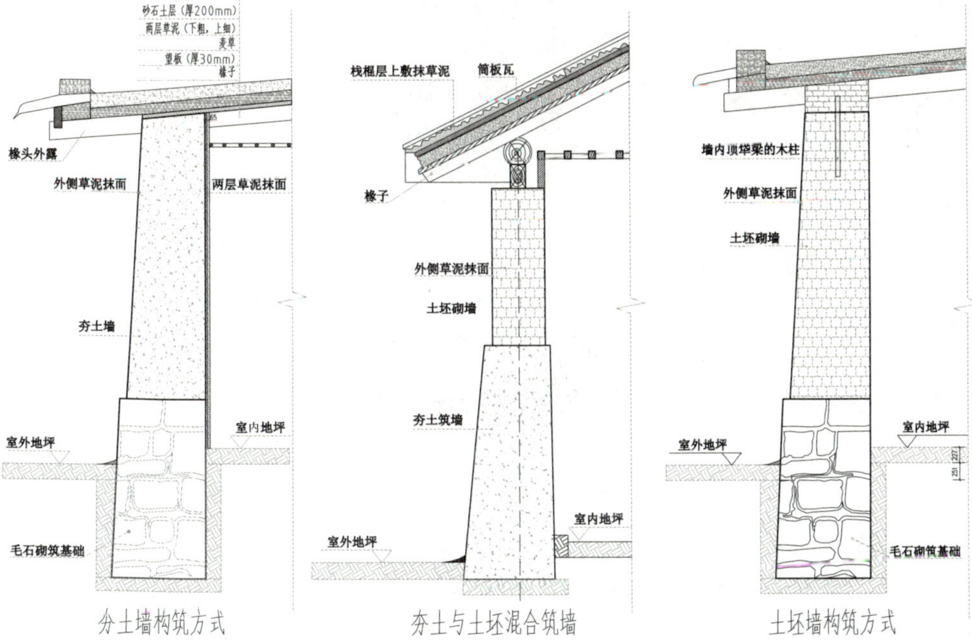

图 263　夯土、土坯混合墙样式

体的平面呈“八”字形，柱子暴露在外。内、外墙面均敷抹草泥，分层敷抹，底层为“滑秸泥”，是粗草泥，厚约 2 厘米，草泥内掺入长 10 厘米的麦草、青稞秆及粗砂等，以防墙面干裂；罩面层为细草泥，厚 1 厘米，泥内掺入麦壳、细沙、青稞壳等，等级较高的建筑在泥土内拌入牛毛或羊毛。如今，随着现代建筑材料和技术的不断发展，出现了新型改性土坯（砖），主要材料为黄土，掺入少量水泥、熟石灰、水玻璃（硅酸钠）、氯化钙（用于调节土坯砖内含水率）、聚丙烯纤维（用于增强拉力）等，不焙烧，用冲压机压制，性能优越，施工便利，已被广泛采用。

5. 青砖墙

拉卜楞寺建筑使用青砖墙者较少，主要有嘉木样寝宫多座建筑，如接待楼墀头墙（图 171）、会客厅山花墙及墀头墙（图 264）、西侧门等。部分为青砖、片石混合砌筑，如会客厅的山墙及月台拦土墙、嘉木样护法殿两山墙等。砌筑工艺与汉式传统工艺完全一致，以淌白撕缝为主，如：会客厅第一层东、西廊心

图 264　嘉木样寝宫会客厅山墙及墀头（2013 年）

图 265　嘉木样寝宫会客厅东廊心墙（2013 年）

墙为淌白撕缝砌法，中间开拱券门（图 265）；月台拦土墙也是青砖砌筑，墙顶部又用青砖砌筑仿木构斗拱挑檐，墙面饰砖雕图（图 172、图 173）。又，释迦牟尼佛殿第一层后檐墙、嘉木样护法殿后檐墙均为砖包石墙形制，墙体内用片石垒砌，外表青砖包砌，但因砖墙和片石墙间没有拉结材料，建筑又紧靠山体，长期受山体挤压，墙体结构松散，裂缝严重。

许多院落大门两侧墙以青砖砌筑，如寺院总护法殿院落大门、嘉木样寝宫西侧门及新建的南大门等，其中寝宫南大门内廊心墙上还有砖雕图。部分宗教殿堂、活佛囊欠、僧舍室内隔断墙、外檐廊心墙用土坯或青砖混合砌筑，墙面打磨平整，绘制壁画或镶嵌砖雕图。

6. 木骨泥墙

拉卜楞寺多座宗教殿堂使用本地区特有的一种木骨泥墙，主要用于隐蔽部位，如大门门洞两侧墙、殿堂二层天井回廊隔断墙、殿堂室内隔断墙等。这种墙体轻巧，制作方便，能有效减轻高层建筑上部荷载，独具装饰艺术效果。制作工艺如下：

（1）在梁、柱构成的框架内横向装木龙骨，龙骨断面或为方形，或为圆形，间距30厘米左右。再竖向用树枝条或边玛草编织出墙面轮廓，树枝条用藤条串联，并相互挤密，不留空隙，如同竹篾编织物（图266）。

图266　木骨泥墙（下续部学院大门，2004年）

（2）在木骨墙的两面或一面敷抹草泥，抹平晾干，其上可绘制壁画或悬挂唐卡。绘制壁画时，需对地仗层进行特殊加工和处理，底层敷抹用黄土、少量麦草、粗砂、少量细木炭粉拌成的泥，需抹两三层，表层再敷抹黄土、细沙拌成的泥（比例为1:1），既可防止裂缝、变质，又具有隔音效果。许多宗教殿堂二层礼佛楼阁的背面砌木骨泥墙，其中室内一侧绘壁画或悬挂唐卡，暴露在天井院一侧的墙面涂饰白灰。有的两面均不抹泥，裸露枝条，颇有乡土气息。

（三）大木构架体系

拉卜楞寺建筑大木构架体系分两种样式：一为以传统抬梁构架为主的汉式建筑；二为藏式梁柱结构，这种结构在力学性能上仍属抬梁式构架，但受“柱式”的控制，具有明显的模式化、程式化特点。

1. 特殊的柱式

在全世界范围内，不同民族的建筑，皆有自己独特的承重“柱式”，最著名者有古希腊、罗马石材柱式及中国汉族传统木构柱式。“柱式”是一个民族建筑的文化符号，具有特殊的空间营造、艺术美特征，代表着一个民族传统建筑的文化性格，是建筑的“中流砥柱”①。

中国传统汉式建筑有自己独特的“柱式”体系和文化，以柱子、斗拱、梁枋组成承重、悬挑体系。唐宋时期，这种结构已相当成熟，构件布局合理（图267）②。至明清时期，“柱式”体系和艺术特征趋于繁缛，突出装饰性，特别是很

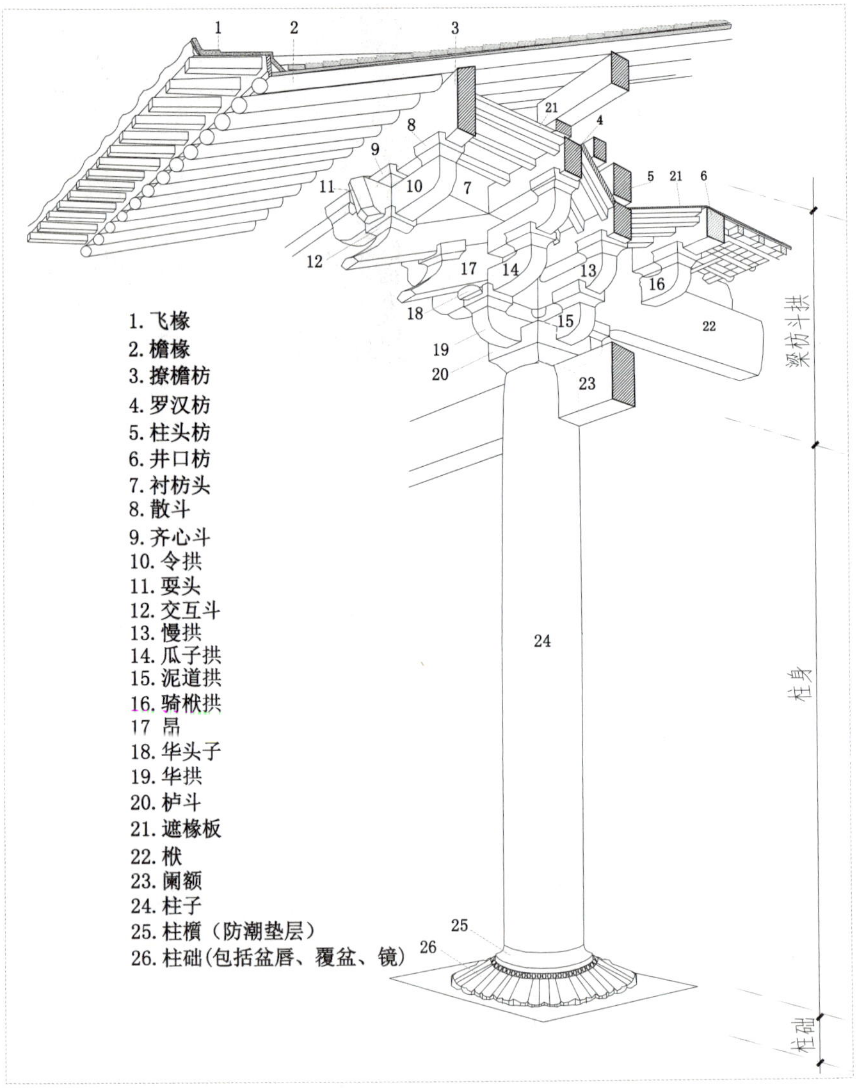

图 267　宋代木构建筑柱式特征

① 张瑞锋：《拉卜楞寺佛殿建筑研究》，兰州交通大学硕士学位论文，2012 年 6 月。

② 梁思成：《中国建筑史》插图，百花文艺出版社，1998 年，第 20 页。

多斗拱演变为纯装饰性构件（图 268）[①]。同样，藏式传统建筑在其发展过程中也形成了自己的“柱式”，是中国传统建筑文化的一个重要组成部分，由多种石木构件组合而成，自下而上依次有柱础、柱子、栌斗、长（短）弓木、兰扎枋（含金钱枋）、莲瓣枋、蜂窝枋、叠经枋（堆经枋），是藏式传统建筑非常重要的大木构架体系和形态（图 269、图 270）。这种柱式有鲜明的等级制度特征，建筑

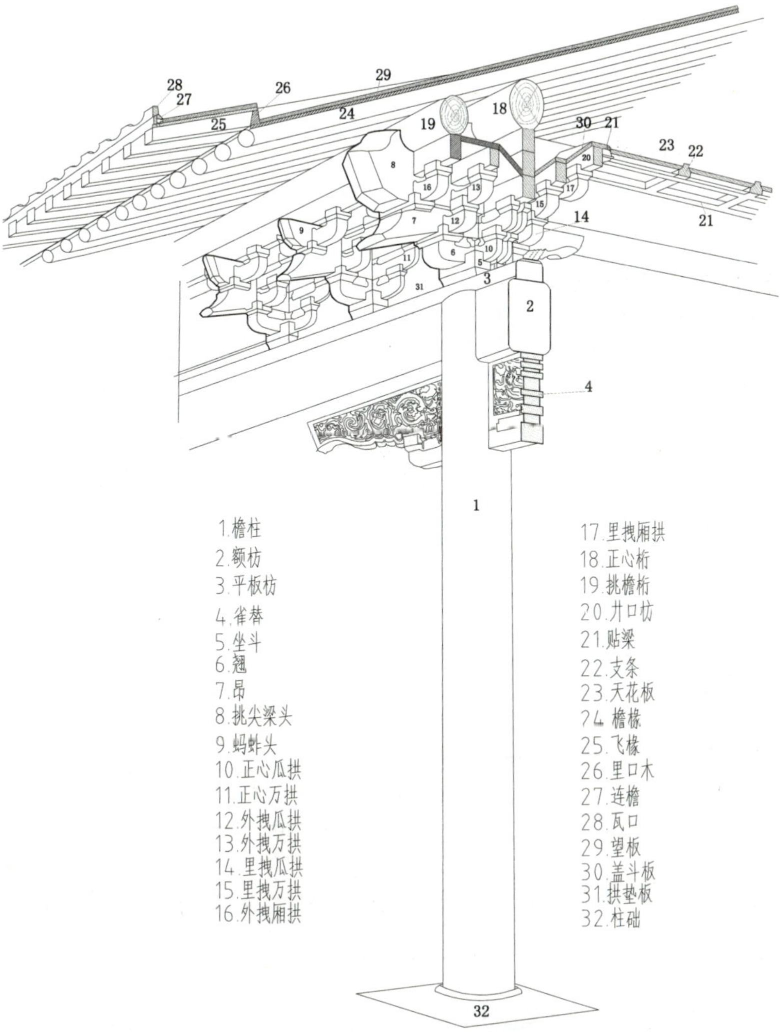

图 268　清代木构建筑柱式特征

① 刘敦桢：《中国古代建筑史》插图，中国建筑工业出版社，1984 年，第 5 页。

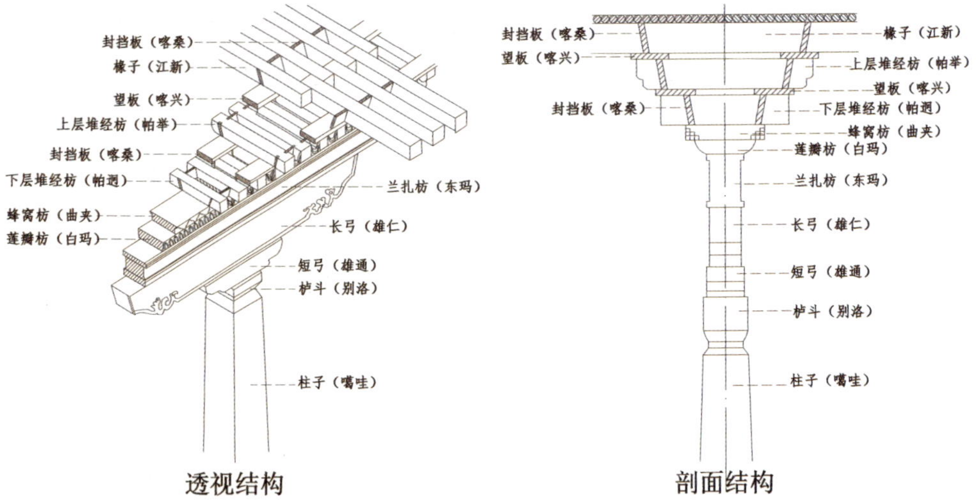

图 269　拉卜楞寺殿堂柱式组合

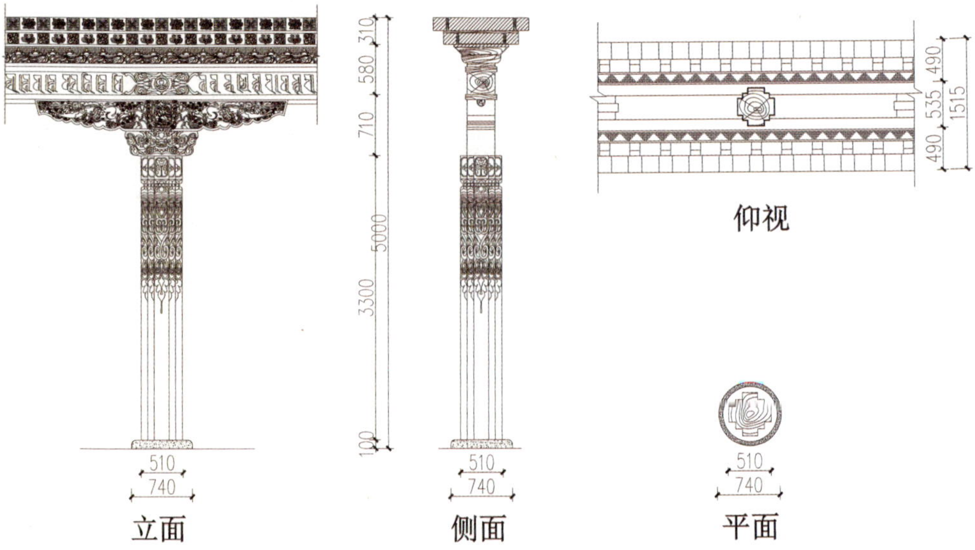

图 270　柱式组合结构

等级不同，同一建筑的不同部位，使用的柱式有别，或繁或简，灵活多变。在西藏地区，大型、高级宗教殿堂、活佛囊欠的柱式最为富丽，等级最高，柱头装饰件达 21 层，中等者有 13 层，简单者有 9 层[①]。小型建筑用柱较小，柱头装饰相

① 龙珠多杰:《藏传佛教寺院建筑文化研究》，社会科学文献出版社，2016 年，第 158—159 页。

对简略。普通僧舍用柱更小，柱头装饰更简。拉卜楞寺各级宗教殿堂柱式形态相对比较统一，一般均为 9 层，简单者也有两三层。一组完整的藏式建筑柱式由各个不同的木构件相互套接、叠压而成，这是一种固定搭配（图 271）。具体使用时，可根据建筑等级、空间形态、经济条件等因素加减一些构件。

柱式是受力和传递荷载的关键构件，上部荷载向下形成三条传递路线：

①屋面荷载→椽子→柱子

↓

②荷载→椽子→墙体→基础→地基

↓ ↑

③梁枋→柱子→

受自然条件、地域文化、民族风俗习惯等因素的影响，拉卜楞寺宗教殿堂、活佛囊欠、普通僧舍等建筑与西藏地区不同。创建时间较早的建筑，主要以围护墙（承重墙）承载上部荷载；创建时间较晚或后期维修过的殿堂，室内四周沿墙面各立一排扶壁柱，柱、梁以榫卯结构搭接，整体组成一个木框架，改变了藏式传统建筑土（石）木混合结构特征，或为墙体、木结构共同承重；或者外围护墙不承重，仅起围护作用；或为纯粹的木结构承重。无论哪种承重形式，它们都“通过起、承、转、合这几个阶段，完成了力学的传递过程，在空间上形成

图 271 一组完整的藏式建筑柱式组合形态（夏卜丹殿）

了十字形的受力体系”[①]。

（1）柱础

柱础用于稳定柱身、防止柱根糟朽，底部埋入地下，露出地面5厘米左右。多为石材打制，也有木柱础，如嘉木样寝宫会客厅前廊柱用两层柱础，底部为石柱础，上部为木雕莲瓣八角柱础（图208）。藏传佛教发展早期，“柱础是露出地面的，如桑耶寺乌策殿回廊柱础，覆盆形，雕有类似柿蒂纹样的尖瓣覆莲。昌珠寺下层柱础与此相同。大约元代以后，柱础已是一石块，埋入地面下”[②]。拉卜楞寺各宗教殿堂前廊柱础多露明在外，多数为青石质，以鼓镜式为主，如时轮学院前廊柱础（图272）等，有些完全埋入地下，如下续部学院前廊等。室内柱础多压在木地板之下，顶面与木地板平行，有方形、圆形、八角形及十二棱形等。佛殿、经堂前廊多用十二棱形柱，柱径达50厘米，柱础也是十二棱形，直径55~60厘米（图273）。2004年重建马头明王殿时，挖出多个前廊、室内的青石柱础，民国时期打制，其中前廊柱础为十二棱式，与柱子

图272 时轮学院前廊柱础（2004年）

图273 十二棱柱础平面（喜金刚学院前廊）

① 张瑞锋：《拉卜楞寺佛殿建筑研究》，兰州交通大学硕士学位论文，2012年6月。

② 陈耀东：《中国藏族建筑》，中国建筑工业出版社，2007年，第27页。

图 274　马头明王殿前廊柱础（2004 年）

图 275　重建后的闻思学院前殿楼前廊柱础

断面一样（图 274），室内柱础为鼓镜式。1989 年重建后的闻思学院前殿楼前廊柱为 8 根拼合方柱，柱下施巨大的红砂岩柱础，四周雕刻仰莲瓣，露明在外（图 275）。近年来，随着拉卜楞寺文物保护工程、殿堂（包括活佛囊欠）重修重建及基础设施改造等工程的全面推进，在一些区域内发现或挖出很多深埋地下的石柱础。

（2）柱子

藏传佛教发展早期，殿堂内已使用各种样式的柱子，有方形、圆形、四方抹角形等。格鲁派兴起后，建筑样式、构件加工趋于统一，出现了多棱拼合柱[①]，有圆柱、方柱、八棱柱、十二棱柱、瓜棱柱等，以八棱、十二棱柱最多，柱身四面的收分非常明显。柱头上置一枚栌斗，其上再叠置梁枋组合层，梁枋层之高为柱高的 1/3，具有一定的比例关系（图 276）。修建一

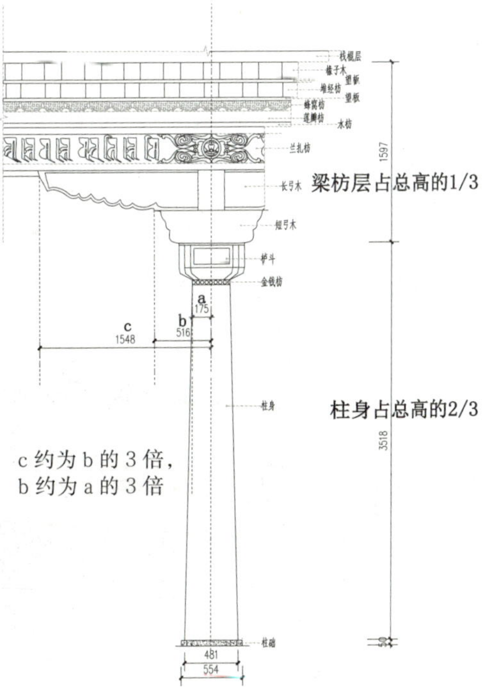

图 276　柱式各部分比例

① 应兆金：《藏族建筑的木结构及其柱式》，《古建园林技术》，1993 年第 4 期，第 14 页。

座大型宗教殿堂，需要大型木料，但青藏高原地区受环境、取材条件的限制，大型木料难得，又因交通不便，运输困难，许多大木料被截为长 2~3 米的短料，柱径较小，一般为 20~40 厘米，故多加工拼合柱，且主要用于佛殿、经堂前廊处，或全部露明在外，或下部用藏毯围裹，具有“装点门面”的作用和意义，也有强调、提升建筑等级和地位的作用。殿堂内部各柱身均用彩色蟠龙图藏毯围裹。

拼合方柱的加工流程为：一、炮制原柱。首先，根据需要，加工圆木，使其断面呈方形、六边形、八边形等。其次，在每个面上粘贴木枋，如在方柱的四面贴四条木枋，即成十二棱柱（图 277），同时，在原柱身、附加木枋的对应位置开多个榫眼（大小 5×10 厘米），打入木梢和楔子，使两者粘结牢靠稳固。此外，还可将附加木枋的外面加工成微鼓状曲面（即中部 1/3 的宽度凸起 3 厘米），整体犹如一个琴面，产生特殊的艺术效果，在外观上，柱身显得比同等边长的方柱硕大、粗壮。所有的拼合柱皆做出收分（1% 左右），柱顶端做出榫头（断面 5 厘米左右，高 6 厘米左右，用于放置栌斗）。有学者认为，藏式柱式的收分“与藏式建筑‘梯形’的母体形式有一定的联系”[①]。二、加固措施。在拼合柱身上加两三道铜、铁或藏银打制的箍子，箍子上錾刻宗教法器、兽头、花卉等图案，具有装饰美化柱身的效果。三、雕饰柱身。藏式建筑的柱身分两段，下部为柱身，一般涂饰红色，上部为柱幔，占柱高 1/3，通体或雕或贴或彩

图 277　十二棱柱拼合方法

① 龙珠多杰：《藏传佛教寺院建筑文化研究》，社会科学文献出版社，2016 年，第 156 页。

绘，图案多为佛像、短帘垂铃等（图 278）。

（3）栌斗

也称“大斗”。与传统汉式建筑木构架不同，藏式建筑柱头很少用斗拱，多置一栌斗，栌斗底部中央凿刻榫眼，与柱头榫头连接咬合。栌斗四周自下而上有收分，断面呈梯形，四周底边雕饰一圈仰莲瓣或金钱纹，也有学者将这一图案称“长城箭垛图案”[①]。斗身四面雕饰各种藏式吉祥图案，题材有梵文、莲花、佛像、几

文殊菩萨殿前廊

夏卜丹殿二层天井院

图 278 柱幔雕饰的主要图案（2007 年）

图 279 整体雕刻并彩绘的栌斗（时轮学院，2007 年）

① 徐宗威：《西藏传统建筑导则》，中国建筑工业出版社，2004 年，第 378 页。

何图案等，或整体雕，或用木板雕成后粘贴，或直接彩绘（图 279）。

（4）两种弓木

是为藏式建筑特有构件。“弓木置于柱头大斗上，如同汉式建筑的替木，藏语称‘修’，是‘弓’的意思，形如弓，或指此托木的长度为一弓”[①]。弓木经历了漫长的演变过程。宿白先生认为，藏式建筑的弓木长短及雕刻图案变化是区分藏式寺院建筑历史分期的重要因素[②]。藏式宗教殿堂柱间距一般为 2~3 米（个别建筑的柱间距达 4 米），弓木长度为柱间距的 1/2 或 2/3，分上、下两层：下层弓木较短，称“短弓”，藏语称“雄通”或“边落”，意为“元宝木”，外形如一枚金元宝，功能与汉式建筑雀替相同，置于栌斗之上，二者之间以暗梢连接。短弓一般通长 0.5 米，宽度小于栌斗，比上部梁枋稍宽，正、背面分别对称雕刻缠枝纹、祥云、花卉等，或不雕刻，仅彩绘各种吉祥图案。底色通体饰红色。左、右两端边沿抹杀呈圆弧曲线状。上层为长弓，藏语称“雄仁”，厚度与短弓同，置于短弓之上，二者之间以暗梢连接。正、背面对称雕刻或彩绘吉祥图案，底色饰红色，左、右两端雕刻连续的数段曲线（图 280）。藏传佛教建筑栌斗、弓木构件的搭接关系、油饰彩画图案是固定的（图 281）。

弓木是藏式传统建筑非常重要的文化符号，雕饰精致，色彩明艳，大量用于宗教殿堂、活佛囊欠等重要建筑上，有原木雕刻、木板雕贴、涂绘颜色等方式。不同时期的建筑，长弓的外形、雕饰图案各不相同，从弓木端头的曲线变化可判断建筑的年代及地区特点[③]（图 282）。两层弓木的正、背面中央均雕饰佛像、塌鼻兽、“朗久旺丹”、佛八宝、飞龙、命命鸟、宝珠卷草纹等。拉卜楞寺早期的弓木多为整木雕刻并彩绘（图 283、图 284），晚期修建或后期维修更换的弓木，正、背面图案多先用木板雕刻成图形，然后粘贴在枋木上（图 285），再涂饰各种图案。受建筑材料成本及工匠人工费的影响，只有在那些国家投资的大型维修

① 陈耀东：《中国藏族建筑》，中国建筑工业出版社，2007 年，第 28 页。

② 宿白：《藏传佛教寺院考古》，文物出版社，1996 年，第 192 页。

③ 徐宗威：《西藏传统建筑导则》，中国建筑工业出版社，2004 年，第 372 页。

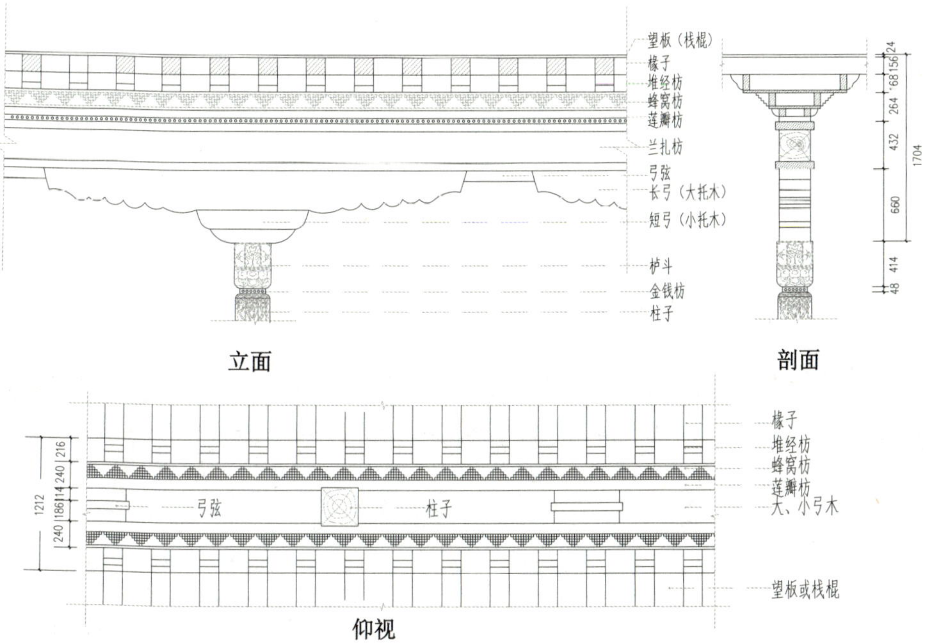

图 280　藏式建筑柱头梁枋组合层名称

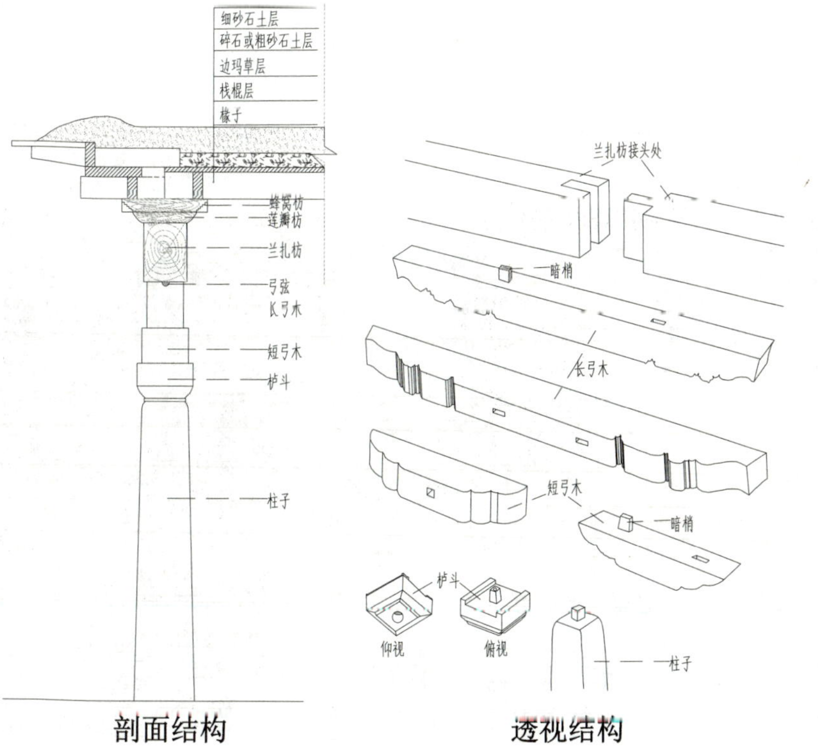

图 281　藏式建筑柱头梁枋层搭接关系

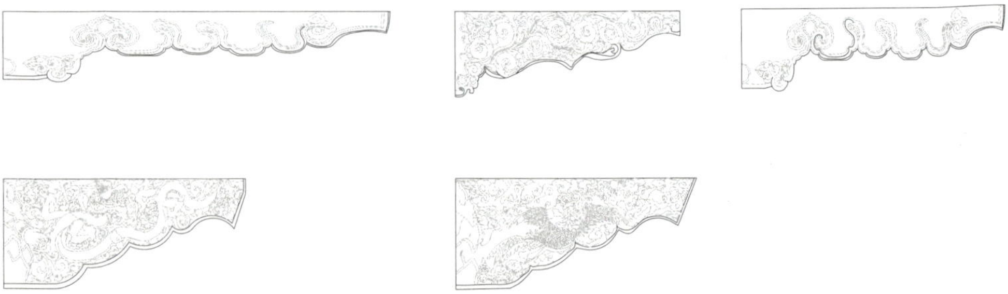

图 282　不同时期的长弓雕饰图案

图 283　弓木上雕饰的塌鼻兽（白伞盖佛殿，2007 年）

图 284　上续部学院前殿通柱柱头梁枋（2007 年）

图 285　弓木正背面粘贴木板加工现场

图 286　整体雕刻的弓木

工程中，弓木多采用原木整体雕刻方式（图 286）。同样，经济条件好的活佛维修佛殿时也采用原木整体雕绘方式。弓木的装饰图案以埸鼻兽为主，造型最为特别。埸鼻兽本意为“帝王之脸”[①]，一般作高浮雕，或制成镏金饰件，犹如一个面具，直接悬挂在短弓的正面，其下又悬挂各色幢幡、唐卡等（图 287）。拉卜楞寺各个殿堂内都保存有这种埸鼻兽面具，供更换之用。埸鼻兽只用于宗教殿堂中，普通僧舍、民居、低等级建筑不得使用。

左右相邻的两根长弓木间装一个小木构件，将两者连接，称“弓弦”，是一断面呈马蹄形的木棍，直径 10~14 厘米，两端头分别插入两根长弓端头凹槽内，弓弦也用于悬挂大型布织幢幡等饰物。弓弦彩绘图案样式较多，或通体饰绿色、蓝色，或饰蓝地贴金卷云纹、吉祥草纹等，如

图 287　悬挂于弓木下的埸鼻兽面具（图丹颇章殿）

① ［英］罗伯特·比尔著，向红笳译：《藏传佛教象征符号与器物图解》，中国藏学出版社，2007 年，第 83 页。

图 288　弓弦雕刻贴金卷云纹（2007 年）

医药学院前殿二层礼佛阁（图 288），或饰雕刻精细的贴金龙纹，或仅在正面雕饰灵兽（大鹏鸟）等，不一而足。

（5）梁枋

梁枋为主要承重组合构件，是拉卜楞寺木构件油饰彩画最集中的部位，叠置于长弓上，二者之间以暗梢连接，自下而上依次为兰扎枋、莲瓣枋、蜂窝枋等，是固定组合形式。梁枋构件一般为整木加工而成，也有拼合而成的。以间为单位，每根梁枋长 2 米左右，接缝处均置于柱头上。梁枋的上、下两面可粘贴通长木条，木条的两侧各比梁枋宽出 2 厘米，如此，梁枋的整体断面呈“工”字形。拉卜楞寺各宗教殿堂中，仅兰扎枋的接缝处置于柱头上，其他各枋木接缝的位置较随意，完全根据材料长度而定。因宗教殿堂室内空间为“回”字形布局，横向、纵向梁枋在角柱处相交成十字形（图 289、图 290、图 291、图 292），或横向梁枋两端头继续延伸并插入墙体内，但不出头（图 293）；或梁枋两端头分别穿过承重墙，悬挑于楼梯间（储物间）内（图 294）。整体而言，多数横向梁枋两端头插入承重墙内，不外露，插入长度为承重墙厚的一半；纵向梁枋多在室内角柱头处相交后，再延长 30 厘米，悬挑在室内。梁枋之上置与之垂直的堆经枋。

1）兰扎枋。是非常重要的承重构件，高度大于宽度，正、背立面均绘彩画，

图 289　梁枋在柱头处十字相交
（喜金刚学院）

图 290　梁枋柱头相交且出头 30 厘米
（喜金刚学院）

图 291　柱头梁枋十字相交
（医药学院前廊）

图 292　梁枋十字相交且出头 30 厘米
（时轮学院前殿一层）

图 293　梁枋头插入承重墙内且不出头
（白伞盖佛殿前廊）

图 294　梁枋延伸后穿过承重墙
露明于楼梯间内（弥勒佛殿）

图案样式是固定的，也是最尊贵的，显示了建筑的至尊地位。图案为三段式构图，中段均绘蓝地贴金兰扎体梵文（兰扎文）[①]或二龙献宝图，左、右两段对称绘缠枝卷草纹、岔角花等，最讲究和突出正面（看面）装饰效果，极尽雕刻、贴金、装点，色彩明艳，令人眼花缭乱。拉卜楞寺各宗教殿堂绘制兰扎文的部位和构件主要有：①前廊兰扎枋，以蓝地贴金兰扎文、蓝地贴金二龙献宝图、宝珠卷云纹为主，或通体雕刻，或通体写绘，或两者兼而有之，如下续部学院前廊兰扎枋的二龙献宝图，先用木板雕刻，再贴在枋木表面，最后彩绘，正、背面雕饰图案、工艺一致，构图繁缛，色彩浓郁，造型奢华（图295、图296）。也有写绘红地贴金兰扎文者，如时轮学院前廊（图297、图298）。很多兰扎枋正、背面构图方式不同，特别突出正面效果，集雕刻、贴金、彩绘于一体，背面装饰较为简约，以直接彩绘为主，如喜金刚学院前廊兰扎枋（图299、图300）。②室内纵、横向兰扎枋，也是一座殿堂最重

图295　前廊明间梁枋正面（下续部学院）

图296　前廊明间梁枋背面（下续部学院）

① 兰扎体梵文，原为西藏对古印度梵文书写系统的总称，11世纪从婆罗谜字母派生出来，字体稳重大方，大量用于寺院门楣、栋梁、壁画、转经轮、经文封面题字、密宗种子字、佩饰件点缀等，后发展为一种纯粹的宗教殿堂装饰图案。拉卜楞寺密宗学院（上续部学院、喜金刚学院等）有专门修习兰扎文书体者，属“工巧明”内容之一。

图 297　前廊明间梁枋正面（时轮学院）

图 298　前廊明间梁枋背面（时轮学院）

图 299　前廊梁枋正面（喜金刚学院）

图 300　前廊梁枋背面（喜金刚学院）

要的装饰部位，正、背面通体雕绘蓝地（或红地）贴金兰扎文、蓝地贴金二龙献宝图、宝珠卷云纹（图 301、图 302、图 303）等。③殿堂正门、挑檐门廊之上槛及挑檐横枋（图 304、图 305）。正门下槛均不彩绘，上槛彩绘图案多样，或书写蓝地贴金兰扎文，如白伞盖佛殿二层外挑门廊（图 306），1989 年重建的闻思学院庭院东、西两侧门等，彩绘图案类似，以蓝地宝珠卷草纹、缠枝卷草纹为主，门框左、右边框不写兰扎文，均绘二龙献宝、宝珠卷草纹等。又如 2006 年前后维修并重绘彩画的宗喀巴佛殿院落大门、图丹颇章殿第一层的 3 座正门等，门框上均绘蓝地金龙纹或蓝地卷云纹（图 307、图 308）。

2）莲瓣枋，藏语称“白玛”。置于兰扎枋之上，二者之间以暗梢连接。样式、位置、装饰图案固定，正、背面通体绘沥粉贴金蓝绿相间莲瓣纹，或通体饰绿色莲瓣纹、卷云纹。

图 301　礼佛阁内柱式组合及彩画
（医药学院，2007 年）

图 302　前殿室内柱子梁枋正面
（时轮学院，2007 年）

图 303　通柱及梁枋正面（白度母佛殿）

图 304　外挑门廊挑檐构件绘兰扎文
（白度母佛殿，2007 年）

图 305　外挑门廊上槛绘兰扎文
（文殊菩萨殿，2007 年）

图 306　外挑门廊兰扎枋（白伞盖佛殿二层，2007 年）

图 307　宗喀巴佛殿院落大门边框彩绘（2013 年）

图 308　图丹颇章殿次间门边框彩绘（2013 年）

图 309　雕凿蜂窝枋（2016 年）

3）蜂窝枋，藏语称“曲夹”。置于莲瓣枋之上，二者之间以暗梢连接。样式、位置、装饰图案固定，正、背面均凿刻成有规律且连续凹进、凸出的小块，外形如蜂窝（图 309），各小块分别以不同的颜料（蓝、绿、黄、白等）退晕染色。也有部分建筑的蜂窝枋整体涂饰成单色，仅勾绘出凸凹边框，如时轮学院前殿一层蜂窝枋。

4）堆经枋。置于蜂窝枋之上，或置两层，或一层，下层称“帕迴”，上层称“帕举”，与蜂窝枋垂直相交，枋木两端分别向外叠涩挑出 10 厘米左右，外形如码放的经函，故名“堆经枋”或“叠经枋”（图 310），也是非常重要的油饰彩画构件，对美化室内空间起重要作用。彩绘颜色搭配固定，以蓝、绿色为主，均为上蓝下绿或上绿下蓝模式，外挑枋头正面方框内绘贴金卷云纹或如意头纹。堆经枋的顶面铺望板（藏语称“喀兴”），其上再铺椽子、飞椽等，间距与堆经枋对位。两条堆经枋之间的空隙处装封挡板（藏语称“喀桑”），犹如汉式建筑的封挡板，封挡板上或绘花草、吉祥纹等，或素面无饰。

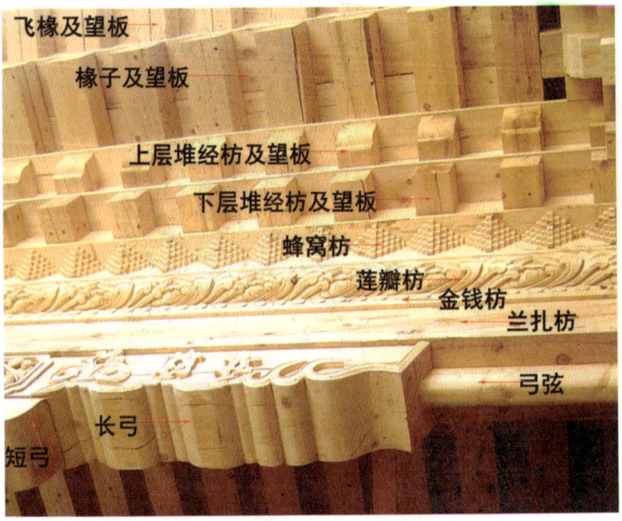

图 310　莲瓣枋、蜂窝枋、堆经枋的位置关系

堆经枋的两端延伸并悬挑出来，具有扩大室内外空间跨度和高度、美化空间界面等方面的重要作用（图 311、图 312）。拉卜楞寺各殿堂大量使用堆经枋，主要部位有：①殿堂前廊各梁枋

上部（如前所述）。②室内藻井四周，宗教殿堂的室内中央呈“回”字形布局，上部各柱枋挑出木构件，组成一个长方形或正方形藻井口，藻井口四周以梁枋围合，梁枋上置堆经枋，油饰彩画非常精细，美化了室内空间。③二层以上门廊、侧门的上槛之上多置堆经枋，如此可增加遮雨檐的外挑长度。④殿堂二层礼佛阁挑檐结构，所有学院、佛殿的二层礼佛阁的前檐均使用堆经枋，以增加檐口外挑长度（图 313）。有些殿堂不使用堆经枋，仅以椽子、飞椽挑出檐口，如医药学院二层礼佛阁（图 314）。

图 311　完整的柱头梁枋构件（医药学院，2007 年）

图 312　完整的柱头梁枋构件（喜金刚学院，2007 年）

图 313　二层礼佛阁檐口出挑结构（下续部学院，2007 年）

藏式建筑柱子与梁枋搭接方式特殊，与汉式传统木构件榫卯连接方式不同，既不用榫卯，也不用任何铁件。柱子、栌斗、大小弓木、梁枋等构件均垂直叠压，上下以木暗梢固定，暗梢的历史“可以追溯到藏地游牧部族古老

图 314　礼佛回廊挑檐结构不使用堆经枋（医药学院）

图 315　暗梢形态种种（2004 年重建马头明王殿）

的建筑范式——牛毛黑帐的木梁绳椽传统”[①]。其中，柱头上的暗梢并非独立构件，系直接在柱头上砍削而成，其他梁枋构件间的暗梢是一个独立构件，用藏青杨木制作，长度根据需要而定，一般断面呈长方形（6×4 厘米）。柱子、栌斗之间按竖纹放置，弓木、梁枋之间按横纹放置，并列的两枋做成银锭榫搭接（图 315）。现代科技实验表明，暗梢属柔性连接方式，具有多种功能，可增大上下构件之间的接触摩擦传力及水平构件的连接力，减少剪应力，防止梁柱变形，使同一净跨内各构件荷载更大，有较好的抗震性能[②]。在均布荷载状态下，暗梢能提高抗滑移初始刚度，增大构件间抵抗滑移极限荷载。若均布压

① 王东、冉璐：《安多地区藏传佛教建筑艺术略述》，《西北民族大学学报》（哲学社会科学版），2014 年第 1 期。

② 郭婷：《藏式古建结构的人群荷载分析》，北京交通大学硕士学位论文，2009 年 12 月。

力较小，可明显提高构件滑移极限荷载；遭破坏时，构件相对滑移变形较小[1]。藏式建筑最关键的承重和抗震力来自柱子和片石墙，柱头梁枋两端直接插入承重墙内，但嘉木样寝宫内各汉式建筑、多座金顶的柱子梁枋搭接方式为汉式传统榫卯结构（图316、图317），一些小体量建筑如诵经廊等建筑的檐柱与上部梁枋、门廊与柱子、梁枋间的搭接方式也采用榫卯结构（图318）。这两种木构件搭接方式的结合使用，形成了一个完美的受力体系，建筑安全得到充分保障。

图316　传统汉式榫卯结构（嘉木样寝宫接待楼，2018年）

图317　传统汉式榫卯结构（嘉木样寝宫亲属居住楼）

图318　采用汉式传统柱子梁枋搭接方式
（医药学院诵经廊，2004年）

除大型宗教殿堂外，甘南地区传统民居、寺院僧舍的梁柱交接方式还有“印丁法”“夹多罗法”等。其中“印丁法”是将柱头做成正方形榫头，梁端下部做成卯口，二者套接在一起；“夹多罗法”

① 李鹏、杨娜：《暗销在藏式古建筑木结构连接中的作用》，《北京交通大学学报》，2010年第4期。

即在柱头上开卯口，梁端头做成榫头。各类木构件也有地方通用的名称，如一层室内纵向梁枋称“天栿”（大梁）和“随栿”（随枋），第二层则称“二栿”[①]，等等。

2. 斗拱

元朝时期，藏式建筑已开始使用斗拱，但主要用于宗教殿堂屋面金顶外檐下，且由汉地匠师制作安装。后来，本地匠师继承和发展了这种木作工艺，形成藏式斗拱体系。拉卜楞寺建筑很少使用斗拱，使用斗拱的部位主要见于殿堂各层的外挑门廊、金顶外檐等。装饰性大于实用性。

（1）宗教殿堂室内斗拱

仅弥勒佛殿一例。第一层室内前、左、右侧墙面上部挑出五踩单翘无昂斗拱，斗拱与墙面平行，总平面布局呈“凹”字形，立面犹如一条装饰带。斗拱间距较大，结构简单（图319、图320），用于承挑第二层礼佛回廊走道。最底层置一根纵向挑梁（托木），从墙体内挑出，无正心瓜拱和华拱，端头砍削成堆经枋状，其上置前、后两只小斗，无斗口；两小斗上分别置一条横拱（犹如汉式斗拱的外拽万拱、外拽厢拱），无拱眼板，拱两端砍削成弧线，向上弯曲，组成第二层；第二层前、后两拱上分别置左、中、右3只和5只小斗，亦无斗口，组成第三层；第四层系在前、后两

图319　弥勒佛殿一层室内斗拱圈仰视全貌

① 甘肃省舟曲县地方史志编纂委员会：《舟曲县志》，生活、读书、新知三联出版社，1996年，第650页。

排斗拱上分别置一条横枋，其上承载与之垂直放置的椽子、飞椽，其上铺望板，望板之上再铺礼佛回廊走道地板。每攒斗拱构件分别涂饰黄、绿单色，突出和强调了该殿堂的地位。

图 320　弥勒佛殿一层东壁斗拱结构（2004 年）

（2）金顶外檐斗拱

拉卜楞寺重要的宗教殿堂多有金顶，外檐下施斗拱。这种斗拱是当地流行的“四办钢采”“六办钢采”“天罗伞”等样式，结构较为规整，有平身科、柱头科和角科，多用斜斗、斜拱和灯笼形坐斗，将整个斗拱外形装扮成灯笼或伞状，彩画图案大同小异（图 321、图 322）。宋代以来，我国汉地传统建筑在用材方面已规范化和定型化，如宋《营造法式》材分制规定“以材为祖”，材分 8 等，建筑

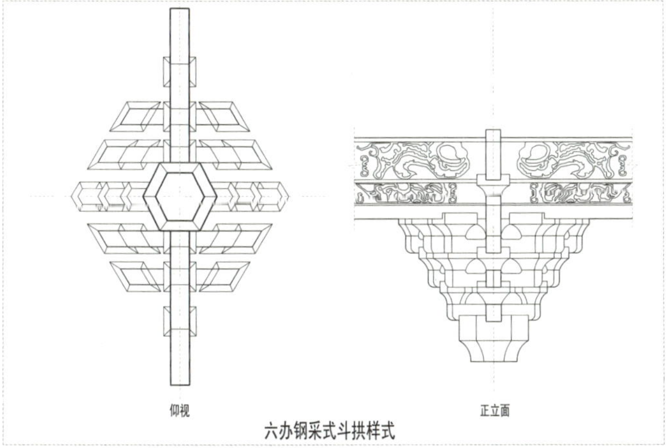

图 321　金顶外檐斗拱形制之一

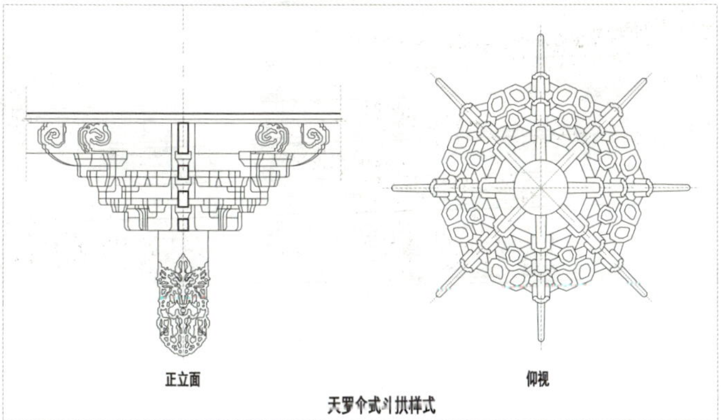

图 322　金顶外檐斗拱形制之二

的等级和地位决定用材大小和等级；清《工程做法则例》继承宋《营造法式》的材分制度，将材分为 11 等，梁枋、斗拱等木作已成程式化构件，相互之间有固定的比例关系，与主体殿堂也有固定的比例关系，如《营造法式》和《工程做法则例》规定，栌斗的耳、平、欹三段比例为 4:2:4。其中《营造法式》规定，欹需砍出𩬅度，而《工程做法则例》规定，欹为直线状。中国古代斗拱构件的欹砍削出𩬅度，在明代仍有遗风，清中叶以后才变为直线。甘肃各地古建筑（包括藏式建筑）斗拱构件的栌斗做法与此不大相同，独具民族和地域特色，前述几种斗拱的做法均如此，其中“‘天罗伞’实际已经失去了斗拱的结构意义，是一种纯装饰的构件，一般用于多边形或圆形亭子的攒尖梁架中央垂柱上。斗拱各分件的具体做法也与《营造法式》和《工程做法则例》有较大的区别”[①]。它虽然具有承重、挑檐、装饰等多重功能，但坐斗尺度较小，耳、平、欹的比例不是 4:2:4，耳的尺度远小于平、欹。斗的开槽很浅，斗口内承托纵、横、斜向交叉的翘，翘上置拱及梁枋，没有正心枋和内拽枋，斗口较浅，没有统一的标准。最常见情况是，一座建筑采用一个尺寸，或大或小，比较随意，与主体殿堂及金顶本身没有形成明确的比例关系。拉卜楞寺使用这种斗拱最典型者为释迦牟尼佛殿的金顶，修建于 1907 年，未经后世改动，重檐歇山顶式，屋面覆盖铜质镏金瓦（图 323），下檐四周施五踩重翘斗拱 28 攒，上檐四周施五踩重翘斗拱 28 攒（图 324），绘仿

图 323　释迦牟尼佛殿金顶全貌（2007 年）

图 324　释迦牟尼佛殿金顶上下檐斗拱形态

① 何如朴：《论甘肃传统建筑技术》，《建筑学报》，1996 年第 1 期，第 52 页。

汉式旋子彩画，属地方杂式彩画，色调以蓝、绿色为主，坐斗下部斜面绘对称的如意纹，上部雕刻成瓜棱状，但外形仍呈方形。散斗上部斜面绘仰莲瓣纹、如意头纹、几何纹等，青绿色叠晕；各层均挑出 45° 斜拱，拱边沿弧线弧度很大，近乎折线；其他各横拱、出翘均绘如意莲瓣纹，色彩饱满、厚重，使这些小构件显得粗壮有力。相邻斗拱之间以青绿色分隔，相交处分别绘半个旋花，合在一起即成一个整旋花，既显示出每攒斗拱的整体轮廓，又使整个斗拱的立面层次富于变化。拱眼板均敷抹草泥，白灰罩面，绘佛像、七珍宝、八瑞图等，以青绿色缠枝卷草纹衬底，边框饰红色边线（图 325、图 326）。该佛殿的斗拱结构、油饰彩画为原作，弥足珍贵。使用同类斗拱的建筑还有：上续部学院金顶（图 327）、1989 年重建的闻思学院前殿楼金顶（图 328）、喜金刚学院金顶（图 329、图 330）、千手千眼观音菩萨殿金顶等，这些斗拱及彩画均经多次维修重绘，色彩明艳。

图 325　释迦牟尼佛殿金顶上檐翼角斗拱及彩画

图 326　释迦牟尼佛殿上檐平身科斗拱彩画

图 327　上续部学院金顶外檐斗拱及彩画（2013 年）

图 328　闻思学院前殿楼金顶斗拱

图 329　喜金刚学院金顶斗拱全貌

图 330　喜金刚学院金顶山面斗拱

（3）各殿堂二层、三层外挑门廊斗拱

拉卜楞寺许多殿堂的一、二、三层正面中央设一座挑檐门廊（如6座学院经堂后殿及释迦牟尼佛殿、文殊菩萨殿、夏卜丹殿等），构造形态大同小异，具有承重和挑檐双重功能，挑檐下多使用斗拱构件。系在门洞外左、右各立一方形（或圆形、八角形）木柱，对称布局，柱头雕饰柱幔，上置栌斗，斗身四周或雕或绘各种吉祥纹，其上再置一纵向挑枋，枋尾插入承重墙内，枋外端顶部置一个或前后并列的两个坐斗，其上再置一横拱，无翘，横拱上再横向并列置两个或三个坐斗，上部承托各类横枋（包括兰扎枋、莲瓣枋、蜂窝枋及两层堆经枋等），每攒斗拱的外形如汉式“一斗三升”。各斗拱构件通体饰以蓝色、橙红色或绿色为底色的缠枝卷草纹。兰扎枋或雕贴或彩绘缠枝卷草纹，或书写兰扎文。莲瓣枋、蜂窝枋彩画与其他殿堂一致。

宗教殿堂正门是建筑的“脸面”所在，斗拱制作工艺精良，油饰彩画档次较高，典型者如释迦牟尼佛殿正门。其前檐墙中央设一外挑门廊，门洞外侧左、右各立一柱，施“一斗三升”式斗拱(图331)，坐斗上置一横拱，无翘，横拱上再置并列的三个小斗，上承兰扎枋、莲瓣枋、蜂窝枋及两层堆经枋；后排整体呈“一斗四升”样式，组合形态同前排，横拱上置四个小斗，上承多层横枋(图332)。从结构功能看，双排斗拱具有延长门廊外挑长度、分散上部屋面荷载的功能。该佛殿正门彩画等级很高，前排柱幔、栌斗均为原木整体雕刻并彩绘，梁枋、斗拱彩绘以绿色为主，兰扎枋有五段枋心，对称布局，属木板雕刻后粘贴而成，通体绘绿色团花纹、缠枝卷草纹，莲瓣枋、蜂窝枋彩画以绿色为主，堆经枋饰蓝地贴金云头纹，封挡板饰红、绿、蓝地花卉图(图333)。该佛殿第二层室内有一门洞，梁枋上也采用这种斗拱，无翘，部分为“一斗三升”式，部分为三踩无翘式，在结构上，主要是弥补梁枋高度之不足，也有突出装饰效果的功能(图334)；各构件均绘红地墨线卷云纹或黑地贴金彩画，图案以缠枝卷草纹或垂云纹为主，风格迥异，与汉式传统衙门建筑彩画“黑红镜”风格类似，整个拉卜楞寺宗教殿堂建筑中仅此一例，非常

图331　释迦牟尼佛殿正门外挑门廊前排“一斗三升”式斗拱(2007年)

图332　释迦牟尼佛殿正门后排“一斗四升”式斗拱

图 333　释迦牟尼佛殿正门挑檐斗拱及梁枋彩画（2007 年）

图 334　释迦牟尼佛殿二层室内门廊斗拱（2007 年）

珍贵。

相比殿堂门面和正室内木雕装饰的富丽堂皇，楼梯间、厨房、侧门的装饰等级很低，门廊的构造工艺较为粗糙，油饰彩画等级更低，仅构件正面涂饰单色，背面素面无饰。有些建筑虽然使用斗拱，但结构更加简略：平面非对称式，没有纵向的翘，大、小斗仅有斗形，不开斗口，近似一个小木墩，各条横拱直接搭在木墩上。

拉卜楞寺最具完整意义的汉式三踩单翘无昂斗拱，仅有下续部学院第三层门廊一例，其结构同其他殿堂，门洞外左、右插枋上置阑额、平板枋，其上并列置4攒斗拱（图335），每攒斗拱的造型、结构完全一致，未脱离当地传统“天罗伞”“六办钢采”斗拱范畴，出45°斜拱，内、外瓜拱外沿抹杀呈斜面，上部散斗平面呈菱形，纵、横拱的外挑长度相等，立面如一把伞，仰视呈“米”字形（图336）。各构件通体绘黑白晕染的缠枝卷草纹及卷云纹（图337），别具特色。

（4）院落大门斗拱

拉卜楞寺多座学院、佛殿、活佛囊欠院落大门门额上施“天罗伞”式斗拱，雕刻精细，造型别致，大多无彩绘，保持

图335　下续部学院第三层门廊汉式三踩单翘无昂斗拱全貌（2013年）

图336　下续部学院后殿第三层门廊斗拱仰视

图337　下续部学院后殿第三层门廊斗拱形态

原木色，典型者有嘉木样寝宫西门(图 338)、喜金刚学院院落大门(图 339、图 340)等。此外，下续部学院厨房正门上部也施三踩单翘无昂斗拱，在平板枋上置 4 攒斗拱，与纯粹的装饰性“天罗伞”斗拱不同，坐斗内纵、横向挑出正心拱和翘头，交互斗斗口内挑出横拱与挑尖梁，横拱为透雕花牙板，但各构件均无彩画(图 341、图 342、图 343、图 344)。这一斗拱样式，与本学院经堂第三层外挑门廊斗拱较为接近，是研究拉卜楞寺各建筑斗拱结构的重要资料。

图 338　嘉木样寝宫西门斗拱(2007 年)

图 339　喜金刚学院大门斗拱形制

图 340　喜金刚学院大门斗拱样式

图 341　下续部学院厨房门额斗拱结构

图 342　下续部学院厨房门额斗拱全貌(2007 年)

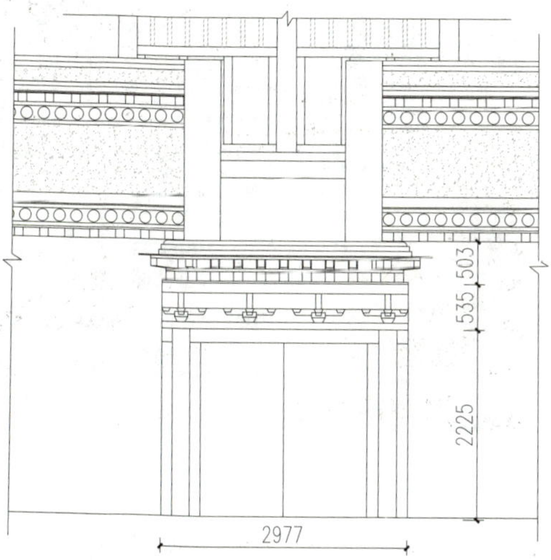

图 343　下续部学院厨房斗拱立面结构

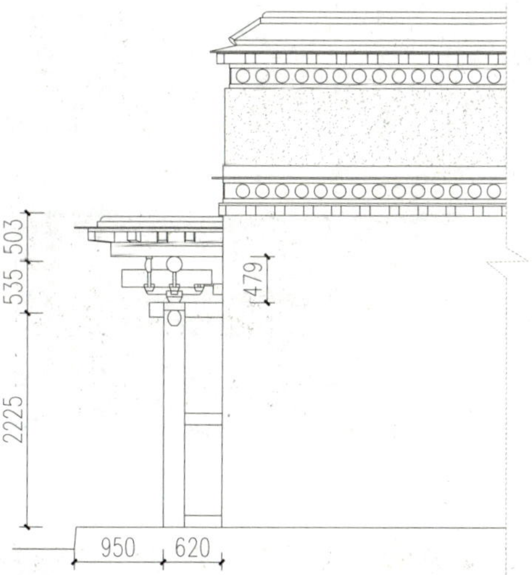

图 344　下续部学院厨房斗拱剖面结构

总之，拉卜楞寺各建筑的斗拱与本地区明清及民国时期汉式建筑斗拱有很大区别，充分结合当地汉、回、藏诸民族传统建筑木作艺术，彩画色彩浓郁，突出装饰效果，属典型的地方木雕装饰工艺体系。

3. 椽子及飞椽

椽子、飞椽是屋面结构的重要组成部分。椽子置于堆经枋之上，飞椽置于椽子之上。

拉卜楞寺各建筑使用的椽子有圆形和方形两种，长度与柱间距相等。藏式建筑中，圆椽的等级相对较低，主要用于地下窖、楼梯间以及等级较低的附属建筑及隐蔽部位，加工较为粗糙（图 345）；方椽的等级较高，需要特殊加工，工艺精细，断面呈方形，主要用于宗教殿堂前廊、正室等部位，表面多涂饰土红、蓝色两种颜色（图 346、图 347），或保持原木色（图 348）。

藏传佛教建筑发展史上，“早期的椽断面大，间距也大，一般净距 3~4 椽径以上。明清以后的椽断面为 12~15 厘米见方，净间距与椽径同”[1]。拉卜楞寺各学院经堂、佛殿、活佛囊欠等大量使用方椽，边长 20 厘米，圆椽直径 25 厘米左

① 陈耀东：《中国藏族建筑》，中国建筑工业出版社，2007 年，第 28 页。

图 345　地下室使用圆椽（图丹颇章殿）

图 346　椽身饰蓝色（弥勒佛殿，2016 年）

图 347　制作精细的方椽涂饰蓝色（嘉木样寝宫）

图 348　椽身保持原木色
（念智仓囊欠佛堂，2019 年）

右。椽子的一端插入墙体内，插入深度为墙厚的 1/3。椽子叠置在堆经枋上，不用钉子和榫卯，两者之间铺一层望板（图 349）。有些椽子的跨度很大，有两三间，椽子搭在梁枋上，相接处不错位，对接即可，椽头两端分别置里口木，起稳定椽身的作用，里口木的正面绘花草纹、卷云纹、佛八宝等图案（图 350），背面素面无饰。有些殿堂的椽子下无堆经枋，椽子直接搭在挑檐檩上，如上续部学院前廊二层后檐（图 351）。

飞椽置于椽子外端上部，造型、搭接方式与汉式建筑基本一致。一端断面呈方形，边长与椽子同，另一端呈楔形，斜面压在椽子上面，两者间铺一层望板（图 352、图 353）。

椽子、飞椽的油饰用色基本固定，一般椽子皆饰蓝色，飞椽饰绿色，或颜色上下互换。飞椽的椽头彩画图案较为丰富，有龙眼、栀子花、十字花卉等。

图 349　室内椽子摆放形式
（马头明王殿，2004 年）

图 350　制作精细的方椽饰蓝色
（时轮学院前殿礼佛阁，2017 年）

图 351　挑檐椽子、飞椽、封挡板（上续部学院，2007 年）

图 352　椽子、飞椽搭接关系

图 353　椽子与飞椽交接方式
（弥勒佛殿，2016 年）

综上所述，藏式建筑柱式结构独特，积淀着厚重的藏族历史文化。它拥有科学合理的结构支撑体系，既用于承重、分割室内空间，又有室内室外装饰效果，形成藏式传统建筑的独特风格，具有高超的艺术和审美价值。“不同民族的建筑艺术风格集中地体现了该时代民族的政治、哲学、伦理观念，凝聚着当时当地几乎全部上层建筑和意识形态的灵魂。建筑美学的任务就是展示不同建筑风格的本质、特点、内在精神及其相互之间的关系”[①]。

（四）屋面、楼面结构及构造工艺

拉卜楞寺建筑屋面结构有三种形态：纯粹的藏式平顶屋面，汉藏结合式屋面，纯粹的汉式双面坡屋面。

1. 纯藏式平顶屋面

纯藏式平顶屋面建筑，以大型宗教殿堂、活佛囊欠、僧舍为主，占拉卜楞寺建筑总数的 90% 以上。因建筑体量、功能不同，屋面铺设材料、厚度略有不同。早期的屋面防水层无白灰层，如寿安寺前廊（图 354）、图丹颇章殿屋面（图 355）等。1956 年重建的喜金刚学院经堂屋面防水层内铺设一层白灰层，具有很

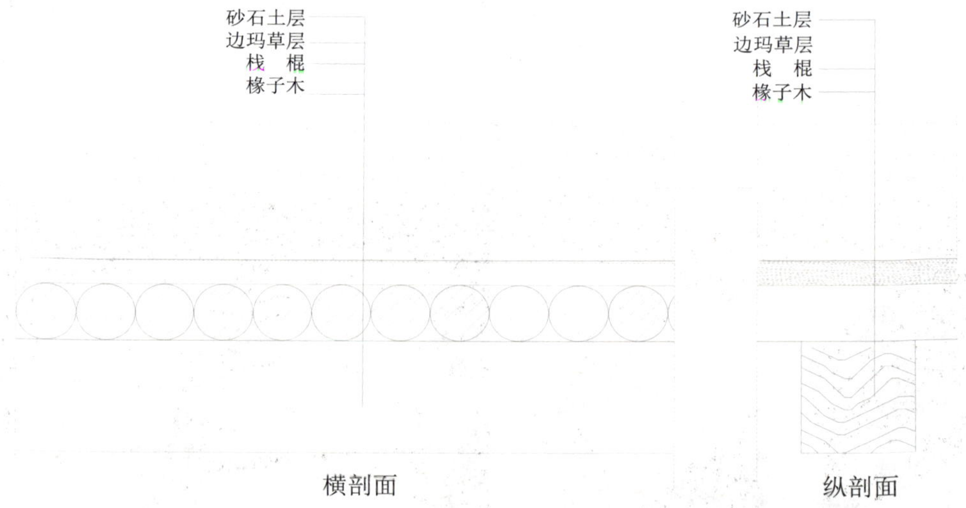

图 354　寿安寺前廊屋面结构

① 曾坚、蔡良娃：《建筑美学》，中国建筑工业出版社，2009 年，第 4 页。

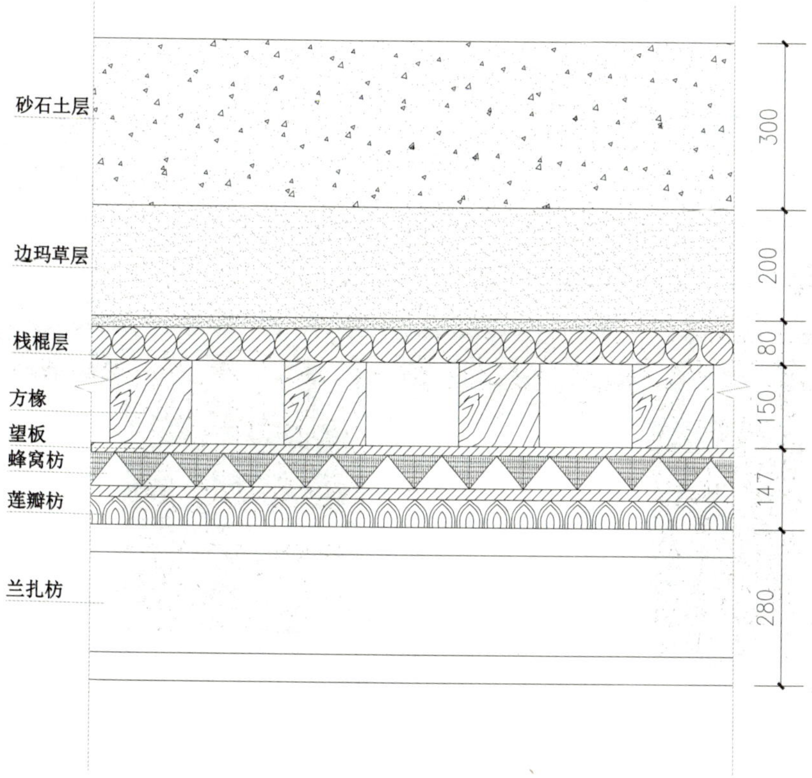

图 355　图丹颇章殿屋面结构

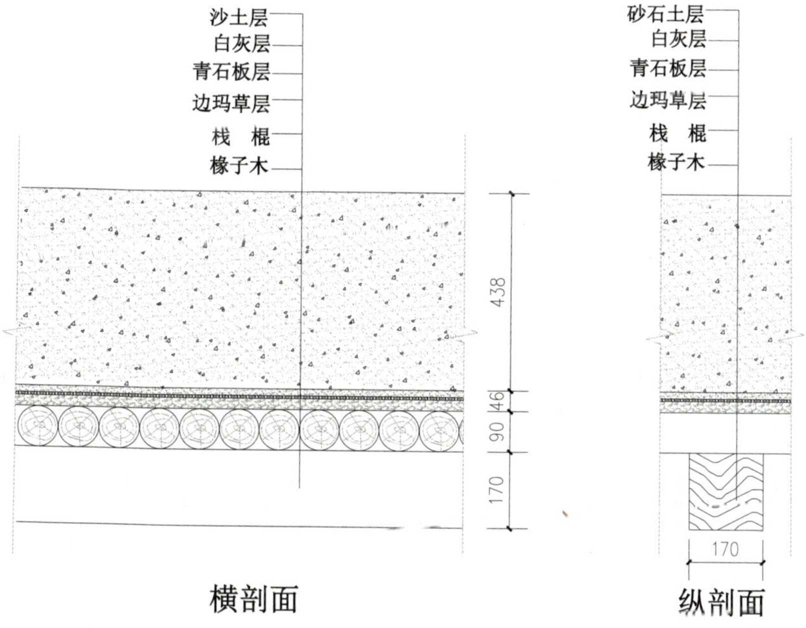

图 356　喜金刚学院前殿屋面结构

图 357　寿安寺屋面楼梯间样式（2007 年）

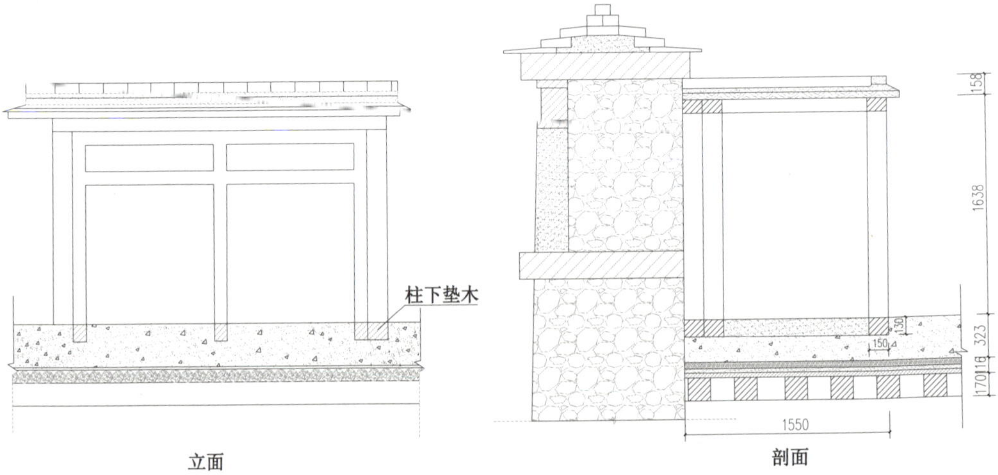

图 358　楼梯间结构构造（弥勒佛殿）

好的防水防潮效果（图 356）。大型宗教殿堂平顶屋面上，除加建金顶外，还建一座小型楼梯间，面阔一间或两间（图 357），内置楼梯，与底层楼梯间贯通，供登临屋面。楼梯间为藏式平顶结构，屋面结构同主体殿堂，底部即主殿屋面（图 358）。这种屋面结构大同小异，传统铺设工艺自下而上依次为：

一、铺栈棍或望板

纯藏式建筑平顶屋面多铺栈棍，上部再铺防水层（图 359）。栈棍具有良好的透气性，有两种样式：一种是直径 8~15 厘米的圆木棍；一种是半圆木，系将一根圆木劈为两半，铺设时，曲面向下，直面向上。栈棍表面浸蘸土红色或蓝色浆液（浸泡工艺同边玛草），晾干，密集排布在椽子表面（图 360、图 361、图 362）。排布方式有两种：①与椽子垂直布置，栈棍相互平行、挤密，是最常见的方式，施工方便，易于操作（图 363）；②以四五根椽子为一个铺设单元，将栈棍呈“人”字形摆放，是最为尊贵的铺设方法，见于高级宗教殿堂、

图 359　早期殿堂屋面铺设的栈棍（念智仓囊欠，2019 年）

图 360　未涂色的栈棍
（弥勒佛殿二层，2016 年）

图 361　涂色的栈棍
（念智仓囊欠，2019 年）

图 362 浸染红色浆液的栈棍
（嘉木样寝宫会客厅，2007 年）

图 363 栈棍与椽子垂直铺设法
（下续部学院，2007 年）

图 364 栈棍呈“人”字形铺设，方椽涂饰蓝色
（嘉木样寝宫会客厅，2007 年）

图 365 栈棍呈“人”字形铺设
（时轮学院，2007 年）

高级活佛囊欠中（图 364、图 365、图 366）。总体而言，重要殿堂的栈棍铺设工艺精细，木料质量上乘；次要建筑、楼梯间、地下室及建筑隐蔽部位铺设工艺相对粗糙，用料等级明显偏低。

纯藏式建筑平顶屋面铺望板者较少。早期建筑使用望板的部位仅见于室内外挑檐椽子、飞椽之上，主要考虑到建筑立面的美观效果。民国时期，开始大面积铺望板，但主要集中在嘉木样寝宫接待楼上（图 367），同期修建的其他宗教殿堂仍以栈棍为主。主要原因是，早期，望板加工制作有一定困难，对木材造成很大浪费，而栈棍取材、加工非常容易，是铺设屋面的首选材料。随着拉卜楞寺地区经济条件的改善，现当代重建或维修的建筑多用望板，一般厚 4 厘米左右。

二、铺防水层

纯藏式建筑平顶屋面防水层主要由边玛草、片石、白灰、砂石土等组成，自下而上分层铺设。

①栈棍层上铺边玛枝层。与汉式建筑不同，藏式建筑屋面无灰背层，而是边玛枝层，厚5~8厘米，具有通风、透气、吸水等功能。在铺边玛枝的同时确定屋面汇水位置，通过边玛枝摆放的薄厚来调整排水坡度走向，再调整、打理出泛水坡度，一般是中央高，四周女儿墙根处低，泛水坡度2%~3%。在女儿墙根及四周檐口处埋设排水木槽，雨水汇聚于此，以排水槽引导排出墙外。

图 366　栈棍呈“人”字形铺设（嘉木样寝宫亲属居住楼）

图 367　望板翻修（嘉木样寝宫接待楼，2018 年）

②在边玛枝层上铺片石、白灰层。两者可单独铺一种，也可分层铺两种，总厚10厘米左右。片石主要用于压实边玛枝，白灰主要用于防渗防潮。

③在片石、白灰层上铺砂石土。砂石土均为夏河县本地所产，分层拍打，再用石碾子碾压密实，总厚20厘米左右，其上再铺一层当地黑土，碾压密实，厚10厘米左右。大型宗教殿堂屋面上至今保留着一两个小型石碾子，用于碾压屋面砂石土（图 368）。每当屋面渗水漏雨时，就在渗漏处加铺一层砂石土，久而久之，砂石土层越来越厚。2014年维修弥勒佛殿，揭开屋面时发现最厚处达58厘米，透气性能大为降低，梁枋荷载超过极限。今人维修时，对屋面铺设工艺进

图 368　碾压屋面的小石碾子（下续部学院）

图 369　改进后的屋面砂石土层铺设方法
（念智仓囊欠，2019 年）

行了改进，将埋入屋面砂石土层内的柱子、梁枋、栈棍、望板等构件表面均涂刷防腐漆，又根据屋面散水走向和坡度，在砂石土层底部铺设现代防水材料，雨水渗到防水材料上，再汇集到四周的排水槽内（图 369）。

普通僧舍均为单层平顶结构，防水层铺设方式同宗教殿堂，但用材等级较低，屋面四周砌筑低矮的挡水墙，雨水由排水槽引导流向地面。

2. 纯汉式建筑坡屋面

早期照片及文献资料表明，拉卜楞寺有很多座纯汉式硬山、悬山、歇山顶建筑。清末、民国时期拍摄的照片显示，纯汉式坡屋面建筑主要有：闻思学院前殿楼、嘉木样寝宫多座建筑（包括会客厅、护法殿、西侧门）、寺院牌坊门（东山门）、其他多座院落大门，另有一些无名建筑等。现仅存嘉木样寝宫内几座建筑，其他或被拆除，或被改建为藏式平顶屋面，对寺院的整体面貌造成一定影响。下面以闻思学院前殿楼为例，说明这种改变造成的影响。

闻思学院前殿楼初建的样式，史料阙载。二世嘉木样时期（1772 年）改建成一座砖土木结构汉藏结合式二层门楼，第一层整体为一座藏式平顶殿堂，第二层为三段式构图，由中央主楼、两侧边楼组成，中央主楼为汉式单檐歇山顶式，左、右两侧各建一座藏式平顶结构边楼，边楼均高一层。相关照片有：美国传

Marion Griebenow wrote an extensive description The Alliance Weekly (22 September 1934): 600ff.

图 370 格里贝诺 1934 年拍摄的闻思学院前殿楼

教上格里贝诺 1934 年拍摄的闻思学院前殿楼照片[①]（图 370），国内学者任美锷 1936 年拍摄的前殿楼正面照[②]（图 371），国内学者文萱 1934 年拍摄的闻思学院照片[③]等。1946—1947 年，五世嘉木样主持对前殿楼进行改扩建，前殿楼变为一座二层楼式大殿，美国传教士格里贝诺拍摄了多幅表现这次改建后的前殿楼的照片[④]，其中一张题名为“A’ Chams Dance in the Courtyard of the Main Assembly Hall”（图 372），另一张题名为“Looking Over the Monastery Wall from the Outside”（图 373）。1981 年，甘肃著名建筑师邓延复先生拍摄了一张闻思学院前殿楼全貌照（图 374），即五世嘉木样改建后的情景。前述保存于俄罗斯布里亚特历史博物

① 该照片现存美国哈佛大学图书馆。

② 任美锷、李玉林：《拉卜楞寺院之建筑》插图，《方志》，1936 年 3、4 期合刊。

③ 文萱：《西记考察记及拉卜楞寺纪游》插图，《开发西北》，1934 年第 2 卷第 5 期。

④ [美] Paul. Kocut. Nietupski *Labrang. A Tibetan Buddhist Monastery at the Crossroads of Four Civilization*, Ithaca, New York: Snow Lion Publication, 1999.

图 371　任美锷 1936 年拍摄的闻思学院前殿楼

图 372　格里贝诺 1948 年拍摄的闻思学院前殿楼

图 373　格里贝诺 1948 年拍摄的闻思学院前殿楼背面

图 374　邓延复 1981 年拍摄的闻思学院前殿楼全貌

图 375　拉卜楞寺文物陈列馆藏寺院全景布画中的闻思学院前殿楼（绘制于 1985 年左右）

馆、美国纽约鲁宾艺术博物馆的两幅寺院全景布画（绘制于清末及民国初期）表现的闻思学院前殿楼是二世嘉木样 1772 年改建后的样式：第一层通体为藏式平顶房，面阔五间；第二层由三部分组成，中间为一座汉式单檐歇山顶建筑，两侧各有一座藏式平顶屋。又，拉卜楞寺文物陈列馆的寺院全景布画（绘制于 1985 年）表现的闻思学院前殿楼正好是五世嘉木样 1947 年改建后的样式（图 375）。1985 年，整个闻思学院失火烧毁，1989 年重建，前殿楼的建筑形制彻底改变（图 376），与早期两次改建后的形制差别很大。同时，前庭院空间格局和建筑样式也发生了重大变化，西诵经廊屋面上的侧门消失；原前庭院东北角、西北角各

图 376　1989 年重建后的闻思学院前殿楼（2013 年）

图 377　福尔曼 1936 年拍摄的闻思学院前庭院西侧门

图 378　邓延复 1981 年拍摄的闻思学院前庭院西侧门

有一侧门，汉式单檐双面坡悬山顶结构，面阔 1 间，进深 2 间，屋面覆盖灰筒板瓦；1936 年，美国摄影师福尔曼拍摄了西侧门的照片（图 377）；1981 年，邓延复先生也拍摄了西侧门和东侧门（图 378、图 379）。这次重建后，将这两座侧门均改建为藏式平顶结构（图 380）。

图 379　邓延复 1981 年拍摄的闻思学院前庭院东侧门

图 380　1989 年重建的闻思学院前庭院东侧门（2013 年）

其他被拆除的汉式坡屋顶建筑，恕不赘述。今拉卜楞寺留存的汉式坡屋顶建筑有单檐硬山顶和单檐（重檐）歇山顶两种样式。

（1）单檐硬山顶双面坡屋面

汉式硬山顶、悬山顶建筑，无论层高多少，每层均有前后两个坡屋面。现存

图 381　嘉木样寝宫会客厅正面（2007 年）

建筑主要有：

①嘉木样寝宫会客厅

该建筑是嘉木样寝宫内一座独立殿堂，单檐二层硬山顶七架梁前出廊结构（图 381），屋面构造以汉式传统工艺为主，檩上架椽，椽上铺望板、灰背层、苫背层，覆盖灰筒板瓦，正脊、垂脊皆以灰陶雕花脊筒子垒砌，饰灰陶宝瓶、吻兽和垂兽，前后檐口施勾头滴水（图 382、图 383、图 384），前檐墀头墙上施砖雕。前檐金柱间装木隔扇门、槛窗，后檐砌青砖墙，墙体下部依靠卧象山脚下自然形成的崖壁，上部砌在寺院北部转经道南侧。

②嘉木样寝宫各出入门

嘉木样寝宫是拉卜楞寺最大的活佛居所，庭院重重，各院落开多个出入门，其中汉式单檐硬山顶大门有南正门和西侧门。南正门位于“下宫”最南端中央，民国时期照片、早期寺院全景布画等对此门的建筑形制有清晰的表现（图 385），单檐悬山顶结构，屋面覆盖灰筒板瓦。2006 年原址恢复重建，屋面保持汉式双面坡形态，油饰彩画大量使用藏式龙凤图，以突出其等级地位（图 386）。西侧门也为单檐悬山顶结构，面阔一间，进深两间，2016 年按原样维修。这种大门

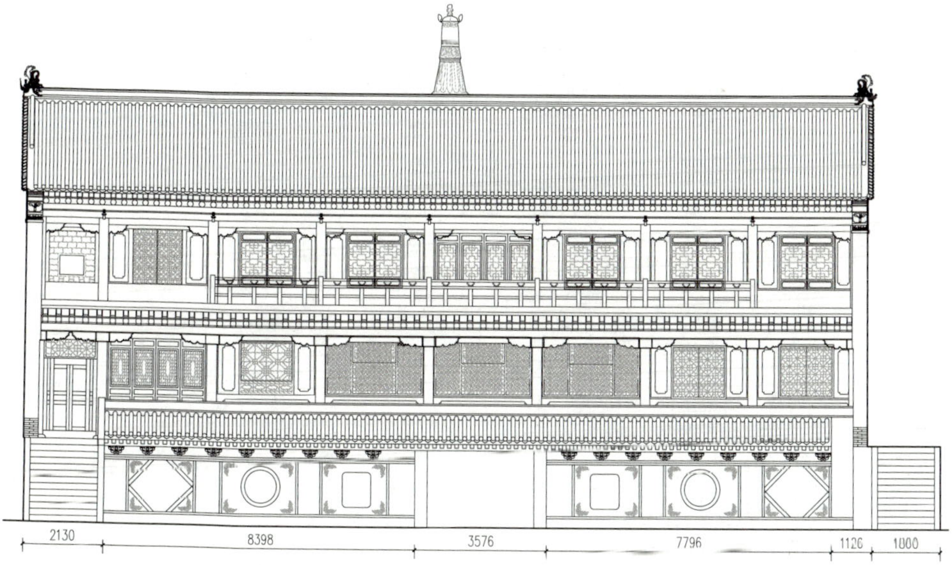

图 382　嘉木样寝宫会客厅正立面

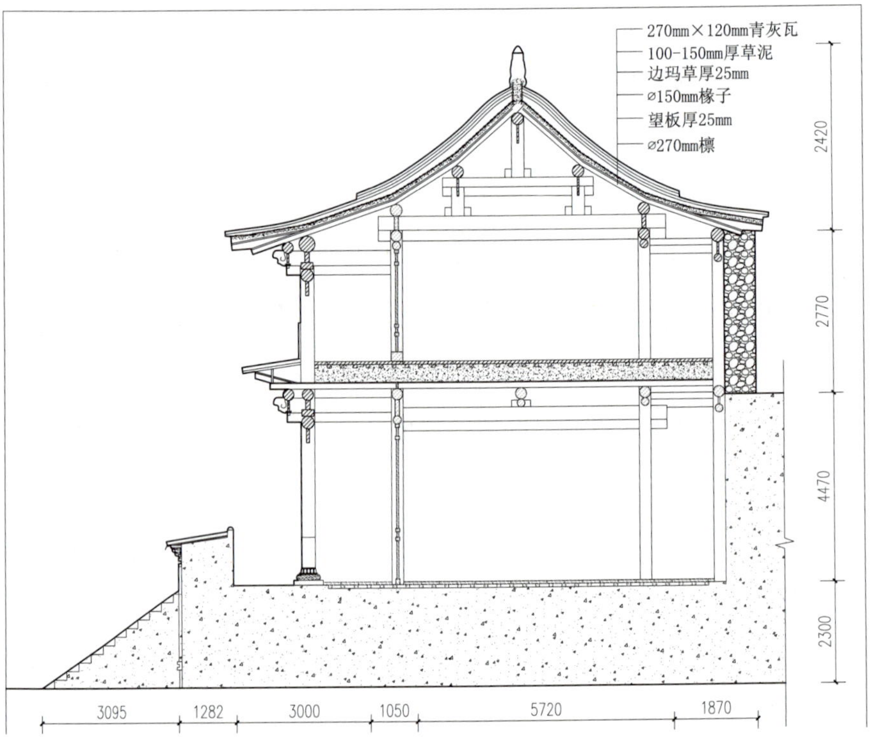

图 383　嘉木样寝宫会客厅剖面结构

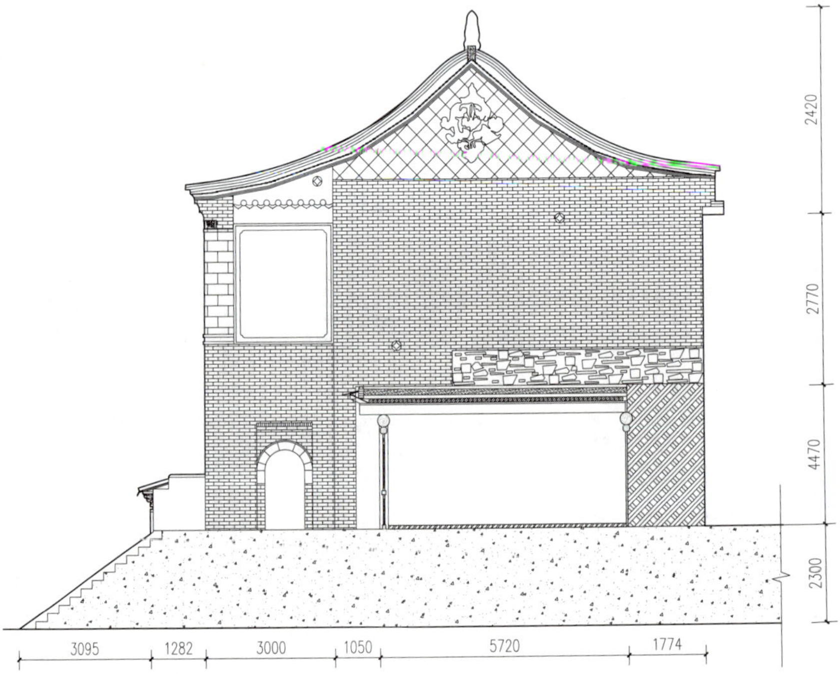

图 384　嘉木样寝宫会客厅侧立面

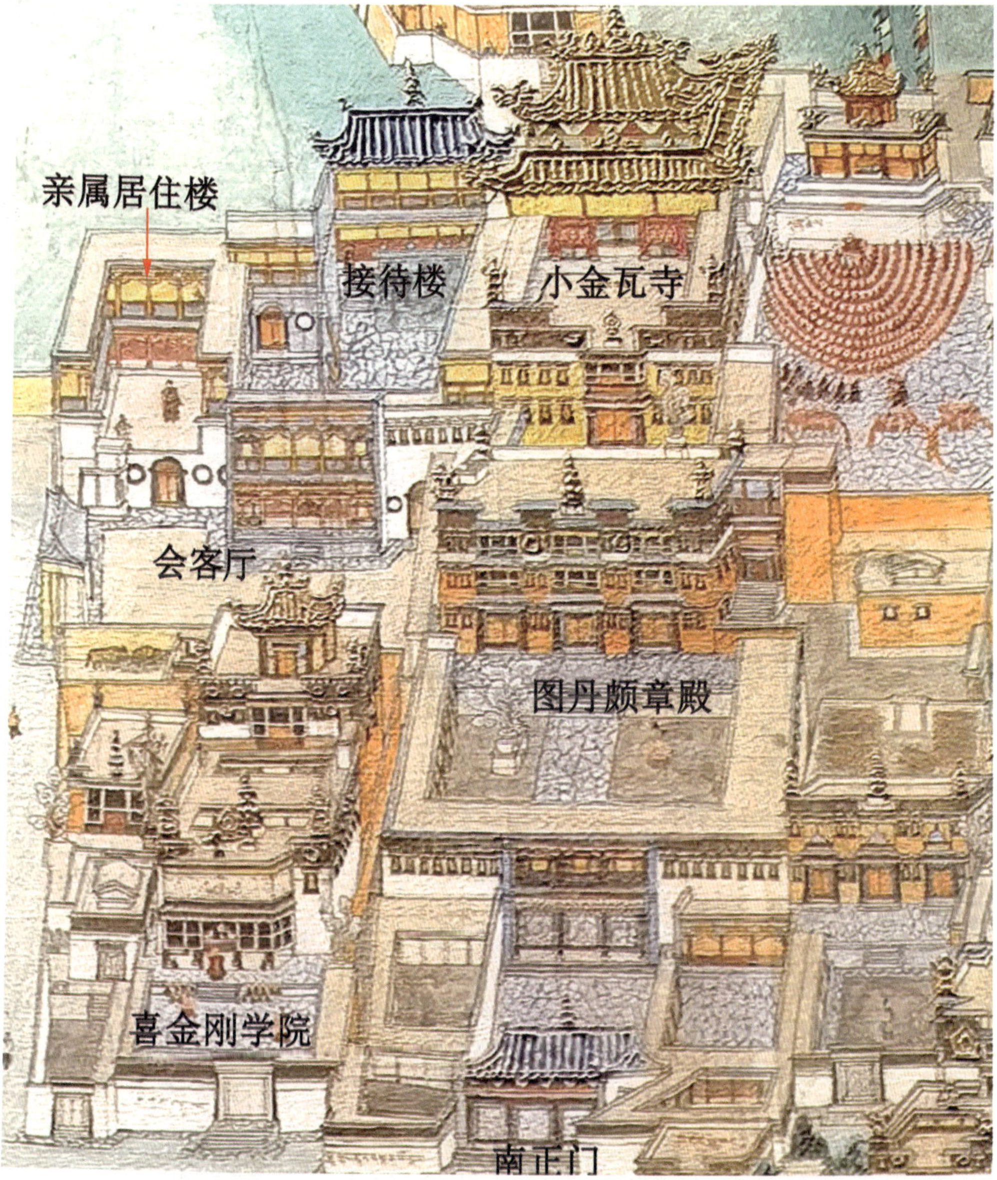

图 385　拉卜楞寺文物陈列馆藏寺院全景布画中的嘉木样寝宫及南正门

样式，在本地道观、汉传佛教寺院、清真寺中最为常见，门洞青砖砌筑，墀头墙面饰砖雕图（图 387）；门洞前檐平板枋上置四组“天罗伞”式斗拱（图 388、图 389、图 390），屋面覆盖灰筒板瓦，勾头滴水俱全，正脊、垂脊以雕花脊筒子垒砌，正脊中央立一尊宝瓶。

图 386　2006 年新建的嘉木样寝宫大门正面（2013 年）

图 387　2016 年维修后的嘉木样寝宫西门

图 388　嘉木样寝宫西门背立面

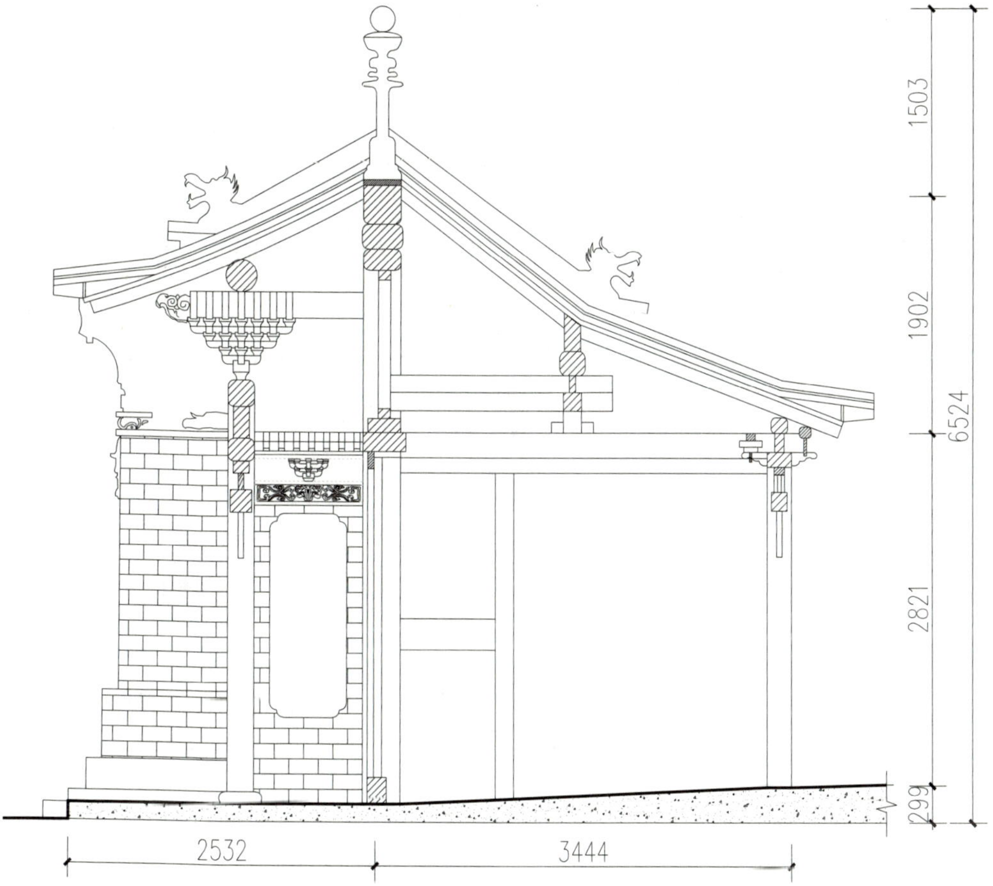

图 389　嘉木样寝宫西门剖面结构

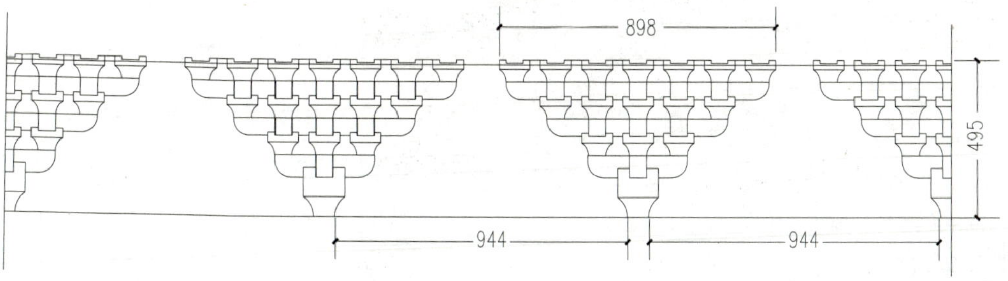

图 390　嘉木样寝宫西门门额斗拱形制

③拉卜楞寺总护法殿院各出入门

该护法殿1979年后在原址恢复性重建，内、外两重庭院，外院的东、北、南三面开4座汉式单檐硬山结构双面坡大门。

东门为正门，等级最高，单檐硬山顶式，面阔3间，进深2间，前檐立4根方柱，柱头两端施木雕贴金彩绘龙凤纹雀替，明间为龙，两次间为凤；额枋、平板枋分层绘莲瓣纹、花卉、缠枝纹等；挑檐檩绘汉式旋子彩画，三段式构图，以红地贴金二龙献宝、缠枝蔓草纹为主；椽子饰蓝色，飞椽饰绿色。双面坡屋面均覆盖灰筒板瓦，勾头滴水俱全，正脊以雕花脊筒子垒砌，中央置一尊铜鎏金宝瓶，两端施五把鬃吻兽。两山墙青砖砌筑，墀头饰莲花牡丹砖雕图。

南围墙上并列开两座侧门，其中东侧门面阔1间（3.7米），进深2间（4.4米），前、后各以二柱挑出门廊，单檐双面坡硬山顶，门洞青砖砌筑，墀头墙饰砖雕花瓶图案。前檐柱上置额枋、平板枋、两枚木雕雀替，平板枋通体雕饰缠枝卷草纹、仰莲瓣、绿毛狮子、佛八宝等，其上置“天罗伞”式斗拱4攒。屋面覆盖灰筒板瓦，勾头滴水俱全，正脊以雕花脊筒子垒砌，中央置灰陶莲瓣纹宝瓶，两端饰灰陶五把鬃吻兽。西侧门为2016年新建，主体结构钢筋水泥浇筑，屋面覆盖灰筒板瓦，正脊、垂脊、戗脊以雕花脊筒子垒砌，正脊两端施龙吻。

北围墙上开一侧门，结构构造、斗拱形制、彩画图案、屋面形态与南面东侧门一致。

图391　嘉木样寝宫护法殿全貌俯瞰（2013年）

（2）单檐、重檐歇山顶四面坡屋面

汉式歇山顶建筑，无论层高多少，每层均有前、后、左、右四个坡屋面。现存建筑主要有：

①嘉木样护法殿

是嘉木样寝宫内一座独立殿堂，单檐二层歇山顶前出廊结构，屋面构造以汉式传统工艺为主，檩上搭椽，椽上铺望板、灰背层、苫背层，屋面覆盖灰筒板瓦，正脊、垂脊、戗脊皆用雕花脊筒子垒砌，正脊中央置灰陶宝瓶，四面檐口勾头滴水俱全（图 391、图 392、图 393）。

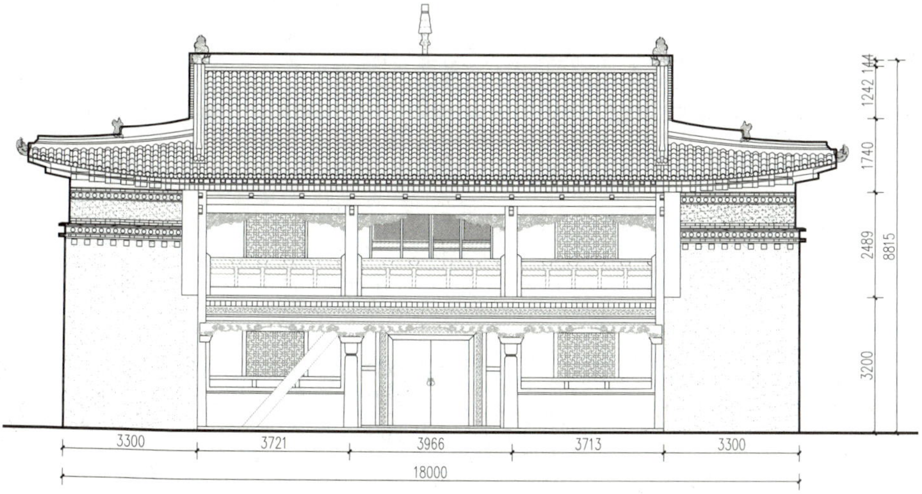

图 392　嘉木样寝宫护法殿正立面

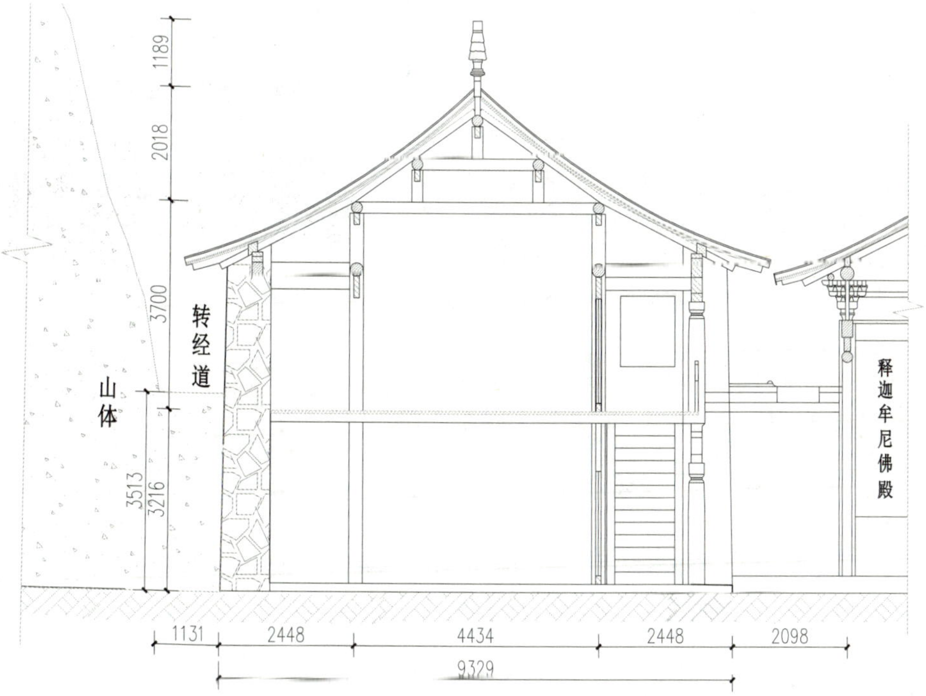

图 393　嘉木样寝宫护法殿横剖结构

②贡唐塔院落大门

贡唐塔及院落由三世贡唐仓贡曲乎丹贝仲美（1762—1823年）修建于1802—1804年[①]。1857年，四世贡唐仓对佛塔及院落围墙进行大规模扩建[②]。1900年，五世贡唐仓嘉央丹贝尼玛（1860—1925年）再次对佛塔及院落进行改扩建[③]。早期文献及照片资料显示，原贡唐塔院大门为藏式平顶结构，保存于美国纽约鲁宾艺术博物馆、俄罗斯布里亚特历史博物馆、拉卜楞寺文物陈列馆的3幅寺院全景布画对贡唐塔院大门的早期样式和建筑形制有清楚的表现（图394）。1936年，庄学本、张其昀等人均拍摄过贡唐塔院大门的照片[④]。美国人洛克20世纪30年代专门拍摄了贡唐塔院特写照，照片显示，此时的大门为藏式平顶式（图

图394 美国纽约鲁宾艺术博物馆藏拉卜楞寺全景布画中的贡唐塔及院落大门

图395 洛克20世纪30年代拍摄的贡唐塔及院落大门

①（清）阿莽班智达著，玛钦·诺悟更志、道周译注：《拉卜楞寺志》，甘肃人民出版社，1997年，第3页。

② 扎扎：《拉卜楞寺活佛世系》，甘肃民族出版社，2000年，第27页。

③ 扎扎：《拉卜楞寺四大赛赤世系》，见陈中义、洲塔：《拉卜楞寺与黄氏家族》，甘肃民族出版社，1995年，第63页。

④ 庄学本：《拉卜楞巡礼》插图，《新中华（上海）》，1936年第46期，第42页；张其昀：《拉卜塄——西陲一个宗教都会》插图，《科学画报》，1936年第4卷第4期，第128页。

395）。1991—1993年，六世贡唐仓在原址重建贡唐塔及院落[①]，院落规模发生很大变化，大门不在原位置，而是向内（北侧）退了七八米，改建为汉式单檐四面坡歇山顶式，面阔1间，进深2间，内、外檐装修完全一致，彩绘柱幔，额枋、平板枋、雀替雕饰繁缛，色彩鲜艳，前后檐均置"天罗伞"式斗拱4攒（图396、图397），挑檐檩绘红地蓝绿相间卷云纹，椽子饰蓝色，飞椽饰绿色。屋面覆盖绿琉璃瓦，铺设工艺与汉式传统屋面别无二致，正脊、垂脊、戗脊均用绿色雕花琉璃脊筒子垒砌，正脊中央置一尊铜质镏金宝瓶，无吻兽和垂兽；戗脊端部饰绿琉璃鱼尾；山花处饰绿琉璃"朗久旺丹"。

图396 重建后的贡唐塔院正门（2013年）

图397 重建后的贡唐塔院门背面（2013年）

① 扎扎：《拉卜楞寺活佛世系》，甘肃民族出版社，2000年，第35—36页。

③各殿堂屋面的金顶

藏式传统建筑使用金顶的历史悠久。早期，布达拉宫、大昭寺及桑耶寺（修建于公元736年）等建筑屋面均有金顶，《西藏王统记》《西藏王臣记》《青史》《红史》《巴协》等史籍对此也有很多记载。公元10世纪至19世纪，我国境内先后修建藏传佛教寺院5000余座，其中有金顶者百余座[①]。藏传佛教寺院建筑的金顶体现了“建筑、寺院的地位和尊严，也是拥有政教权势大小的重要象征，建造金顶有明确的资历规定和鲜明的等级制度”[②]。

拉卜楞寺在历史上先后修建了10多座金顶建筑，有些已毁无存，现存10座，其中一座为重檐歇山顶，余均为单檐歇山顶，或覆盖绿琉璃瓦，或覆盖鎏金铜瓦。有6座为毁后重建而成，包括闻思学院前殿楼金顶（按：原建筑无金顶，重建后加建了金顶）、大经堂后殿金顶、千手千眼观音菩萨殿金顶，喜金刚学院金顶、寺院总护法殿金顶、悟真寺金顶;4座为原物，包括释迦牟尼佛殿金顶、弥勒佛殿金顶、上续部学院金顶、寺院冬季讲经台金顶。

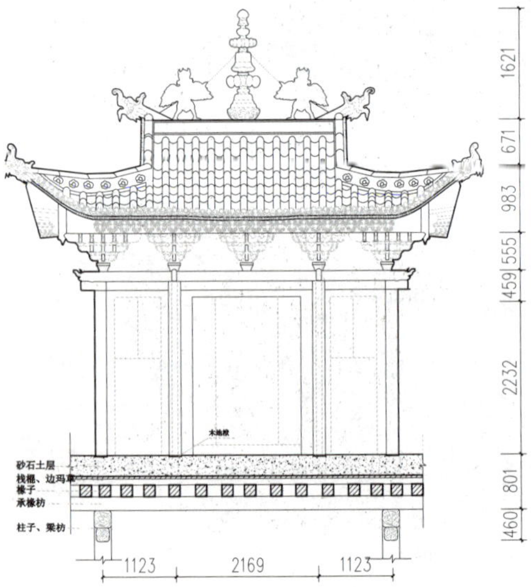

图398　喜金刚学院金顶正立面构造

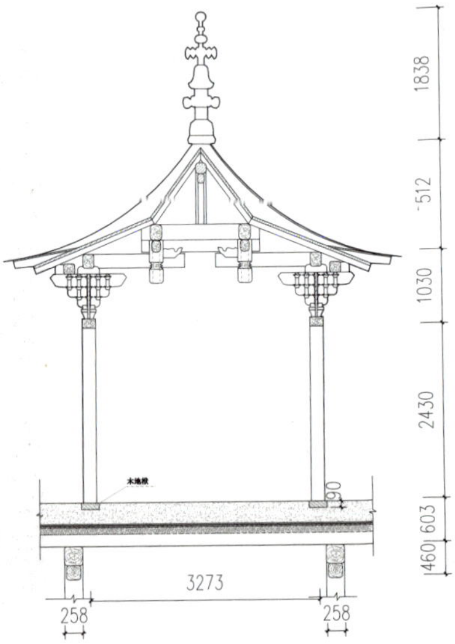

图399　喜金刚学院金顶剖面构造

① 得荣·泽仁顿珠:《藏族的金瓦屋顶》,《西藏民俗》，2001年第1期。

② 徐宗威:《西藏传统建筑导则》，中国建筑工业出版社，2004年，第383页。

金顶建于主体建筑平顶屋面上，是相对独立的主体殿堂附属建筑物，有独特的结构特征：

第一，金顶的平面布局均呈横长方形，先在平顶屋面砂石土层内埋设木地栿，然后在地栿上立柱子，柱头上置梁枋，承托上部屋面。为减轻自重，金顶柱子、梁枋用材尺寸较小（图 398、图 399）。

第二，屋面脊饰件并非汉式灰陶质装饰物，而是金属或琉璃质佛教吉祥物（包括宝瓶、菩提树、鳌头、命命鸟等）。勾头滴水或为汉式琉璃材质，如上续部学院后殿金顶、闻思学院前殿楼金顶等；或为铜质镏金滴水板（遮檐板），板面上铸造各种吉祥图案（莲花纹、藏八宝等），如闻思学院大经堂后殿金顶、释迦牟尼佛殿金顶（图 400）、喜金刚学院金顶（图 401、图 402）、冬季讲经台金顶、千手千眼观音菩萨殿金顶等；或为绿琉璃瓦，如闻思学院前殿楼金顶（图

图 400　释迦牟尼佛殿金顶正面（2007 年）

图 401　喜金刚学院金顶正面（2007 年）

图 402　喜金刚学院金顶山花铜镏金十相自在图

图 403　闻思学院前殿楼金顶（2013 年）

图 404　上续部学院金顶琉璃脊饰件

图 405　喜金刚学院金顶梁枋结构仰视

图 406　金顶正面外檐彩画（上续部学院，2007 年）

403）、上续部学院后殿金顶（图 404）等。

第三，内部梁架组合以汉式传统结构为主，有三檩、五檩或七檩等几种，但结构更加简化。如在三檩式梁枋组合中，四角置抹角梁，与檐檩相交，抹角梁上立童柱，童柱承托歇山面的踩步梁（也称“踩步金”），在这里，踩步梁相当于三架梁，承挑山面的椽子和屋面；正面、背面的脑椽、檐椽通过举折形成折线（图 405）。又，五檩式梁枋组合较为复杂，也在四角置抹角梁，抹角梁上立童柱，童柱同时承托歇山面的踩步梁和五架梁，五架梁上再立童柱，承托三架梁和金檩，其上再立童柱，承托顶部的脊檩，童柱两侧加人字斜枋；正、背面椽子通过举折形成曲线形屋面，坡度平缓，翼角逐渐升起、抬高。

第四，四周平板枋上均施五踩或七踩斗拱，油饰彩画繁缛华丽（图 406）。除闻思学院前殿楼外，其他各金顶室内木构件很少彩画，多涂饰单色（橙红色或素面无饰）。室内主要用于存放坛城模型（如喜金刚学院金顶）、宗教法器（如闻思学院后殿金顶）。

3. 汉藏结合式屋面

拉卜楞寺汉藏结合式屋面建筑较少，仅有嘉木样寝宫亲属居住楼、接待楼。

亲属居住楼是一处封闭的三合院，总平面呈倒"凹"字形，"虎抱头"式布局，"虎抱头式布局即明间装修退后，形成单间前廊的形式"①。院落三面围墙同时又是房屋的后檐墙。院落底部有负一层，第二层围合成一个三合院。东、西、北三面房屋的建筑形制、装饰完全一致，以北房为尊，东、西两侧为厢房，对称布局。抬梁式构架与汉式坡顶屋面相结合，均出前廊，相互贯通，前廊檐柱为通柱，贯通二、三层。第二层前廊额枋、穿插枋、挑檐檩挑出一个短小屋面，单坡顶，覆盖筒板瓦，勾头滴水俱全；第三层屋面为藏式平顶结构，屋面四周砌筑挡水墙（图 407、图 408、图 409）。

接待楼也属汉藏结合式建筑，结构形态与亲属居住楼一致，砖木结构二层楼，抬梁式构架。民国学者马鹤天《甘青藏边区考察记》称此楼修建于 1936 年，"新建之西楼，系第五世嘉木样所建"②。因修建于一处崖壁上，故正、背面的造型和样式不同，正面（南面）建于崖壁底部，高两层，背面（北面）建于崖壁顶部，高一层。东、西两山墙砌筑方式也不同，后段用片石砌筑，前段用青砖砌筑，并有墀头砖雕。总面阔 5 间，进深 3 间，平面呈倒"凹"字形。前廊柱及额枋、平板枋、挑檐檩承挑二层楼面，并挑出椽子、飞椽，构成一个短小的单坡屋面，覆盖筒板瓦，勾头滴水俱全，正脊扣筒瓦；第二层屋面为纯藏式平顶结构，屋面四周砌筑挡水墙（图 410）。

---

① 孙大章：《中国民居研究》，建筑工业出版社，2004 年，第 95 页。

② 马鹤天：《甘青藏边区考察记》，见中国西北文献丛书编辑委员会：《中国西北文献丛书》第四辑《西北民俗文献》第二十卷，兰州古籍出版社，1990 年，第 74 页。

图 407　嘉木样寝宫亲属居住楼正立面

图 408　亲属居住楼西厢房立面全貌（维修前，2004 年）

图 409　亲属居住楼前廊挑檐坡屋面形式（2018 年维修后）

图 410　嘉木样寝宫接待楼正面（2004 年）

4. 藏式建筑的地面、楼面及铺设工艺

拉卜楞寺大型宗教殿堂均为多层结构，每层室内都有地面、楼面，二层以上的地面即楼面，结构构造与屋面大同小异。

（1）主体殿堂地面及楼面

主体殿堂室内各层柱子上、下层对位，处于同一轴线上，在上下层柱子交接处铺木基层、安置柱础；柱子与梁枋交接，形成框架结构；扶壁柱或砌筑于墙体内，或依墙而立（图 411、图 412）。楼面地板的铺设工序与屋面大同小异，首先，椽子木上依次铺栈棍层（厚 10 厘米）、边玛枝层（厚 5 厘米）、砂石土层和

图 411　二层楼面结构形态之一
（念智仓囊欠佛堂，2018 年）

图 412　二层楼面结构形态之二
（念智仓囊欠佛堂，2018 年）

白灰层（厚 20 厘米），再铺木龙骨（高 8~10 厘米）和木地板（厚 3 厘米）。楼面铺设要求"做完顶层，即封顶断水以后才做（室内铺装），或室内装修完成以后才进行"[①]。

图 413　在木龙骨上铺木地板（夏卜丹殿一层，2015 年）

第一层室内地面多数铺木地板，铺设方式与楼面有

① 陈耀东：《中国藏族建筑》，中国建筑工业出版社，2007 年，第 36 页。

别，需先夯实地基，再铺龙骨，接着铺木地板（图413）。二层及以上各层天井院、房屋、过廊、走道的铺设样式各不相同，有的铺砂石土，有的铺青砖（红砖）和片石，有的铺木地板。

（2）楼梯间地面及各层楼面

宗教殿堂室内空间划分非常统一，均为三段式，中央为主殿堂，左右两侧对称布置楼梯间。

楼梯间地面和楼面的铺装非常简单，或铺砂石土，或铺片石、青砖等，或素土夯实。如弥勒佛殿的楼梯间高五层，其中第一层地面铺片石，上部三层楼面均铺砂石土，第五层为屋面楼梯间的地面，一半为砂石土铺成，一半铺木地板。

（3）僧舍地面

僧舍均为单层建筑，室内地面皆铺木地板，铺设方式同上。

（五）建筑之门

门是一座建筑的脸面，是非常重要的装饰部位，营造工艺十分讲究，门框和门扇的大小、形制、装饰内容等均有鲜明的等级规定。拉卜楞寺除牌坊门、露天佛塔、独立转经廊房外，其他宗教殿堂、囊欠、僧舍均为院落式布局，有众多的门，每个院落有大门，每座单体建筑各层设大小不一的门、窗。建筑的门和窗一般不能分开，同等级建筑的门、窗，外形基本一致。

拉卜楞寺的门有院落大门（包括正门和侧门）、单体建筑之门（包括正门和侧门）两大类。一座建筑一般设多个门，以中门为尊，多为双扇门；侧门为次，多为单扇式，也有双扇者，二层及以上的挑檐门廊多用两扇、三扇、四扇、五扇等样式，寓意“五道”“三解脱”[①]等。

1. 院落门

院落门包括正门和侧门两种。

---

①（宋）释道诚《释氏要览》称：“三解脱门为空、无相、无作。今寺院是持戒修道求之涅槃，人居之，故三门入也。”

（1）院落正门

拉卜楞寺各建筑的院落大门具有提示入口、衬托主体、展示静谧空间等方面的作用，因建筑功能、使用者的政教地位不同，有明显的等级特征。院门的设置方向并不统一，有些是根据地形、空间条件而设，有些是考虑某种特殊的用途而设。大体分为以下几种：

1）宗教殿堂院落正门（大门）

根据正门的装饰等级和规格，又分为三款：

①等级最高的门楼式院门

仅有闻思学院前殿楼一例，现存建筑为1989年重建，属殿堂、门廊、金顶结合形式，以殿堂为主，金顶为辅，体量高大，面阔7间，进深3间，前后出廊，通高三层，屋面有歇山式金顶。大门中间一间设为门洞，装藏式三套门框（兰扎枋、莲瓣枋和蜂窝枋）、双扇木板门，构件雕刻、彩画装饰等级最高（图414、图415、图416）。两侧次间、稍间装简化的隔扇门。

图414　闻思学院前殿楼大门正面（2016年）

图 415　闻思学院前殿楼正门结构

图 416　闻思学院前殿楼正门装饰

②等级较高的彩画正门

此款门的建筑体量比上款小很多，但营造工艺较复杂，多数装斗拱，有彩画，以佛殿院门为多。佛殿主要供僧众朝拜礼佛，院落较小，空间紧凑，主体殿堂四周设转经道，院门以坐北朝南为主，也有坐西朝东者（如寿安寺院门），有些位于中轴线上，如弥勒佛殿、马头明王殿等；有些设于东南角处，如寿安寺、释迦牟尼佛殿等。现存油饰彩画最为华丽的院落大门多数是新建的，如寺院总护法殿、嘉木样寝宫南大门、马头明王殿院门、千手千眼观音菩萨殿院门及贡唐塔院大门等。其中寺院总护法殿分内、外两院，各有1座正门，外院门为汉式单檐双面坡硬山顶形制，面阔3间，进深2间，屋面覆盖灰筒板瓦，墀头墙上饰砖雕图，门洞内装三套门框，梁架、门框、门扇饰丰富的藏式彩画（图417）。内院东面也开一正门，与外院门处于同一轴线上，藏式平顶形制，门洞外设三级条石垂带踏步，台明内、外各以二柱挑出门廊，门外两侧墙顶砌两层边玛墙，各长十余米，边玛墙上对称悬挂两个铜质“朗久旺丹”饰件。门洞面阔1间，进深2

图417　寺院总护法殿外院东正门（2013年）

间，前檐立两根方柱，柱幔彩绘法轮纹等，有木雕彩绘的额枋、平板枋及两枚雀替。雀替正面饰二金龙，昂首相向，与额枋中央雕绘的“聚宝盆”图案组成“二龙献宝”图；额枋饰“聚宝盆”图、缠枝纹等；平板枋通体雕饰缠枝卷草纹，其间点缀法轮、金刚杵、藏八宝、瑞兽等，局部贴金。门洞内装单层门框、藏式双扇木板门，门扇通体饰红色，中部绘一尊蓝地贴金护法神像，门扇下部镶铁质门扣（图 418）；门洞内两侧廊心墙上又各悬挂一尊护法神像。2012 年以来，拉卜楞寺在该护法殿西侧又扩建一座西院，正门开在东面围墙中央，属现代仿古汉式建筑，面阔 3 间，进深 2 间，正面檐柱间装透雕倒挂楣子，雕饰图案繁缛，以藏式传统吉祥动物图为主，额枋、平板枋通体雕饰缠枝卷草纹，平板枋上施七踩单翘斗拱，屋面覆盖绿琉璃瓦，正脊以特制雕化脊筒子垒砌，中央饰铜质镏金宝瓶，两侧饰跑龙及龙吻（图 419）。

图 418　寺院总护法殿内院正门（2013 年）

弥勒佛殿院正门为藏式平顶结构，高两层（总高 7 米），内、外侧各以二柱挑出门廊，梁枋饰汉藏结合式旋子彩画，以花牙子承挑上部椽子及屋面，门洞内装三套门框，饰藏式彩画。中柱向上升起，上部梁枋又组成第二层平顶屋面（图 420）。

白伞盖佛殿院正门与弥勒佛殿院门接近，但高仅一层（图 421），2006 年前后实施整体维修，重绘彩画。门洞内、外各以二柱挑出门廊，面阔 1 间，进深 2 间。外檐柱下置圆形石柱础，彩绘柱幔，柱头置一道额枋，绘汉藏结合式旋子彩画，枋心绘几何纹，箍头、找头绘旋花，两端装透雕龙云纹、缠枝纹雀替；其上再置一道平板枋，分为左、中、右三段，各挑出挑尖梁，其上承托挑檐檩，挑檐

图 419　寺院总护法殿新建西院正门（2020 年）

图 420　弥勒佛殿院落正门（2007 年）

图 421　白伞盖佛殿院落正门（2007 年）

檩绘汉藏结合式旋子彩画，枋心绘红地缠枝卷草纹，其上挑出椽子、飞椽。门洞中央装藏式门框、双扇木板门，边框、上槛正面均绘旋子彩画，枋心绘红地缠枝卷草纹，下槛素面无饰；门扇正面饰红色，装简易门环、门扣等。后檐柱子、梁枋、挑檐檩枋组合形态与前檐对称，但无斗拱、花牙子等构件，代之以走马板，绘龟背纹。

寿安寺院门设在院落东南角，坐西朝东，藏式平顶结构，内、外均挑出廊，柱子、梁枋皆饰彩画，是原作，没有改动，非常珍贵。正门面阔 1 间，进深 1 间

图 422　寿安寺院门前檐柱子梁枋背面彩画（2007 年）

图 423　寿安寺院门前檐走马板彩绘《西游记》

（2.7 米），高 4.1 米，柱头彩绘柱幔，额枋下施雕花彩绘雀替，额枋、挑檐檩绘汉藏结合式旋子彩画，以蓝、绿色为主，两段枋心内皆绘几何纹（图 422）。前檐柱正面上部装走马板，彩绘 4 幅《西游记》画面，有作者题名、题款和印章，如“孙行者大闹黑风山”“孙行者三调芭蕉扇”“心猿遭大败”“二僧大战黄袍怪”等（图 423）。门洞内两侧墙装木板，绘汉式山水、插花图等（图 424）。《西游记》题材在拉卜楞寺各宗教殿堂中最为常见，有木雕（如德哇仓囊欠院落正门雕饰件）、有壁画（如闻思学院前殿楼一层正门两侧墙面），也有油饰彩画，这一现象值得深入研究。

图 424　寿安寺院门门洞两侧木版画

③等级稍低的无彩画大门

此款门最为常见，许多学院及少量佛殿院均使用这款大门。结构形制大同小异，藏式平顶结构，门洞内、外各立两柱，柱上置 3 或 5 道横梁，部分饰木雕雀替、花牙子、雕花装饰板等，上部以挑檐檩、椽子、飞椽承托屋面，木构件均素面无饰。门洞一般宽 2~3 米，高 3 米，装藏式双扇木板门，素面无饰。门洞外两侧墙面涂饰梯形黑色门套。多数学院如时轮学院（图 425）、医药学院（图 426）、喜金刚学院、下续部学院、上续部学院（图 427）的建筑等级虽然很高，但院落正门结构非常简单，朴实无华。有些佛殿院门（如夏卜丹殿、文殊菩萨殿等）也朴素实用、美观大方（图 428）。

图 425　时轮学院院落正门（2007 年）

图 426　医药学院院落正门（2007 年）

图 427　上续部学院院落正门（2007 年）

图 428　夏卜丹殿院落正门（2007 年）

2）僧人住宅院正门

拉卜楞寺的僧人很多，截至 2013 年，注册在寺僧人约两千名，分为七个等级序列。各级僧人均有自己的住宅，院落式布局，有院落大门。院门体现了严格的等级制度。根据等级规定，大体分为四款：

①寺主嘉木样寝宫院落大门

位于寝宫下院的最南端中央，是拉卜楞寺僧人住宅建筑中等级最高的，除了有正门，还有3座侧门。院落大门早年被毁，2006年重建，2012年重绘油饰彩画，高大气派，前、后各以四柱外挑门廊，外形类似民国时期的原貌，内外檐柱子、梁枋、门框、门扇及天花彩画非常富丽，以藏式传统吉祥纹及龙凤图为主，图案样式与寺院总护法殿正门基本一致，突出了该建筑的等级和地位（图429、图430）。从彩画构图和艺术风格方面看，并非拉卜楞本地区的彩画工艺，应是青海地区的彩画风格。

图429　嘉木样寝宫院落正门背面（2013年）

图430　嘉木样寝宫院落正门门内顶天花彩画

②其他高级活佛囊欠院门

主要包括四大赛赤、八大堪布等。寺主嘉木样是拉卜楞寺地位最高的活佛，其住宅有专用名称“大囊”或“寝宫”，是唯一的，不能称“囊欠”，也不能与其他任何活佛囊欠并列。其他各级活佛的住宅统称“囊欠”，具有宗教殿堂之功能，是广大信众顶礼膜拜的对象。根据寺院建筑等级制度及相关规定，除寺主外，其他各活佛囊欠院门皆不可使用油饰彩画、不得使用斗拱构件，但可采用工艺技

图 431　贡唐仓囊欠院正门（2007 年）

术措施尽可能突出建筑体量的高大，因此，高级活佛囊欠有两三重院落，开多座出入门，其中院落正门外形宏大气派，柱头、门楣、门额部位用料很大，极尽木雕工艺之能，图案重叠累置，繁缛，工艺精细。门楣多由三至五层横枋组成，通体浮雕或透雕或圆雕动物头像（包括狮子、大象、鹿、天马、大鹏鸟等）以及天神、花草树木等，最典型者如贡唐仓囊欠（图 431、图 432）、准噶尔堪布仓囊欠（图 433）、郭莽仓囊

图 432　贡唐仓囊欠院正门门额木雕

图 433　准噶尔堪布仓囊欠院正门（2013 年）

图 434　郭莽仓囊欠院正门（2013 年）

图 435　德哇仓囊欠院正门（2007 年）

图 436　德哇仓囊欠院正门门额木雕

欠（图 434）、琅仓囊欠等。此外，有的大门还高浮雕《西游记》故事情节，如德哇仓囊欠等（图 435、图 436）。

③其他普通活佛宅院大门

此类活佛的地位处于第六、七级（相当于“侧席”及“一般普通活佛”地位），宅院大门体量明显变小，仅开正门，无侧门。大门的结构简单，门额顶部两端也可以加一段边玛墙，有相应的木雕装饰，以凸显其地位，雕饰档次很低，但又比普通僧舍院门等级高，典型者如尕尔德仓囊欠院门（图 437）等。普通活

图 437　尕尔德仓囊欠院门（2013 年）

图 438　僧舍院大门（2013 年）

佛住宅形态、院落大门与普通僧舍基本一样，有时候很难分清是活佛囊欠院还是僧舍院。

④普通僧舍院门

拉卜楞寺僧人中，普通僧人数量最多，等级最低。其宅院的空间格局、建筑形制与当地普通民居院基本一致，只是少了农牧业生产所需各种设施及世俗民众家庭的一些生活设施。仅有正门，无侧门。大门结构非常简朴，就是当地普通民居院门，体量小，形制简单，前、后以柱子挑出檐口，藏式平顶屋面（图 438）。

（2）院落侧门

拉卜楞寺各宗教殿堂、活佛囊欠院除拥有上述各种正门外，还有众多的侧门，供临时、非正式场合出入，营造工艺相对简陋。按建筑等级规定，侧门也分两款：

①等级地位较高的宗教殿堂院侧门

这种侧门与正门的等级序列一样，呈现出明显的尊贵地位和奢华特征，构造等级高于其他院落侧门，典型者如闻思学院前庭院东、西两侧门（图 380），藏式平顶外挑门廊式，工艺精细，装三套门框，门框、门扇及挑檐构件均施丰富的油饰彩画。其他等级较高的侧门有嘉木样寝宫西侧门（图 387）、寺院总护法殿外院北侧门、南侧门等。

②等级地位较低的宗教殿堂院侧门

此款门普遍使用，构造形态大同小异，木雕饰件繁简有别，各具特色，如 5 座密宗学院前庭院东西两侧均有此款侧门，总计 3 座门，显然是根据宗教教义之“三解脱门”的寓意而设的，3 座门各有用途，其中西侧门的位置是固定的，均通向厨房院，主要是考虑向经堂运送饭食的距离不能太远；东侧门的位置较随意，一般通向外街巷、辩经院，或供临时出入，如下续部学院东面开两座侧门；医药学院还在西北角开一侧门，通向闻思学院前广场。时轮学院东侧门修建得较早，民国时期照片显示此处就有此门，面阔 1 间（2.4 米），进深 2 间（4.2 米），前、后各以二柱挑出门廊，柱上施一道额枋、一道平板枋，通体雕饰莲瓣纹，额枋下部两端各施一枚雀替，雕饰如意卷草纹，额枋与平板枋间施 4 枚木雕荷叶墩，平板枋上施 4 个坐斗，斗口内挑出两层拱，斗拱间装透雕花板，纹饰有法轮、卷草、莲瓣等；挑檐檩上挑出椽子、飞椽，屋面铺望板，砂石土碾压，门洞内装简易藏式双扇木板门（图 439）。同样，很多佛殿院也开一两座侧门，如白度母佛殿有北、东两座侧门；夏卜丹殿西面开一侧门；马头明王殿、千手千眼观音菩萨殿均在西北角开一侧门，等等。此外，很多护法殿、厨房、辩经院均为独立式院落，也开有等级较低的出入侧门，如下续部学院辩经院和护法殿、闻思学院厨房、时轮学院厨房等，上续部学院的护

图 439　时轮学院东侧门（2004 年）

图 440　上续部学院护法殿院西侧门（2007 年）

法殿和厨房共用一院，在西侧共开一侧门，通向外马路（图 440）。

从上述侧门实例可见，早期侧门的制作工艺相对粗糙，许多因缺乏必要的维修，濒临倒塌，如下续部学院东侧门（图 441）。

图 441　下续部学院东侧门（2004 年）

2. 单体殿堂之门

拉卜楞寺宗教殿堂按建筑组群分布，每个建筑组群均由多个单体建筑组成。许多单体建筑为高层建筑，每层都设有多个出入门，分正门、侧门、各层外挑门廊三种类型。

（1）殿堂正门

即出入殿堂的主门，主

要有以下三款：

①学院经堂正门

拉卜楞寺六大学院主要供各院僧人修习、集会，院落空间、主体经堂的体量很大，多数院落大门与主体殿堂正门处于同一轴线上。正门与室内佛像、高僧法座处于同一轴线上，指向性很强，神圣威严，将尘世与圣殿分开，具有烘托殿堂宗教氛围的功能。六大学院经堂中，唯闻思学院经堂设一座正门、两座侧门，其他五座学院经堂均仅设一座正门，无侧门。各学院经堂正门制作工艺精细，用料考究，是拉卜楞寺建筑文化艺术的重要组成部分和精华所在。

图 442 闻思学院大经堂正门（2013 年）

六座学院经堂的正门位置、构造形制和装饰内容基本一致。体量、规模、地位以闻思学院大经堂正门最为尊贵，现存正门为 1989 年新建（图 442）。其他 5 座密宗学院经堂的正门均在 1981—2002 年陆续重新修饰，有些进行过多次彩绘，较为珍贵。这些门的结构构造致，门洞外均设 2~5 级条石踏步，门洞宽 2 米左右，高 3 米左右，门洞内分层装门枕、门槛、门框、门扇、门楣等。门框均为三套件式（兰扎枋、莲瓣枋和蜂窝枋），总宽 0.3 米左右，其中兰扎枋彩绘最为精致，以蓝地贴金二龙护宝、缠枝纹、兰扎文、宝珠纹等为主，莲瓣枋、蜂窝枋饰固定的莲瓣纹和蜂窝纹。门枕或用木料，或用石料凿刻，高 18~30 厘米。下槛高 20~30 厘米。门楣装饰完全一致，一般有四层，包括两层堆经枋、一层木雕五尊

图 443 下续部学院经堂正门门额木雕狮子与象头（2013 年）

图 444 喜金刚学院经堂门额上部木雕狮子、象头

（或七尊）绿毛狮子与象头组合群像、一层木过梁、一层挑檐枋[①]（图 443、图 444）。藏传佛教宗教殿堂门额上部装饰动物头像之制源于古印度，公元 6 世纪开凿的阿旃陀石窟第 1、27 和 10 号塔庙窟木门框上即装置狮子头，拉萨大昭寺佛殿的木门框、柱上也雕饰狮头[②]。早期的堆经枋头多雕刻卷草纹、佛像等，后演变为象征佛、佛经的装饰构件，外形如码放的佛经函，端头正面多彩绘莲瓣纹、卷云头纹等。有的正门还在门额之上再绘一

① 张怡荪：《藏汉大辞典》，民族出版社，1985 年，第 593 页。
② 宿白：《藏传佛教寺院考古》，文物出版社，1996 年，第 6 页。

图 445　喜金刚学院经堂正门门额彩画（2013 年）

排护法神壁画，如喜金刚学院（图 445）等。

20 世纪 80 年代以来，拉卜楞寺开展多轮大规模宗教殿堂维修重建工程，期间，很多青海等地的木匠承担正门维修任务，将青海地区的宗教殿堂大门装饰风格传入拉卜楞寺，其主要特征是，在原三套门框间增加一两条金钱枋（表面刻绘金色圆点的木条），与拉卜楞寺固有的门框形制有明显的区别。

②佛殿正门

拉卜楞寺佛殿众多，既有独立式佛殿，也有活佛囊欠附属佛殿。因建筑平面形态不同（有倒“凸”字形、长方形、正方形三种），正门样式各不相同。

平面呈倒“凸”字形者，正面凸出前廊，前面开敞，不设门，或在正面加一简易栅栏门（如寿安寺、千手千眼观音菩萨殿等），正门开在前廊后部、主殿前墙中央，如弥勒佛殿、宗喀巴佛殿、白伞盖佛殿（图 446）等。两侧的楼梯门各自开一门，属侧门类。

平面呈长方形或正方形者，正门开在第一层外墙中央，结

图 446　白伞盖佛殿正门（2007 年）

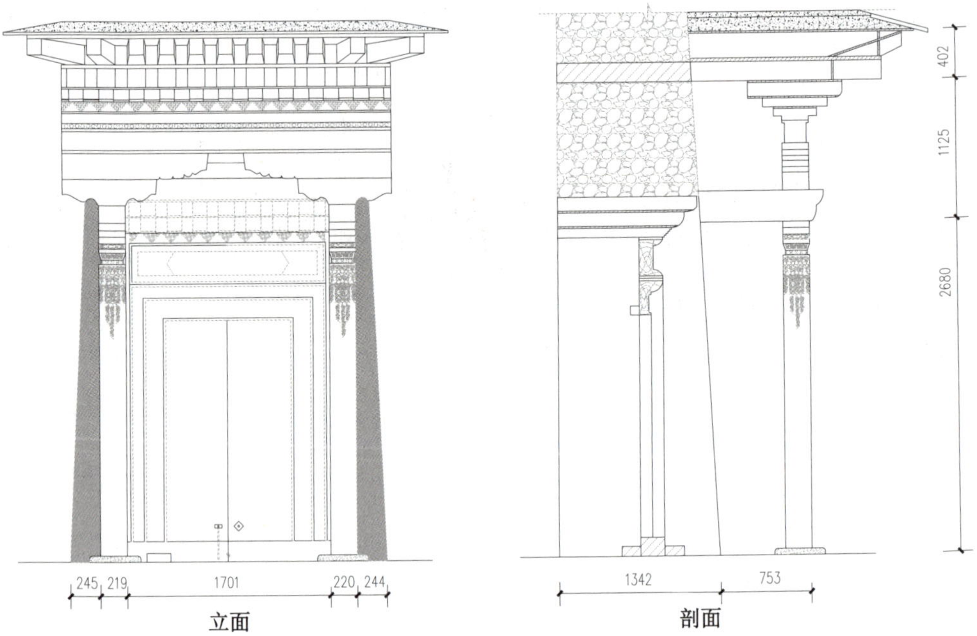

图 447　文殊菩萨殿正门结构

构形态有两种：或为外挑门廊式，门外立木柱，其上承挑多层挑檐构件，组成平顶屋面，如文殊菩萨殿（图 447）、释迦牟尼佛殿（图 331、图 332）等。或门洞外两侧不立木柱，从承重墙内插入木枋，向外挑出，外挑长度不大，一般不超过 2 米，木枋外端上部置多层横向挑檐构件，承挑上部屋面，如夏卜丹殿（图 448）。同样，多数平面呈倒“凸”字形的佛殿两侧楼梯间正门挑檐结构也采取这种构造方式，如弥勒佛殿、寿安寺、宗喀

图 448　夏卜丹殿正门挑檐结构（2013 年）

巴佛殿、德哇仓囊欠属殿等。而平面呈长方形或正方形的佛殿，两侧楼梯间门没有设挑檐廊，直接在承重墙上开门洞，且与上部各层窗洞对称，也在门额上部设遮雨棚，与窗子遮雨棚完全一致，如文殊菩萨殿、释迦牟尼佛殿、夏卜丹殿等。

上述两种佛殿的正门均开在承重墙上，就空间形态而言，挑檐门廊主要用于遮风挡雨，独立存在，与其他建筑部位没有形成结构关系，在立面上打破了墙面的单调感，丰富了墙面装饰，烘托了佛殿的威严、雄壮。

③金顶正门

现存拉卜楞寺各建筑中，有10座建筑的平顶屋面加建了金顶，均为汉式单檐或重檐歇山顶结构，体量较小，正面明间装汉式六抹隔扇门，两山面及背面均为木构六抹隔扇墙，如此可减轻金顶的自重。隔扇门制作工艺同汉式隔扇门类似，隔心以木棂条拼接各种吉祥图案，绦环板绘吉祥纹，裙板绘藏式吉祥纹或寿字纹，多数门额上部装走马板并绘壁画。如弥勒佛殿金顶明间装六抹隔扇门（图449），两次间、山面及背面均为六抹隔扇墙，各木板均涂饰单色，因年久失修，木构件糟朽、彩画脱落严重。2016年实施落架大修，金顶外檐柱子梁枋、隔扇门重绘油饰彩画。喜金刚学院金顶正面明间也装六抹隔扇门，隔心绘汉式传统画，绦环板、裙板均绘汉藏传统吉祥图（图450）；两次间及其他围护墙均装木隔扇墙，各木板均绘黄地红色寿字纹等。其他建筑金顶隔扇门、隔扇墙装饰图案与此大同小异。

（2）殿堂侧门及高层外挑门廊

各宗教殿堂除第一层正面开正门外，各层还有众多的侧门，二层及以上各层的南承重墙中央均开一座外挑门廊（用于殿内通风采光），也属侧门之列。

侧门的结构根据殿堂等级而定，体量较小，一般宽0.8米，

图449 弥勒佛殿金顶明间隔扇门（2007年）

图 450 喜金刚学院金顶明间隔扇门（2007 年）

图 451 弥勒佛殿一层楼梯间单扇门涂饰单色（2007 年）

高 2 米，装单扇木板门，仅容一人通过，门框形制简单，多单层式，部分上槛之上也置堆经枋。佛殿、经堂后殿两侧皆有楼梯间，均在正面开门，仍属该殿堂的侧门之列，有的门扇正、背面整体涂饰红色或土红色，如弥勒佛殿一层楼梯间正门（图 451）；或保持原木色，如文殊菩萨殿西楼梯间正门（图 452）；或仅在正面绘“朗久旺丹”、佛八宝、寿字纹、花卉图、世俗风景画等（图 453、图 454），背面多保持原木色或饰单色。有些侧门的门框为双层结构，装双扇木板门，门框也涂绘莲瓣纹和蜂窝纹，特别突出正面装饰效果，如弥勒佛殿第三层侧门的正面与背面装饰有很大差别（图 455、图 456）、下续部学院后殿门正面与背面彩画区别很大（图 457）。这是藏式建筑的重要特征，严格区分构件正面和背面雕饰艺术效果。

宗教殿堂各侧门中，最为特殊的是经堂后殿的护法殿门，结构简单，在后殿室内承重墙或木隔扇墙上开门洞，门洞狭而高，装单层门框、双扇木板门，门扇狭长，正面绘面目狰狞的护法神像，背面或素面无饰，或涂饰单色（常见者为土红色或橙红色），如喜金刚学院、医药学院经堂后殿护法殿（图 458、图 459）等。这类护法殿门从来不对外人开放，只有寺主、高级活佛可进入。

图 452　文殊菩萨殿楼梯间保持原木色的双扇门

图 453　喜金刚学院后殿三层侧门正面彩画

图 454　上续部学院后殿二层楼梯间门正面彩画

图 455　弥勒佛殿三层楼梯间西侧门正面（2007 年）

图 456　弥勒佛殿三层楼梯间西侧门背面（2007 年）

图 457　下续部学院后殿门（2007 年）

楼梯间出入门、室内更小的侧门均属侧门系列，构造工艺或简或繁，各不相同。大致分两种情形：第一，有外挑门廊式，但门外不立柱，从承重墙内插入木枋，外挑端头承载上部挑檐构件及屋面，外形如一座遮雨棚，典型者如寿安寺楼梯间、弥勒佛殿楼梯间等，各木构件均饰彩画。第二，无外挑门廊，直接在承重墙上开门洞，装单层门框和单扇木板门，门洞两侧涂饰黑色门套，门框、门扇的

图 458　喜金刚学院后殿护法殿门（2007 年）

图 459　医药学院后殿护法殿门（2013 年）

正面涂饰橙红色，背面素面无饰。

各宗教殿堂主殿二层及以上正面承重墙中央皆设外挑门廊，是拉卜楞寺建筑文化的重要组成部分，具有标志性意义。门廊外侧悬挂黑牛毛编织或白布缝制的布帘，有的布帘上缝织白色或蓝色佛八宝、金色二兽听法图等，产生独特的立面装饰效果（图 460、图 461）。这种外挑门廊结构大同小异，均为藏式平顶样式。主要有两种构造方式：①门洞外立木柱式。首先，在承重墙中央开门洞，一般宽 2 米，高 2.1 米，门洞外左右对称各立一柱，柱形有圆柱、方柱、八角柱等，有的柱头彩绘柱幔。其次，在门洞两侧承重墙内再插一木枋，外端头与柱头相交，共同承托上部梁架及屋面（图 462）。有的还在外立柱与承重墙之间装木板，组成廊心墙。柱子、梁枋、廊心墙均有雕刻和彩绘，但等级较低，工艺较粗，彩画内容多为世俗题材。②门洞外不立木柱式。直接在门洞两侧承重墙内分别插入一根木枋，向外挑出，木枋外端雕成堆经枋状，上部

图 460　挑檐门廊外悬挂的白色布帘（喜金刚学院后殿，2007 年）

图 461　挑檐门廊外悬挂的黑色布帘（白度母佛殿，2004 年）

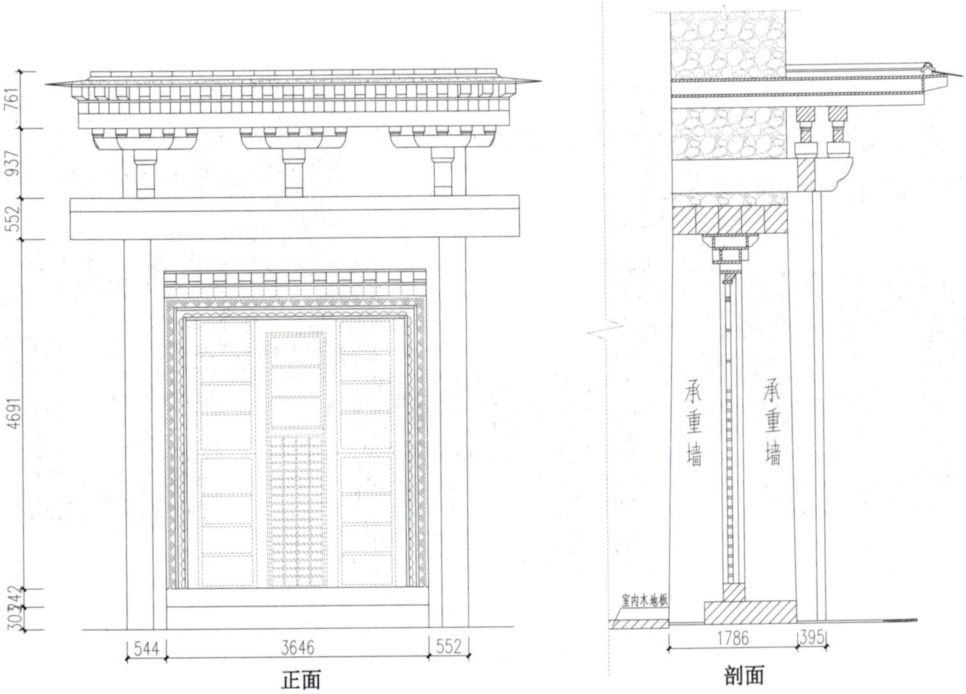

图 462　弥勒佛殿二层外挑门廊结构

置各层横梁横枋、斗拱饰件等，共同承托屋面。

挑檐门廊的门框结构各不相同，或装三套件式并均饰彩绘，如弥勒佛殿二层门廊，或仅用单层门框，或素面无饰，或涂饰单色。门洞两侧的木隔扇墙制作工艺较为精细，绘各种世俗山水花鸟壁画、佛八宝等，也有在此处书写藏文寺志或回文诗者[①]。门扇有多种样式，有两扇、三扇或四扇等，装饰图案更是五花八门，但以宗教题材为主，如白伞盖佛殿二层门廊（图 306）。白度母佛殿第三层南门廊门框绘莲瓣纹，三扇门板正面通体饰橙红地色，上部中央绘“朗久旺丹”（图 463）。也有在双扇门上部绘“朗久旺丹”，下部绘花草图者，如上续部学院后殿三层外挑门廊（图 464）。有的门扇上绘有金刚杵或佛八宝等。

时轮学院经堂后殿第三层外挑门廊的廊心墙结构及彩画保存最完整，营造

① 龙珠多杰：《藏传佛教寺院建筑文化研究》，社会科学文献出版社，2016 年，第 155 页。

图 463　白度母佛殿三层南门廊门板正面（2004 年）

图 464　上续部学院后殿三层双扇木板门彩画图案（2007 年）

工艺较为精致，门洞外左右各立一八角形木柱，柱头绘柱幔，无大斗，上置两层弓木，其上再置兰扎枋、莲瓣枋、蜂窝枋，上部挑出椽子、飞椽，椽尾插入承重墙内，构成平顶屋面。门洞两侧装木构廊心墙，内墙面绘佛教吉祥图及汉式传统山水、花草、盆景画等。承重墙上开门洞，装藏式单层门框、双扇木板门，门框绘汉藏结合式旋子彩画，枋心绘蓝地卷草纹、卷云纹等，门扇正面饰橙红色，背面素面无饰。门额上部有三块走马板，中间悬挂一幅唐卡画，两侧均绘道教题材画，有绘画者题名

图 465　时轮学院后殿第三层外挑门廊（2004 年）

图 466　时轮学院经堂后殿第三层外挑门廊走马板彩画

和印章，其中一幅题“佛道须要仿仙天，仙山神仙亲口传”，画风较粗，工笔不佳（图 465、图 466）。从画风和题记判断，应是 20 世纪 80 年代重绘作品。

3. 活佛囊欠各建筑之门

拉卜楞寺有七个等级的活佛，他们在本寺均建有自己的住所，每座住所都是一个特殊的建筑组群。寺主嘉木样有专用的寝宫，是一处超大型建筑群，集住宅、佛殿、护法殿、办公建筑为一体。其他六个等级的活佛住所均称“囊欠”，其中有特殊名位和高级待遇的活佛有四大赛赤、八大堪布等，他们都修建有自己的囊欠，有些高级活佛既修建独门独院式佛殿，又在其囊欠内建有半独立的佛堂，有些佛堂与寝室分开，有些合为一体。因此，活佛囊欠在性质、功能及形态上相当于佛殿，但受等级制度和宗教教义的约束，这类佛殿、佛堂建筑体量、规格与正式、独立的佛殿有别。一座完整的活佛住宅院内房屋众多，不同性质的房屋有不同的门。大体分三种类型：

（1）独立式佛殿之门

活佛囊欠附属佛殿均独门独院，属公共使用性质，有正式的佛殿名，对外开放，除院落正门外，还开一侧门，主要与囊欠贯通，如嘉木样寝宫属殿嘉木样护法殿及释迦牟尼佛殿、贡唐仓囊欠属殿贡唐塔（殿）、德哇仓囊欠属殿千佛殿、

图 467　图丹颇章殿第二层东房正门（2013 年）

准噶尔堪布仓囊欠属殿准噶尔神殿、大阿莽仓囊欠属殿文殊菩萨殿、俄项格拉仓囊欠属殿忏罪佛殿，等等。

寺主嘉木样寝宫是特殊的活佛住宅，以居住、办公建筑为主，门窗种类非常丰富，既有藏式传统样式，如图丹颇章殿各层正门和侧门（图 467、图 468），又有汉式风格的木隔扇门、隔扇窗、隔扇墙，以嘉木样寝宫会客厅、接待楼、亲属居住楼、南客房（也称“贵宾楼”）及图丹颇章殿的后檐门窗最为典型，正门多为六抹或四抹隔扇门，油饰彩画等级最高，工艺精细，以汉藏结合式旋子彩画为主，也有大量表现世俗生活情景的画面（图 469、图 470、图 471）。

图 468　图丹颇章殿第三层天井院西正门

图 469　嘉木样寝宫接待楼正门（2007 年）

图 470 嘉木样寝宫宾客楼背面隔扇门隔扇窗（2013 年）

图 471 嘉木样会客厅一层前檐隔扇门（2013 年）

（2）活佛自用佛堂之门

这类建筑供活佛私人使用，多数没有正式的殿名，不对外开放，历史文献将活佛自用佛堂称为佛殿者，仅郭莽仓囊欠内的一座佛堂，称“郭莽殿位于金瓦殿南侧，仿西藏哲蚌寺郭莽经院修建，内供锦绣和堆绣等精致唐卡佛像”[①]。活佛囊欠内佛堂的建筑布局分两种形态：

① （清）阿莽班智达著，玛钦·诺悟更志、道周译注：《拉卜楞寺志》，甘肃人民出版社，1997 年，第 538 页。

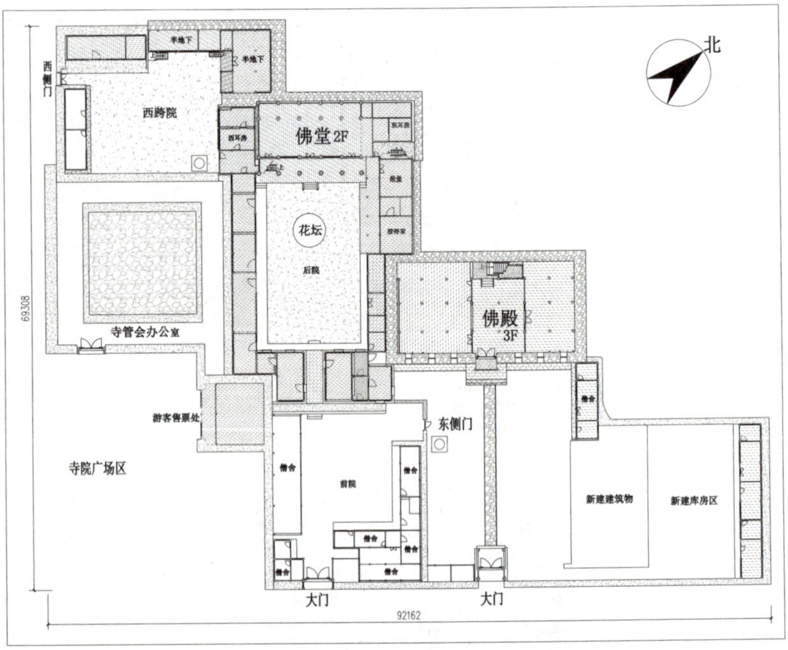

图 472　念智仓囊欠平面布局

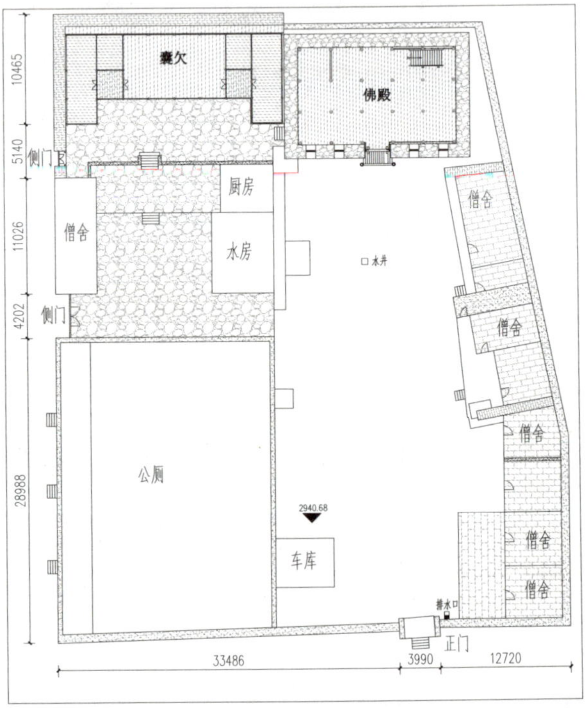

图 473　蒋干仓囊欠平面布局

一为独门独院式。就是一座佛殿，但仅供活佛自用，没有正式的殿名。或建于院落东侧，如念智仓囊欠属殿（图 472）、蒋干仓囊欠属殿（图 473），或建于院落西侧，如雍增仓囊欠属殿（图 474）。

另一为混院式。活佛寝室、佛堂、僧舍共处一院，或寝室与佛堂并列，这种布局形态的数量最多，总平面呈横长方形，西面为佛堂，东面为寝室，典型者如贡唐仓囊欠、德哇仓囊欠（图 475）、郭莽仓囊欠（图 476）、琅仓囊欠等；或佛堂与寝室各自独立，如雍增仓囊欠，除佛殿建于西院外，又在院内东北角处修建了一座佛堂，寝室建于东院东侧。念智仓囊欠除在东院修建一座独门独院佛殿外，又在中院修建了一座独门独院式佛堂，在该院东侧一排房屋中建有一间活佛寝室。

在宗教功能方面，上述两种佛堂与正式、有名称的佛殿大同小异。殿堂正门突出藏式传统风格，典型者如琅仓囊欠主殿，佛堂与寝室连为一体，西端为住宅楼，东端为佛殿，外墙面通体涂饰黄色（图 477）。佛殿南承重墙中央各自开正门，外挑门廊式，等级较高，结构与其他佛殿门廊一致，门洞外左、右各立一方形柱子，与从承重墙内挑出的方形木枋相交，共同承托上部挑檐构件及屋面。柱头彩绘蓝、绿色米字纹柱幔，施木雕雀替，额枋正面绘两段式汉藏结合式彩画，

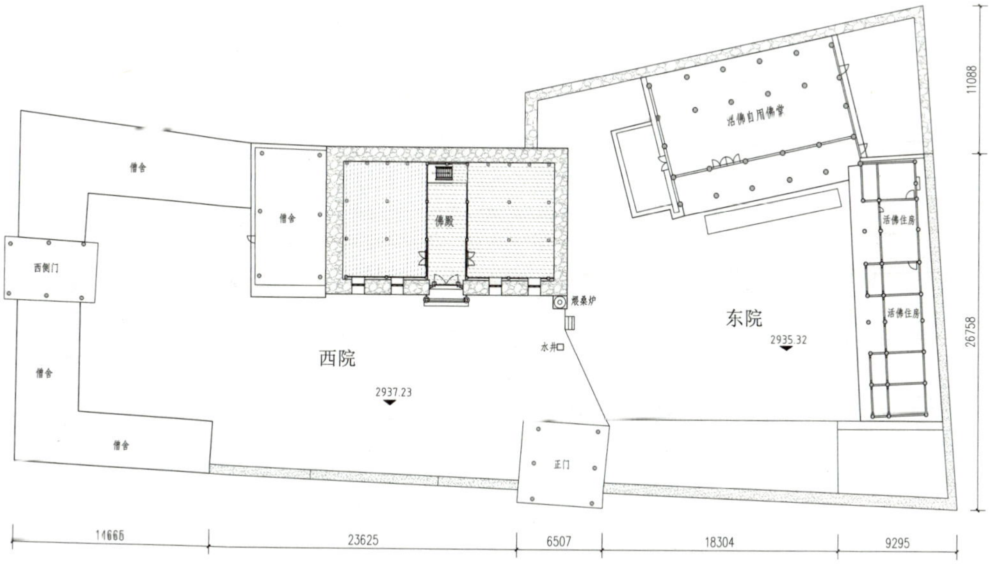

图 474　雍增仓囊欠建筑布局形态

图 475　德哇仓囊欠总平面

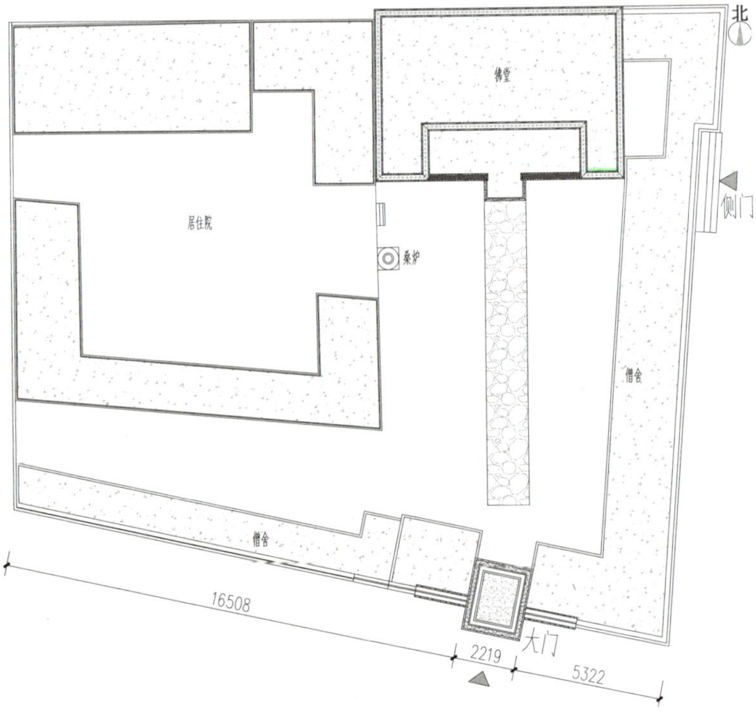

图 476　郭莽仓囊欠平面布局

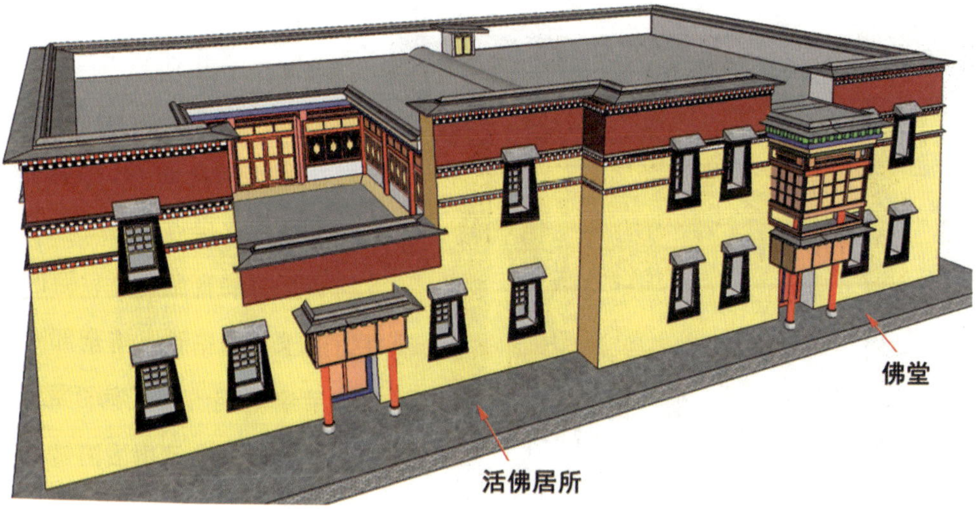

图 477　琅仓囊欠殿堂全貌

枋心绘绿地牡丹图，两端绘蓝地缠枝卷草纹，上置彩绘荷叶墩，其上再叠置四组花牙子装饰、垫板，绘汉藏结合式彩画。两道挑檐檩皆绘彩画，门框三套件式（兰扎枋、莲瓣枋、蜂窝枋），兰扎枋饰绿地蓝色飞龙图，莲瓣枋、蜂窝枋饰藏式固定图案，以蓝、绿色为主。上槛之上置两层堆经枋，枋头饰十字纹、绿地宝珠纹（图 478）。住宅楼内外空间形态与佛殿不同，平面近正方形，南承重墙上开正门（图 479），彩绘色调以藏式风格为主，单层门框绘蓝地绿色贴金二龙献宝图，装四抹隔扇门，门廊屋面顶部加一层边玛墙，以显示其尊贵地位。

图 478　琅仓囊欠属殿正门（2004 年）

一个特别例外的情况是，拉科仓活佛属拉卜楞寺活佛等级序

图 479　琅仓囊欠住宅楼正门（2004 年）

列第四级“相当于堪布”地位，其第一世曾担任寺院总法台，第二世学富五车，收入丰厚，曾任第九、第十世班禅大师及第五世嘉木样等人的经师，学问道德誉满青藏高原，但他一生追求苦修精神，将全部财富奉献给寺院，用于修建殿堂、弘扬佛教，自己生活清贫，居所非常简陋，有独立的院落，均为单层平顶房，与普通僧舍无异（图 480）。

那些低级活佛囊欠内，既没有独立式佛殿，也没有相对独立的佛堂，仅在一排僧舍中辟一间佛堂。更低级的活佛没有单独的囊欠，与其他僧徒合住一座僧舍院，活佛仅占一间或两间房屋，室内供佛龛，没有独立的佛堂。

图 480　拉科仓囊欠佛堂剖面结构

4. 普通僧舍门

拉卜楞寺普通僧人的数量最多，一般为多人合住一院，有些僧人家庭条件好，可买到独门独院式住宅。普通僧舍寝室门形制与本地区民居房门一样，装简单的双扇或单扇木板门，无油饰彩画。

5. 门的结构及装饰艺术

藏族谚语称“藏族木门人家”，准确表达了藏式传统木门文化特征。藏式建筑所有的门皆用木材制作，一座宗教殿堂的木门由许多构件组成，包括门框、门扇、门枕、门槛、门斗拱、门楣、门帘、门套、门头等(图 481)。

(1)门框

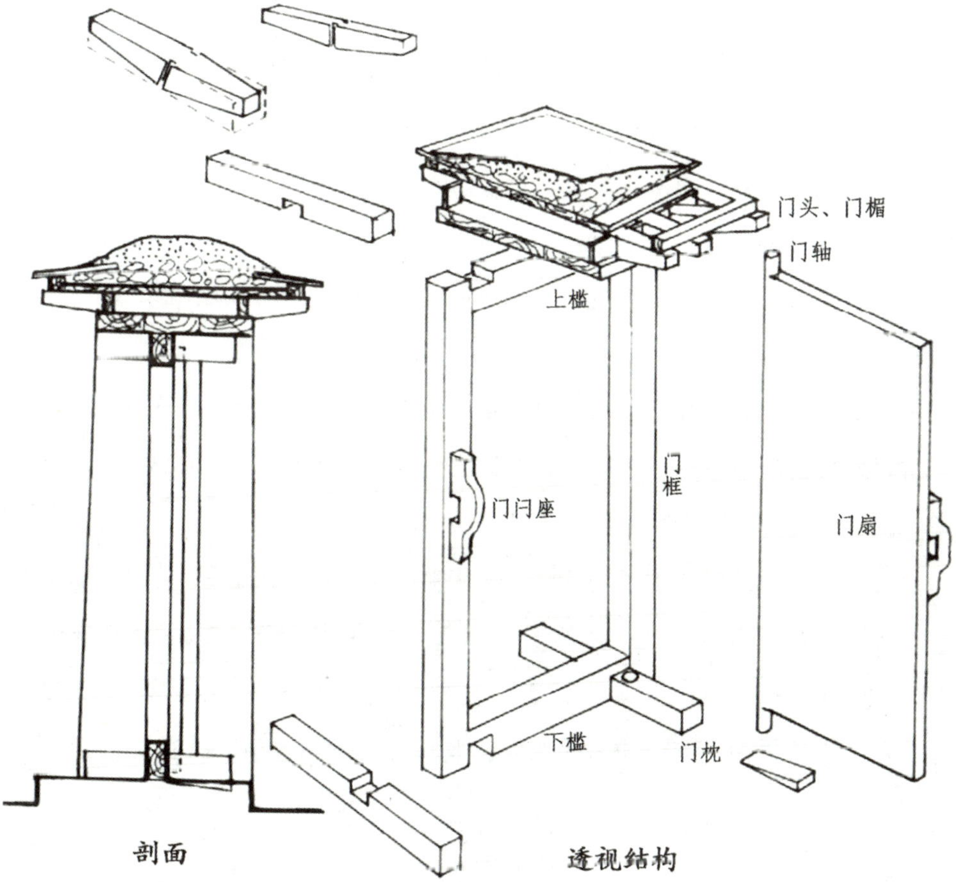

图 481　藏式单扇门结构图

也称“门脸”[①]，是门扇依靠的托架和载体，包括边框、上槛和下槛三部分。边框宽20~30厘米，厚10厘米。汉式传统大门多为单层门框，等级制度主要体现在门扇装饰方面。相比之下，藏式宗教建筑、活佛囊欠门框复杂多变，等级分明，高等级者由三套门框组成（兰扎枋、莲瓣枋、蜂窝枋），大量使用木雕、油饰彩画体现等级地位。内框（兰扎枋）是油饰彩画重点部位，图案以蓝地或绿地卷云纹、西番莲、兰扎文、宝珠纹等为主，有的还雕刻兽头、植物等，如医药学院经堂正门框雕绘草药图，非常珍贵。外框（莲瓣枋和蜂窝枋）与殿堂梁枋彩画样式相同，属拉卜楞寺木构件固定的彩画图案。下槛为一条木枋，高度不一，均素面无饰，有些表面包裹铜皮或铁皮，以防磨损。上槛一般为三套件式，油饰彩画同两侧边框。

（2）门扇

拉卜楞寺各建筑使用的门扇有三种样式：一为单扇木板门，主要用于殿堂侧门、过道门、楼梯间门等，很少有装饰；二为双扇木板门，主要用于宗教殿堂、活佛囊欠、僧舍院落门和单体建筑门上；三为多扇木板门，最多者达四扇，主要用于殿堂高层外挑门廊。

宗教殿堂的门扇装饰有严格的等级规定。等级最高者为闻思学院前殿楼及大经堂正门，中央设主门，两侧分别对称设3间木隔扇门（相当于侧门），但不开启，用于展示建筑的等级地位。其他各密宗学院经堂正门仅设一个门洞，装双扇门。重要佛殿的门扇与经堂正门相同，但有明显的等级特征，等级最高者为弥勒佛殿正门，门额上部饰木雕绿毛狮子及象头，其他佛殿无此装饰。门扇均用木板拼合而成，背面加两道或三道横木。6座学院经堂、重要佛殿正门门扇正面均饰红色，表面或压印各种花纹，或绘护法神像，中央对称镶“铺首衔环”装饰（图482），铺首（藏语称“责巴”）由兽头、兽面（狮子或塌鼻兽）组成。有的铺首雕饰金刚杵，用铁或铜打制成相向状双龙，龙身表面雕刻各种非常精细的花饰（图

① 徐宗威：《西藏传统建筑导则》，中国建筑工业出版社，2004年，第187页。

483、图484、图485、图486、图487），扣环（门环）横穿于兽口内，用于悬挂哈达或拉动门扇的绳子。门扇的四周还镶嵌铜质鎏金、藏银、铜皮、铁皮打制的饰带、看叶（包裹门扇边沿的金属片）等，表面錾刻、镂空雕刻各种花纹，以突出建筑等级地位，也具有增强门板横向联系的功能（图442）。门扇的上、中、下部还装三至五道用藏银打制或铜质鎏金的门箍，制作工艺考究，表面錾刻各种

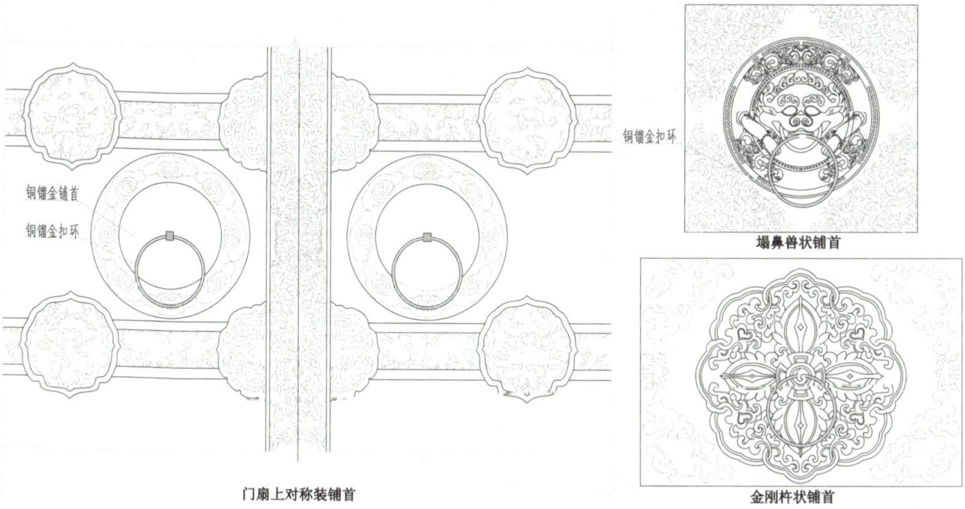

图482　拉卜楞寺常见的几种铺首图

图483　下续部学院后殿门铺首衔环

图484　喜金刚学院后殿护法殿门铺首衔环

图 485　医药学院经堂正门铺首衔环

图 486　下续部学院经堂正门铺首

图 487　时轮学院经堂正门铺首

吉祥纹，既可加固门板，又有装饰效果。如时轮学院经堂正门的两个六抹隔扇门均以金属饰带分隔为上、中、下三段，上部隔心和下部裙板内均绘镏金龙头（图 488）；又，上续部学院经堂正门上部隔心内嵌藏银打制的龙头，下部裙板内嵌

图 488　时轮学院经堂正门彩绘龙头

藏银、绿松石装点的十字金刚杵（图 489）。所有门扇的背面装木穿带，整体或饰土红色，或素面无饰。

各活佛住宅门扇装饰深受等级制度的约束，仅寺主嘉木样活佛院落大门、寝室正门可使用油饰彩画，大量使用汉式六抹隔扇门。其他各级活佛囊欠内的建筑，仅佛堂门窗可采用与佛殿等同的装饰；院落大门不得使用油饰彩画，但可使用繁缛、精细的木雕饰，门扇可装饰铜、铁质、镏金铺首（图 490）；寝室大门，仅四大赛赤级活佛（贡唐仓、德哇仓、萨木察仓、霍尔藏仓）可使用少量、简略的油饰彩画，其他人均不得绘彩画，保持原木本色或涂饰一种单色（土红色），部分门扇上涂饰日、月、盘长、雍仲（也称“万字纹”）、蝎子等吉祥或辟邪图案。

图 489　上续部学院经堂正门饰十字金刚杵

普通僧舍的院落大门、居室门扇均保持原木色，不得使用斗拱和彩

图 490　高级活佛囊欠院大门铺首

画。门扇上仅装铁质或铜质门扣。有些门洞（或门廊）两侧墙面上绘白象驮宝、狮虎护主、蒙人驭虎图等，有驱魔避害等方面的意义。

（3）门枕

位于下槛两端下方，系一木墩或石墩，用于固定门扇下轴。有两种安放形式：一种在门枕底部刻凹槽，门枕骑在下槛上；一种在下槛底部刻凹槽，下槛骑在门枕上。门枕的一半向室内一侧凸出，凸出部的上面开一圆形轴孔，承托门轴，另一半向外凸出。

（4）门楣

位于上槛之上、过梁以下，装饰繁简不一。高级宗教殿堂的门楣装饰非常华丽，大量使用木雕构件，层叠累置，并施彩绘，如六大学院经堂的正门门楣装饰非常统一，门楣上布置五尊或七尊木雕绿毛狮子，最两端各置一尊象头，过梁正面绘佛像、护法神像壁画。高级佛殿（如弥勒佛殿等）的门楣亦如此。其他高级活佛囊欠佛堂正门门楣也施堆经枋并彩绘。普通僧舍院门的门楣装饰简单，或设一神龛，供奉玛尼石或石雕佛像等；或悬挂风马旗，寓意辟邪，“这种具有原始崇拜心理的建筑装饰艺术，最初虽然不是为了美观，实际效果却造就了地方特色的建筑装饰形式”[①]。僧舍居室无门楣，仅开简单的门洞，装简易门框和门扇。

（六）窗子

在藏族传统文化中，建筑的正立面非常重要，也非常讲究，它就像人的脸面，窗子为眼睛，足证窗子的重要性。拉卜楞寺的窗子有藏式传统样式和汉藏结合式两种。

① 徐宗威：《西藏传统建筑导则》，中国建筑工业出版社，2004 年，第 399 页。

1. 藏式传统窗子

拉卜楞寺藏式传统窗子使用得最多。结构构造完全一致，窗洞很小，外两侧及下部边沿涂饰黑色窗套，上部挑出遮雨檐，悬挂五色或七色香布。藏式建筑墙面开很小的窗洞，主要原因是：首先，古代各部落、教派间经常发生冲突，小窗口有利于防御。其次，小窗口有利于防风和保温。再次，宗教殿堂围护墙均为片石砌筑，层高尺度小，门窗洞口均开在片石承重墙上，墙体非柔性材料，为保证建筑安全，洞口不宜过大。同时，藏传佛教密宗有特殊的修习方式，需要密闭、宁静的环境，小窗口可避免外界嘈杂环境的干扰。此外，在藏族传统文化及风俗中，小窗洞及黑色窗套有驱鬼避邪的用意。

拉卜楞寺宗教殿堂的外墙很厚、很高，一层处一般不开窗或开很小的窗洞，或在外墙上砌筑假窗轮廓，以协调、统一外墙面的色彩韵律。二层及以上外挑门廊两侧对称开窗（一般为三五个），两山墙上对称开窗。窗子主要用于通风、采光，数量根据建筑体量而定，数量最多的是闻思学院大经堂前殿，两侧每面各开9个。外墙面排列整齐的窗子可有效协调外墙色彩，产生特殊的韵律和形式美，烘托殿堂外轮廓的庄严与崇高（图491、图492、图493）。

藏式窗子的结构构造、外形完全一致，窗洞纵长方形，宽约0.9米，高约1.7米，上部置木过梁承托上部片石墙，下部设窗台，窗洞内装木窗框、窗扇，窗框为木条套接而成，木条断面5~10厘米（图494、图495、图496），窗框正面均饰蓝、绿、橘红等单色，窗扇正面也如此，背面均为原木色。窗洞上部外侧建挑檐遮雨篷，由外挑椽子及屋面组成，在洞口上方装一排（7至13根）

图491　闻思学院大经堂西侧窗子

图492　郭莽仓囊欠属殿墙面排列有序的窗子

图 493　外墙窗子形成的韵律感（弥勒佛殿，2018 年）

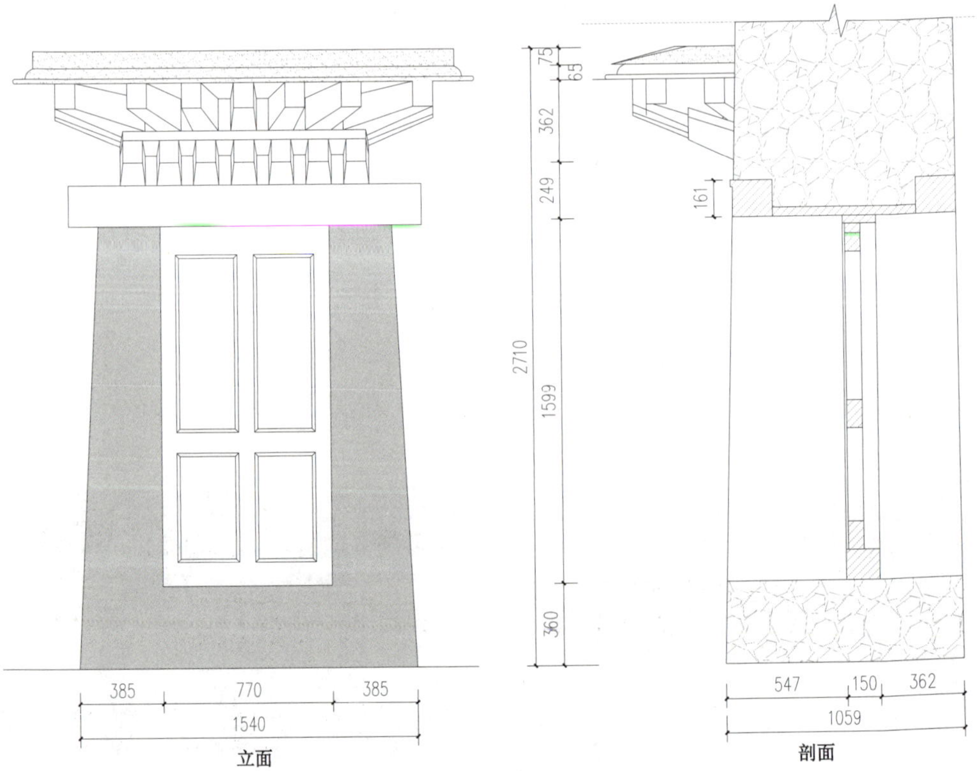

图 494　窗子结构（夏卜丹殿）

图 495　下续部学院后殿正面门窗（2004 年）

图 496　喜金刚学院后殿正面门窗（2013 年）

椽子，稍斜向外挑，椽子断面 13×12 厘米，尾端插入承重墙内，外挑长度 50~60 厘米，略与墙面垂直，椽子上铺望板，飞椽置于椽子前端之上，正面平出，两侧逐渐呈扇形摆放，转角处出 45° 斜椽，飞椽头向椽子头外挑出 10~15 厘米，上铺望板，其上再铺边玛草和片石，表面覆压砂石土或薄片石，有的敷抹草泥，找坡 3%，形成遮雨棚屋面（图 497、图 498、图 499、图 500）。转角处椽子、飞椽的外端自下而上砍削成楔形（称“拔梢”）。宗教殿堂、活佛囊欠佛堂窗子挑檐构件油饰彩画样式为固定搭配，若椽子饰蓝色，则飞椽饰绿色，反之亦然，椽子和飞椽头可绘花草、藏式吉祥图案。低级活佛、普通僧舍窗檐构件均不得用油饰彩画，保持原木色。

窗扇的类型多样。从结构上看，有双扇式、单扇式两类，以双扇式最多。从组合形态上看，可分为单层式、双层式（内外两套）两种，以双层式最为常见。双层窗扇的内侧装一扇木板制作的窗子，可开启，也可不开启，外侧再装

图 497　弥勒佛殿窗子挑檐结构（俯视图，2016 年）

图 498　寿安寺窗檐外挑结构（仰视）

图 499　弥勒佛殿新换的窗檐椽子布置图（2016 年）

图 500　马头明王殿窗檐外挑立面结构（2004 年）

一套单扇或双扇窗，可开启（图501）。从开启方式上看，窗扇分可移动式、固定式两种，可移动式窗扇装在窗框上部或中间，可摘取下来，以便室内采光通风，也称“支摘窗”；固定式窗扇犹如门扇，在窗扇一侧装木轴，转动开启。从开启方式上看，又分单向开启、双向开启两种，以单向平开为主[①]。出于安全防卫之需，内窗多为向内开式，向外开者很少。

图501 时轮学院南井院双层窗扇样式（2007年）

2. 汉藏结合式窗子

这种窗子主要装在室内分隔墙上。结构构造、雕饰彩绘充分融合了本地区多民族装饰文化元素。总体来看，其结构构造以汉式传统工艺为主，但装饰元素以藏式为主。

（1）宗教殿堂二层及以上礼佛阁窗户

宗教殿堂二层礼佛阁的正面通体装采光窗，多为四扇、六扇、八扇落地大窗，左右对称，门、窗不分，窗框内装各种木棂条拼接的窗扇，图案以“一码三箭”“灯笼锦”“龟背锦”“步步锦”等为主，饰单一蓝色或绿色。礼佛阁南、北天井院内各房屋（包括小佛殿、活佛修行室、储藏室等）的窗子均装在木柱间，有隔扇窗、隔扇墙、支摘窗、槛窗等，图案非常丰富，边框、棂条饰蓝、绿、橙红色等，余塞板内均绘壁画，题材有山水、博古、花鸟、“朗久旺丹”、金刚杵

① 徐宗威：《西藏传统建筑导则》，中国建筑工业出版社，2004年，第178页。

图 502　嘉木样寝宫会客厅一层前檐槛窗

等；门帘、窗帘多为白布，镶蓝色边框，中央镶佛八宝图。

（2）嘉木样寝宫各殿堂窗户

主要安装在前檐墙上。窗子的种类、样式很多，有隔扇墙、隔扇窗、槛窗、圆光窗等，窗扇、棂条均饰彩绘，棂条拼接的图案有龟背、灯笼、套方、万字、棋盘等，窗扇、余塞板上或雕或绘八仙、山水人物、花鸟鱼虫等（图 502、图 503）。还有一种特殊的圆光窗，就是在围护墙上开圆形窗洞，窗扇为木棂条拼接的棋盘和盘长纹（图 504）。

图 503　嘉木样寝宫会客厅二层前檐槛窗

图 504　嘉木样寝宫亲属居住楼圆光窗

（七）排水系统

拉卜楞寺的排水系统由三部分组成：单体建筑屋面排水、院落排水、整个寺院的排水。不同的屋面有不同的排水装置和设施。

1. 金顶屋面排水

金顶建于藏式平顶屋面上，体量小，屋面面积小，面积最大者为释迦牟尼佛殿金顶，故采用自然排水法，雨水落在平顶屋面上，在落水处摆放片石、板瓦组成的“滴水石”，以防止雨水击穿屋面砂石土层，雨水汇聚在边玛墙根排水口处，统一排出。弥勒佛殿、释迦牟尼佛殿金顶的屋面面积较大，瞬间聚集的雨水量也大，为防止雨水对平顶屋面砂石土的强力冲刷，在金顶四周勾头滴水下悬挂铁皮或木质落水槽（导流槽），屋面雨水首先汇聚于落水槽内，落水槽端部再架设竖向导流槽，与地面导流槽相接，雨水汇聚于平顶屋面排水口处。但铁皮或木质排水槽外观形象不佳，有碍观瞻，悬挂时使用大量铁钉，对金顶木构件造成损伤（图 505、图 506），弥勒佛殿在 2016 年完成大修后，仍保留了这种排水方式，只在铁皮槽表面刷黄漆，以与屋面镏金瓦色泽一致（图 507）。

图 505　金顶排水方式（释迦牟尼佛殿，2007 年）

图 506　金顶檐口下悬挂铁皮落水槽（弥勒佛殿，2007 年）

图 507　维修后铁皮落水槽涂刷防腐漆（弥勒佛殿，2018 年）

2. 双面坡屋面排水

主要是单檐硬山（悬山）顶式建筑，如嘉木样寝宫会客厅、院落西侧门、新建院落正门，以及寺院总护法殿大门和几座侧门等。这种建筑屋面落水位置一般按汉式传统建筑“上出”“下出”的比例关系设计建造，据《清式营造则例》的规定，无斗拱小式建筑，檐檩中至飞椽外皮（如无飞椽，则至老檐椽头外皮）的水平距离为出檐，称“上出”（也称“上出檐”“出水”），“上出”长度为檐柱高的3/10；小式房屋的台明高为柱高的1/5（或2倍柱径），台明的宽度（进深）即檐柱中线至最外边沿的距离，与屋面“上出”对应，称“下出”，但比“上出”的长度短，一般为“上出”的3/10或2倍檐柱径。“上出”与“下出”间的差距称“回水”，雨水落在回水位置，可躲开台明，且不会飞溅，保护了柱根和墙身。

3. 藏式平顶屋面排水

拉卜楞寺建筑以藏式平顶屋面为主，且以多层建筑居多，各层有大小不一的天井院、礼佛阁、露台等，均暴露在外，大面积接受雨水，故各层设置不同的排水装置和措施，从上向下逐层排放。

（1）顶层屋面排水

顶层屋面雨水，或通过悬挑的木排水槽直接排向院内，或通过导流槽引入院内或院外。藏式建筑在修建时，屋面、楼面（含露台）防水层和排水设施同时建成，在铺设屋面或楼面防水层时，即在围护墙内安装向外悬挑的排水槽。排水槽用一根圆木凿成，呈空心半圆柱形，直径20~25厘米，槽口宽15~20厘米，深约6厘米，外挑长度5米左右，可使落水尽可能远离墙根，避免损伤墙体（图508）。但木质排水槽长期受雨水浸泡，易糟朽断裂，今多弃置不用，许多殿堂屋面上保存有弃置的木排水槽（图509）。20世纪80年代以来，在维修各殿堂、活佛囊欠时，将许多木排水槽改为铁皮或白色PVC管，铁皮槽表面刷铁锈红油漆，并做了相应的防腐处理（图510、图511）。

排水槽的铺设方法如下：铺顶层屋面防水层时，需预先找好屋面的散水坡度（一般为2%~3%），在屋面后部、左、右三面边玛墙根处留出汇水沟（宽30

图 508 早期木制排水槽（医药学院，2004 年）

图 509 早期的木质排水槽

厘米，深 5~10 厘米），正面不设汇水沟，以避免落水在庭院内飞溅。在每条汇水沟内按一定间距砌筑排水口，一般为三四个（图 512、图 513），犀面面积大者，可多设（图 514、图 515、图 516）。有些建筑的庭院空间小，排水槽无法挑出很远，则顺墙面装铁皮导流槽，雨水从导流槽内直接流向地面，如图丹颇章殿等。其次，排水口底部预埋排水槽（管），排水槽（管）穿过片石边玛墙根部并向

图 511 铁皮引水槽铺设措施（念智仓囊欠，2018 年）

图 510 当代改换的铁皮排水槽（医药学院，2013 年）

外悬挑 4~5 米，与边玛墙形成锐角切口，雨水从屋面直接排向院内或承重墙外（图 517）。由于片石边玛墙的自重巨大，排水槽（管）尾部一端压在墙体下，外挑端不会出现起翘现象。

图 512　平顶屋面汇水沟、排水口位置（喜金刚学院，2013 年）

图 513　平顶屋面排水口样式（时轮学院，2013 年）

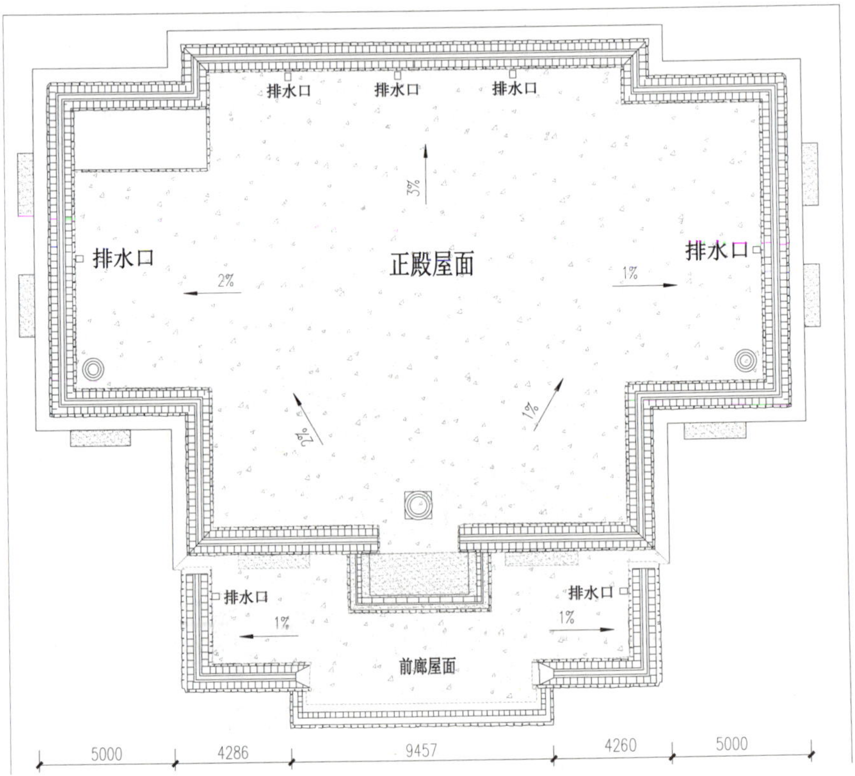

图 514　寿安寺屋面排水系统

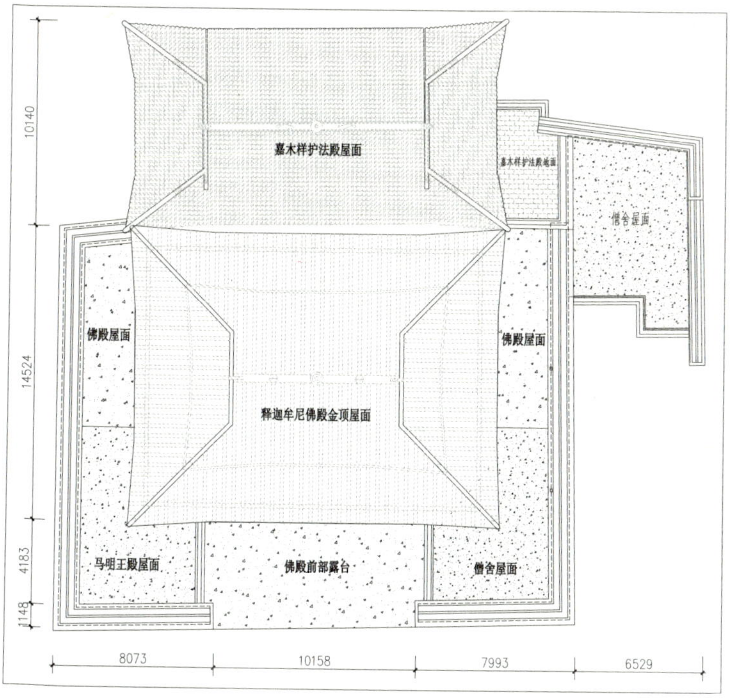

图 515　释迦牟尼佛殿金顶、平顶屋面排水系统

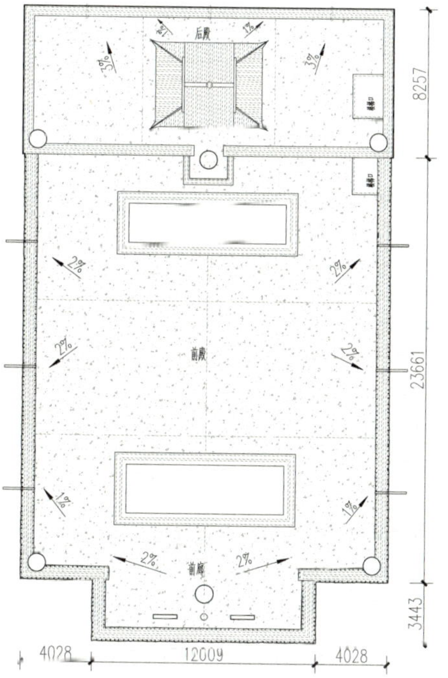

图 516　喜金刚学院经堂屋面排水系统

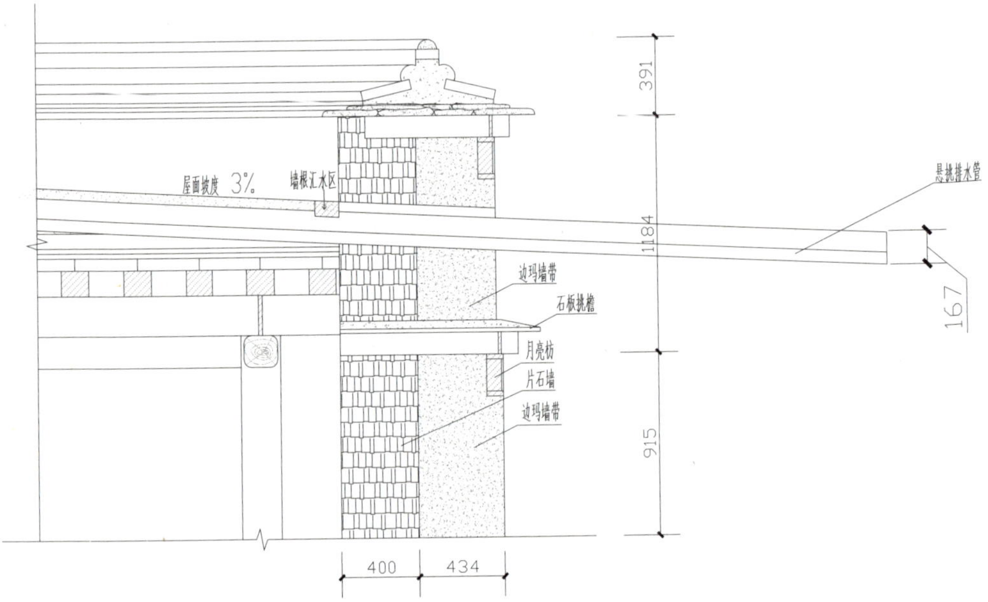

图 517 各宗教殿堂平顶屋面排水管铺设方法

（2）天井院、露台排水

学院经堂、佛殿、活佛囊欠二层及其以上多有天井院和露台，是雨水大面积汇聚区，排水方式各不相同。

1）礼佛阁屋面排水

拉卜楞寺 6 座学院经堂前殿顶部中央都凸起一座礼佛阁，有独立的平顶屋面，砂石土碾压而成，屋面排水方式有两种：一、屋面四周边沿设排水口，雨水直接排入下部天井院内（即前殿第二层地面），再通过明渠或暗道引导，排向院内或院外；二、在屋面四周边沿排水口内放置木排水槽或 PVC 管，将雨水引向周围露台处，再引向院外，如下续部学院（图 518）。

2）天井院排水

拉卜楞寺各学院经堂第二层南北两侧各有一个天井院，部分佛殿仅有一个天井院或一处露台。早期，天井院地面多为砂石土、片石铺设，近年多改用红砖或青砖铺设。排水方式多样，一般均在礼佛阁屋面落水处设木槽、片石，以防雨水击穿楼面，或用水泥砂浆砌成小渠，或在地面上砌筑一道明渠，或埋设排水管（图 519），

图 518 礼佛阁屋面排水方式（下续部学院，2007 年）

这些管、渠最终与承重墙根部排水口接通，排水口外悬挑木质（或铁皮）排水槽。2004 年以来，许多学院经堂在维过程中，在二层天井院上部加建了铝合金玻璃防雨棚，如上续部学院、喜金刚学院等（图 520、图 521），这样，减少了天井院内的雨水汇聚量，防雨棚上的雨水流向周边平顶屋面汇

图 519 天井院内的排水明渠（上续部学院，2007 年）

图 520　天井院顶部防雨棚（喜金刚学院，2013 年）

图 521　天井院顶部防雨棚内结构（上续部学院，2013 年）

水沟内，通过分层引导，最后排向院外。

3）露台排水

有些殿堂的二层或三层前部设一较大的露台（月台），如白伞盖佛殿、白度母佛殿、文殊菩萨殿、释迦牟尼佛殿金顶一层等。下续部学院经堂后殿第三层南门廊外也形成一个小露台。这些部位都是雨水汇聚区。露台本身属本层楼面的一部分，结构构造与本层屋面完全一样。上一层及本层四周房屋屋面雨水或直接排向院外，或集中汇聚于露台处，通过引导渠流向本层排水口处，再引向院内或院外。

从外观看，拉卜楞寺所有的藏式建筑（包括宗教殿堂和普通僧舍）的外墙面（除正面外）均有悬挑的排水管，从一两根到四五根不等。每当大雨倾盆时，这些排水管口雨水飞泄，形成一道亮丽的风景线。排水管的外挑长度与墙面高度有一定的比例关系，就一座殿堂而言，四周墙面悬挑出一排排水管，它既是一种功能构件，又与墙体组合成独特的视觉造型，对建筑外墙面具有美化作用。

4. 寺院排水系统

拉卜楞寺北高南低，东西向街道呈西高东低状分布形态，形成良好的自然排

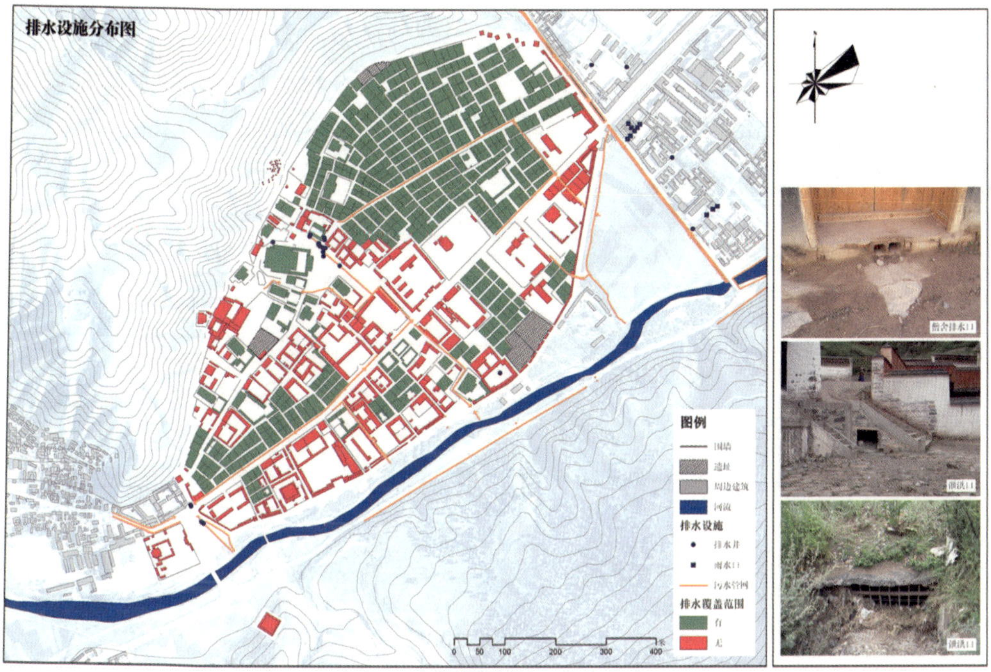

图 522　拉卜楞寺排水设施分布情况

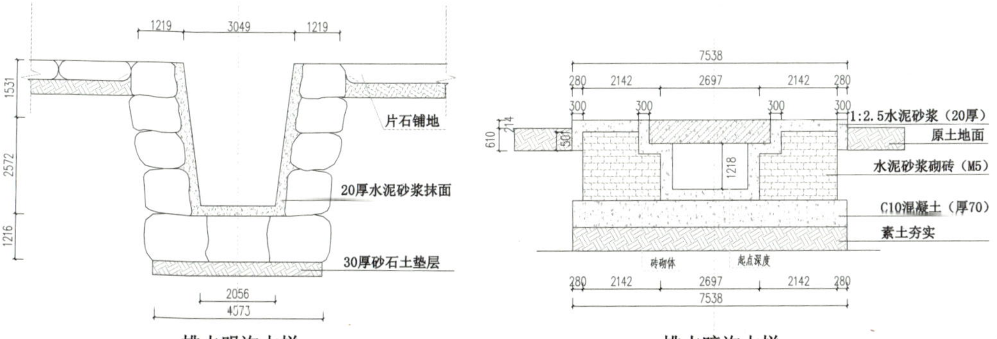

图 523　排水明渠、暗沟结构

水坡度。街道两侧、各院落、单体建筑外均设有排水明沟，通过自然排放形式，大量雨水流入大夏河（图 522[①]）。早期，寺院内排水明沟都是人工开挖的砂石土沟渠，纵横交错，20 世纪 90 年代以来，对部分沟渠用块石、片石铺砌，槽口上

①《甘肃省拉卜楞寺文物保护总体规划》“排水设施分布图”，甘肃省人民政府 2009 年公布。

铺石板（图 523）。全寺的雨水、污水未经处理，直接排放，分别汇于主街两侧排水沟内，再流向大夏河。2013 年，寺院实施整体环境整治、基础设施提升改造工程，多数排水沟渠得以重建，有些用片石砌筑，有些用人造花岗岩及水泥砂浆砌筑，实现了雨、污分流，寺院环境大为改善。

下　篇

拉卜楞寺建筑装饰文化与艺术

装饰文化与艺术风格是民族传统建筑文化的重要表现形式，在突出建筑性格、强化建筑功能方面具有不可替代的作用。“建筑装饰并不作为独立的艺术形式出现，表现为从属于建筑艺术而存在，具有多样统一、对比谐调、平衡对称、条理反复等特点，特别强调形式美。建筑装饰一般不受建筑结构和功能的限制，但装饰内容与建筑功能必须吻合”[①]。梁思成先生认为，中国古代建筑装饰是一种社会伦理、社会文化、观念形态。[②]

藏传佛教寺院建筑装饰内容丰富、色彩鲜艳，独具民族特色，通过实物、图形追求艺术与信仰的统一，创造了独具韵味的宗教建筑艺术，“是人学、物学、神学三位一体的综合反映。物学是对造物技能的把握，而神学则是物质的需求与凝聚在物质中的信仰，是人类尊严、价值、观念、人文的把握。它意味着物与人、人与自然、人与社会诸多方面的联系，是高原民族在长期历史发展中形成的社会人文群体意识的体现，反映在藏民族的一切社会行为和生活的方方面面”[③]。藏式传统装饰艺术特别突出宗教特质，“凡是能使佛法普及四方、深入人心，凡是百姓审美习惯、审美情趣、审美欣赏中喜欢的所有艺术形式，藏传佛教都拿来为弘法服务，变为佛的传播工具”[④]。

拉卜楞寺建筑装饰艺术分室内和室外两部分。各类装饰艺术品与殿堂建筑空间充分融合，是寺院建筑文化的重要组成部分。室内除供奉大量造像、供器外，

① 曾坚、蔡良娃：《建筑美学》，中国建筑工业出版社，2009年，第66页。
② 梁思成：《梁思成全集》（第六卷），中国建筑工业出版社，2001年，第51页。
③ 阿旺格桑：《藏族装饰图案艺术·前言》，江西美术出版社、西藏人民出版社，1999年。
④ 尕藏才旦：《藏传佛教文化概览》，甘肃民族出版社，2002年，第131页。

还运用各种画作（壁画、唐卡、油饰彩画）、刺绣布织品（柱套、幢幡帷幔、佛衣等）、木构装饰品（佛座、法座、佛龛、经书柜等）装扮空间，以充分体现佛陀“身、语、意”之所在，以非常直观的形式展示佛教教义。室外装饰大量使用各种镏金饰物（镏金瓦、“二兽听法”、法幢、宝瓶、“朗久旺丹”等）、各种材质和色彩的幢幡、墙面、边玛墙带、门窗饰件等，色彩浓艳。

第九章 造像与壁画

拉卜楞寺宗教殿堂、活佛囊欠内部供置大量佛菩萨造像和唐卡画，琳琅满目。

藏传佛教造像来源复杂，以古印度造像为基础，大量吸收藏族苯教及汉族传统造像方式。藏传佛教在其传播发展过程中，形成了数量庞大的佛菩萨队伍，造像、绘画题材不断丰富。据清宫廷档案《内务府造办处各作成做活计清档》[①]记载，清乾隆年间造办处按照藏密“六品”的分类，为皇宫内苑佛堂铸造了数以千计的佛像，而且种类、名称无重复者，常见的佛像就有 300 至 500 种[②]。乾隆时期曾组织编纂过《三百佛像集》《五百佛像考》等，对藏传佛教佛菩萨诸像专门分类入谱。

拉卜楞寺各宗教殿堂皆有主供佛像、佛塔等。其中显宗殿堂主要供奉大量显宗造像，密宗殿堂主要供奉本尊佛，位于后部中央，两侧及周边设佛龛，前方设宽大的供桌，供置长明酥油灯、净水碗、曼扎、花瓶等。

一、造像

拉卜楞寺各宗教殿堂佛菩萨造像来源复杂，大小不一，材料各异，题材和名称众多。据 20 世纪 90 年代不完全统计，当时全寺保存的诸佛菩萨像中，与正常人身等高或低于人身者有 2.9 万尊，高于正常人身者 220 尊，最高者十余米，最

① 《内务府造办处各作成做活计清档》是清代内务府造办处承办宫中各项活计的档册，其中包括了内务府为承办活计而书写的往来簿册及工作人员值班、值宿档等。今中国第一历史档案馆保存有雍正元年至宣统三年的档册 1500 余卷（册）。

② 吴兆清：《清内务府活计档》，《文物》，1991 年第 3 期，第 89 页。

小者仅几厘米①。如此海量的造像，若不与佛像图谱对照，很难区分开来。根据藏传佛教教义规定，任何一尊佛菩萨尊像，在制作过程中都必须在体内装藏。

（一）造像题材及组合方式

拉卜楞寺造像题材及组合方式非常丰富，主要有单像和群像两类。单像题材主要包括佛教尊神、祖师及藏传佛教历史上形成的诸派高僧大德等；群像题材主要有佛祖及其徒弟、胁侍菩萨，十六罗汉，三十五忏悔佛，二十一度母，千佛等，还有藏传佛教发展史上的著名佛学大师及其门徒等。

1. 佛教尊像

主要有佛祖释迦牟尼、各种观音、文殊菩萨、八大菩萨、马头明王、白伞盖、白度母、绿度母、十六罗汉（十六尊者）、三十五忏悔佛、二十一度母、千佛像等，显、密宗殿堂皆有。一些非常重要的佛菩萨尊像还有单独的供养殿堂，如释迦牟尼佛、弥勒佛、文殊菩萨、白伞盖佛、白度母佛、马头明王、千手千眼观音菩萨等。壁画、唐卡也大量绘制佛菩萨尊像。

2. 祖师像

祭供祖师是人类宗教文化的普遍现象。藏传佛教祖师来源大体有三种：一是外来的，主要来自古印度等地，如莲花生、阿底峡等；二是西藏本地的，各派祖师多为西藏本地人士；三是佛经及相关教义中认定的祖师，多被某教派供奉。塑像、壁画、唐卡皆有表现。

（1）各派共同尊奉的祖师

最常见的有：龙树、提婆、无著、世亲、莲花生、阿底峡、玛尔巴、米拉日巴、仲敦巴、萨班·贡噶坚赞、八思巴、噶玛拔希、唐东杰布等。

藏传佛教各派祖师造像皆根据其生前相貌、生活习惯、教派特点等塑造，特征显著，最典型者如印度“二胜六庄严”“八十四大成就者”，均着袒右肩袈裟，

① 丹曲：《拉卜楞寺的雕塑艺术品》，《西北民族学院学报》（哲学社会科学版），1994 年第 1 期，第 77 页。

在闻思学院大经堂内均有他们的塑像和壁画。一般而言，显宗的祖师均头戴尖顶班智达帽，密宗的祖师皆盘发或披发（如米拉日巴佛），出家的祖师像皆穿具有本教派标志特征的袈裟，戴相应的帽子，很少有饰物，如宁玛派祖师戴红色莲花帽，盘发或披发；噶当派祖师头戴印度式班智达帽或披发；萨迦派祖师戴俄尔帽或圆顶有耳帽；噶举派祖师的头饰非常复杂，元朝宪宗皇帝曾赐赠噶玛噶举派创始人噶玛拔希一顶金边黑帽，此帽成为该派的重要标志。

（2）格鲁派祖师像

格鲁派尊奉的祖师有两种：一是格鲁派共同尊奉的祖师，多数有传承世系，来源较广，著名的世系有达赖世系、班禅世系、宗喀巴世系等。宗喀巴（1357—1419 年）是格鲁派创始人，被尊奉为文殊菩萨的化身，藏传佛教各派寺院皆供奉，头戴黄色桃形尖顶帽，身着藏式袈裟，结跏趺坐，双手作转法轮印，两手各持一支乌巴拉花，花朵开在左右两肩上，左肩花上有一经卷，右肩花上有一竖立的金刚宝剑。拉卜楞寺有两座专供宗喀巴佛像的佛殿，一为宗喀巴佛殿，主供宗喀巴铜质镏金像，民国时期铸造，通高 6.2 米（含佛座）；一为寿安寺，主供宗喀巴佛像（也称“狮子吼佛”），1809 年铸造，藏语称“桑格俄若”，因格鲁派以宗喀巴为狮子吼佛的化身，故名。总体而言，格鲁派出家祖师像均戴黄色桃形尖顶帽，居家祖师像一般盘发或披发，挂璎珞，戴耳环，佩钏镯。

此外，多数格鲁派寺院供奉本寺寺主、其他高级活佛造像及壁画，如拉卜楞寺寺主第一至五世嘉木样的尊像被供奉在闻思学院大经堂内，其他各殿堂也供奉各种材质的历世嘉木样造像和壁画。其他著名活佛如“四大赛赤”“八大堪布”等，因在寺院创建、弘法、佛学研究等领域做出突出成就，备受信众尊崇信仰，成为信众顶礼膜拜的偶像，圆寂之后，寺院或为其铸造灵塔，或塑制尊像，或绘壁画、唐卡等，分别供奉在不同的学院、佛殿内。

（3）具有重大贡献的世俗人物

藏传佛教各派的发展与兴盛，多离不开当地世俗封建主、土司、土官等人在政治、经济等方面的积极支持，这些世俗人物为某教派、某寺院的发展做出过殊胜贡献，如松赞干布、文成公主等，故他们也成为各寺院供奉造像、绘制壁画的重大题材。拉卜楞寺在和硕特蒙古黄河南前首旗历代亲王（共传十世）及其家族的支持下迅速发展起来，历代亲王成为根本施主，他们去世后，寺院多为其制作灵塔和塑像。

拉卜楞寺保存的各类造像来源广泛，数量甚巨，迄今没有确切的数字。

（二）造像工艺

拉卜楞寺造像数量庞大，材质、工艺各不相同。

1. 金属造像

金属造像材质名贵，装饰华丽，遍身珠光宝气，制作工艺复杂，体形大小不一，常见者有铁铸、铜铸、铜质镏金及纯金、纯银打造，其中铜质镏金造像最多，约占70%[①]，部分为本地区工匠铸造，大部分来自我国西藏或中原地区，有些来自印度、尼泊尔等国，有些是本寺与其他寺院高僧来往的赠品或捐供品，有些是在外地铸成后运来，因此难以统计。

金属造像的传统铸造方法主要有失蜡法、敲花法（也称“锤揲法”）、模具法等。

拉卜楞寺最大的铜质镏金佛像为寿安寺主供宗喀巴佛像，高9米，宽4.43米，有大型木质背光，背光正面遍饰名贵宝石和形形色色的铜镏金饰件，前部供桌上供置许多其他名贵小造像。宗喀巴佛像体内装藏非常丰富，有如来佛的舍利、宗喀巴生前的头发、三世达赖喇嘛供奉过的宗喀巴佛像，另有印度、中国西藏等地藏传佛教大成就者的头发、舍利和法衣等[②]。

弥勒佛殿主供像为铜质镏金弥勒佛像，系二世嘉木样1791年聘请尼泊尔工匠铸造。在佛殿后部两根通柱间装置大型木雕彩绘供桌，其上供各种大小不一、

① 丹曲：《拉卜楞寺的雕塑艺术品》，《西北民族学院学报》（哲学社会科学版），1994年第1期，第77页。

② 丹曲：《拉卜楞寺的雕塑艺术品》，《西北民族学院学报》（哲学社会科学版），1994年第1期，第77页。

材质不同的佛像、宗教供器、供品等，供桌后部依靠后墙置木雕须弥座、佛像背光。须弥座上供奉的这尊铜镏金弥勒佛像，结跏趺坐，身后立大型木雕背光。佛座前部的东、西两侧又各有一青砖砌筑的供台，供奉铜质镏金八大菩萨像，用材名贵，铸造工艺精良，是甘青地区诸多藏传佛教寺院造像的精品。殿内东、西两侧墙面还装置各种木质佛龛、经书柜等，佛龛内供奉大量佛像及佛经等[①]。

文殊菩萨殿主供铜质镏金文殊菩萨像，此造像也称“红黄文殊菩萨”，高7.3米，宽3.3米，系本寺四世大阿莽仓活佛根据五世嘉木样的授意，1928年在张家口铸造后运来。

其他较大的金属造像有：医药学院后殿内供一尊铜质镏金不动金刚坐像[②]，佛像背光较小，周身遍饰名贵珠宝及镏金饰件；白度母佛殿主供铜质镏金白度母佛像；时轮学院前殿内供奉一尊铜质镏金金刚手观音像，等等。

2. 木雕像

拉卜楞寺各宗教殿堂内供奉不少木雕佛教艺术品，主要包括佛菩萨像、宗教法器用具、坛城模型、经书木刻版等。据寺院文管会1985年底统计，除各活佛囊欠、僧舍外，其他殿堂保存各类木雕佛像、宗教艺术品等总计79件[③]。

3. 泥塑像

泥塑像是拉卜楞佛教造像的重要组成部分，数量较多。此类造像制作简便，经济实惠，数量众多。根据制作工艺，泥塑像分塑制和模制两类。

（1）塑像

藏传佛教造像多按《造像度量经》的相关标准和要求塑造，泥塑像使用的主要材料为灰泥，手工塑制，属立体造像。根据材料成分不同，大体分为三种：一

① 丹曲：《拉卜楞寺的雕塑艺术品》，《西北民族学院学报》（哲学社会科学版），1994年第1期，第77页。

② 丹曲：《拉卜楞寺的雕塑艺术品》，《西北民族学院学报》（哲学社会科学版），1994年第1期，第77—78页。

③ 丹曲：《拉卜楞寺的雕塑艺术品》，《西北民族学院学报》（哲学社会科学版），1994年第1期，第79页。

是药泥塑像（藏语称“曼丹木勒智贝”），在泥土中掺入各种名贵药材及金、银、珠宝碾成的粉料；二是用普通泥巴塑制（藏语称“丹木勒智贝”）；三是泥塑像外表镏金。实际上，前面的两种塑像表面均可镏金。拉卜楞寺泥塑像中，大部分是泥塑镏金像。泥塑镏金佛像以宗喀巴佛殿供宗喀巴佛像、千手千眼观音菩萨殿供千手千眼观音菩萨像等最具代表性。

宗喀巴佛殿现存佛像由本寺二世拉科仓活佛在民国时期捐资塑造，是泥塑镏金像，高 6.2 米，宽 4.4 米，结跏趺坐于莲座上，头戴黄色尖帽，两手合于胸前，造型威严，线条清晰[①]。

医药学院经堂供奉有许多泥塑、泥塑镏金像，题材有佛祖释迦牟尼佛、藏传佛教高僧大德等，典型者有：仲敦巴泥塑镏金像、贡唐仓·丹贝仲美泥塑像（高 13 厘米）、著名藏医学家宇妥·云丹贡布泥塑镏金像（高 37 厘米），等等。

（2）泥塑模制

模制法是快速塑制佛像的工艺，将灰泥填入金属模具或范具内，可翻刻佛像、佛塔、其他宗教供品等，既可做成立体式，也可做成平面浮雕式。用此法制作的宗教供品（包括佛像），可在任何宗教场所摆放和供置，如寺院周围路旁、煨桑台、插箭处、佛塔旁等，也大量用于佛像、佛塔体内装藏。制作材质有铜、铁、木、石等，最常见者为铜质，平面浮雕式者，以范具翻刻而成，但仅有佛像的正面；立体式者，系用两块或多块铸范组合、翻刻而成。模制佛像中，最常见的有瞻巴拉柔俄、观音菩萨、白伞盖佛、长寿三尊、宗喀巴师徒三尊、各种度母及马头明王等[②]。

二、壁画

藏传佛教教义中，壁画是体现佛陀“身之所依”的重要艺术表现形式之一，

---

① 丹曲：《拉卜楞寺的雕塑艺术品》，《西北民族学院学报》（哲学社会科学版），1994 年第 1 期，第 79 页。

② 丹曲：《拉卜楞寺的雕塑艺术品》，《西北民族学院学报》（哲学社会科学版），1994 年第 1 期，第 80 页。

其功能、题材与造像大同小异，也是宗教殿堂室内装饰的重要组成部分。画幅可大可小，既有占一整面墙的宏幅巨作，也有不足一尺的小品。

（一）壁画题材及内容

藏传佛教寺院壁画题材以表现佛教义理为主，也有少量表现世俗内容者。密宗和显宗殿堂壁画内容完全不同。一般而言，显宗殿堂前廊墙面皆绘四大天王，殿门入口两侧绘护法神像等，殿内后部佛像上部高处常绘七佛图、说法图等，佛像两侧绘佛本生故事、一佛二菩萨组合、供养菩萨等，也单独绘说法图；佛像较低处绘高僧大德讲经说法图、参禅静坐、千佛等；室内两侧墙面多绘观音、弥勒、文殊等八菩萨或大型说法图、佛本生故事等。密宗殿堂因教派、殿堂功能不同，壁画内容各不相同，一般在殿堂正门左右两侧绘护法神，包括红色的愤怒马头明王、蓝色的怖畏金刚等；殿内主尊佛像后部墙面绘三位护法神；室内其他墙面根据需要分别绘制各种护法神像，每一尊护法神有特殊的内涵和意义，他们相互独立，其间点缀菩提树、缠枝花草等。

拉卜楞寺各宗教殿堂（学院经堂、佛殿、活佛囊欠佛堂）壁画数量非常多，题材较广，内容大同小异，重复者很多，某些题材在各殿堂内皆有。大体分为三类：第一类，寺院供养画，显、密均有，幅面较大，墙面没有壁画之处则悬挂唐卡。殿堂前廊是绘壁画的最重要部位，题材基本固定，以护法神四大天王，一尊或多尊佛、菩萨像，佛教故事画，经变画，曼陀罗画等为主，其中四大天王是每座殿堂必有的作品。第二类，属供养与装饰结合形式的壁画，画幅大小不一，题材各异，常见者有佛、菩萨、天龙鬼神、佛传故事、佛本生故事、教派师祖成佛因缘、护法神、历代寺主嘉木样与其他高僧等。第三类，供广大信众欣赏的画作，内容、题材广泛，画风自由，主要用于墙面补白、装饰，也可借此宣讲佛教教义，主要有藏医图谱、花卉动物、装饰图案、山水风景、名胜古迹、文房四宝、博古图、藏式传统吉祥纹等。

1. 佛菩萨尊像画

（1）显、密殿堂共有的尊像画

拉卜楞寺以显密双修体制为根本，故各殿堂壁画突出显、密宗特征，以藏传佛教诸佛菩萨、高僧大德、著名政教人物等为主。

护法神像最常见者为四大天王等。此外，密宗殿堂还在正门上方绘独特的护法神像，一般为五尊或七尊并列。独立式护法殿或殿堂内护法殿正门或门外布帘上多绘两尊密宗护法神像。

（2）密宗壁画

藏传佛教密宗供奉的佛菩萨、护法神体系非常庞大，每位都有较复杂来历及相应的宗教寓意，一般难以辨认。拉卜楞寺5座密宗学院殿堂内遍绘密宗佛菩萨、护法神图，又在佛座、供桌、佛龛内大量供奉这些佛菩萨、护法神像，题材大同小异，壁画、造像交织，营造非常神秘、神圣的氛围。密宗佛菩萨、护法神像有单身、双身两种形态，多为双身像，面容凶恶，有坐、立、飞、舞、合抱等姿势，色彩浓郁，有强烈的立体感。

2. 宗教故事画

这是以图画解说佛教历史故事的作品，集装饰、宣讲教义为一体，题材多样。

（1）佛本生故事画

画面主要描绘释迦牟尼未成佛之前修行、转世过程中的各种善行，多根据《佛本生经》绘制，故事情节包括“舍身饲虎”“割肉救鸽”“割肉奉亲”等。

（2）佛传故事画

画面主要描绘佛祖释迦牟尼现世修行成佛的事迹，场面宏大，情节众多，主要包括“乘象入胎”“花园降生”“夜半逾城”“佛祖涅槃”“分取舍利”等。

（3）经变画

多数依据佛经绘制，以表现、解释佛经思想和内容。经变画与单体尊像、本生画、因缘画、佛传故事画有别，经变画表现的题材、内容首尾完整，分层分段布局，最常见的是描绘佛国世界、理想王国的情景，如“极乐净土变”“药师净土变”“六道轮回图”“四大部洲图”等。拉卜楞寺各宗教殿堂均有此类壁画。

（4）特殊的“生死流转图”

“生死流转图”（图524）是拉卜楞寺各宗教殿堂前廊壁画最常见的题材（红教寺的此图绘置于殿堂之内）。主要内容是解释佛祖教法“四谛”“六道”之根本。画法、构图情景大同小异。

图524 “生死流转图”画面布局

（5）说法图

大量绘制于显宗、密宗殿堂前廊及室内墙面，题材多样，有佛祖说法、弥勒说法、菩萨说法、高僧大德说法等，多为鸿篇巨制。

（6）历史故事画

这类壁画题材数量较多，有历史人物、事件和场景，画幅可大可小，相互穿插，布局灵活。所见最多的题材有：

1）宗喀巴历史故事画

下续部学院、医药学院经堂内各有一幅“宗喀巴下凡图”，藏语称“嘎丹拉嘉玛”，表现了宗喀巴圆寂、进入佛界的情景，画面充分渲染天堂、人间、琼阁、彩虹、草原、河流等极乐世界情景，天国诸佛菩萨、供养天女行走在五彩桥上，手持宝伞、胜幢、法螺、香火等，是拉卜楞寺壁画艺术珍品。图丹颇章殿二层室内藻井上也绘有“宗喀巴生平事迹”系列连环画。

2)表现藏族传统科技文化、风俗的壁画

最典型者如医药学院廊院内墙面上绘《四部医典》之“喻树图”18幅，画面描绘各种树木、植物的根、花、叶等，以此阐释藏医学理论，每幅图都附有藏文释文。经堂内墙面上还绘有藏族医圣宇妥·云丹贡布及其第13代孙宇妥萨玛·云丹贡布行医活动的壁画，场面非常宏大。

医药学院、时轮学院经堂前廊内均绘一幅“宇宙构成图”或“三界空间图”(图7、图8)，完整地表现了藏传佛教时轮宇宙观及其视野中的宇宙、星系构成形态。

表现藏族传统风俗文化的题材有“猴子变人”“文成公主进藏”等。藏族起源有猴子变人之说，画面多表现猕猴、罗刹魔女等形象。文成公主与松赞干布姻亲的故事备受中华民族的喜爱，也是藏传佛教寺院壁画永恒的题材之一。

3)宗教圣迹画

宗教圣迹是藏传佛教寺院壁画的重要内容之一，主要表现须弥山、历史上最著名的寺院如大昭寺、布达拉宫、桑耶寺、扎什伦布寺、萨迦寺的全景或局部等。

3. 汉族传统山水、历史故事画

这类题材壁画主要绘制在活佛住宅建筑中，是汉、藏传统绘画艺术交流与融合的表现。典型者有嘉木样寝宫许多建筑墙面绘汉族传统人文画，有文房四宝、梅兰竹菊、博古图、山水画、三国故事等。重建后的闻思学院前殿楼第一层廊内正面绘连环画式《三国演义》图。其他活佛囊欠也多绘此类题材。民国学者马鹤天曾居住在霍尔藏仓活佛囊欠一月有余，其日记记载，该囊欠殿堂内墙面“皆有人物彩画。关于孝者，有闵损感父、伯俞泣杖等画；关于忠者，有关孙周仓等像；其余有琴棋书画，山水花鸟等。凡寺院建筑，室内外皆满绘彩画，如能利用各喇嘛研究汉语之热心，与各寺院满绘彩画之习惯，施以短期教育与社会教育，其影响当更大也。”[①]。

---

① 马鹤天:《甘青藏边区考察记》第一编《甘边拉卜楞》“六月薄雪”条，见中国西北文献丛书编辑委员会:《中国西北文献丛书》第四辑《西北民俗文献》第二十卷，兰州古籍出版社，1990年，第74页。

4. 具有宗教寓意的各种吉祥画、装饰画

这类壁画题材来源复杂，融合了大量佛经内容及藏族传统文化元素，有固定名称，幅面较小，如“八瑞相”“八吉祥”等，绘法灵活，信手拈来，可成组使用，也可单独使用，随意点缀在各种画面上，以突出建筑构件或器物、家具的装饰效果。

（1）“八瑞相”图

这是藏族宗教殿堂、民居建筑最常见的装饰题材，有壁画、塑制品、雕刻品、唐卡画等形式，由八种吉祥物组成（图 525），包括：宝伞、宝瓶、右旋白海螺、吉祥结、胜利幢、金轮、金鱼、妙莲，可单独绘制，也可整体绘制。

（2）“八吉祥”徽

也称“吉祥八清静”。由八种吉祥物组成，包括：镜子、奶酪、长寿茅草、木瓜、右旋海螺、牛黄、黄丹（朱砂）和白芥子。源自释迦牟尼出家苦行六年期间，有神仙送给他这些物品的故事[①]，后成为献给佛陀的一组供品供物，象征佛陀的“八正道”。可单独使用，也可成组使用，使用范围很广，可绘制壁画，也可制作供品。

图 525 “八瑞相”图

① 徐宗威：《西藏传统建筑导则》，中国建筑工业出版社，2004 年，第 446—447 页。

图 526 “五妙欲”图

（3）“七政宝”图

是人、动物和物品的组合，由七种单独的吉祥图组成，包括：金轮宝、神珠宝、玉女宝、臣相宝、白象宝、绀马宝、将军宝[①]。

（4）“五妙欲”图

由五种物品组成（图 526），象征世间的五种给人带来快乐感受的物品，包括：铜镜、琵琶或笛子、海螺中的香水、果实、丝绸。这些物品会使人在色、声、香、味和触几方面产生贪欲[②]。既可整体组合使用，也可挑选其中两三种。最常见的图样是画在中国传统博古架上。

（5）“七珍宝”图

由七种物品组成，包括独角兽之角、象牙、国王耳饰、妃子耳饰、宝贝吉祥轮、三眼宝、八枝珊瑚。有学者认为，这组构图是从汉族艺术中借鉴来的[③]，多出现在唐卡上，或绘在凳子、帐篷、桌子、床、毯子及宗教容器上，也可绘制于殿堂墙面、梁枋上。

（6）“六长寿”图

常绘于次要建筑墙面上。由六种象征长久生命的事物组成（图 527），包括长

① 徐宗威：《西藏传统建筑导则》，中国建筑工业出版社，2004 年，第 443—445 页。

② 徐宗威：《西藏传统建筑导则》，中国建筑工业出版社，2004 年，第 448 页。

③ 扎雅·罗丹西饶著，丁涛、拉巴次旦译：《藏族文化中的佛教象征符号》，中国藏学出版社，2008 年，第 99—105 页。

寿岩、长寿水、长寿树、长寿老人、长寿鸟、长寿兽。

（7）“和睦四兄弟”图

拉卜楞寺各宗教殿堂前廊多绘有这幅画，画面基本一致，主要表现了金鸡、玉兔、猴子、大象四种动物和睦相处的场景，寓意世间万事万物相互依赖、共同生存（图 528）。

图 527 “六长寿”图构图要素

（8）“三宝”图

是象征佛、法、僧“三宝”的物品，画面为三颗一组的宝石，外围有火焰或光芒。壁画、唐卡、油饰彩绘、供品、门窗家具装饰画中皆有。主要用于点缀画面，如大型壁画的山巅、海面、草地、树木上皆点缀这种三色宝珠图。

（9）“大象驮宝图”

一般绘制在库房或殿堂走廊、过道处。画面上，一只大象驮着珠宝，面朝库房。藏传佛教寺院建筑的很多部位绘制或雕刻大象的形象，如殿堂门楣上有木雕的象头，壁画、唐卡、油饰彩绘中一般绘制白色大象。

（10）“蒙人驭虎图”

也称“固始汗降虎图”，一般绘于殿堂过道、前廊墙面上，画面表现的是和硕特蒙古首领固始汗手持链索降服老虎的情景。

图 528 “和睦四兄弟”图构成要素

图 529 殿堂门扇上镶嵌的十字金刚杵图样

（11）金刚杵（剑）

这是藏传佛教密宗特有的礼仪器具，藏文称“多吉”，意为“石王”，造型较多，有单股、三股、四股、五股、九股等，既可打制成法器，也可绘于壁画、油饰彩绘中。拉卜楞寺多座殿堂前廊绘一幅金刚杵（剑）图，以红、绿色晕染而成，整体造型如一把剑，柄朝下，尖朝上，熊熊火焰光芒四射。在装饰画中，常见的形象为十字金刚杵，由四个带莲座的金刚杵组成，四个杵头从中心向四方散射，中心点为深蓝色，四方金刚杵头的颜色各不相同，东方白色，南方黄色，西方红色，北方绿色，属固定搭配[①]。此外，殿门铺首多装饰铜质鎏金或藏银打制的十字金刚杵（图 529）。

（12）三种对抗不和谐的胜利标志

也称“对抗不和谐中的胜利标志”。画面绘三种动物，包括八脚狮、毛鱼、水怪。拉卜楞寺宗教

① [英] 罗伯特·比尔著，向红笳译：《藏传佛教象征符号与器物图解》，中国藏学出版社，2007 年，第 115 页。

殿堂内佛龛、经书柜、墙面上多绘有这一图案。

（13）坛城（曼陀罗）

坛城是藏传佛教密宗修行的重要仪轨用具，也表示一处修行道场。表现形式多样，或用彩砂画在木板上，或彩绘于墙面上，或绘于唐卡画上，或做成不同材质的模型。构图方法较为复杂，首先以一朵用线条勾勒的莲花形圆为基本形状，布置各种同心圆或矩形，由此构成坛城骨架；其次，在四面八方布置一定数量的门，分别代表不同的佛菩萨、金刚力士、护法神居住的殿堂和位置。在壁画中，画面表现的情景不同，有的画面中央绘本尊佛、菩萨，称“大曼陀罗”；有的仅以法器、手印象征诸佛菩萨，称“三昧曼陀罗”；有的只写出代表诸佛菩萨名称的第一个梵文字母，称“法曼陀罗”。拉卜楞寺各宗教殿堂前廊、室内墙面上绘制的坛城以“大曼陀罗”为主，殿堂天花板上多绘“三昧曼陀罗”和“法曼陀罗”，数量很多。

（14）其他装饰图案

藏式传统建筑壁画的装饰图案种类繁多，主要用于装扮墙面边框，点缀、填充画面空白处，也大量用于油饰彩画中。构图方式有两种：一为写实性，真实地勾绘出对象的形态；二为抽象或写意性，突出对象的神态。常见的装饰图案有以下几类：

1）动物图案

主要有狮子、鹿、牦牛、龙、仙鹤、白象、虎、孔雀或孔雀翎毛、猴子等。这些动物多与藏族原始神话、巫术、宗教礼仪有关[①]，有些是在藏传佛教发展过程中被吸纳进来的，并赋予其吉祥、辟邪等寓意，有些则是纯粹藏族传统文化元素，通过拟人化方式表现出来。

2）植物题材

常见者有牡丹、石榴、梅花等，表现手法有写实、写意两种，多以旋转线条

① 李超德：《藏式建筑外墙布品装饰艺术研究》，苏州大学硕士学位论文，2013年。

组成各种线条或片段，有强烈的韵律感，用于装饰边框。

3）几何纹样

常见者有十字纹、回纹、云锦纹、波纹、三角形、方形等，类型丰富，有强烈的韵律感，用于装饰边框。

三、其他室内装饰物

拉卜楞寺是一座藏传佛教建筑、雕塑、绘画艺术宝库，各殿堂内，除供奉塑像、壁画外，还供奉大量的高僧灵塔、珍珠塔、唐卡、酥油花作品、坛城模型等，充盈整个空间，琳琅满目。

供奉各种用途和功能的佛塔，是藏传佛教寺院宗教信仰的重要内容之一。各殿堂内供奉大量珍宝类佛塔，制作材料有紫铜、白银、黄铜、檀香木等，塔身用吠琉璃、金刚石、绿宝石、红莲宝石等各种珍宝镶嵌。

坛城是藏传佛教密宗供奉的重要圣物，制作材料多样，有木雕、金属、绘画、彩砂等，均根据修习内容而命名。拉卜楞寺各宗教殿堂供奉数量不等的坛城模型，皆以木料和金属材料制作。此外，拉卜楞寺各密宗学院经常举行特定的佛事活动，期间多用采砂堆塑坛城模型，不用于保存，活动结束即投入大夏河中。

酥油花绘塑作品也是拉卜楞寺各殿堂的重要宗教供品，制作工艺历史悠久，始于二世嘉木样时期（1768年），此后每年举行酥油花灯会。酥油花表现的题材广泛，有西藏著名寺院、我国各地名山胜水、宗教人物、佛菩萨像、花鸟走兽、亭台楼阁等。今保存酥油花作品的殿堂有下续部学院、寿安寺等。

第十章 油饰彩画

一、藏式油饰彩画基本特征

油饰和彩画是藏式传统绘画艺术非常重要的内容，即在建筑木构件表面做地仗层，再用颜料涂绘装饰画，属藏式传统“工巧明”学科。油饰和彩画包含两方面的内容和工艺：一是对木构件做地仗、涂刷单色油漆，称“油饰”，施用的构件有柱子、门扇、椽子、望板等；二是在梁枋构件地仗层上绘饰各种装饰画，称“彩绘”或“彩画”，其中绘于门窗周边面积较大的余塞板、走马板、槛窗下部木板上者称为木板画。拉卜楞寺各建筑以石木结构为主，石墙外面涂饰单色（白、红、黄），内面绘壁画或悬挂大型布画，室内外柱子、梁枋及门窗各板材上皆绘彩画、木板画。

佛教最初传入青藏高原时，宗教殿堂木构件彩画非常简单，主要涂绘一些物品或动植物类吉祥符号，具有身份象征的意义[①]，后逐渐演变成为藏式彩画，图案样式、使用的色彩不断增多，制作工艺更加精细。18世纪，著名学者杜玛格西·丹增彭措在总结藏族油饰彩画理论和实践的基础上编著《西藏佛教彩绘彩塑艺术——如来佛身量明析宝论、彩绘工序明鉴》一书，成为藏式传统油饰彩画理论及操作实践的经典之作，奠定了藏式传统彩画艺术的基本理论。该著作系统论述了藏式传统绘画（包括壁画、木构件油饰彩画）艺术的由来、绘画流派及其

① 张有国：《藏式建筑中的彩绘图案及其审美意蕴研究》，《城市建筑》，2015年第3期，第283页。

风格优劣[①]，但深受佛教教义影响，作者精心创立的绘画理论和操作技艺带有浓厚的宗教色彩，将绘画创作视为作宗教功德之举[②]，要求绘画者首先必须是一个虔诚的佛教徒，要系统学习、掌握藏传佛教“工巧明”学关于佛、菩萨尊像绘塑方面的理论知识、佛塔修造技艺方面的经典文献；其次，绘画者要准确把握颜料、色彩、书体理论和操作规程、技巧等[③]；最后，才可进行彩画操作。作者还认为，油饰彩画不是纯粹的绘画艺术和操作工艺，而是对佛陀“三所依处”（身、语、意）的崇拜和信仰的具体行动。为此，绘画者必须虔诚敬畏佛陀教义，遵守修持戒律，规范日常行为，才能成为合格的画师。

彩画属藏式传统绘画非常重要的一门艺术，绘制工艺自成体系，基本流程包括：对佛学理论的领悟掌握，对颜色和颜料的鉴别与认定，颜料炮制以及颜色调配，涂色步骤和操作技法，图案勾勒，色泽明暗表现方法，成品保护等[④]。

1. 颜料及其分类

藏式传统绘画使用的颜料分为土、石、水、火、木、草、花、骨和宝贝等九大类。其中：土类颜料包括白土、雄黄、青金石等；石类颜料包括石青石、铜绿石、朱砂、玳瑁石等；水类颜料包括黄丹、蓝靛等，均可溶于水；火类颜料包括墨、雄黄等；木类颜料包括红树、金树等；草本类颜料包括鸡爪黄连、汉地野苋菜等；花类颜料包括野菊花、报春花等；骨类颜料包括海螺、龙骨等；宝贝类颜料包括金、银、铜等。[⑤]

---

①（清）门拉顿珠、杜玛格西·丹增彭措著，罗秉芬译注：《西藏佛教彩绘彩塑艺术——如来佛身量明析宝论、彩绘工序明鉴》，中国藏学出版社，1997 年，第 58—60 页。

②（清）门拉顿珠、杜玛格西·丹增彭措著，罗秉芬译注：《西藏佛教彩绘彩塑艺术——如来佛身量明析宝论、彩绘工序明鉴》第 22 至 29 章；第 31、32 章，中国藏学出版社，1997 年。

③（清）门拉顿珠、杜玛格西·丹增彭措著，罗秉芬译注：《西藏佛教彩绘彩塑艺术——如来佛身量明析宝论、彩绘工序明鉴》，中国藏学出版社，1997 年，第 102 页。

④（清）门拉顿珠、杜玛格西·丹增彭措著，罗秉芬译注：《西藏佛教彩绘彩塑艺术——如来佛身量明析宝论、彩绘工序明鉴》第 13、17、18、19、20、21 章，中国藏学出版社，1997 年。

⑤（清）门拉顿珠、杜玛格西·丹增彭措著，罗秉芬译注：《西藏佛教彩绘彩塑艺术——如来佛身量明析宝论、彩绘工序明鉴》，中国藏学出版社，1997 年，第 40—41 页。

2. 色彩的性质及相互搭配

藏式传统绘画（包括油饰彩画、壁画、唐卡等）使用的色彩五彩缤纷，精美绝伦，久不退色，其中颜料的炮制和色彩配置非常重要，其中不乏祖传秘方。

《西藏佛教彩绘彩塑艺术——如来佛身量明析宝论、彩绘工序明鉴》以大量篇幅论述颜色的调配方法。首先，将颜色分为标准色和分支色两大系列，其中标准色有白、黄、红、蓝、绿、黑等六种，分支色有鹅黄和紫色两种，共八种。作者又根据自己的绘画实践经验，分解出150种分支色，其中部分颜色的名称系根据对事物的类比而得，如骨头色、象牙色、牛奶色、肝黄色等[①]。其次，深入分析和论述了每种颜料的自身特性和使用方法，各种颜料融合或相互搭配时，必然出现相生相克现象，可在不同环境条件下生成性质不同、品质不同的颜料，因此，作为一名绘塑师，必须掌握颜色的族系及特性，“颜色的来源生系与人类相似”，其中：“蓝、黑色是色中之‘父’，无论涂于何处，都会威严光亮；绿色如‘叔叔’，无论与哪种颜色相遇，对其都有利，这两种颜色属于‘父’系，多用则好；白色如颜色之‘母’，各种复合色均由她而生；砒石黄色（其中分阴、阳两种特性）如‘小偷’，涂多了对画面整体有损，与‘母色’（指白色）相遇，双方受染（受损）；墨黑色是‘保管员’，涂到哪里，哪里油亮；红色是‘盗贼’，所到之处它独霸，偷走邻色更美丽；紫色是色中的‘武官’，涂多了则占据该地，杀‘盗贼’（指减弱红色——译者）；褐色是色之‘祖母’，涂到任何地方都适合，使邻色光泽而鲜明；粉红色是‘比丘尼’，自我约束对所有颜色均有利；橘黄色是‘比丘’，与任何颜色相配都增加光彩；‘祖母’（褐色）与‘比丘尼’（粉红色）俩相遇，则与‘鬼祟’（破坏）无法分，本身不美而且对邻色也有破坏作用；青灰色是‘乞丐’，多了会使国土肮脏（指画面好像布满蜘蛛网——译者）；浅绿色是‘败家子’，与它相遇会受损；奶色（乳黄色）是‘太阳’，可使一切颜色放光泽；茶色是‘黑暗’，与它相遇则被掩蔽；金色条纹是颜色的‘月亮’，由于它的升起

①（清）门拉顿珠、杜玛格西·丹增彭措著，罗秉芬译注.《西藏佛教彩绘彩塑艺术——如来佛身量明析宝论、彩绘工序明鉴》，中国藏学出版社，1997年，第53—57页。

可使夜晚变白天；胭脂红是颜色的‘油脂’，涂到哪里就使之柔润光亮。”[①]

同样，作为一名绘塑师，在绘画创作实践中，必须准确掌握颜色搭配的和谐与不和谐，符合绘画对象的基本特征和最佳表现效果，避免或杜绝出现种种病态现象，因为“颜色之间和谐与否，犹如人与人或法与法（指事物——译者）之间是否和谐一样，和谐者如彩虹东升，不和谐者如仇敌相遇”。颜色相互和谐的情况有：“红黄相配是颜色中的‘上师’与‘徒弟’；黑白相配是颜色中的‘主人’与‘仆人’；红紫色相配是颜色中的‘父亲’与‘兄长’；蓝白相配是颜色中的‘叔叔’与‘侄子’；白红相配是颜色中的‘夫君’与‘妻妾’；白黄相配是颜色中的‘好友’；白绿相配是颜色中的‘姐弟’，红绿相配是颜色中的‘鹦鹉’；蓝红相配是颜色中的‘表亲’；鹅黄和绿色相配是颜色中的‘姐妹’；黄黑相配是颜色中的‘甥舅’；蓝灰和褐色相配是颜色中的‘兄弟’；蓝灰和大蓝相配是颜色中的‘母’与‘子’；翠绿和浅绿相配是颜色中的‘父’与‘子’；翠绿和正蓝相配是‘父系兄弟’（堂兄弟）；鹅黄与正黄相配是颜色中的‘朋友’；鹅黄和黑色相配是颜色中的弱兵”[②]。相比之下，不和谐的颜色“如仇敌相遇”，会出现一种颜色遮盖另一种颜色的现象，还会影响画面的光泽度。颜色相互不和谐的情况有：“黄白相遇如‘盲人’；蓝绿相遇如‘窃贼’；蓝黑相遇如‘睁眼瞎’；绿黄相遇似‘病人’；绿黑相遇似‘死人’；浅蓝和浅绿相遇是‘灰土一堆’；红黑相遇是‘黑暗’；红紫相遇是‘阴影’；玉绿和翠绿本是‘ 对’（颜色近似——译者）；玉绿和蓝色相遇如‘豺狼’相逢；紫色和黑色相遇如‘敌人’或‘强盗’内讧；金色和黄色相遇则‘彼此彼此’，毫无作用（注：原文如此）”[③]，等等。

---

①（清）门拉顿珠、杜玛格西·丹增彭措著，罗秉芬译注：《西藏佛教彩绘彩塑艺术——如来佛身量明析宝论、彩绘工序明鉴》，中国藏学出版社，1997年，第67页。

②（清）门拉顿珠、杜玛格西·丹增彭措著，罗秉芬译注：《西藏佛教彩绘彩塑艺术——如来佛身量明析宝论、彩绘工序明鉴》，中国藏学出版社，1997年，第68页。

③（清）门拉顿珠、杜玛格西·丹增彭措著，罗秉芬译注：《西藏佛教彩绘彩塑艺术——如来佛身量明析宝论、彩绘工序明鉴》，中国藏学出版社，1997年，第68—69页。

3. 颜料炮制及工艺

藏式传统绘画、油饰彩画使用的颜料主要有九大类，因颜料的成分、性质不同，炮制工艺和方法各不相同。炮制颜料的基本要领包括：认识、掌握原料性状；研磨；选用熬制器具、确定熬制时间；保存；使用；种种注意事项或禁忌等[①]。有些颜料炮制方法非常奇特，如黄丹中含有大量的盐，炮制时，首先将黄丹用胶水（一墨汁瓶的量）浸泡，将泡出的液体倒入一只干净瓷碗中，用小木杵研磨，然后用羊毛团过滤，如此反复，最后将澄好的红黄色液体收集起来，再澄一天后，加入稠胶，再反复研磨，再加入清水沉淀一天，若有乳白色盐类杂物沉淀，则需继续进行研磨和沉淀，待杂物除尽后，液体慢慢变稠，这种炮制过程忌讳日晒火烤[②]。这种工艺可谓奇门绝学。

二、拉卜楞寺油饰彩画

拉卜楞寺各宗教殿堂、活佛囊欠建筑均有大面积油饰彩画，以前廊和室内柱子梁枋、椽望、门窗最为重要和醒目，是拉卜楞寺建筑艺术的重要组成部分。

拉卜楞寺油饰彩画融宗教信仰、建筑工艺、雕塑绘画艺术为一体，具有鲜明的地域文化特色，大体分藏式、汉藏结合式两种风格，其中宗教殿堂的主要柱式构件以藏式彩画为主，门窗为汉藏结合式风格。汉式或汉藏结合式彩画多绘制于活佛住宅建筑中，以嘉木样寝宫接待楼、会客厅、亲属居住楼 3 座建筑最为典型，其他高级活佛囊欠居室内也大量绘制，但很难严格区分纯粹的汉式彩画和藏式彩画，如各柱头上的柱幔多为藏式风格，而梁枋、门窗均以汉式传统风格为主，其间穿插、点缀藏式传统吉祥图案。因此，在拉卜楞寺，汉式传统彩画完全融入本地藏式绘画风格之中，通过创新与变通，形成一种地方性杂式彩画，这一

---

①（清）门拉顿珠、杜玛格西·丹增彭措著，罗秉芬译注：《西藏佛教彩绘彩塑艺术——如来佛身量明析宝论、彩绘工序明鉴》，中国藏学出版社，1997 年，第 46—50 页。

②（清）门拉顿珠、杜玛格西·丹增彭措著，罗秉芬译注：《西藏佛教彩绘彩塑艺术——如来佛身量明析宝论、彩绘工序明鉴》，中国藏学出版社，1997 年，第 50 页。

特征集中表现在闻思学院前殿楼金顶、弥勒佛殿金顶、上续部学院金顶、喜金刚学院金顶外檐彩画上。

拉卜楞寺油饰彩画有严格的等级制度，大体分为三等，第一等级为佛殿、经堂、嘉木样寝宫、金顶建筑；第二等级为其他宗教建筑、高级活佛囊欠佛堂；第三等级为低级活佛囊欠。普通僧舍均不得使用油饰彩画。

（一）藏式彩画

拉卜楞寺建筑绘藏式彩画的构件和部位主要有：

图 530　学院前廊柱式组合及彩画具有装点门面的意义（下续部学院）

图 531　藏式柱式组合及彩画用色（下续部学院）

1. 柱子油饰与彩画

一套完整的藏式柱式由多个构件组合而成，包括柱子、梁枋、椽望等，各构件的彩画基本固定。门廊入口处均置一行（两套或三套）或两行（四套或六套）柱式，是油饰彩画最集中的部位，具有美化门面的效果（图 530、图 531）。

（1）柱子

各宗教殿堂、高级活佛囊欠室内大量使用柱子，有圆柱、方柱、八棱柱、十二棱柱等，重要部位的柱子均用拼合木柱，柱身饰红色，表面用柱衣包裹。僧舍建筑皆用圆柱，不得油饰和装饰。

宗教殿堂柱子分为上下两段，上段称“柱幔”，占柱子总高的1/3，是彩画的重要部位。柱幔有三种做法：第一种，在原柱上直接雕刻成垂云纹，即柱身表面刻成密集的树叶状凹凸块，再在凹凸块上饰彩绘，是建筑等级的重要标志之一，高等级殿堂皆采用此法（图 532、图 533）。第二种，首先用四块木板雕成各种柱幔花饰，然后分别粘贴在柱头四面，再涂饰各种不同的色彩（图 534、图 535）。第三种，次要位置的柱头，直接涂绘柱幔花饰，方柱、圆柱柱头皆有（图 536）。柱幔花饰大同小异，以卷叶、垂云及如意纹为主，自上而下，层层垂落，花片由大变小，轮廓由粗变细。柱子的下段为柱身，均通体饰红油漆。早期的柱子或做一布一灰地仗（如弥勒佛殿室内通柱），饰二朱红油皮；或做简单的两道灰地仗，饰二朱红油皮，如医药学院、下续部学院经堂等。次要建筑的柱子或无地仗层，或仅做单皮灰地仗，饰红油皮。四周的扶壁柱均不做地仗，通体抛光后

图 532　整体雕刻彩绘的柱幔
（下续部学院前廊，2013 年）

图 533　整体雕刻彩绘的柱幔
（夏卜丹殿一层，2007 年）

图 534　木板雕贴彩绘的柱幔
（夏卜丹殿二层，2007 年）

图 535　木板雕贴彩绘的柱幔
（喜金刚学院二层，2007 年）

图 536　直接彩绘的柱幔（嘉木样寝宫，2004 年）

饰红色或橘红色。

重要殿堂的柱子中段或柱身整体以彩色毛毡（称“柱衣”）包裹，是为藏式传统宗教建筑的重要装饰内容和特征之一。拉卜楞寺各宗教殿堂前廊、室内重要位置的柱身或通体或局部用彩色柱衣包裹。制作柱衣、佛衣、帷幔等工艺，属藏族传统“工巧明”学内容之一，或由本寺僧人制作，或由施主出资捐供。藏式建筑柱衣的使用历史悠久，有学者认为，敦煌莫高窟中唐第158、159窟及五代第5、146窟壁画中，柱身束带是受吐蕃装饰习惯的影响[①]。

（2）栌斗

置于柱头顶部，属垂直承重构件。所有重要的宗教殿堂柱头均有栌斗，次要建筑则无。栌斗的制作、彩绘手法有三种：第一种，用整块方木雕刻，主要用于殿堂重要部位，如前廊、正殿、后殿柱子，栌斗的四面各刻一长方形或正方形框，边框饰蓝、绿色，框内正中雕饰佛像、佛八宝、卷云纹、轱辘草、“朗久旺丹”等，四面图案或一致，或各不相同（图537）。第二种，先用四块小木板雕刻、彩绘图案后粘贴在大斗四面，主要用于殿堂二层以上室内。第三种，大斗四面不雕刻，直接彩绘各种图案，主要用于建筑隐蔽部位或低等级建筑上。

图537　栌斗形式（白度母佛殿，2007年）

① 王晓珍：《从河湟地区传统建筑彩画看藏汉文化交融》，西安美术学院博士学位论文，2013年，第168页。

图 538　一组完整的柱子及梁枋

（3）梁枋类构件

梁枋由多个固定构件组合成一个整体，包括两层弓木、三层横枋、两层堆经枋，是藏式彩画最醒目、最重要的部位（图 538、图 539、图 540、图 541、图 542）。

1）弓木

外形如汉式传统建筑之雀替，但无雀替之功能，由上（称“长弓”）、下（称“短弓”）两个构件组合而成，是重要的承重构件和装饰构件，相互叠压，水平置于柱头上，与柱子垂直，与柱头以“暗销”拉结，弓木的两端分别向外延伸，每个构件的正、背面均绘彩画，上、下两图案或合为一体，或单独成图，内容、样式固定，千篇一律。正、背面及侧面底色皆红色，图案有三种做法：第一种，整体在原木上雕刻、彩绘，主要用于殿堂前廊、正殿重要部位，工艺精细，彩画多贴金做法，两端刻绘祥云、缠枝卷草纹；边缘轮廓线也是在原木上雕刻，涂饰蓝、绿相间色彩，高级建筑的弓木边线上贴金，如图丹颇章殿等；正、背面中心位置一般雕刻佛像、塌鼻兽、佛八宝、宝珠云气、“朗久旺丹”、大象驮宝等，贴金面积较大。第二种，先用木料做出上下弓木形状，另在木板上雕刻、彩绘图案，粘贴在弓木的正、背面，用于等级较低的建筑，近年维修工程中，为节省成本，多采取这种做法。第三种，弓木表面无雕刻，直接彩绘图案，图案内容较为简单。

2）梁枋

梁枋水平置于弓木之上，属固定的三套件式组合，千篇一律，自下而上为兰扎枋、莲瓣枋和蜂窝枋，是各宗教殿堂非常重要的“看面”和彩画最集中的部位。

图 539　繁缛的梁枋彩画（喜金刚学院，2007 年）

图 540　两组柱式梁枋彩画（白伞盖佛殿，2013 年）

图 541　两组柱式梁枋彩画的衔接（图丹颇章殿，2007 年）

图 542　梁枋彩画图样（喜金刚学院）

正、背面面积较大，油饰彩画醒目，或雕或绘，或雕绘结合，各殿堂的图案内容完全统一，仅局部有细微变化。

①兰扎枋

兰扎枋彩画图案组合样式较多，以龙纹最为尊贵，突显出该建筑的尊贵地位，常见者为蓝地贴金兰扎体梵文。兰扎枋图案绘制方法分三类：

第一类，正、背面绘制工艺完全一致，其中正面枋心画贴金二龙献宝或藏八宝之一种（以金轮最常见），枋心四周辅以卷云纹或缠枝卷草纹。重要的宗教殿堂如医药学院、时轮学院、下续部学院经堂等均采用这种做法。其中下续部学院经堂前廊、正殿、后殿一层梁枋上保存拉卜楞寺最早的彩画，构图特征为：明间正面枋心绘蓝地贴金兰扎文，背面绘二龙献宝图，箍头绘青绿色小卷云纹、缠枝纹，找头绘对称的沥粉贴金法轮、缠枝纹等，花瓣粉红色，饱满、雅致，叶子用绿色勾白边。弥勒佛殿前廊、殿堂梁枋彩画也多为原作，构图、色彩与下续部学院基本相同，但在兰扎枋上、下各加一道“水枋”，表面雕刻各种吉祥纹，兰扎枋正面绘蓝地贴金兰扎文，背面通体饰红地，以蓝、绿色勾边，框内绘藏八宝图等。一层室内兰扎枋正、背面皆饰蓝地贴金兰扎文；三层室内兰扎枋正面饰蓝地贴金二龙献宝图，背面为今人补绘，系用普通油漆描绘的缠枝卷草纹。有学者认为，下续部学院兰扎枋彩画以绿色为地，弥勒佛殿前廊、室内兰扎枋以黑色为地[①]。此说有误。拉卜楞寺各宗教殿堂兰扎枋底色只有两种，一为蓝色，使用最多；一为红色，很少见，仅图丹颇章殿第三层天井院兰扎枋正面、弥勒佛殿前廊兰扎枋背面为红地，枋心饰贴金兰扎文，是为藏式传统建筑彩画的定式，之所以有些彩画表面呈黑色或绿色，是烟渍油渍污染所致。拉卜楞寺彩画中，黑色仅用于柱幔垂云纹、垂铃纹及蜂窝枋部分小格，颜料为炭黑或黑烟子。释迦牟尼佛殿二层有黑色为地的彩画，下续部学院二层门廊斗拱用黑色颜料勾绘，十分罕见。

第二种，兰扎枋正面枋心内饰蓝地沥粉贴金七宝珠或五宝珠缠枝纹，箍头、找头饰沥粉贴金岔角花；背面仅饰蓝地金色兰扎文，非贴金。这种图样大量用于殿堂二层以上室内。

第三种，兰扎枋正面涂饰蓝地，枋心内绘简单的五宝珠或七宝珠图，周边饰各种沥粉缠枝卷草纹，箍头、找头饰沥粉贴金岔角花；背面或涂饰简单的花草纹，或素面无饰，大量用于等级较低的建筑及挑檐门廊构件上。

②莲瓣枋

断面呈扁长方形，置于兰扎枋之上。正、背面图案仅莲瓣的样式不相同，或为变体的连续佛龛，或为连续的佛像轮廓（犹如千佛状），或为连续的莲瓣纹，绿地，轮廓以蓝、绿、黄色沥粉线勾绘；或莲心饰红色，叶瓣一蓝一绿交错涂饰。拉卜楞寺各殿堂因修建年代不同，彩画绘制时间、工艺有别。最早者为下续

① 王晓珍：《从河湟地区传统建筑彩画看藏汉文化交融》，西安美术学院博士学位论文，2013 年，第 52 页、第 55—56 页。

部学院经堂，莲瓣枋绘制工艺精细，构图细密，莲瓣间隙处涂饰红地，莲瓣轮廓用金色花纹装饰；相邻两个莲瓣之间采用青、绿色晕染法，各个莲瓣的内轮廓均以绿色、金色晕染，瓣心饰红色，点缀沥粉金线勾绘的小花。晚期或后期维修过的殿堂，在莲瓣枋的上、下侧各加一道水枋，构成一个大边框，边框涂饰鲜艳的色彩，更加突显了莲瓣外轮廓，整体构图更加醒目、紧凑。

③蜂窝枋

置于莲瓣枋之上，断面呈扁长方形，正、背面通体雕凿成凸凹小块，每个蜂窝的正立面构图呈上、下两个正、反相对的三角形，由 7 层或 9 层小方格（每小格边长 1~1.5 厘米），外形如蜂窝，用不同的颜色（一般为红、黄、蓝、绿、白）交错涂饰，正立面又呈一个凹入的三角形。蜂窝枋的彩画处理工艺非常细微，具有很强的表现力。各种颜色均采用退晕方法，颜色呈现渐变层次，如喜金刚学院经堂前廊蜂窝枋，通过退晕，突出了蜂窝枋既外凸又具有立体感的效果；或不采用退晕法，而将相邻的凹进和凸出块分别涂一种颜色，总体呈突起状，如弥勒佛殿前廊蜂窝枋整体呈现为一条由红色、橙黄色菱形块组成的凸起线条，其间点缀葵花纹。又，下续部学院经堂前廊蜂窝枋绘制工艺复杂，内凹处皆施红色，上、下相对处饰黄、白两色边沿，上部三角形中央绘一红色圆心，周边饰绿色，下部三角形交错饰青、绿二色，无花纹。还有一种蜂窝枋，仅涂饰两种颜色，无晕染，如医药学院经堂前殿第一层，莲瓣枋上、下各加一道水枋，构成边框，框内凸凹小块分别饰红、蓝二色，通过色彩对比，突出蜂窝枋外凸的立体效果。

④水枋

兰扎枋、莲瓣枋、蜂窝枋相当于一个构件整体，不同地区有不同做法，在青海、西藏地区，这 3 个构件之间分别加一道很窄的木板（厚 2~3 厘米），称“水枋”“条枋”或“金钱枋”，表面或饰单色（以红、黄色为主），或饰金色圆块（称“圆钱纹”或“金钱纹”），或涂饰几何纹、花蔓等，进一步丰富了该构件立面装饰效果。拉卜楞寺宗教殿堂中，有的梁枋上、下两侧均有一层水枋，如早期的下续部学院、时轮学院、医药学院经堂等，这种水枋与各梁枋（兰扎枋、莲瓣枋、蜂窝枋）本身是一个整体，在加工木料时，刻意将上、下两侧各高 2~3 厘米的断面留宽，枋身变窄，断面呈“工”字形。水枋表面涂饰的色彩搭配方式大同小异，常见的有：顶部水枋正面饰红地金色卷云纹，其间点缀宝珠纹；中间的水枋通体饰金色，无花纹；下部水枋均绘升云、降云纹，其中升云用红色，降云用蓝色，或两色上下互换使用。晚期的殿堂，梁枋间没有水枋。20 世纪 80 年代以来，拉卜楞寺逐渐开展许多宗教殿堂、活佛囊欠维修重建工程，许多项目由青海省的木匠承担，将青海流行的这种建筑风格带入拉卜楞寺。

⑤堆经枋

也称“叠经枋”，置于蜂窝枋之上，与蜂窝枋垂直相交，其造型有特殊的寓意，“凸凹不平的叠函图为藏式建筑中常用装饰图案，是层层叠放的经卷”[①]。具有承重和装饰双重功能，用于悬挑、增高和延伸室内高度和跨度，增大柱间距。内、外两端呈逐层外挑阶梯状，端头雕凿成一凹一凸状方格，均绘彩画。堆经枋的层数没有规定，有置一层者，也有置两层、三层者。西藏地区大型寺院叠经枋可达七层或九层之多。彩画图案是约定俗成的，上、下层枋身颜色以蓝、绿互换，端头正面多绘贴金花草纹、莲瓣纹等，多数沥粉贴金。端部无彩画者，整体涂绿色或蓝色。

2. 椽子、飞椽及栈棍（望板）油饰与彩画

椽子、飞椽及栈棍（望板）组成屋面防水层，构件以油饰为主，仅椽挡、椽头处绘彩画。

重要宗教殿堂、活佛囊欠建筑的椽子均用方椽，很少用圆椽，椽身通体饰蓝色、绿色或土红色，颜色固定，上下交错搭配。高等级建筑的椽头、椽挡均绘彩画，图案以龙眼、四瓣花、佛八宝、万字、几何纹为主。低等级建筑一般保持木本色。典型的椽子彩画有：下续部学院经堂前廊一、二层及前殿二层礼佛阁前檐椽子、飞椽（图 543），椽身分两段，后段通体饰绿色，前段左、右面及下部分别绘一小段彩画，构图方式为：前段的三面各绘一金色边框，框内绘三瓣云头

① 西藏拉萨古艺建筑美术研究所：《西藏藏式建筑总览》，四川美术出版社，2007 年，第 340 页。

图 543　下续部学院前殿礼佛阁椽子与飞椽彩画（2007 年）

纹；椽头正面绘红地金色花纹，中心绘四瓣花；飞椽通体饰蓝色，封挡板饰红底色，表面再用白色沥粉线勾绘出四朵云头纹轮廓，轮廓内饰青绿色。

拉卜楞寺早期建筑屋面均无望板，用栈棍，通体饰暗红色或蓝色。涂料系当地白土加入红色或蓝色颜料制成。

因建筑等级、使用部位不同，椽子、栈棍和望板的油饰做法有别。暴露在室外的挑檐椽，多施一道灰地仗或无地仗，饰蓝色涂料或油漆；飞椽饰绿色涂料或油漆；栈棍不做地仗，通体刷土红或铁锈红涂料。室内藻井口挑檐构件，绘精致的油饰彩画，椽子、飞椽均做两道或三道灰地仗，蓝、绿色上下互换，表面罩油一道；其上铺望板，通体饰土红色。

3. 门油饰彩画

重要的宗教殿堂、活佛囊欠佛堂门也是非常重要的装饰部位和构件，油饰彩画非常丰富，且有明显的等级特征。

（1）等级最高的经堂、佛殿正门

此类门的结构形制一样，油饰彩画风格统一，完全属藏式风格。比较而言，佛殿正门的结构、形制、彩画工艺比学院经堂稍简，可分两种情况：一是有外挑门廊和前廊的殿堂，有外挑门廊者如文殊菩萨殿、白度母佛殿、释迦牟尼佛殿、夏卜丹殿等，有前廊者如弥勒佛殿、寿安寺、白伞盖佛殿等，门廊的三面开敞，无门，仅廊内后部有正门；二是正门前部没有门廊，但有较大的过渡空间，如图丹颇章二层主殿正门前为一处很大的过厅，各学院经堂后部佛殿的正门前部也没有门廊，为宽阔的前殿。

图 544　图丹颇章殿二层主殿正门及匾额

图 545　上续部学院经堂后殿正门（2007 年）

这种门均装在承重墙上开设的门洞中，由三套门框组成，双扇木板门（图 544、图 545）。门扇、门框、门楣是油饰彩画重点部位，融雕、绘艺术为一体，图案属固定的程式化图样，如两侧边框饰沥粉贴金兰扎文、宝珠卷云、吉祥草、莲瓣、几何纹等，转角处绘贴金法轮、卷草纹；上槛绘贴金兰扎文、塌鼻兽及缠枝卷草纹；门扇仅饰正面，或施一布一灰地仗（如下续部学院）或两道灰地仗，朱红油皮，正中镶鎏金铺首、门环等，四角及边线处包铜、铁饰件；背面多素面无饰。学院经堂、重要的佛殿（如弥勒佛殿、白伞盖佛殿等）门楣上均供置一组（5、7 个或 9 个）木雕彩绘绿色鬃毛狮子头、白象头。

（2）次一级的外挑门廊

拉卜楞寺各佛殿、经堂、囊欠均为二层、三层或四层建筑，二层及以上正面中央设外挑门廊，结构构造大同小异，较为简单，油饰彩画等级较低，工艺较粗，或为纯藏式风格，或为汉藏结合式风格。多数构件仅饰正面，背面无饰。外立柱饰红色，梁枋、斗拱彩画样式单一，大面积用单色（主要有土黄、橙黄、橙红三种）涂饰（图 546），多绘卷云纹、吉祥草纹、几何纹等。这种门也属墙内门，门框装在承重墙内，多为三套件式，有些为单层边框，但绘出莲瓣枋、蜂窝枋样式，如文殊菩萨殿二层门廊。等级较高者，边框上绘蓝地沥粉贴金吉祥图

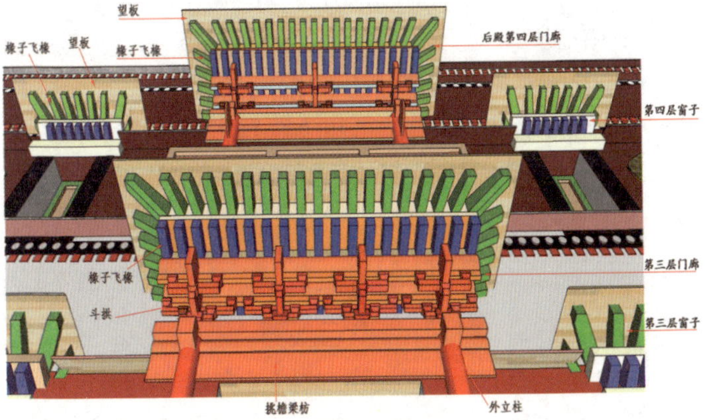

图 546　高层外挑门廊彩画仰视样式（下续部学院经堂后殿）

案，如弥勒佛殿三层门廊。门扇多为双扇或三扇、四扇式，仅正面涂饰颜色，多用橘红色或蓝色，中央绘“朗久旺丹”或金刚杵图。有些门洞的两侧墙装裙板，彩画图案丰富多变，最常见的有白地花鸟图、山水画、博古图、藏八宝、七政宝、“朗久旺丹”等，或涂刷单一橘红色或土红色。

（3）更次一级的侧门

主要有楼梯间出入门、殿堂侧门等。等级较低，有的是藏式风格，设简单的出挑门廊，置两层堆经枋，枋木涂饰简单的土红色；有的是汉式风格，门装在木隔扇墙上，油饰彩画同隔扇墙。多为单条门框，双层者如弥勒佛殿第三层西侧门。

图 547　色彩简单的侧门彩画（医药学院经堂三层，2013 年）

图 548　时轮学院经堂三层侧门彩画（2013 年）

图 549　嘉木样寝宫会客厅侧门彩画（2007 年）

门扇彩画图案多样，有的隔心内绘白地花鸟图、山水画、吉祥草、博古图、藏八宝、“朗久旺丹”等（图 547、图 548、图 549）；有的整体绘橙红地黑色花草图等；有的整体涂刷成橘红色或土红色。拉卜楞寺建筑的侧门数量很多，与正门相比，这种门弱化了宗教神圣感，特别突出世俗文化气息，多有题名题记，是判断该建筑油饰彩画制作、维修或重绘的重要依据，如嘉木样寝宫会客厅的一套侧门上有民国三十年（1941 年）重绘墨书题记，非常珍贵（图 550）。

图 550　1941 年绘制的侧门彩画
（嘉木样寝宫会客厅，2007 年）

侧门绘制油饰彩画的重要部位还有一处，即外挑门廊廊心墙，位于殿堂二层、三层门廊内侧，墙面或敷抹白灰浆，不绘画，或装木板，呈隔扇墙状，木板上绘世俗题材画，如喜金刚学院、时轮学院后殿三层外挑门廊两侧墙均绘山水图、插花图、书卷等（图 551），有些保存有墨书题记，是非常重要的殿堂维修历史信息。

图 551　廊心墙花瓶画
（时轮学院后殿三层门廊，2013 年）

（4）隔扇门

拉卜楞寺各宗教殿堂二层以上室内空间很大，大量使用汉式木质四抹、六抹隔扇门、隔扇墙或木骨泥墙，以分隔空间。在很多情况下，门、墙、书柜、窗子连为一体，门、柜、墙、窗不分，油饰彩画内容丰富多变，以汉、藏传统文化世俗题材为主，多数留有题名题记，是重要的建筑断代标尺。画面构图形态大同小异，每一面隔扇墙中，柱子通体饰红色，柱头绘柱幔，突显了藏式彩画风格；隔心、裙板、绦环板所绘图案五花八门，常以白色或黄色打底，题材有汉式山水、花鸟、博古、团花、盆景图等，也有藏式图案如“蒙人驭虎”、佛八宝、六长寿、八吉祥等（图552、图553、图554、图555、图556、图557）。有些建筑因安全防卫需要，在厚重的承重墙上开拱形门，门洞很小，装简单的四抹隔扇门，裙板、隔心均绘世俗题材彩画，以嘉木样寝宫冬宫（后改为班禅行宫）较为典型（图558）。

图552　隔扇墙、隔扇门及走马板彩画（上续部学院前廊二层）

图553　隔扇墙彩画（上续部学院前廊二层）

图554　隔扇墙彩画（嘉木样寝宫会客厅）

图 555　室内木隔扇墙彩画（时轮学院经堂三层）

图 556　室内隔扇门彩画
（时轮学院经堂三层）

图 557　室内木隔扇墙及彩画（喜金刚学院经堂三层）

图 558　四抹隔扇门彩画
（嘉木样寝宫班禅行宫）

隔扇门有一处非常重要的彩画部位，即“走马板”，位于门框上部，一般为三四块木板并列，画面内容以世俗题材为主，有人物、花鸟、山水、博古等，也有少量宗教题材，如时轮学院后殿三层门廊（图466）。此处的彩画多有题名题记，是判断该建筑彩画创作、重绘年代的重要依据。又，嘉木样寝宫会客厅、接待楼、亲属居

图 559　1984 年绘制的走马板彩画
（嘉木样寝宫会客厅）

图 560　走马板彩画（嘉木样寝宫亲属居住楼，2004 年）

图 561　走马板彩画（嘉木样寝宫亲属居住楼，2004 年）

住楼等建筑的二层、三层正门均装六抹隔扇门，门框上部有走马板，彩画内容非常丰富，题材多样，有人物、博古、花鸟鱼虫等（图 559、图 560、图 561）。此外，许多佛殿院落大门门洞上部梁枋间装走马板，有些装在前后檐柱顶部，有些装在金柱顶部，均绘彩画，如弥勒佛殿（图 562）、白伞盖佛殿、寿安寺、马头明王殿、准噶尔堪布仓囊欠属殿、千手千眼观音菩萨殿等，其中寿安寺院落大门金柱顶部正面走马板内绘四幅《西游记》画（图 423）。

图 562　弥勒佛殿院落大门背面走马板彩画

（5）窗子

拉卜楞寺建筑外墙窗子有两种：

第一种，开在承重墙（包括边玛墙）上，这类窗子的结构构造、外形完全一致，窗楣向外挑出遮雨檐，挑檐构件的颜色较为统一，以蓝、绿、黄色为主，木椽条多饰绿色、蓝色，挑檐椽子、飞椽以绿、蓝或铁锈红为主，颜色上下互换，是固定搭配；窗扇饰蓝色、绿色、黄色或土红色；窗洞外侧左右及下方涂刷黑色梯形窗套。

第二种，装在檐柱、廊柱间的槛窗。多为宗教殿堂高层通风采光窗及次要部位的窗子，如殿堂二层及以上的活佛修行室、库房。槛窗的结构构造、样式五花八门，油饰彩画有鲜明的等级特征。槛窗上部有走马板，两侧留有宽大的余塞板，用于绘画，与隔扇门、隔扇墙融为一个整

图 563　槛窗余塞板彩画（嘉木样寝宫亲属居住楼）

图 564　槛窗彩画（嘉木样寝宫）

图 565　槛窗彩画（白伞盖佛殿三层，2004 年）

图 566　木墙裙样式（时轮学院前殿，2007 年）

体，绘画题材以突出吉祥、和谐为主，有花鸟、山水、博古图、古装人物等，富有生活情趣（图 563）。槛窗的边柱、边框及上下槛均饰铁锈红油皮，窗棂拼接成各种吉祥图案，有灯笼锦、龟背锦、万字纹、各种几何纹等，棂条多涂饰绿色。槛窗下部槛墙多为木板，绘花草图或佛八宝、寿字等（图 564、图 565）。

（6）其他绘彩画的构件和部位

墙裙。各宗教殿堂围护墙内墙面皆绘壁画，为防止人们行走过程中碰伤壁画，故在墙面下部装木墙裙，高 1.5 米左右（图 566）。

供桌、佛像（佛经）柜、佛龛等。宗教殿堂室内后部均摆放各种高低不等的木供桌、供台、佛龛、经书柜或佛像柜等，是必不可少的陈设和装饰物，且相互连为一体，正面、侧面均绘彩画，通常以橘红、黄色、铁锈红打底色，表面绘图案，汉藏结合式风格非常明显，类型多样，最常见者为：面板中间绘池子，内

图 567　木供桌正面彩画样式之一

图 568　佛像（佛经）柜正面彩画

图 569　木供桌正面彩画样式之二

图 570　佛像（佛经）柜的豪华装饰
（文殊菩萨殿，2013 年）

图 571　天宫玉楼般的殿堂室内装饰
（图丹颇章殿二层，2007 年）

画佛八宝、西番莲及各种吉祥图案，四角绘卷云纹，四周饰蓝或绿色边框线（图 567、图 568、图 569）。在如此众多的色彩的烘托下，一座殿堂室内被装扮成天宫玉楼的样子（图 570、图 571）。

室内木构栏杆。拉卜楞寺各学院经堂、佛殿、活佛囊欠室内空间布局基本一致，以“回”字形为主，中央有通柱向上升起，构成藻井，系通柱四周的围合柱、梁枋等组合而成，在藻井口的内边沿处设木栏杆。这种空间形态，一方面为信徒提供环绕巡礼佛像的通道，另一方面可作为殿堂管理人员的走道。木栏杆的形制多样，有卧棂式、透雕栏板式等。油饰彩画主要集中在正面（室内一侧），雕饰精细，背面处理较为粗糙。望柱、栏板、荷叶墩或雕或绘，以藏式传统吉祥图案

图 572　殿堂内悬挑回廊栏杆彩画（下续部学院，2004 年）

为主，如望柱头一般雕成寿桃、瓜棱、多面体等形状，饰橙黄色；荷叶墩正面雕刻卷云纹，表面或饰土红色、蓝色、绿色，或保持原木色；栏板一般绘藏八宝、佛教故事、说法图、藏式吉祥图案等；地栿、栏杆均饰红色或橙红色或铁锈红色，构图、色泽与挑檐构件和谐统一（图 572）。

（二）汉藏结合式建筑及彩画

拉卜楞寺的汉藏结合式建筑主要有嘉木样寝宫内嘉木样会客厅、接待楼、亲属居住楼等以及各大型殿堂屋面金顶，其梁架结构、围护墙、门窗、屋面为传统汉式风格，彩画突出汉式风格，也有很多藏式绘画题材和元素。此外，许多殿堂室内天花板均绘大面积彩画，以藏式风格为主，其中又点缀汉式传统吉祥图。

1. 天花板

许多宗教殿堂室内装木构天花板，主要有：图丹颇章殿第二层，多座佛殿的第三层、四层佛堂、活佛修行室，学院经堂前廊二层及后殿二层、三层小佛堂、活佛修行室，冬季讲经台，部分活佛囊欠卧室等。其结构构造、样式与汉式传统

图 573　嘉木样寝宫会客厅天花板旋子彩画、龙凤图、藏式吉祥纹（2007 年）

图 574　嘉木样寝宫会客厅天花板彩画细部

图 575　释迦牟尼佛殿金顶一层前廊天花板彩画（2007 年）

天花板一致，由支条和天花板搭接而成。彩画图案数量多，内容丰富，高级宗教殿堂、高级活佛居室内大量使用龙凤图案。其中以嘉木样寝宫会客厅一、二层室内彩画最具代表性，等级最高，梁枋、天花板上绘大面积汉式旋子彩画、龙凤图及各种藏式吉祥纹（图 573、图 574）；释迦牟尼佛殿金顶一层前廊天花板的彩画等级很高，题材有龙凤图、藏八宝、佛像、花鸟鱼虫等（图 575）；上续部学院讲经台、冬季讲经台天花板及支条上遍绘汉藏结合式图案，有绿毛狮子、龙凤

图 576　上续部学院讲经台天花板彩画（2007 年）

图 577　寺院冬季讲经台天花板彩画（2007 年）

图、花鸟、白鹤、曼陀罗图、六字真言、佛八宝等（图 576、图 577）。经济条件较好的普通活佛居室天花板上也绘彩画，题材以各种汉藏式传统吉祥图为主。

2. 金顶外檐彩画

拉卜楞寺现有 10 座带金顶的建筑，多数建筑形制、体量、装饰大同小异。彩画工艺、风格以汉式旋子彩画为主，又融合当地汉族、回族绘画艺术及藏式传统宗教绘画题材、色彩和构图元素，形成特殊的地域风格。其中释迦牟尼佛殿、弥勒佛殿金顶彩画为原作品，其他几座金顶彩画均为 20 世纪 80 年代以来陆续重绘。

（1）弥勒佛殿金顶

修建于 1890 年，单檐歇山顶，四周出廊结构，无斗拱，外檐柱子、梁枋均饰彩画，为原作，因长期风雨侵蚀、飞鸟筑巢污染，破损、脱落非常严重（图 578）。2014 年实施落架大修。柱身上部柱幔彩绘而成，分上、中、下三组图案，上半部绘锦纹、云纹、如意纹等；中间绘青、红、绿、白色线相间直线组成的箍头；箍头下方绘四组垂花披肩（图 579）。额枋彩画均为传统汉式三段式布局（图 580），枋心大，两端箍头较小。明间额枋枋心绘对称的龙云纹、缠枝纹，沥粉勾绘；次间枋心绘夔龙云纹、卷

图 578　弥勒佛殿金顶前檐全貌（2004 年）

图 579 弥勒佛殿金顶前檐金柱及梁枋彩画

图 580 弥勒佛殿金顶前檐柱子梁枋彩画

图 581 弥勒佛殿金顶西南角梁枋彩画

草纹，沥粉勾绘。如意头式枋心较多，箍头为彩条状。

平板枋多为池子式构图，枋心内绘锦纹或折枝花卉，边框绘双层内弧形如意云头纹，箍头为条带状。穿插枋彩画图案杂而乱，足证后期多次维修、改动。部分原作为三段式池子边框结构，枋心土红地，或绘组合卷云纹，绿、青、红色叠晕，白线勾边；或中心绘上下对称的八瓣莲花纹，土红、橙色叠晕，左、右绘两组缠枝纹，青、绿色叠晕，找头由如意头式边框、半朵团花相连，箍头为彩条状。整体色彩杂乱，部分为低纯度矿物颜料，部分为化学颜料（图 581）。

挑檐檩没有枋心，底色饰橙色，表面绘赭石色水波纹、仿木纹、云纹等，局部用橙色、群青色、绿色叠晕，大量使用褐色、橙色木纹，与宋《营造法式》卷三十四《彩画作制度图样》的“松纹装”一致，这种纹样传入河湟地区，足证汉藏传统绘画艺术的深度交流与融合。

图 582　释迦牟尼佛殿金顶正面

（2）释迦牟尼佛殿金顶

1907 年建成，汉藏结合式七架梁重檐歇山顶四周出廊结构，上、下层檐下四周施五踩重翘斗拱（图 582）。

1）外檐柱子及梁枋

柱身通体饰红色，柱幔图案与弥勒佛殿金顶基本一致，上、中、下三段式构图。

上、下檐额枋、平板枋图案样式、绘法较统一，三段式构图。其中额枋枋心边框图案样式较多，有方形、弧形小如意头式等，明间枋心较长，绘红地青色夔龙纹；两次间绘几何连续纹；两梢间绘青绿红色相间折枝花卉纹；找头较短，没有完整的旋花，局部绘绿色束腰旋花或三瓣旋子，或青色团花轮廓；箍头不对称，靠近柱子一侧绘青红色相叠莲瓣纹，另一侧绘双层半个如意旋花、宝珠花心等。平板枋枋心框外如意头呈弧形，找头绘各种旋花，多用白线勾勒。

2）斗拱及挑檐檩

上、下檐斗拱均为五踩重翘样式，通体彩画，以红、青、绿色为主。上檐斗拱挑出 45° 斜拱，横拱绘如意头纹样；散斗上部绘仰莲瓣、如意头、几何纹等，青绿色叠晕；坐斗下部绘对称如意纹，上部雕刻成瓜棱状，整个外形呈方形。各彩画色彩饱满、厚重，使构件显得较为粗壮。相邻斗拱以青、绿色相间，每攒斗拱的轮廓分明，斗拱相交处绘两个半旋花。拱眼板均敷抹草泥，白灰罩面，上绘壁画，题材有佛像、七珍宝、八瑞图等，以青绿色为主，周围饰以彩带绿叶

图 583　释迦牟尼佛殿金顶上檐东翼角额枋、斗拱彩画

（图 583、图 584）。

图 584 释迦牟尼佛殿金顶上檐西翼角斗拱及彩画

挑檐檩及随檩枋构图均为三段式。枋心有边框，内饰青绿色地，绘折枝花卉（图案有菊花、莲花、牡丹等），以铁线描、兰叶描手法为主。找头有外边框，绘两个半旋花及莲瓣，莲瓣内饰红色，外描白边。箍头不对称，其中靠近柱子一侧绘半旋花、莲瓣纹、团花等。随檩枋为通长的扁长方形，图案呈扁平、拉长状，主要纹饰有两瓣式青色升云纹、红色降云纹，墨线勾勒，青绿叠晕。

椽子油饰彩画大多脱落，仅转角处保留很少部分。椽头绘孔雀翎毛纹，青、绿色交错叠晕，白线描边。上、下檐均无飞椽，椽子、望板均饰褐色、橙色仿木纹。

3. 嘉木样寝宫部分建筑

（1）亲属居住楼

三合院式布局，高三层。底层为负一层，作为贮藏室、值班室，室内构件均无油饰彩画。第二、三层柱子、梁枋彩画与弥勒佛殿金顶彩画类似。

图 585 嘉木样亲属居住楼三层外檐彩画全貌

柱身通体饰二朱红。柱幔构图样式较多，或由锦纹、垂花纹组成；或绘锦纹类图案，下部绘五彩条形箍头、垂花纹、宝珠流苏纹（图 585）；或绘兽面吉祥纹（如第二层正门两侧柱），柱头绘塌鼻兽，下方绘如意纹、吉祥结等，各图案以宝珠流苏穗连接，轮廓线沥粉贴金。

额枋为小池子构图，枋心纹样繁多，有红地青绿色莲花缠枝纹、宝珠纹、锦纹、几何纹等，局部又用青、绿、红、白等色晕染出立体效果；有以红、黑、白色为地的折枝花卉纹，没骨写生手法绘制，局部晕染；有以白色为地的仿纸本文人虫草小品画。找头图案多样，或为绿色叠晕如意头，或为半个圆心与半莲瓣、半朵团花纹组合，或为两个池子相连接，有完整的团花。箍头绘一组彩条半团花，与柱头连为一体。

平板枋也是池子构图，两个池子框间以一个整团花相连，红色花心，绿色叠晕花瓣。枋心纹样有红地青绿交替的莲花缠枝纹、绿地单线勾勒如意锦纹。

穿插枋多绘木纹、卷云纹，部分有枋心，绘对称如意头；找头绘莲瓣旋花。

挑檐檩彩画题材较多，一种是遍体绘褐色、橙色木纹，中央绘卷云纹；一种是汉式旋子彩画，箍头、找头皆用旋花，枋心三段式构图，或绘飞龙，或绘花鸟（图 586、图 587）。随檩枋通体饰绿色。

椽子通体饰蓝色，方形椽头正面绘四瓣栀子花，青、红、绿色叠晕。飞椽通体饰绿色，椽头正面饰红、黄、白色花瓣纹。

图 586　嘉木样亲属居住楼金柱梁枋彩画之一

图 587　嘉木样亲属居住楼金柱梁枋彩画之二

（2）会客厅

现存建筑为原构，单檐硬山顶二层楼式，外檐无斗拱。梁枋以汉式旋子彩画为主，部分彩画为 1984 年重绘。室内梁架、隔扇墙、屏风墙上保存有完整的彩绘，题材众多，以世俗内容为主，包括花鸟山水、河流堤岸、骑马射箭、插花博

图 588　会客厅室内木隔扇墙彩画之一

图 589　会客厅室内木隔扇墙彩画之二

图 590　会客厅室内木隔扇墙彩画之三

图 591　会客厅室内木隔扇墙彩画之四

古、休闲捕鱼等（图 588、图 589、图 590、图 591）。一层中部有木构藻井，彩绘题材多样，有佛教故事，藏族及汉族民间传说、神话及历史故事等，天花板遍饰仙鹤、牡丹、龙、凤图案（图 573、574）。民国时期，著名学者顾颉刚先生曾参观了该建筑，称“其室宏伟，藻绘绝精”[①]。

（3）接待楼

1936 年修建并彩绘，砖木结构藏式二层楼建筑，平面呈“虎抱头”式布局。1985 年落架维修，新换的构件无彩画。前后檐均无斗拱，平板枋上置坐斗，斗口内挑出单步梁头。彩画构图、色泽及样式与嘉木样亲属居住楼大致相同，以世俗题材为主，突出生活气息（图 592）。2018 年再次揭顶维修，近年补绘彩画。

① 顾颉刚：《甘青闻见记·西北考察日记》，见《甘肃文史资料选辑》第 28 辑，甘肃人民出版社，1988 年，第 79 页。

图 592　接待楼南面东侧廊柱、隔扇窗彩画（2007 年）

正门雕饰非常繁缛，红色门柱，柱幔的下部绘白地黑色虎斑纹（图 469）。门框三套件式，构造形式、彩画样式较复杂，内框绘莲瓣纹、卷草纹，外加一道贴金金钱纹，再外为莲瓣枋、蜂窝枋，最外侧又对称加一道边框，其上图案系先雕后绘而成，橘红色为地，图案为两个花瓶，底端雕一台座，上雕花瓶，饰青色，花瓶内的枝叶盘绕，枝叶间点缀白色花朵，花枝末端有花苞。

外檐柱身饰二朱红。柱幔绘青色为地的锦纹，下部绘流苏、条状虎斑纹，白地黑线勾绘，这种图案在拉卜楞寺各建筑彩绘中非常少见。额枋、平板枋彩画构图、色泽、纹样与嘉木样亲属居住楼相同。局部为 1984 年重绘。

椽子饰蓝色，飞檐饰绿色，椽头处绘孔雀翎毛纹，青、红、绿色叠晕。

（4）释迦牟尼佛殿主殿

释迦牟尼佛殿是嘉木样寝宫的附属佛殿，主殿高三层，藏式平顶结构，屋面加建金顶。

第一层室内梁枋彩画受酥油灯烟熏烤，污染严重，很难辨识。

第二层室内柱子梁枋保存较多的彩画，等级很高，构图方式、色彩与拉卜楞寺其他宗教殿堂完全不同，有三种样式：一是红地黑线彩画，图案以缠枝卷草纹为主；二是蓝地贴金彩画，图案以龙纹为主；三是红地、黑地贴金彩画，图案以龙纹为主。梁架组合以清代汉式檩三件（檩、随檩枋、垫板）为主，有明显的等级特征，最尊贵的房屋内，彩画多贴金，其中有一间房屋各梁枋彩画皆贴金，额枋为三段式构图，枋心绘黑地贴金二龙献宝，红色描边，两端绘红地贴金岔角花；垫板也是三段式构图，枋心绘黑地红色缠枝卷草纹，局部贴金，两端绘黑地贴金岔角花；檩子通体绘红地黑彩贴金西番莲，花蕊处点大金（图 593）；该房

图 593 释迦牟尼佛殿二层室内梁枋红地贴金彩画（2004 年）

图 594 释迦牟尼佛殿二层室内梁枋绿地贴金彩画（2004 年）

门口的一组梁枋彩画也非常精致，额枋下施两枚巨大的雀替，属雕刻并彩绘的红地贴金二龙献宝图；额枋三段式构图，枋心绘蓝地贴金宝珠纹；垫板绘绿地红色万字纹，白色描边（图 594）。其他房屋等级较低，梁枋彩画均不贴金，檩子彩画多为三段式，枋心彩画样式较多，有红地黑彩缠枝卷草纹；垫板绘红地黑色升云纹；额枋或绘缠枝卷草纹，或通体绘红地黑色万字纹（图 595、图 596）。

图 595 释迦牟尼佛殿二层室内梁枋红地黑彩彩画之一（2007 年）

图 596 释迦牟尼佛殿一层室内梁枋红地黑彩彩画之二（2007 年）

第三层东、西两侧分别建有马头明王殿、僧舍，室内彩画不详。

三、彩画题材及纹样

（一）宗教题材

宗教题材是拉卜楞寺各殿堂油饰彩画的核心内容，主要包括以下几种：

1. 造像类

最常见的是释迦牟尼、千佛、护法神等。

2. 灵兽类

有些是古代图腾崇拜文化演变而来，如牦牛、猕猴、羊等；有些与佛教信仰密切相关，如大象、狮子、金鱼、命命鸟（也称“金翅鸟”）、塌鼻兽等。最引人注目的是塌鼻兽，在青藏高原、印度次大陆、东南亚佛教寺院装饰艺术中常可看到。造型独特，由多种灵兽组合而成，包括狮头、命命鸟头、罗睺头、海螺头和摩羯头等[①]。拉卜楞寺各宗教殿堂大量使用塌鼻兽，造型固定，以木雕彩绘样式最多，殿堂内柱头上均悬挂彩色布质柱面幡[②]，幡的顶端均涂绘或悬挂塌鼻兽，狰狞恐怖，脸面凶恶，无下颌，头上长角，一双手紧握插在口中的金色饰杖，有的在额头饰日月图案（如白伞盖佛殿柱头弓木雕饰彩绘的塌鼻兽等），或在下巴处饰

图 597　铜质鎏金塌鼻兽之一（图丹颇章殿，2007 年）

① [英]罗伯特·比尔著，向红笳译：《藏传佛教象征符号与器物图解》，中国藏学出版社，2007 年，第 99 页。

② 柱面幡，用棉麻或丝织物缝成，悬挂在柱面上，宽度稍大于柱径（宽），高度比柱子短 1 米左右，是纯粹的装饰品。

图 598 铜质镏金堝鼻兽之二
（白度母佛殿，2007 年）

图 599 铜质镏金堝鼻兽及彩画堝鼻兽
（白伞盖佛殿，2004 年）

图 600 彩画堝鼻兽（白伞盖佛殿，2004 年）

图 601 彩画堝鼻兽（弥勒佛殿二层门廊）

图 602 绘制于布帘上的堝鼻兽（医药学院，2013 年）

三颗宝珠（如图丹颇章殿内柱头悬挂的堝鼻兽模型等）。悬挂于柱头上的堝鼻兽模型多为铜质镏金材料（图 597、图 598、图 599）。油饰彩画中也大量绘制堝鼻兽，多贴金（图 600），或不贴金，仅绘出轮廓（图 601）。堝鼻兽也绘于遮阳布帘上，形象更为夸张，额头绘各种珠宝，口中喷吐宝珠串（图 602）。高级活佛囊欠宅院大门门额上部也雕饰塌鼻兽，有辟邪的寓意，如郭莽仓囊欠院门等。

3. 宗教装饰图案

宗教装饰图案题材来源非常广泛，常见者为七珍宝、七近宝、五妙欲、七政宝、八瑞相、大象驮宝组合图中选取一两个图像，绘于小面积构件（如窗扇、槛墙）上，或整幅绘出。金刚杵、“四不像”、孔雀翎毛多绘于佛经柜、佛座边框处。还有一种特殊的喜旋图，与古代汉族太极图相似，主要绘于柱头、梁头、法轮中心等位置，如医药学院经堂一层室内柱头均绘喜旋图。

根据藏传佛教教义，宗教装饰图案使用的颜色数量有特殊的意义，两种颜色表示智慧和方便；三种颜色表示三士（上士、中士、下士），意为经修行得到解脱；四种颜色表示四喜（喜、胜喜、殊胜喜、具胜喜）[①]。喜旋在无上瑜伽密法中也表示“四喜”[②]。

（二）纯装饰性图案

这类图案使用较为普遍，宗教殿堂、住宅建筑皆有，体现了汉藏传统文化艺术的高度融合。构图变化多样，以表现吉祥、和谐、永久、和平等寓意为主。大体有以下几种：

1. 动物瑞兽

最常见的是二龙戏珠、变体夔龙、盘龙、凤、蝙蝠、鹤、鹿、白象、绿毛狮子等，主要绘于各种经书柜、佛像柜、供桌、佛座等小木作构件上（图 603）。此外，藏传佛教仪式中，孔雀及孔雀翎毛经常装饰在扇子、镜子及宝伞上，也用于制作净水瓶中的水掸，在彩画中，孔雀翎毛主要绘于椽头处。

2. 几何纹样

几何纹构图形式多样，以圆形、方形、菱形、三角形等为基本形状，通过各

① 徐宗威：《西藏传统建筑导则》，中国建筑工业出版社，2004 年，第 448 页。

② [英] 罗伯特·比尔著，向红笳译：《藏传佛教象征符号与器物图解》，中国藏学出版社，2007 年，第 28 页。

图 603　弥勒佛殿须弥座各种吉祥物装饰图案（2016 年）

种形式的重构组合，形成复杂多变的图案，主要有云纹、万字纹、回字纹、十字纹、三角纹、锯齿纹、涡旋纹、水纹、波浪纹、火焰纹、喜旋图等。

3. 字纹

变体文字图案具有很好艺术表现力，主要有兰扎文咒语、六字真言、“朗久旺丹”，既能充分表达宗教寓意，又有特殊的装饰效果。拉卜楞寺各建筑中，最主要的油饰彩画构件为长弓、短弓、兰扎枋及栌斗，彩绘图案以贴金兰扎文、“朗久旺丹”为主，是藏传佛教建筑装饰文化的标志性特征。“卐”字、“寿”字的使用也较频繁。字纹最复杂的是“朗久旺丹”，由七个梵文字母、三个图形组合而成，每个字母以不同的颜色表示，寓意密乘本尊及其坛城合为一体[①]，多绘于

① 土旦才让：《藏族传统装饰图案的文化解读》，《青海社会科学》，2013 年第 1 期。

门扇、窗扇、墙面上，也可制成铜镏金饰件，悬挂于边玛墙上。

4. 植物花卉图案

植物花卉类图案样式很多。最常用的是四瓣花纹，由四个花瓣组成，主要绘于正方形或菱形椽头处，常以二方连续和四方连续形态构成。团花主要绘于圆形构件上，花瓣围绕圆心展开，图案有简有繁。其他装饰性花卉有莲花、菊科花卉、牡丹、桃花等，果实类图案有桃、石榴、葡萄、佛手等，主要绘于门扇、窗扇、余塞板、门帘、供桌、佛经柜、佛龛上，形态多样，有枝生花卉、折枝花、瓶花、果实等。

植物缠枝纹由一个主花和环绕在其周围的四个宾花组合而成，以四方连续的方式，上下、左右展开，主枝呈“∽”形，衍生出许多小缠枝，可与花卉、宝珠、“卐”字纹、“寿”字纹等配合使用。

花卉与缠枝组合的图形非常丰富，包括牡丹缠枝、莲花缠枝、石榴缠枝等，又与各种边角装饰纹配合使用。

还有一种宝物（宝珠）缠枝图案，中心部位点缀藏八宝、宝珠、七珍宝等[①]，周边缠枝环绕，主要绘于门边框、兰扎枋箍头和找头部位、天花支条、门扇、窗扇、佛经柜上。

四、油饰彩画绘制工艺

拉卜楞寺油饰彩画有较系统的传承体系。二世嘉木样时期，已确立“工巧明”为本寺僧侣修习的重要功课之一，内容包括绘画、泥塑、堆绣、刺绣、木刻、木雕、石雕、石刻、铜塑、酥油塑、临摹等。拉卜楞寺油饰彩画与壁画均属热贡绘画艺术体系，构图繁缛，色彩浓厚，画面富丽堂皇，形式大于内容，大量使用沥粉堆金。

① 格桑多吉：《藏式传统装饰艺术中植物纹样的流变及其类型研究》，《西藏大学学报》（社会科学版），2015 年第 3 期，第 169 页。

（一）基本工序

1. 地仗层处理

拉卜楞寺所在地平均海拔近3000米，气候寒凉，少有蚊虫对木构件造成侵害，长期以来，制作地仗层、彩绘时，基本不考虑防腐防虫等问题。特别是受宗教信仰的影响，泥灰中从不使用血料。传统汉式油饰彩画的地仗层主要以砖瓦粉灰、麻或布、血料作为主材料，拉卜楞寺建筑的地仗均使用青海同仁县境内特有的白土加动物骨胶搅拌而成，很少用麻或布。这种白土有粗有细，是各种泥灰、浆料、腻子的主料。

在拉卜楞寺，只有那些非常重要、地位尊贵的建筑才做一布一灰地仗。系在白土腻子上缠土布一层，土布上再刮白土腻子两三遍，不打磨，只找平、晾干后即作画。低等级建筑均不做地仗层，直接在木材表面作画，因木材易出现干裂破损等病害，因此，过几年就需重绘一次。

2. 颜料及炮制

过去，拉卜楞寺各殿堂彩画颜料以矿物、植物类为主，且大面积贴金。

颜料炮制是非常重要的一道工序。据寺院负责油饰彩画的工匠讲，传统的颜料炮制工艺有：用砒霜和硫黄配成黄色颜料；用朱砂制成红色颜料；用 种甘肃夏河、青海同仁县境内高山上的植物炮制绿色、蓝色或紫红色颜料；用“嘎日”（白色矿物）炮制白色颜料。炮制时，首先要对矿物材料反复研磨，加水及胶混合稀释。绘制时，需调入胶料和牛胆汁，便于颜料层快速凝固。

成品的封护方法也很特别，用透明的蚕青或胡麻油涂于表面，可保持颜料光泽明亮，色泽鲜艳。如今，这种传统工艺很少使用，多使用现代化学材料。

拉卜楞寺油饰彩画使用的颜料主要有三种：一是现代化学油料，属单色油漆，多见于民国时期修建、维修及现当代重建、维修的建筑中；二是矿物、植物颜料，早期修建的殿堂多使用这种颜料，主要用于梁枋、柱幔、大斗等部位；三是涂刷在匾额上的大漆。

矿物颜料主要来自我国西藏地区及阿富汗等地，部分颜料系从内地采购而来。

有些具有特殊宗教寓意和功能的颜料由高僧亲自到颜料产区采掘、炮制和加工。如今，西藏境内许多矿物颜料产区均设有边采掘边加工的作坊。

许多矿物颜料毒性很大，其中紫红色颜料的毒性最大。故在使用有毒颜料（包括加工、施工）时，工匠们须吃预防颜料中毒的特制藏药。

3. 贴金和沥粉勾绘工艺

拉卜楞寺彩画大量使用沥粉贴金工艺。也有用铜粉（俗称金粉，呈金黄色）、铝粉（俗称银粉）者，主要用于勾绘线条及涂饰雕刻件的表面。

贴金彩画等级较高，显示了某建筑的神圣与尊贵。据取样分析测试结果可知，拉卜楞寺早期建筑彩画所用金箔并非九八库金，其纯度为87%~90%。

传统贴金工艺所用的黏合剂为胡麻秆熬制的浆液。将胡麻秆用清水熬煮，熬成稀稠状浆液，黏稠度能拉起黏丝即可。这种炮制工艺过于繁琐，今很少使用。

有些非贴金彩画的表面涂饰一层仿金材料（铜粉），主要用于彩画的边框、小型佛像、护法神像及弓木、弓弦的边线处。此外，夏河县还有一种夏季开花植物（藏语称“甲吉儿”），属植物颜料，开花季节采集，用清水熬煮成浆液，黏稠度能拉丝一寸长即可，使用时，在线条底部贴银箔，用毛笔蘸上这种浆液涂绘、晾干，即呈现金黄色。

拉卜楞寺彩画还大量使用沥粉勾绘的线条，各种灵兽、吉祥草、宝珠、卷云纹的轮廓线均用单线或双线沥粉勾绘。炮制工艺简单，将青海同仁地区的白土碾磨成细粉，拌以骨胶、不同颜色的颜料、植物油等，装入特制的牛皮沥粉包内，双手拿沥粉包，如挤牙膏般边挤压边跟随图案边线游走，画出各种棱线。

4. 旧彩画的清洗

拉卜楞寺有特殊的修行、使用和管理制度，在过去，改建、重建殿堂及重绘彩画和壁画的情况随时发生。有些油饰彩画每隔若干年就翻新一次，通常有三种方案：一是打磨、清洗掉旧彩画，完全重绘。二是叠加绘制，即不清理底层旧彩绘、旧油皮，对旧画进行重描；三是翻新清洗。传统清洗工艺有两种：一是用青稞面团黏附各木构件上的积尘、污渍等污染物，这种方法在内地传统彩画修缮中也经常使用；二是用甘南地区特有的植物（藏语称“阿德西德尔”）熬成水进行清洗。这是一种夏天开花的黄色小花，开花季节采集后直接用水煮沸，加入适量的明矾，熬成溶液。使用时，用麻纤维做成刷子，蘸上溶液清洗彩画表面，一方面可清洗掉彩画上附着的尘土、酥油烟渍等，另一方面有加固起甲、起翘、破损画面的功能，效果很好。

（二）油饰彩画结构分析

2014 至 2018 年，笔者组成拉卜楞寺油饰彩画课题研究小组，对拉卜楞寺 5 座学院、10 座佛殿的油饰彩画进行取样分析，共取样品 260 多个。主要分析研究了彩画制作材料、绘制工艺、颜料成分等[①]。兹举两例：

1. 弥勒佛殿

选取的样品有：前廊莲瓣枋蓝色颜料及地仗层（编号 15）；室内柱子红色颜料及地仗层（编号 7）；室内兰扎枋贴金片及地仗层（编号 11）。

经对 15 号样品分析，发现颜料层成分与青金石接近；地仗层与拉卜楞寺其他殿堂彩画所用地仗层白土接近，主要成分为硅铝酸盐。颜料层较致密，厚 30 μ m；颜料层与地仗层间的混合层厚 50~80 μ m；地仗层较疏松，厚 100 μ m。

经对 7 号样品分析，发现地仗层自下而上有 6 层，包括颜料层、灰层、纤维层、灰层、纤维层、灰层，其中颜料层厚 30 μ m，灰层及纤维混合层厚 100 μ m，底部灰层厚 60~80 μ m。颜料呈色物相主要为朱砂。其他层以硅铝酸盐、硅酸盐及钙盐为主。地仗层成分有白土、砂石及少量石膏等。

经对 11 号样品分析，发现地仗自上而下有：金饰层，厚 50 μ m；中间灰层，厚 100 μ m；黄色土层，厚 200 μ m。两个灰层（H1、H2）间有较明显的分界，H1 层元素以 S、Ca 为主，结构致密，为石膏腻子；H2 层的元素有 Si、Ca、Fe 等。颜料层主要元素为金（Au）。

经综合分析，证明弥勒佛殿大木构件彩画所用颜料主要为红丹（四氧化三

① 唐晓军、侯秋凤、齐洋、徐婷：《拉卜楞寺油饰彩画病害机理研究》，《建筑工程技术与设计》，2018 年第 35 期。

铅）、群青（青金石）、朱砂、碱式绿铜矿等（见下表）。

表 1　弥勒佛殿主要构件油饰彩画颜料成分

样品编号	元素种类及相对含量	呈色物相
M-1	Al（1.97%），Si（4.41%），K（1.88%），Ca（11.49%），Pb（69.52%）	Pb_3O_4（红丹）
M-2	Al（1.51%），Si（5.07%），S（34.65%），Cl（3.11%），K（3.10%），Ca（4.24%），Hg（37.93%）	HgS（朱砂）
M-3	Al（4.05%），Si（6.17%），S（19.78%），Hg（71.20%）	HgS（朱砂）
M-4	Na（0.94%），Al（2.42%），Si（49.82），S（6.55%），K（29.16%），Ca（11.11%）	青金石（群青）
M-5	Al（4.06%），Si（10.61%），P（2.47%），S（36.01%），Cl（3.39%），K（5.88%），Ca（8.61%），As（16.23%）	As_2S_3（雌黄）
M-6	Na（3.63%），Si（3.58%），P（1.46%），Cl（20.54%），K（1.82%），Ca（2.14%），Cu（68.08%）	$Cu_2Cl(OH)_3$（氯铜矿）

弥勒佛殿室内长年累月使用酥油灯照明，开展宗教活动。因烟熏火烤，彩画表面形成较厚的油渍烟渍污染物。通过对油渍烟渍样品分析，发现污染物层厚1-50um，主要元素有C、O、Na、Si、Pb等，主要是无定形碳，结晶度不高。

2. 白伞盖佛殿

共采集地仗层样品5个、颜料样品20个、金片样品3个。

对20个颜料样品采用X射线粉末衍射、激光共聚焦显微拉曼光谱分析方法，发现样品中的颜料主要有：青金石、群青颜料、巴黎绿、四氧化三铅（红丹）、雌黄等。其中，民国时期，出现以人工合成群青颜料代替青金石的现象；巴黎绿颜料系清末至民国时期进口到中国，毒性较大，后被淘汰；群青多产于阿富汗等地，但其中含有Fe元素杂质。

对5个地仗层样品采用直接观察法（光学显微镜观察）、树脂包埋法（电子显微镜观察）进行分析，发现多个样品含5~6个层位，不同部位的木构件地仗层厚度不同，有的厚60~100μm，有的厚20~30μm，局部含一层纤维层（厚20μm）。主要成分有SiO_2及Si、Ca等元素，Si元素较多，系白土、砂石及少量石膏等混合物。纤维层为普通白布。

对3个金箔样品采取定性及半定量分析（EDX）、定量分析（ICP）方法。在EDX所得数据中，样品所含硅酸盐成分较多，主要金属单质有Ag、Au，其中Ag的含量介于7.2%~10.1%之间，Au的含量介于74.4%~89.9%之间。在ICP测试中，将Ag、Au归一化处理后，所得数据为：Ag的含量介于6.65%~8.23%之间，Au的含量介于69.89%~91.77%。3个样品Au的含量分别为70%、80%、90%。

拉卜楞寺各建筑主要用于供奉佛像、拜佛礼佛、僧人修行、居住和学习，既是佛菩萨居所，也是僧侣们的修习之所。每座殿堂内，凡佛能看到的地方，凡礼佛拜佛者视觉所及的地方，无不精雕细镂、彩画贴金。特别突出每个构件的正面（看面）效果，工艺精良，背面相对粗糙，故容易出现各种病害。主要病害及成因有：第一，殿堂内常年酥油灯火不熄，对彩画表面造成严重污染。第二，地仗层厚度不足，多数构件无地仗层，直接在木骨上绘制，颜料层、地仗层易破损脱落。第三，夏河县地处青藏高原东南边缘，紫外线非常强烈，常年暴露在外的木构件受风吹雨淋、飞鸟筑巢等因素的影响，雨渍和鸟粪污染严重，大面积起甲、空鼓、褪色、酥解脱落。

第十一章　建筑外部宗教装饰物

拉卜楞寺各宗教殿堂、活佛住宅建筑外部装饰各种宗教法器、用具等，是拉卜楞寺建筑装饰文化的重要组成部分。

宗教殿堂外部装饰类型有两种：一是外墙面色彩涂饰；二是在建筑屋面、外墙面装置（悬挂）各种宗教法器。

一、外墙面涂饰色彩

拉卜楞寺各宗教殿堂、活佛囊欠、普通僧舍外墙面均大面积涂饰白、黄、红单色，明快艳丽（图 604、图 605），有强烈的视觉冲击力，“色块越大，色感越强烈，在高原环境纯净的色彩背景下，大色块的纯色构图显得十分简单和

图 604　等级分明的建筑外部色彩（2013 年）

图 605　外部色彩代表一种空间秩序

图 606　佛殿外墙千篇一律涂饰红色（寿安寺）

干净”[①]。

建筑外墙面涂饰的色彩，遵循世代相传的固定模式，有鲜明的等级特征。红色均涂饰于独立式佛殿及学院经堂之后殿，以示威严（图 606）。学院经堂前殿涂饰白色（图 607）。黑色用量很少，但没有等级限制，可用于所有建筑（包括高级宗教殿堂和普通僧舍），且只能用于涂饰门套、窗套。寺主嘉木样寝宫、地位尊贵的佛殿、少量高级活佛囊欠佛堂外墙面和院落围墙可涂饰黄色（图 608），数量较少，主要有嘉木样寝宫院落外墙、释迦牟尼佛殿外墙、白度母佛殿外墙、文殊菩萨殿外墙及院落围墙、郭莽仓囊欠佛堂及院落围墙、琅仓囊欠佛堂及院落围墙。活佛囊欠外墙涂饰黄色，也有等级地位的规定，拉卜楞寺高级活佛很多，但只有那些曾在西藏著名寺院担任过堪布职位者，其住所建筑外墙、院落围墙方可使用黄色，还可使用边玛墙装饰，其他高级活佛囊欠只能用红色或白色，可使用边玛墙。所有低等级活佛居所、普通僧舍的外墙只能涂饰白色，且不得使用边玛墙。

图 607　学院经堂前殿和后殿色彩有别

① 丁昶·《藏族建筑色彩体系研究》，西安建筑科技大学博士学位论文，2009 年，第 125 页。

图 608　最高贵的建筑使用黄色（释迦牟尼佛殿，2007 年）

所有的宗教殿堂、高级活佛囊欠建筑外墙均使用边玛墙，建筑等级越高，边玛墙带的层数越多。总体来看，“建筑等级越低，色彩使用越简单，建筑等级越高，色彩使用越丰富、变化越大”[①]。

一座宗教殿堂外墙面一般涂饰多种颜色，根据相应的等级规定，色彩组合方式大致有两种，一为“黄—红—红黄结合”方式，等级最高；二为“黄—红白结合—白”组合模式，等级较低[②]。再结合边玛墙的使用情况，外墙装饰构成四个等级层次：一为边玛墙 + 黄色墙面；二为边玛墙 + 红色墙面；三为用颜色涂染的仿边玛墙颜色 + 红色墙面；四为无边玛墙。

外墙涂饰材料均取自本地区，体现了藏式传统建筑与自然环境的适应性。涂料加工工艺较简单，早期白墙涂饰材料系将热贡地区出产的白土碾磨、筛滤，再加水、胶料调制而成。涂饰非常重要的建筑时，还要掺一定量的白面粉、牛奶、

① 徐宗威：《西藏传统建筑导则》，中国建筑工业出版社，2004 年，第 483 页。

② 丁昶：《藏族建筑色彩体系研究》，西安建筑科技大学博士学位论文，2009 年，第 119 页。

冰糖等，以增加其黏稠度，现多改用白灰浆涂刷。涂饰红墙的材料加工方法与此相同，即用天然红土加水搅拌而成，涂饰重要的建筑时，也要掺入一定比例的白面、牛奶、红糖、白糖、树皮脂和牛胶等。施工时，将浆液直接泼洒在墙面上，可形成独特的竖纹效果，墙面图层非常饱满，肌理感明显。涂饰高层建筑时，需制作一个供高空作业的装置，系在一根扁木枋两端拴上绳索，从屋面上悬下来，屋面上的人拉着绳索、调节高低和方向，扁木枋上坐两人，手持装涂料的铜壶，从左至右或从右至左，从下至上向墙面浇洒即可[①]。

二、金顶屋面用色

拉卜楞寺现存 10 座金顶建筑，其中一座为重檐歇山顶，余均为单檐歇山顶。金顶是建筑等级和地位的重要标志，屋面覆盖的瓦件有三种，形成三个等级序列，以铜镏金瓦为最为尊贵，黄琉璃瓦为次，绿琉璃瓦再次。覆盖铜镏金瓦者有 6 座（包括闻思学院大经堂后殿、千手千眼观音菩萨殿、释迦牟尼佛殿、弥勒佛殿、喜金刚学院经堂后殿、寺院冬季讲经台）。地位最尊者是释迦牟尼佛殿及寺院冬季讲经台（图 609）。琉璃瓦也是建筑等级的重要标识之一，除金顶上使用外，还用于覆盖边玛墙的墙帽。使用黄琉璃瓦的建筑有：寺院总护法殿金顶及边玛墙帽；闻思学院大经堂前廊、前殿、后殿边玛墙帽及两座侧门墙顶边玛墙帽；贡唐塔殿第二、三层围护墙边玛墙帽。绿琉璃瓦的等级较低，用于较重要建筑的金顶及墙帽上，主要有：上续部学院经堂后殿金顶；闻思学院大经堂前殿楼金顶及前庭院围墙墙帽；贡唐塔院落大门屋面及院落围墙墙帽、佛塔底层佛殿屋面。此外，2020 年重建的悟真寺屋面金顶也覆盖绿琉璃瓦，与原貌保持一致。

由于闻思学院是全寺的神圣中心建筑，各屋面装饰色彩非常丰富，既有铜质镏金瓦金顶、也有绿琉璃瓦金顶，还有黄琉璃瓦、绿琉璃瓦覆盖的边玛墙墙帽（图 610）。

---

① 陈耀东：《中国藏族建筑》，中国建筑工业出版社，2007 年，第 26 页。

图 609　释迦牟尼佛殿及寺院冬季讲经台的金顶（2007 年）

图 610　同时使用绿、黄琉璃瓦及铜镏金瓦的闻思学院（2013 年）

三、宗教装饰物

拉卜楞寺的宗教殿堂外部有多种装饰物，大体分为三类：一是置于建筑平顶屋面、墙角处的各种金属、布织法器类装饰物；二是金顶屋面瓦件、脊饰件、角梁和套兽等；三是悬挂于墙面、门窗檐口的各种“朗久旺丹”饰件、遮阳布幔和门帘等。外部装饰物以黄色为主，也有多色混合者（如香布、彩色布幢、遮阳布幔等），黑色的使用量较多，但仅用于门套、窗套、布织幢幡等。

1. 平顶屋面装饰物

拉卜楞寺宗教殿堂以藏式平顶屋面居多。屋面四角、前部及后部中间均竖立大小各异的铜质镏金法轮、双鹿、宝瓶、绿毛狮子、经幢或布织幢幡等，与蓝天白云、大夏河水交相辉映，既丰富了寺院的天际轮廓线，又打破了单体建筑立方体形状造成的单调感。

（1）二兽听法

是藏传佛教寺院建筑屋面最具代表性、标志性的装饰物之一，是佛教的徽像。一般以八辐法轮与二兽（也称“阴阳鹿”“牝牡祥麟”）组合成套使用，故也称“祥麟法轮”。过去的法轮均铜质镏金，造型大同小异，体形完全一致，由底座、轮毂、轮辐和轮圈三部分组成，底座一般为须弥座式，上部中间立法轮（图 611、图 612）。

图 611　各殿堂通用的法轮结构与尺寸

图 612　镏金法轮全貌（上续部学院，2007 年）

现当代制作的法轮，尺寸大小并不统一，没有标准可言。法轮的不同部位构件，有不同的寓意，中心轮毂代表着伦理规范，能使人的心情平稳笃定；轮辐代表智慧和觉识，可断灭一切痴愚；轮圈驱动轮转动，代表冥思禅定。八辐金轮也象征佛陀的八正道及佛陀教法传播八方。此外，千幅经轮的造型，寓意佛陀上千次的传法活动，佛陀教法如太阳光芒照射。

二兽听法饰件仅用于学院、佛殿建筑，活佛、僧侣住宅建筑及民居中不可使用。在屋面上的位置固定，均置于前廊屋面前部中央，底部有砖砌或木质或铁质底座，中间置法轮，两侧为阴阳鹿，三者置于一条横线上，表现了佛陀在鹿野苑首次传法的情景，也象征佛陀教义如转轮般常转不衰。有一说认为，八辐法轮的光芒代表佛法，阴阳鹿奉行佛祖教法。阴阳鹿的造型姿态不同，或默跪，或默立，其中公鹿居西（左）（图 613），母鹿居东（右）（图 614）。

二兽听法饰件的组合方式，意在劝导人们一心修行向善，世间一切不正确的见解都被摧毁[①]。有些寺院如萨迦寺屋顶的法轮旁边还置一对孔雀，其象征意义

图 613　公鹿居于西（左）

图 614　母鹿居于东（右）

① 徐宗威：《西藏传统建筑导则》，中国建筑工业出版社，2004 年，第 395 页。

同此[1]。

（2）法幢

法幢是藏传佛教寺院宗教殿堂屋面必不可少的装饰物。

法幢起源于吐蕃时期，早期的形制如一根长矛状旗帜，立于各家门上，也是军人世家的标识，后发展为一种民用装饰物，一般立于屋面上[2]。藏传佛教形成后，借用了这种长矛式旗帜，后逐渐演变为宗教殿堂屋面专用的法幢，彰显佛教的胜利，故也称"胜利幢"[3]。藏传佛教教义认为，将装藏有秘咒的幢幡放在城市大门、寺庙门前或屋面上，能防止、消除疾病和战争。由此形成一种独特的供奉方式，充分满足了广大信众追求吉祥、禳灾避祸等方面的心理需要，成为藏传佛教寺院建筑文化的一个重要标志。

法幢一般以四个为一组，置于殿堂或大门屋顶四角。制作材料多样，有铜质鎏金者，有铜皮打制者。金属幢身四周还分层浮雕各种宗教图案，图案样式有鹏首狮身类动物、塌鼻兽、鱼头獭身类动物等。幢顶部装一盖，盖四周悬挂风铃，盖顶端置摩尼宝珠（图 615、图 616、图 617、图 618、图 619、图 620、图 621）。

还有一种布织法幢，分为两款（图 622）：第一款，用红、黄、白、蓝、黑五色布条编织而成，中间设木支架，周身用布包裹，顶部装小型铜质宝瓶，主要立于护法殿的屋面上；也可将此布幢装在高长的木杆上，立于护法殿院内或围墙上（图 623、图 624）。第二款，用黑色或白色牦牛毛编织而成，编织时，也可将线条涂染成红色，交错编成辫子状。竖立时，下部置一圆形木板，中间立一根木柱（中心木），木柱上书写该寺院（经堂或佛殿）的护法神经咒，周身再装藏镜子、佛像、经文等物品，四周加铁箍子捆扎，木杆顶端装金属打制的三股叉，造

---

① 龙珠多杰：《藏传佛教寺院建筑文化研究》，社会科学文献出版社，2016 年，第 149 页。
② 扎雅·罗丹西绕：《藏族文化中的佛教象征符号》，中国藏学出版社，2008 年，第 112 页。
③ 夏格旺堆：《藏族民居装饰的嬗变》，《中国藏学》，2001 年第 3 期。

图 615　法幢样式之一

图 616　法幢样式之二

图 617　法幢样式之三

图 618　法幢样式之四

图 619　法幢样式之五

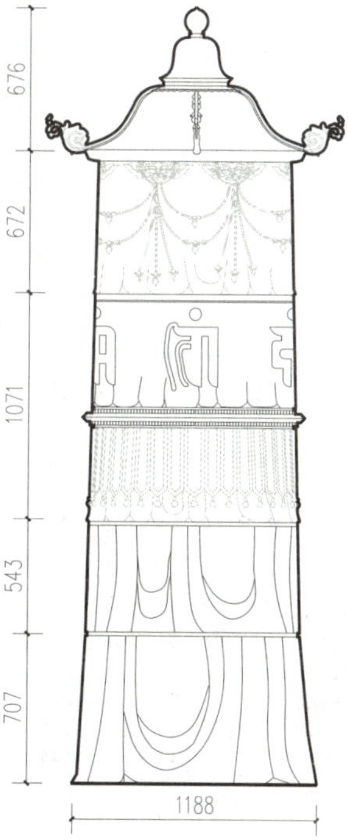

图 620　法幢结构之一

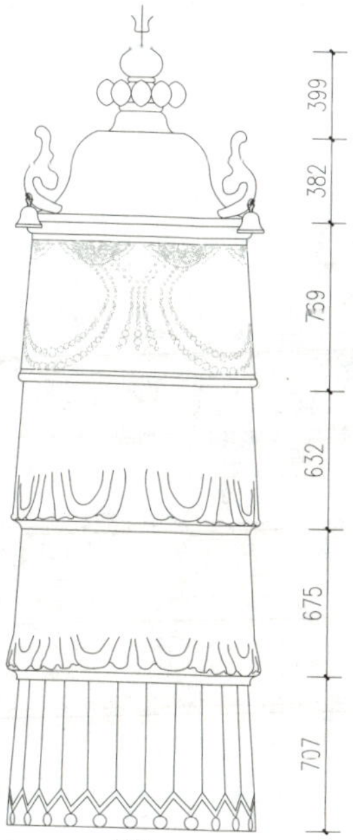

图 621　法幢结构之二

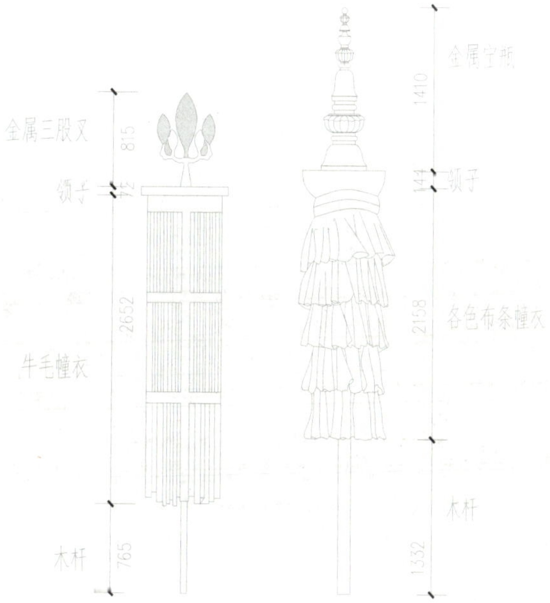

图 622　两种布织法幢样式

型呈火焰纹状（图 625），也可在三股叉的顶尖处装骷髅头[①]。黑色法幢只供置于佛殿、护法殿屋顶上，以示佛法威严。拉卜楞寺各学院后殿、独立护法殿屋面的后部、左右两角或四角均立五色法幢及黑色法幢（图 626、图 627）。

图 623　悬于院内高杆上的五色布幢（喜金刚学院护法殿）

图 624　立于屋面上的五彩布幢

图 625　黑色牦牛线编织的法幢

图 626　布织法幢供置位置（上续部学院经堂后殿）

图 627　闻思学院大经堂后殿屋面竖立的布织法幢

① 东嘎·罗桑赤列：《东嘎藏学大辞典》，中国藏学出版社，2002 年，第 989 页。

（3）宝瓶

宝瓶的原型为古印度的水瓶。传入西藏后，与藏族传统文化充分融合，演变成为藏传佛教寺院屋面非常重要、必不可少的宗教装饰物之一，表现了藏传佛教的尊严与社会地位。制作材料有铜镏金、铜皮、黄琉璃、绿琉璃及灰陶等。

金属宝瓶外形较大，制作工艺与金属法幢大同小异。不同的形状，寓意不同，根据造型繁简程度，大体分两种：大钟形宝瓶和瓶子形宝瓶，钟形宝瓶多置于正殿屋脊中央，小瓶子形宝瓶置于两侧，这种组合象征着“五方佛具足”，寓意佛法的广大和永恒。

拉卜楞寺各宗教殿堂屋面供置的宝瓶均为铜质镏金或铜皮打制，藏式平顶屋面、汉式建筑正脊上均使用，既强调了该建筑的空间边界，又突出了建筑的中心位置。藏式平顶屋面的宝瓶均立于前部中央，但必须在八辐金轮之后，两者一前一后，处于同一轴线上（图 628、图 629、图 630、图 631）。汉式坡屋顶的宝瓶置于正脊中央，体形较小，琉璃宝瓶的底座很大（如闻思学院前殿楼金

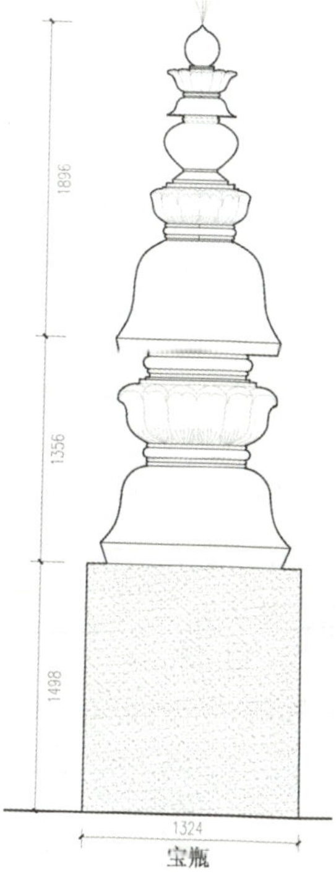

图 628　宝瓶结构与尺寸

图 629　宝瓶竖立的位置（时轮学院，2007 年）

图 630　素面式宝瓶
（喜金刚学院）

图 631　带雕饰的宝瓶
（下续部学院）

顶、上续部学院后殿金顶绿琉璃宝瓶），宝瓶两边通常配以成对的命命鸟、金轮、菩提叶、喷焰摩尼等饰件，仅嘉木样寝宫内嘉木样会客厅、嘉木样护法殿是例外，这两个屋面正脊的中央置铜镏金宝瓶，两侧没有命命鸟等饰物，仍配置汉式灰陶鸱吻和走兽。

（4）狮子

狮子为百兽之王，在汉传佛教、藏传佛教寺院中，被广泛用于殿堂装饰。佛教发展早期，狮子是佛陀权力的象征，在绘画或造像中，佛陀坐于八头狮子承托的宝座上。藏族传统文化中，绿毛白狮最为尊贵，宗教殿堂装饰所用的绿毛狮子，其绿色鬃毛或以绿松石制作，或用绿色颜料涂染。

图 632　贡唐塔院正门外狮子（2007 年）

藏传佛教中，绿毛狮子具有护法功能。装置和使用的部位较多，主要有：一、将雕塑的狮子置于院落大门或殿堂门外，如贡唐塔院门外蹲两尊石雕雪山绿毛白狮（图 632）。二、置于宗教殿堂屋面四周边玛墙外侧墙根处，象征着八大菩萨或佛陀的八大弟子，如弥勒佛殿顶部边玛墙外四角处各置一尊铜狮，头上有浓密的绿松石制作的鬃毛，蹲守在此，雄视远方（图 633）。三、雕饰于门楣上方，如拉卜楞寺六大学院经堂、重要佛殿正门门楣上方皆有木雕的五或七尊绿毛狮

图 633　弥勒佛殿围护墙转角处的狮子（2020 年）

图 634　宗教殿堂正门上方的木雕狮子、象头（喜金刚学院经堂，2013 年）

图 635 佛座雕刻并彩绘的绿毛狮子（弥勒佛殿）

图 636 佛像背光上雕刻并彩绘的绿毛狮子（弥勒佛殿）

图 637 彩绘绿毛狮子和金刚杵（医药学院，2004 年）

子、两尊白象头（图 634）。四、置于佛塔基座处，如贡唐塔的塔座正面台阶处有两尊陶瓷绿毛狮子；寺院东、中、西部的 3 座白塔基座上均供置绿毛狮子。五、绘于布幔、门帘上，常为八脚狮的形象，表达着另一种特殊的宗教寓意。六、雕刻或彩绘于佛座上（图 635）、佛像背光处（图 636）、供桌底部（图 637），等等。此外，壁画、唐卡及彩画中，绿毛狮子也是非常重要的点缀和装饰题材。

2. 金顶屋面装饰物

拉卜楞寺宗教殿堂金顶屋脊上装置许多特殊的宗教法器，主要有：镏金宝瓶、命命鸟、喷焰摩尼、法轮等，四角梁头上装铜质镏金摩羯头，瓦件（勾头滴水）图案皆刻印藏传佛教吉祥图案（图 638、图 639）。

（1）正脊中央宝瓶

见前述“瓶形屋脊宝瓶”。

图 638　释迦牟尼佛殿金顶全貌（2007 年）

图 639　喜金刚学院金顶全貌（2007 年）

图 640　佛龛顶部的命命鸟（时轮学院前殿，2004 年）

（2）命命鸟

此鸟的原型是古代印度教和佛教中的神鸟之王，是蛇、龙众的宿敌，常雕绘于宗教殿堂的甬道、佛座顶部，造型奇特，外形似鹰。在藏族传统文化和宗教信仰中，鹰因有特殊的寓意和奇异的神力，备受崇敬。在苯教、宁玛派教义中，命命鸟是金色太阳鸟，地位至高无上，头顶戴装饰着弯月、太阳和烈焰的吉祥冠。在藏式传统雕绘艺术构图中，命命鸟造型非常奇特，人、鸟身体的多个部位混合在一起，包括人形的上半身（手、臂）与鸟的头、大腿、小腿、爪子和羽翼；强壮的大腿长有羽毛，小腿长有鸵鸟般的利爪；背上长满羽毛，尾翼拖到足部；弯曲的喙部如同鹰喙，双翼、双眼一般为金黄色；有尖利的双角，角间隆起肉髻，在冠顶中隐藏着一块龙众宝（包括珠宝、月牙、太阳及滴露状饰物）[①]。

藏式建筑中，供置命命鸟的位置有三处：

一是佛龛顶部中央，一般为立体雕刻，如时轮学院前殿佛龛（图 640）。

① 王晓珍：《从河湟地区传统建筑彩画看藏汉文化交融》，西安美术学院博士学位论文，2013 年，第 178 页。

二是金顶屋面正脊宝瓶的左、右两侧，对称布局。具有防水灾、避雷的寓意，如布达拉宫（红宫）曾遭雷击而严重毁坏，五世达赖喇嘛时期进行重建，增加了命命鸟，成为特殊的避雷装置[①]。拉卜楞寺宗教殿堂的金顶正脊上均装置命命鸟，分两种形态：一为站立而不展翅姿态，右手作施法印，双翅收于身体两侧，体态较祥和；一为站立而翅膀微伸展姿态，双手扶于宝瓶与摩羯之间的绳索上（该绳索主要用于固定命命鸟），目视前方，如闻思学院大经堂后殿金顶（图641）、喜金刚学院后殿金顶（图642）、冬季讲经台金顶（图643），等等。

三是高级活佛囊欠宅院门额上部（挑檐檩）中央，如德哇仓囊欠院落大门（图644）等。

此外，壁画中也有命命鸟形象，主要绘于佛座、佛龛顶部。木构件彩画构图中，命命鸟多绘于长弓的中心位置（图645）。

图641 闻思学院大经堂后殿金顶命命鸟

图642 喜金刚学院金顶命命鸟

图643 冬季讲经台金顶命命鸟

图644 德哇仓囊欠门额木雕命命鸟

① 龙珠多杰：《藏传佛教寺院建筑文化研究》，社会科学文献出版社，2016年，第154页。

图 645 喜金刚学院前廊梁枋彩绘命命鸟（2007 年）

（3）摩羯

摩羯，属海龙或水怪类灵兽，本为古印度吠陀神话中水神与恒河女河神的坐骑，后成为藏传佛教寺院守护神之一。以雕刻作品居多，一般装置在歇山式屋顶翼角处，相当于汉式建筑角梁端之套兽，也可饰于镏金法幢四周悬挑的装饰杆件端部，代表着力量、韧性、不可撼动。

藏式摩羯形象是鱼、象、鳄鱼三者的结合体。拉卜楞寺各金顶建筑四角戗脊端部、角梁头、正脊两端均装铜质镏金摩羯。组成一尊摩羯造型的部件有：狮子的前爪、马鬃、鱼鳃和卷须、鹿和龙的角、大象的鼻子（图 646、图 647）。

图 646 释迦牟尼佛殿金顶戗脊端部摩羯造型（2013 年）

图 647 喜金刚学院金顶摩羯

（4）喷焰摩尼

也称“摩尼宝珠”。佛教教义认为，火焰象征着佛教法力无边，能发出万道光芒，可烧掉一切障魔。佛教造像中的黄财神右手即持此宝物。其造型简单，一般置于屋脊宝瓶两侧、垂脊和戗脊中部，呈燃烧火焰状，代表祥光普照，永不熄灭。拉卜楞寺金顶的摩尼宝珠，或铜镏金铸造，或绿琉璃烧制，在正反面印有宝珠纹，外形如菩提叶，与法轮并列，如弥勒佛殿金顶（图 648）；绿琉璃烧制的喷焰摩尼，仅见丁闻思学院前殿楼金顶。

图 648　弥勒佛殿金顶铜镏金摩尼宝珠脊饰件（2016 年）

（5）勾头滴水

与汉式灰陶勾头滴水不同，拉卜楞寺宗教殿堂金顶屋面檐口瓦件有两种：一为汉式黄、绿琉璃瓦勾头滴水，瓦当上印有藏传佛教吉祥纹；二为特制的铜镏金勾头滴水，系分段用铜片打制而成，表面镏金，连缀成一长条状，正面印有凸起的佛像、吉祥图案等（图 642、图 647）。

3. 墙面悬挂的各种饰物

（1）铜镏金“朗久旺丹”饰件

拉卜楞寺高级宗教殿堂外墙顶部边玛墙的正面均悬挂圆形或椭圆形铜质镏金饰物“朗久旺丹”，对称布局，多者五六个，少者两个。

此外，拉卜楞寺僧人使用的私人印章上也印有“朗久旺丹”图，多为时轮学院、医药学院僧人所用，所见者有三种款式：一为时轮学院僧人使用者，呈圆形，直径 3.5 厘米，边框刻出一圈万字纹，印面的下端刻藏文《文殊菩萨心咒》，上端刻“朗久旺丹”图，有完整的 7 个梵文和 3 个图符。二为医药学院僧人使用者，呈方形，边长 2 厘米，印面上刻“朗久旺丹”图和藏文“医学”二字。三为各学院僧侣普遍使用者，长条形，边长3×5厘米，印面上刻有法轮、海螺、“朗久旺丹”图等，“朗久旺丹”图居中，法轮、海螺置于两旁。[①]

（2）门窗布幔装饰

藏传佛教寺院殿堂门窗外、屋檐下悬挂各种彩色布幔，随风飘动，色彩醒目、明艳。

1）门帘与门套

门帘分两种款式：一是门楣帘子，悬挂于门洞过梁正面，由红、白、蓝、绿、黄等颜色的布料缀合，有褶皱，正面或彩绘，或缝制各种吉祥、辟邪图案。二是门框帘子，其中包括两种样式：第一种用于内门，起阻挡视线和装饰作用，用布料制作，与门扇同大，表面没有装饰物；第二种悬挂于进户门外侧，用布料缝制或牛毛线编织，大于门扇，正面或绘或缝或绣各种吉祥图案，主要有寿字、盘长、法轮、二兽听法等。护法殿的门帘与其他殿堂有别，各学院经堂后部护法殿、院外独立护法殿门上均悬挂这种布帘，常见者有白底蓝边、红底蓝边样式，正面中央绘、绣各种护法神像（图649）。

图649 绘有护法神像的遮阳帘
（下续部学院护法殿，2013年）

门（窗）之套，藏语称“那孜”，以黑色颜料涂饰于门（窗）洞外两侧墙面上，上小下大，呈梯形状，寓意辟邪。还具有吸收阳光、增高室内温度的功能。是

① 丹曲：《拉卜楞寺藏印考述》，《中国藏学》，1996年第3期。

藏式建筑外部装饰特有的文化现象和艺术表达方式。

2）香布

悬挂于挑檐窗三面椽头外露处，用红、白、蓝、黄、黑等色布条缝制而成，宽20~30厘米，是藏式建筑的一个重要标识和文化符号。香布轻盈、飘动，可遮风、遮挡阳光，与黑色窗套、坚实厚重的墙体形成色彩对比，增强了墙面的生动感。

3）遮阳布

用于遮挡阳光和风雨，防止木构件、油饰彩画遭受风吹雨淋。主要悬挂于殿堂前廊处及各层外挑门廊檐下，与门廊同高同宽，廊檐外侧又栽立特制的木架，用于悬挂布帘，整个门廊被完全包裹在内（图650、图651）。遮阳布帘的颜色和装饰图案有三种：一为通体黑色，系牦牛毛毯子缝制而成，使用最广，主要用于遮挡前廊或挑檐门廊，其正面中间缝有白布剪裁的二兽听法图、“朗久旺丹”图、佛八宝等；二为通体白色，多用于遮挡外挑门廊、学院经堂前廊二层暴露部位，饰蓝色边线，或在正面中间缝制用蓝布剪裁的各种藏式吉祥图案，或在正面

图650　门帘与遮阳布（医药学院，2013年）

图 651　大型门帘与遮阳布（喜金刚学院，2013 年）

上部绘塌鼻兽，从口内喷射出白珍珠、红珊瑚、宝圈链、莲花等，呈流苏状，如时轮学院、下续部学院经堂等。此外，各学院的院外独立护法殿建筑结构与其他建筑有别，正门外设一栅栏门，门上悬挂遮阳布，白底蓝边，正面中央绘、绣各种护法神像，面目狰狞。

参考文献

一、史籍

（明）廓诺·迅鲁伯著，郭和卿译：《青史》，西藏人民出版社，1985 年。

（明）达仓宗巴·班觉桑布著，陈庆英译：《汉藏史集》，西藏人民出版社，1986 年。

（清）智观巴·贡却乎丹巴饶吉著，吴均、毛继祖、马世林译：《安多政教史》（汉文版），甘肃民族出版社，1989 年。

（清）贡唐·贡却丹白卓美：《第二世嘉木样协巴·久美旺布传》（藏文版），甘肃民族出版社，1990 年。

（清）五世达赖喇嘛著，刘立千译：《西藏王臣记》，西藏人民出版社，1992 年。

（清）第二世嘉木样·久美汪波著，杨世宏译注：《第一世嘉木样传》，甘肃民族出版社，1994 年。

（清）阿莽班智达著，玛钦·诺悟更志、道周译注：《拉卜楞寺志》（汉文版），甘肃民族出版社，1997 年。

（清）门拉顿珠、杜玛格西·丹增彭措著，罗秉芬译注：《西藏佛教彩绘彩塑艺术——如来佛身量明析宝论、彩绘工序明鉴》，中国藏学出版社，1997 年。

（元）索南坚赞著，刘立千译：《西藏王统记》，民族出版社，2000 年。

（清）土观·罗桑却吉尼玛著，刘立千译注：《土观宗派源流》，民族出版社，2000 年。

（清）会典馆编，赵云田点校：《钦定大清会典事例理》卷 966《理藩院》，中国藏学出版社，2006 年。

二、现当代著作

［美］Harrion Forman.*Through Forbidden Tibet: An Adventure into the Unknown*. New York, Longmane, Green and Co., 1935.

第五世嘉木样治丧委员会：《辅国阐化正觉禅师第五世嘉木样呼图克图纪念集》（藏汉文版），1948 年。

《马克思恩格斯选集》（第一卷），人民出版社，1956 年。

中国植被编辑委员会：《中国植被》，科学出版社，1980 年。

［美］托伯特·哈姆林著，邹德侬译，沈玉麟校：《建筑形式美的原则》，中国建筑工业出版社，1982 年。

刘敦桢：《中国古代建筑史》，中国建筑工业出版社，1984 年。

甘肃省图书馆书目参考部：《西北民族宗教史料文摘——甘肃分册》，甘肃省图书馆，1984 年。

张怡荪：《藏汉大辞典》，民族出版社，1985 年。

浙江古籍出版社：《实用佛学辞典》（影印本），浙江古籍出版社，1986 年。

甘南藏族自治州概况编写组：《甘南藏族自治州概况》，民族出版社，1987 年。

苗滋庶、李耕、曲又新、罗发西：《拉卜楞寺概况》，甘肃民族出版社，1987 年。

胡国兴：《甘肃宗教》，甘肃人民出版社，1989 年。

甘肃省文物考古研究所、拉卜楞寺文物管理委员会：《拉卜楞寺》，文物出版社，1989 年。

中国西北文献丛书编辑委员会：《中国西北文献丛书》第四辑《西北民俗文献》，兰州古籍出版社，1990 年。

蒲文成：《甘青藏传佛教寺院》，青海人民出版社，1990 年。

李安宅：《李安宅藏学文论选》，中国藏学出版社，1990 年。

政协甘肃省委员会文史资料委员会：《甘肃文史资料选辑》第 31 辑，甘肃人民出版社，1990年。

洲塔：《拉卜楞寺六大学院》，甘肃民族出版社，1991年。

丁福保：《佛学大辞典》，上海书店出版社，1991年。

黎宗华、李延恺：《安多藏族史略》，青海民族出版社，1992年。

索代：《拉卜楞寺佛教文化》，甘肃民族出版社，1993年。

丹珠昂奔：《藏族文化散论》，中国友谊出版公司，1993年。

丹曲：《拉卜楞寺简史》，甘肃民族出版社，1994年。

冉光荣：《中国藏传佛教寺院》，中国藏学出版社，1994年。

史仲文、胡晓林：《中国全史》第46卷《隋唐五代习俗——住宅的建筑风俗与建筑仪式》，人民出版社，1994年。

陈兵：《新编佛教辞典》，中国世界语出版社，1994年。

俞中元、鲁郑勇：《大乘要道密集评注》，陕西摄影出版社，1994年。

陈中义、洲塔：《拉卜楞寺与黄氏家族》，甘肃民族出版社，1995年。

石硕：《吐蕃政教关系史》，四川人民出版社，1995年。

甘肃省舟曲县地方史志编纂委员会：《舟曲县志》，生活、读书、新知三联出版社，1996年。

宿白：《藏传佛教寺院考古》，文物出版社，1996年。

[德]黑格尔著，朱光潜译：《美学》，商务印书馆，1996年。

于水山：《西藏藏传佛教建筑装饰题材的渊源及含义》，清华大学出版社，1997年。

丹曲：《安多地区藏族文化艺术》，甘肃民族出版社，1997年。

丹曲：《拉卜楞史话》，民族出版社，1998年。

丹曲、祁晓梅：《拉卜楞历史档案编目与拉卜楞研究论著目录索引》，甘肃民族出版社，1998年。

扎扎：《嘉木样呼图克图世系》，甘肃民族出版社，1998年。

周润年：《中国藏族寺院教育》，甘肃教育出版社，1998年。

彭一刚：《建筑空间组合论》，中国建筑工业出版社，1998年。

梁思成:《中国建筑史》，百花文艺出版社，1998 年。

张云:《中国地域文化丛书——青藏文化》，辽宁教育出版社，1998 年。

陈耀东:《中国建筑艺术全集》卷 14，中国建筑工业出版社，1999 年。

李国豪:《中国土木建筑百科辞典：建筑结构》，中国建筑工业出版社，1999 年。

阿旺格桑:《藏族装饰图案艺术》，江西美术出版社、西藏人民出版社，1999 年。

[美] Paul Kocut Nietupski. *Labrang: A Tibetan Buddhist Monastery at the Crossroads of Four Civilization*.Ithaca, New York: Snow Lion Publication, 1999.

[法] 丹纳著，傅雷译，傅敏编:《艺术哲学》，广西师范大学出版社，2000 年。

[芬兰] 马达汉著，王家骥译:《1906—1908 年马达汉西域考察图片集》，山东画报出版社，2000 年。

扎扎:《拉卜楞寺活佛世系》，甘肃民族出版社，2000 年。

于乃昌:《西藏审美文化》，西藏人民出版社，2000 年。

恰白·次旦平措、诺章·吴坚、平措次仁:《西藏通史简编》，五洲传播出版社，2000 年。

洲塔:《佛学原理研究：论藏传佛教显宗五部大论》，青海人民出版社，2001 年。

丹珠昂奔:《藏族文化发展史》，甘肃教育出版社，2001 年。

梁思成:《梁思成全集》(第六卷)，中国建筑工业出版社，2001 年。

郝毅、张小莹:《拉卜楞寺文化与艺术》，甘肃文化出版社，2001 年。

陈忠仁:《玛曲县志》，甘肃人民出版社，2001 年。

[德] 大卫·杰克逊著，向红笳、谢继胜、熊文彬译:《西藏绘画史》，西藏人民出版社，2001 年。

东嘎·罗桑赤列:《东嘎藏学大辞典》，中国藏学出版社，2002 年。

华瑞·索南才让：《中国佛塔》，青海人民出版社，2002年。

黄明信：《西藏的天文历算》，青海人民出版社，2002年。

东噶·洛桑赤列：《东噶藏学大辞典》（藏文），中国藏学出版社，2002年。

宗者拉杰：《中国藏族文化艺术彩绘大观图说明镜》，民族出版社，2002年。

尕藏才旦：《藏传佛教文化概览》，甘肃民族出版社，2002年。

扎扎：《拉卜楞寺的社会政教关系》，青海民族出版社，2002年。

［英］罗杰·斯克鲁顿著，刘先觉译：《建筑美学》，中国建筑工业出版社，2003年。

旺谦、丹曲：《甘肃藏传佛教寺院录》，甘肃民族出版社，2003年。

丹曲、谢建华：《甘肃藏族史》，民族出版社，2003年。

杨嘉铭、赵心愚、杨环：《西藏建筑的历史文化》，青海人民出版社，2003年。

久美却吉多杰编著，曲甘·完玛多吉译：《藏传佛教神明大全》，青海民族出版社，2004年。

徐宗威：《西藏传统建筑导则》，中国建筑工业出版社，2004年。

桑本太：《藏族文化通论》（藏文），青海民族出版社，2004年。

孙大章：《中国民居研究》，建筑工业出版社，2004年。

［芬兰］马达汉著，王家骥译：《马达汉西域考察日记：穿越亚洲——从里海到北京的旅行1906—1908》，民族摄影出版社，2004年。

马俊成：《热贡艺术》，浙江人民出版社，2005年。

朱耀廷：《中国传统文化通论》，北京大学出版社，2005年。

李安宅：《藏族宗教史之实地研究》，世纪出版集团上海人民出版社，2005年。

王贵祥：《东西方的建筑空间：传统中国与中世纪西方建筑的文化阐释》，天津百花文艺出版社，2006年。

［英］约翰·罗斯金著，张璘译：《建筑的七盏明灯》，山东画报出版社，2006年。

夏玉·平措次仁:《西藏文化概论》(藏文),西藏人民出版社,2006年。

张亚莎:《西藏美术史》,中央民族大学出版社,2006年。

[日]芦原义信著,尹培桐译:《街道的美学》,百花文艺出版社,2006年。

[英]罗伯特·比尔著,向红笳译:《藏传佛教象征符号与器物图解》,中国藏学出版社,2007年。

西藏拉萨古艺建筑美术研究所:《西藏藏式建筑总览》,四川美术出版社,2007年。

索南旺丹:《地相术汇编》(藏文),甘肃民族出版社,2007年。

拉科·益西多杰:《藏传佛教高僧传略》,青海人民出版社,2007年

陈耀东:《中国藏族建筑》,中国建筑工业出版社,2007年。

扎雅·罗丹西饶著,丁涛、拉巴次旦译:《藏族文化中的佛教象征符号》,中国藏学出版社,2008年。

侯幼彬:《中国建筑美学》,中国建筑工业出版社,2009年。

曾坚、蔡良娃:《建筑美学》,中国建筑工业出版社,2009年。

北京清华城市规划设计研究院、清华大学建筑设计研究院文化遗产保护研究所编:《甘肃省拉卜楞寺文物保护总体规划》,甘肃省人民政府(2009年公布)。

唐颐:《图解曼荼罗》,陕西师范大学出版社,2009年。

道周:《甘肃藏传佛教寺院大系》(藏文),甘肃民族出版社,2010年。

宗喀·漾正冈布等:《西方旅行者眼中的拉卜楞》,甘肃民族出版社,2010年。

杨才让塔、索南龙珠、欧甲:《拉卜楞寺及其属寺》,甘肃民族出版社,2010年。

扎扎:《佛教文化圣地——拉卜楞寺》,甘肃民族出版社,2010年。

洲塔:《拉卜楞寺高僧传略》,甘肃民族出版社,2010年。

丹曲:《拉卜楞寺藏传佛教文化论稿》,甘肃民族出版社,2010年。

王砚:《拉卜楞文化导读》,甘肃民族出版社,2010年。

金开诚主编,运海园编:《拉卜楞寺》,吉林文史出版社,2010年。

[俄]彼·库·柯兹洛夫著,王希隆、丁淑琴译:《蒙古、安多和死城哈拉浩特》,兰州大学出版社,2011年。

庄学本:《庄学本相册》，上海文化出版社，2012 年。

尕藏才旦:《拉卜楞寺——藏传佛教文化的明珠》，中国藏学出版社，2013 年。

庄学本:《图像民族志——庄学本摄影集》，生活·读书·新知三联出版社，2015 年。

龙珠多杰:《藏传佛教寺院建筑文化研究》，社会科学文献出版社，2016 年。

三、论文类

林競:《甘肃拉卜楞寺纪游》,《中华图画杂志》，1930 年第 2 期。

文萓:《西记考察记及拉卜楞寺纪游》,《开发西北》，1934 年第 2 卷第 5 期。

德晖:《甘边拉卜楞寺活佛答谢中央》,《时代》，1935 年第 8 卷第 4 期。

张其昀:《拉卜塄——西陲一个宗教都会》,《科学画报》，1936 年第 4 卷第 4 期。

文萓:《甘肃拉卜塄寺鸟瞰》,《开发西北》，1936 年第 2 卷第 4 期。

任美锷、李玉林:《拉卜楞寺院之建筑》,《方志》，1936 年 3、4 期合刊。

庄学本:《拉卜楞巡礼》,《新中华(上海)》，1936 年第 46 期。

明驼:《拉卜楞巡礼记》,《新中华》，1936 年第 4 卷第 14、15 期。

格桑泽仁、段绶滋:《河南亲王史略》,《方志》，1936 年第 9 卷第 3、4 期合刊。

木子:《拉卜楞的藏民文化促进会》,《新西北》，1939 年第 2 卷第 1 期。

李安宅:《拉卜楞寺大经堂——闻思堂的学制》,《新西北》，1939 年第 2 卷第 1、2 期。

梅贻宝:《拉卜楞之行》,《西北论衡》1939 年第 7 卷第 19、20 期。

高一涵:《拉卜楞寺一瞥》,《新西北》，1941 年第 5 卷第 1 期。

陈圣哲:《拉卜楞经济概况》,《甘肃贸易》，1943 年第 2、3 期。

阴景元:《嘉木样大师圆寂记》,《边疆通讯》，1947 年第 4 卷第 7 期。

何正璜:《东方的梵蒂冈——拉卜楞》,《旅行杂志》，1947 年第 21 卷第

6 期。

史理：《甘南藏族寺院建筑》，《文物》，1961 年第 3 期。

孙尔康：《拉卜楞寺政教合一制的发展》，《西北民族大学学报》(哲学社会科学版)，1979 年第 1 期。

曲又新：《拉卜楞寺创建和发展情况述略》，《甘肃民族研究》，1982 年第 3 期。

朱解琳：《黄教寺院教育》，《西北民族大学学报》(哲学社会科学版)，1982 年第 1 期。

吴均：《论安木多藏区的政教合一制统治》，《青海民族学院学报》(社会科学版)，1982 年第 4 期。

曲又新：《拉卜楞地区三百年大事纪略》，《甘肃民族研究》，1983 年第 3、4 期。

曲又新：《拉卜楞寺名称的由来及其权属辨疑》，《中央民族学院学报》(哲学社会科学版)，1983 年第 4 期。

韩官却加：《西藏佛教的活佛转世制述略》，《西藏研究》，1984 年第 4 期。

张尚瀛：《昔日拉卜楞寺和历世嘉木样活佛》，《西藏研究》，1984 年第 2 期。

工珠·元丹嘉措著，文国根译注：《工巧源流》，《西藏民族学院学报》(哲学社会科学版)，1985 年第 4 期。

才让当智：《甘肃省拉卜楞寺大经堂修复委员会成立》，《法音》，1985 年第 5 期。

张庆有：《黄河南蒙古亲王代青和硕齐与一世嘉木样结盟考略》，《甘肃民族研究》，1986 年第 1 期。

索文清：《青海五屯藏族宗教绘画雕塑艺术概述》，《中央民族学院学报》(哲学社会科学版)，1986 年第 3 期。

高禾夫：《上、下密院历史沿革及所传密宗考略》，《西藏研究》，1986 年第 3 期。

张庆有：《一代黄河南蒙古亲王与王妃》，《青海社会科学》，1987 年第 5 期。

丹曲:《试论嘉木样活佛系统的形成》,《西藏研究》,1987年第3期。

舒勇:《热贡艺术研究》,《美术研究》,1987年第4期。

张庆有:《拉卜楞寺藏书梗概》,《西藏研究》,1988年第3期。

张庆有:《拉卜楞寺藏经楼所藏工艺学经籍》,《西藏研究》,1988年第4期。

丹曲、贡却乎桑旦:《拉卜楞寺四大赛赤传略》,《西北民族学院学报》(哲学社会科学版),1988年第4期。

索南吉、刘堡:《拉卜楞寺历世嘉木样活佛与西藏佛教的联系》,《法音》,1988年第10期。

索南吉、刘堡:《拉卜楞寺六大扎仓》,《法音》,1989年第3期。

扎扎:《嘉木样二世生平及其在拉卜楞寺的历史作用》,《西藏研究》,1989年第3、4期。

丹曲:《拉卜楞寺医药学院概述》,《中国藏学》,1990年第4期。

张庆有:《拉卜楞寺活佛转世资料》,《西北民族研究》,1990年第1期。

杜常顺:《简论1654年至1723年的青海和硕特蒙古》,《青海社会科学》,1990年第1期。

扎扎:《试述拉卜楞寺与清朝中央政府的关系》,《西藏研究》,1991年第4期。

吴兆清:《清内务府活计档》,《文物》,1991年第3期。

张庆有:《拉卜楞寺僧清规戒约》,《档案》,1991年第6期。

儒弥·考斯勒著,冯子松译:《喜马拉雅地区的佛教建筑》,《西藏研究》,1992年第1期。

张庆有编选:《拉卜楞寺僧经商、借贷章程》,《档案》,1992年第6期。

丹曲:《藏族史料中的青海和硕特蒙古黄河南前首旗亲王史略》,《西藏研究》,1992年第2期。

应兆金:《藏族建筑的木结构及其柱式》,《古建园林技术》,1993年第4期。

格桑本、汤惠生、张文华:《藏传佛教寺院艺术》,《中国藏学》,1993年第2期。

包寿南:《拉卜楞寺的藏书》,《图书与情报》,1993 年第 4 期。

丹曲:《拉卜楞地区藏族建筑艺术》,《安多研究》,1993 年创刊号。

樊保良:《五世嘉木样述评》,《中国藏学》,1994 年第 4 期。

李翼诚:《藏密曼荼罗的哲学意义》,《西藏民族学院学报》(社会科学版),1994 年第 2 期。

丹曲:《拉卜楞寺的雕塑艺术品》,《西北民族学院学报》(哲学社会科学版),1994 年第 1 期。

散人:《拉卜楞寺,佛画的宝库》,《中国西藏》,1995 年第 5 期。

张庆有:《拉卜楞寺各学院佛殿佛像、壁画综述》,《西藏艺术研究》,1995 年第 4 期。

宁世群:《藏传佛教高僧活佛的塔葬》,《西藏民俗》,1995 年第 2 期。

何如朴:《论甘肃传统建筑技术》,《建筑学报》,1996 年第 1 期。

张小莹:《拉卜楞寺活佛与寺庙藏书》,《中国西藏》,1996 年第 5 期。

赵清阳:《热贡艺术历史考察纪略(上、下)》,《西藏艺术研究》,1996 年第 4 期、1997 年第 1 期。

尕藏加:《藏式佛塔考述》,《中国藏学》,1996 年第 3 期。

张庆有:《甘南藏区印经院述略》,《西藏艺术研究》,1996 年第 1 期。

孔宪风:《藏区寺院藏书的形成及其发展概述》,《西藏研究》,1996 年第 4 期。

丹曲:《拉卜楞寺藏印考述》,《中国藏学》,1996 年第 3 期。

土登彭措、普群太:《藏族相地文化初探》,《西藏研究》(藏文版),1997 年第 4 期。

罗桑开珠:《中央王朝对甘青藏传佛教寺院敕赐匾额简说》,《西藏研究》,1997 年第 1 期。

洲塔:《拉卜楞寺医药学院》,《中国藏学》,1997 年第 4 期。

朱普选:《山与藏传佛教寺院建筑》,《青海民族研究》,1997 年第 4 期。

丹曲:《安多藏族绘画艺术概论》(上)》,《西藏艺术研究》,1997 年第 1 期。

林涛：《藏密曼陀罗艺术的构图形式》，《南京艺术学院学报》，1997 年第 1 期。

索代：《析拉卜楞寺六大学院的文化特点》，《西藏艺术研究》，1997 年第 3 期。

丹曲：《安多藏族绘画艺术概论（下）》，《西藏艺术研究》，1997 年第 2 期。

易华：《佛教与藏族传统科技关系简论》，《中国藏学》，1997 年第 1 期。

伊尔·赵荣璋：《拉卜楞寺的建筑布局及其设色属性》，《西藏研究》，1998 年第 2 期。

昂巴、伦珠旺姆：《拉卜楞寺院僧侣等级制度及文化现象述论》，《西藏艺术研究》，1999 年第 2 期。

林跃勇：《第五世嘉木样活佛对抗日战争的贡献》，《西藏研究》，1999 年第 2 期。

张庆有：《拉卜楞寺藏经楼珍藏密宗典籍总录》，《西藏艺术研究》，1999 年第 2 期。

丹曲：《拉卜楞寺在藏传佛教哲学方面的成就》，《西藏民族学院学报》（社会科学版），1999 年第 2 期。

丹曲：《拉卜楞时轮学院概述》，《西藏研究》，1999 年第 2 期。

木雅·曲吉建才：《藏族传统外墙色调简述》，《西藏研究》（藏文版），1999 年第 2 期。

斗嘎：《甘青地区的曼巴扎仓及其历史功绩》，《青海民族学院学报》（社会科学版），1999 年第 2 期。

先巴：《元明清时期藏传佛教在青甘宁地区的兴衰》，《青海民族学院学报》（社会科学版），1999 年第 3 期。

木雅·曲吉建才：《藏式建筑的历史发展、种类分析及结构特征》，《建筑史论文集》（第 11 辑），1999 年。

丹曲：《拉卜楞寺佛塔艺术》，《西藏艺术研究》，2000 年第 2 期。

得荣·泽仁顿珠：《藏族的金瓦屋顶》，《西藏民俗》，2001 年第 1 期。

华锐·东智：《拉卜楞寺“四大赛赤”与清朝中央政府的关系探析》，《甘肃民族研究》，2001 年第 3 期。

杨昌鸣、张繁维、蔡节：《曼荼罗的两种诠释》，《天津大学学报》（社会科学版），2001 年第 1 期。

杜常顺：《明清时期河湟洮岷地区家族性藏传佛教寺院》，《青海社会科学》，2001 年第 1 期。

王宏利：《藏传佛塔的形制及其特点》，《五台山研究》，2001 年第 3 期。

李若虹、陈庆英：《洛克在甘青藏区：民族学研究的一手材料》，《西北民族研究》，2002 年第 4 期。

张庆有：《藏密曼茶罗艺术新释》，《工艺美术》，2002 年第 2 期。

康·格桑益希：《藏传佛教密宗蔓荼罗艺术探秘》，《宗教学研究》，2002 年第 2 期。

贾学锋：《藏传佛教在河西走廊的传播与发展》，《西藏研究》，2003 年第 2 期。

索代：《谈拉卜楞文化艺术》，《西藏艺术研究》，2003 年第 1 期。

康·格桑益希：《天人合一的藏传佛教密宗曼荼罗艺术》，《西藏研究》，2004 年第 1 期。

根秋登子：《论藏式佛塔建筑》，《西藏研究》，2004 年第 2 期。

杨健吾：《藏传佛教的色彩观念和习俗》，《西藏艺术研究》，2004 年第 3 期。

张士勤、唐泉：《安多藏传佛教寺院中的时轮学院与天文历算教育》，《西北大学学报》（自然科学版），2005 年第 6 期。

许德存：《西藏佛教寺院内部的等级结构》，《西藏民族学院学报》（哲学社会科学版），2006 年第 1 期。

许新亚：《拉卜楞寺藏族传统宗教建筑》，《世界建筑》，2006 年第 8 期。

扎扎：《历世嘉木样家族考略》，《西藏民族学院学报》（哲学社会科学版），2006 年第 5 期。

唐小蓉：《图像中的信仰与信仰中的图像——藏传佛教六道轮回图释义》，

《宗教学研究》，2007 年第 3 期。

益西邓珠：《藏族传统图案图解》，《西藏艺术研究》，2007 年第 1 期。

索南多杰：《藏密曼荼罗之艺术探微》，《西北民族大学学报》（哲学社会科学版），2008 年第 1 期。

慈成嘉措：《拉卜楞寺医药学院简史》，《中国藏学》，2008 年第 4 期。

吕霞：《热贡艺术的历史渊源及发展分期》，《青海民族学院学报》（社会科学版），2008 年第 1 期。

阎明：《藏式建筑的装饰艺术》，《古建园林技术》，2008 年第 4 期。

张萍、许新亚：《浅析拉卜楞寺建筑空间布局》，《山西建筑》，2008 年第 27 期。

王承昊：《藏密曼荼罗观想图像的精神意义探析》，《新美术》，2009 年第 5 期。

丹曲：《试述卓尼禅定寺与拉卜楞寺的宗教文化关系》，《中国藏学》，2009 年第 3 期。

扎扎：《拉卜楞寺大经堂承载的藏蒙政教关系》，《西部蒙古论坛》，2009 年第 1 期。

黎科：《拉卜楞寺藏传佛教唐卡艺术》，《艺术理论》，2009 年第 11 期。

罗桑开珠：《藏传佛教造像艺术的结构体系及其象征意义》，《中央民族大学学报》（哲学社会科学版），2009 年第 1 期。

柏景、陈珊、黄晓：《甘、青、川、滇藏区藏传佛教寺院分布及建筑群布局特征的变异与发展》，《建筑学报》，2009 年学术论文专刊。

周晶、李天：《从历史文献记录中看藏传佛教建筑的选址要素与藏族建筑环境观念》，《建筑学报》，2010 年（S1）“学术论文专刊”。

华锐·东智：《西藏格鲁派四大寺与甘肃拉卜楞寺的法缘关系研究》，《西藏民族学院学报》（哲学社会科学版），2010 年第 4 期。

杨才让塔：《拉卜楞寺属寺的形成及其分布特征》，《安多研究》第六辑，甘肃民族出版社，2010 年。

妥超群、刘铁程：《近代游访拉卜楞的西方人及其旅行文献综述》，《中国藏学》，2010 年第 4 期。

李鹏、杨娜：《暗销在藏式古建筑木结构连接中的作用》，《北京交通大学学报》，2010 年第 4 期。

白胤：《转经道——藏传佛教建筑环境中的空间特征》，《建筑与文化》，2010 年第 1 期。

王海燕：《藏传佛教中的“八瑞相”》，《甘肃宗教》，2010 年第 1 期。

龙珠多杰：《藏族寺院建筑选址文化探微》，《中国藏学》，2010 年第 3 期。

黄凌江、刘超群：《西藏传统建筑空间与宗教文化的意象关系》，《华中建筑》，2010 年第 5 期。

牛婷婷：《试析哲蚌寺的选址和布局》，《华中建筑》，2010 年第 6 期。

沈卫荣、安海燕：《明代汉译藏传密教文献和西域僧团——兼谈汉藏佛教史研究的语文学方法》，《清华大学学报》（哲学社会科学版），2011 年第 2 期。

保罗·K·尼土普斯格、仁青卓玛：《第四世阿莽活佛简论》，《中国藏学》，2011 年第 4 期。

胡晓海、董小云：《藏传佛教寺院建筑的群体布局研究初探》，《内蒙古科技与经济》，2011 年第 21 期。

宗喀·漾正冈布、谢光典：《河南亲王与拉卜楞寺关系考》，《宁夏大学学报》（人文社会科学版），2011 年第 1 期。

白雪梅：《试论河南亲王府与拉卜楞寺的关系》，《青海民族研究》，2011 年第 3 期。

罗桑开珠：《论建筑的民族文化属性——以藏式建筑为例》，《中国藏学》，2011 年第 3 期。

杨志远：《藏传佛教文化影响下的藏传佛教寺院建筑营造思想》，《内蒙古科技与经济》，2011 年第 18 期。

杨红伟：《拉卜楞寺与清政府关系综论》，《江汉论坛》，2012 年第 4 期。

牛婷婷、汪永平：《试析西藏黄教四大寺的布局特征》，《西安建筑科技大学学报》（社会科学版），2012 年第 6 期。

刘峻：《敦煌艺术对安多彩绘唐卡的影响》，《商洛学院学报》，2012 年第 3 期。

戴燕、杜常顺：《和硕特蒙古与明末清初甘青地区格鲁派寺院势力的扩张》，《西北师大学报》（社会科学版），2012 年第 5 期。

才华加：《藏传佛教生死流转图及其功能解读》，《青海师范大学学报》（哲学社会科学版），2012 年第 3 期。

土旦才让：《藏族传统装饰图案的文化解读》，《青海社会科学》，2013 年第 1 期。

李顺庆：《清代藏传佛教格鲁派寺院在藏彝走廊北部地区的时空分布与特征》，《西北师大学报》（社会科学版），2013 年第 4 期。

拉先加：《〈安多政教史〉的文献学研究》，《中国藏学》，2013 年第 4 期。

丹曲：《黄明信先生与早期拉卜楞文化研究》，《西北民族大学学报》（哲学社会科学版），2013 年第 5 期。

苏发祥：《保尔·聂图普斯基及其〈拉卜楞寺：一个位于内亚边界地方的藏传佛教社区，1709—1958〉》，《西藏民族学院学报》（哲学社会科学版），2013 年第 6 期。

彭博：《2000 年以来甘青地区藏传佛教研究综述》，《北方民族大学学报》（哲学社会科学版），2013 年第 6 期。

贡保扎西、琼措：《论藏族传统文化的雅与俗——以五明之工巧明的分类为例》，《西南民族大学学报》（人文社会科学版），2014 年第 3 期。

张发青：《哈里森·福曼的青海、甘南藏区之行及其影响》，《华东师范大学学报》（哲学社会科学版），2014 年第 4 期。

唐晓军：《拉卜楞寺创建历史背景研究》，《丝绸之路》，2014 年第 12 期。

王东、冉璐：《安多地区藏传佛教建筑艺术略述》，《西北民族大学学报》（哲学社会科学版），2014 年第 1 期。

朱宇华：《从拉卜楞寺保护看遗产地精神的阐释》，《中国文化遗产》，2014

年第 1 期。

录目草:《拉卜楞寺学习梵文的传承与现状》,《中国藏学》, 2014 年第 2 期。

张勤:《藏传佛教格鲁派圣地塔尔寺与拉卜楞寺建筑艺术比较》,《海南师范大学学报》(社会科学版), 2014 年第 6 期。

张有国:《藏式建筑中的彩绘图案及其审美意蕴研究》,《城市建筑》, 2015 年第 3 期。

格桑多吉:《藏式传统装饰艺术中植物纹样的流变及其类型研究》,《西藏大学学报》(社会科学版), 2015 年第 3 期。

丹曲:《拉卜楞历史与文化在国内外的研究》,《开发研究》, 2016 年第 1 期。

丹曲、于丽萍:《藏传佛教学衔的设定探微》,《西藏民族大学学报》(哲学社会科学版), 2016 年第 6 期。

牛乐、高莉:《拉卜楞寺与安多地区藏传佛教艺术的体系化传承》,《内蒙古大学艺术学院学报》, 2016 年第 4 期。

王秋花:《试论藏传佛教格鲁派寺院中的辩经制度及其教学特色——以拉卜楞寺的实践为样本》,《贵州师范大学学报》(社会科学版), 2017 年第 6 期。

罗藏才让:《九世班禅与拉卜楞寺间的史实考究》,《西藏研究》, 2017 年第 2 期。

仁青:《〈拉卜楞寺寺规〉内容及其文献价值》,《青海民族大学学报》(藏文版), 2017 年第 1 期。

华锐·东智:《拉卜楞周边几座“日朝”历史考述》,《西藏研究》, 2018 年第 2 期。

唐晓军、侯秋风、徐婷、齐洋:《拉卜楞寺油饰彩画病害机理研究》,《建筑工程技术与设计》, 2018 年 12 月。

高琦、任云英:《甘南地区藏传佛教寺院经堂建筑空间模式研究——以拉卜楞寺为例》,《西安建筑科技大学学报》(自然科学版), 2018 年第 1 期。

顾尔伙:《拉卜楞寺辩经及其教育启示》,《教育与教学研究》, 2018 年第 5 期。

高琦、孟祥武、罗戴维：《拉卜楞寺之建筑营造技艺与传承》，《西安建筑科技大学学报》（自然科学版），2019 年第 5 期。

王帆：《甘南藏区寺院门饰艺术——以拉卜楞寺为例》，《甘肃高师学报》，2019 年第 3 期。

高琦、任云英、刘娟、田虎：《论拉卜楞寺的空间布局规划》，《工业建筑》，2020 年第 6 期。

四、硕（博）士论文类

唐栩：《甘青地区传统建筑工艺特色初探》，天津大学硕士学位论文，2004 年。

拉毛杰：《藏传佛塔文化研究》，中央民族大学硕士学位论文，2007 年 3 月。

严永孝：《甘南藏区藏传佛教的寺院文化研究》，西北民族大学硕士学位论文，2007 年 5 月。

李晶磊：《经院教育制度下的西藏格鲁派大型寺庙研究——以甘丹寺与色拉寺为例》，南京工业大学硕士学位论文，2008 年。

丁昶：《藏族建筑色彩体系研究》，西安建筑科技大学博士学位论文，2009 年。

黄晶晶：《甘南藏区藏式建筑适应性研究》，西安建筑科技大学硕士学位论文，2009 年 6 月。

张萍：《拉卜楞寺空间形态研究》，西安建筑科技大学硕士学位论文，2009 年 5 月。

何泉：《藏族民居建筑文化研究》，西安建筑科技大学硕士学位论文，2009 年。

何乃柱：《他者眼中的拉卜楞社会——民国时期汉地旅行者拉卜楞考察研究》，兰州大学硕士学位论文，2009 年 4 月。

李鹏：《藏式古建筑木构架梁柱节点力学机理研究》，北京交通大学硕士学位论文，2009 年 6 月。

郭婷：《藏式古建结构的人致荷载分析》，北京交通大学硕士学位论文，2009 年 12 月。

楚岭伟：《甘南藏传佛教寺院拉卜楞寺寺院景观研究》，西南交通大学硕士学位论文，2010 年。

陈祎：《边玛墙考究》，西北民族大学硕士学位论文，2010 年 5 月。

沈欣：《对藏式宗教建筑细部艺术的研究初探——以甘南拉卜楞寺为例》，西安建筑科技大学硕士学位论文，2011 年 5 月。

张瑞锋：《拉卜楞寺佛殿建筑研究》，兰州交通大学硕士学位论文，2012 年 6 月。

妥超群：《汉藏交界地带的徘徊者——近现代在安多（Amdo）的西方人及其旅行书写》，兰州大学博士学位论文，2012 年 6 月。

赵伟红：《拉卜楞寺建筑装饰的艺术特点及宗教寓意探析》，中央民族大学硕士学位论文，2013 年 5 月。

王晓珍：《从河湟地区传统建筑彩画看藏汉文化交融》，西安美术学院博士学位论文，2013 年 3 月。

万玛吉：《藏族寺院垒石砌墙技艺及其文化内涵研究》，西北民族大学硕士学位论文，2013 年。

高倩：《拉卜楞寺的调查与研究》，兰州大学硕士学位论文，2013 年 5 月。

叶劲松：《甘南藏传佛教建筑装饰艺术研究》，西安美术学院硕士学位论文，2013 年 3 月。

李超德：《藏式建筑外墙布品装饰艺术研究》，苏州大学硕士学位论文，2013 年。

安月明：《藏传佛教“转经轮”的文化特点研究》，中央民族大学硕士学位论文，2015 年 5 月。

多多：《多麦拉卜楞寺印经院的兴衰及其现状研究》，青海民族大学硕士学位论文，2018 年 5 月。

韩媛婷：《拉卜楞寺建寺背景及兴建始末研究（1636—1721 年）》，中央民族大学硕士学位论文，2018 年 5 月。

五、藏文抄本及木刻版

《拉卜楞寺简史》，拉卜楞寺藏经楼抄本。

四世嘉木样·噶藏图丹旺秀：《黄帽僧噶藏图丹旺秀自传·珍宝蔓》，拉卜楞寺藏经楼藏文木刻版。

三世阿莽仓：《三世贡唐仓传》，拉卜楞寺藏经楼藏文木刻版。

后　记

事情往往这样，有心栽花花不发，无心插柳柳成荫。初识拉卜楞寺就是一个“缘”字。1990 年，我 24 岁，离开大学校门的第一年，第一次接触到拉卜楞寺摄人心魄的建筑组群、流光溢彩的殿堂装饰、汗牛充栋的图书文献，深感震撼，浮想联翩。但很惭愧，我对藏传佛教、藏式建筑一无所知。当时，我为自己树立的最高境界是做一个对社会、对家庭有用的人，最低境界是做个老学究，搞点古文字，或读《史记》《汉书》之类，追索古人“究天人之际，通古今之变”的人生。

就在那时，工作单位一直“居无定所”，六次“迁徙”，某领导戏称“游牧民族”。因长期“游牧”，事业无从下手，古文字没搞成，拿着《陇右金石录》《语石》之类消磨时光，穿插读点《史记》《汉书》类，挫败感连连。学问成长之“路漫漫其修远兮”，只能硬着头皮去求索。为实现曾经想为拉卜楞寺写点什么的梦想，为不甘沉沦为无用之人，我持续多年读研读博，后到北京建筑工程学院进修，到英国（UCL）做了一回访问学者，还自学了半生不熟的藏语。十年磨一剑，堪用在当时。机缘巧合，单位渐趋稳定，期间多次依托原单位组建多个合作团队与课题研究小组，持续开展多个甘肃古建筑调查研究项目，对全省佛教寺院、道教宫观、清真寺、汉族俗神祠庙、传统民居、书院会馆、桥梁等悉数掌握，了然于心，期间完成了《甘肃古代建筑》《甘肃古代民居建筑研究》的撰写与出版，又出于对古文字的爱好，穿插撰写出版了《甘肃古代石刻艺术研究》一书，算是遂了对古文字爱好的心愿。

2004 年，正式开展拉卜楞寺调研，以临聘导师的身份，参与兰州某高校师生的拉卜楞寺建筑测绘实习课活动，期间深受甘肃著名建筑学家邓延复先生的启发，老先生提供了他在 1961 年、1981 年及此后多次考察拉卜楞寺期间所绘的水彩画、速写、测绘图手稿及照片等，使我对如何着手开展拉卜楞寺研究的思路逐渐明朗，梦想变为现实。在此感谢邓老前辈的无私帮助。

此后多年，由本人主持的课题研究团队陆续完成了“甘肃藏传佛教寺院调查研究”“拉卜楞寺建筑艺术研究”“拉卜楞寺油饰彩画病害机理调查研究”“拉卜楞寺建筑历史及文化艺术研究”等多项省级研究课题、国家社科基金项目，手中累积了大量拉卜楞寺建筑研究资料，渐有“柳成荫”之势，对这些资料的整理工作顺次推进。2020 年 12 月，原单位甘肃省文物保护维修研究所被撤销，合并至甘肃省文物考古研究所。甘肃省文物考古研究所领导了解这一课题研究情况后，高度重视，采取各种措施，推进后续成果的整理出版工作，2021 年底提出系列科研成果“拉卜楞寺建筑考古研究”的构想。在此表示诚挚的感谢！

本研究系列采用的图纸和照片情况如下：

2004 年至 2016 年所获拉卜楞寺建筑测绘图。对拉卜楞寺现存建筑先后做过 4 次完整的测绘工作：第一次是 2004 年，兰州交通大学建筑学院的老师们带领学生从事古建筑测绘实习，完成了 12 座主要建筑测绘图，本人受邀参与其中；第二次是 2007 年，原单位（甘肃省文物保护维修研究所）为配合夏河县政府组织编制《拉卜楞寺文物保护总体规划》，进行了一次简略测绘，是对上述 12 座建筑测绘图的补充完善；第三次是 2013—2015 年，是为拉卜楞寺编制修缮设计方案而进行的较大规模测绘，这次测绘较为精细，由原甘肃省文物保护维修研究所、兰州交通大学建筑学院、夏河县文体广电和旅游局、拉卜楞寺文管会与寺管会联合完成，除已测绘过的 12 座建筑外，增加了文殊菩萨殿、念智仓囊欠、绿度母佛殿、蒋干仓囊欠、雍增仓囊欠、拉科仓囊欠 5 座建筑；第四次是 2014—2016 年，由北京市古代建筑设计研究所有限公司、夏河县文体广电和旅游局、拉卜楞寺寺管会和文管会共同组织完成，重点完成了 14 座建筑木构件油饰彩画制图工作。本系列研究成果所采用的图纸均由夏河县文体广电和旅游局 2016 年提供，再由本人与兰州交通大学建筑学院师生们根据出版需要重新修正、改定，并转化为三维图。在此，对上述各单位及相关工作人员表示感谢。

除寺院总分布图、部分示意图外，本书所用其他各建筑、部分构件实测图尺寸数据单位皆为毫米。

2004 至 2021 年，因开展拉卜楞寺各课题研究之需，本人及研究团队成员多次到拉卜楞寺拍照，每次都得到夏河县文体广电和旅游局历任局长（副局长）党代、宫保南杰、郭晓明、付润、索南道吉、索南嘉以及文化文物专干完代克、周华道吉等人的积极热情协助，也得到拉卜楞寺寺管会、文管会历任主任智华、毛兰木、洛藏金巴等人，以及寺院各殿堂专职管护人员、嘉木样寝宫和“十八囊欠”活佛府邸管理人员的热情配合，因此，研究资料每年都不断充实、丰富。如果没有他们的热情支持与配合，本研究成果将会显得非常苍白。好多照片是索南嘉、完代克二人亲自操作拍摄，他们是夏河县专业的文化遗产保护与管理人员，能很好地沟通僧俗两界，为本人、研究团队成员与寺院间架起了流畅沟通的桥梁。在此非常感谢上述人员的热情配合与支持。

2012 年，本人就拉卜楞寺相关问题请教甘肃省文物考古研究所原所长岳邦湖先生，老先生无偿赠予他 1984 年前后拍摄的重要宗教殿堂及壁画、造像照片及底版，特别是闻思学院大经堂未烧毁前的 120 胶片，非常珍贵。今岳老已作古，感谢岳老对一个勤奋上进的年轻人的热情鼓励与支持。

西藏自治区著名青年学者索朗旺青先生无偿提供了他从美国纽约鲁宾艺术博物馆、俄罗斯布里亚特历史博物馆拍摄的清末至民国时期绘制的“拉卜楞寺全景布画”照片。在此致以真挚的感谢。

一位热情的友人在美国加州大学作访问学者，本人委托他到哈佛大学图书馆收集了一些民国时期美国传教士、探险家等人拍摄的拉卜楞寺照片，还购买了几本美国出版的有关拉卜楞寺研究的重要著作，在此致以真挚的感谢。

2013—2019 年，拉卜楞寺开展大规模保护修缮工程，原甘肃省文物保护维修研究所监理科室承担了弥勒佛殿、时轮学院、念智仓囊欠、嘉木样寝宫、夏卜丹殿等多处建筑修缮工程施工监理。期间，本人负责原单位文物保护工程设计文本的审定工作，曾多次嘱托监理人员特别留意当年勘察不到位的建筑隐蔽部位的结构构造，要多拍建筑屋面揭开、墙体拆除后隐蔽部位的照片，他们做得尽善尽美。在此非常感谢他们在施工现场的辛苦工作。

本书采用其他著作、研究成果中的照片有：洲塔《论拉卜楞寺的创建及其六大学院的形成》；徐宗威《西藏传统建筑导则》；陈耀东《中国藏族建筑》；美国传教士格里贝诺（Marion Grant Griebenow）民国时期拍摄的拉卜楞寺照片，刊载于Paul. Kocut. Nietupski整理编著的*Labrang: A Tibetan Buddhist Monastery at the Crossroads of Four Civilization*一书中；甘肃省人民政府2009年公布《甘肃省夏河县拉卜楞寺文物保护规划》相关图纸，等等。在此一并致谢。

拉卜楞寺最早从1710年搭建的两座帐篷式经堂发展起来，1711年正式动工修建石木结构殿堂，迄今已320多年。民国末期，寺院建设规模、空间形态基本定型，成为一座规模宏大的寺院建筑群。清末民国时期，许多国内学者、外国传教士及旅行家、探险家等纷纷进入拉卜楞寺，开展各种调查和研究。1949年后，国内著名学者、建筑师等也从不同角度开展拉卜楞寺研究，但多侧重于民族宗教文化、信仰仪轨、民俗文化等领域。与前人研究成果不同，本系列成果主要对拉卜楞寺空间形态发展与演变、殿堂建筑结构、营造技艺、装饰文化与艺术、图像史等领域开展系统研究。

甘肃教育出版社的总编、责任编辑及其他相关人员为此书的顺利出版付出了大量的心血。他们在书稿校对、审定方面可谓一丝不苟，真正做到严谨又严谨、慎重再慎重。在此感谢他们的辛苦与努力。

唐晓军

二〇二三年四月